Arbeitsmethoden der modernen Naturwissenschaften

Leichtmetallanalyse

Von

Dr.-Ing. habil. H. Ginsberg

Mit 27 Abbildungen im Text

Zweite,
neu bearbeitete und
erweiterte Auflage

Berlin 1945

WALTER DE GRUYTER & CO.
vormals G. J. Göschen'sche Verlagshandlung / J. Guttentag, Verlags-
buchhandlung / Georg Reimer / Karl J. Trübner / Veit & Comp.

vormals G. J. Göschen'sche Verlagshandlung - J. Guttentag, Verlagsbuchhandlung - Georg Reimer - Karl J. Trübner - Veit & Comp.
Berlin W 35, Woyrschstrasse 13
Archiv Nr. 5271 41 Printed in Norway
Druck von Reistad & Sønns Boktrykkeri, Oslo

AUS DEM VORWORT ZUR ERSTEN AUFLAGE

Von grundsätzlicher Bedeutung war bei der Abfassung des vorliegenden Buches die Tatsache, dass die Erzeugung von Leichtmetall, besonders von Aluminium, seit Gründung des Dritten Reiches einen ungeahnten Aufschwung genommen hat. Damit wuchsen auch die Aufgaben der analytischen Laboratorien als Kontrollstellen für die Leichtmetall erzeugende und verarbeitende Industrie. Zwangläufig stellte sich das Bestreben ein, die verschiedenen Arbeitsweisen einander anzugleichen, und im Hinblick auf dieses Ziel die Notwendigkeit, die Methoden möglichst lückenlos zusammenzutragen, die sich bisher als beste und zuverlässigste bewährt haben. So folgte ich gern einer Aufforderung des Herrn Professor A. Thiel†, Marburg, in die von ihm herausgegebene Buchreihe »Arbeitsmethoden der modernen Naturwissenschaften« die »Leichtmetallanalyse« einzufügen.

Das vorliegende Buch ist aus der praktischen Arbeit im analytischen Laboratorium für die Praxis zusammengestellt. Somit konnten fachliche Kenntnisse und Erfahrungen auf dem Gebiet der anorganischen Analyse vorausgesetzt werden, was wiederum ermöglichte, die Arbeitsvorschriften nicht streng rezeptmässig zu fassen, ohne es aber auf der anderen Seite an Klarheit fehlen zu lassen. Die Gliederung des Buches mag zunächst ungewohnt erscheinen, ergab sich aber von selbst bei der Ordnung des Stoffes. Hierdurch ist es notwendig, bei der Auswahl einer Arbeitsweise jedesmal auch die entsprechenden Vorschriften in anderen Abschnitten aufzusuchen und die dort gefundenen Arbeitsvorschriften auf ihre Zweckmässigkeit für den gewünschten Anwendungsfall gegeneinander abzuwägen.

Das vorliegende Buch steht in keinem Gegensatz zu den von der Aluminium-Zentrale herausgegebenen Tabellenwerken »Chemische Analysenmethoden für Aluminium und seine Legierungen«. Die Tabellen sollen unmittelbar am Arbeitsplatz verwendet werden, denn in ihnen ist die Methode bereits im einzelnen festgelegt. Aus der »Leichtmetallanalyse« aber ist eine bestimmte Arbeitsweise nicht ohne weiteres zu entnehmen, sondern sie soll an Hand des Buches erst erarbeitet werden. Eine solche Ergänzung und Anregung sollte dem wissenschaftlich arbeitenden Leichtmetallanalytiker willkommen sein.

Es sind nur Arbeitsweisen aufgenommen, die sich in anerkannten Leichtmetall-Laboratorien seit Jahren bewährt haben. Bei der Auswahl ist jedoch nicht engherzig verfahren worden; auch solche Methoden werden mitgeteilt, die von einzelnen Laboratorien bevorzugt, von anderen wenn auch nicht abgelehnt, so doch als zweitrangige Methoden angesehen werden. In solchen Fällen entscheiden die Verhältnisse am Arbeitsplatz. Der eine Analytiker wendet lieber mehr Zeit auf und gelangt damit zu einem sehr genauen Ergebnis, für einen anderen bedeutet Zeitgewinn alles, weil in kürzester Frist ein orientierendes Ergebnis vorliegen soll.

VORWORT ZUR ZWEITEN AUFLAGE

Wenn die »Leichtmetallanalyse« im Krieg zum zweiten Mal hinausgeht, so verdankt sie dies einerseits der freundlichen Aufnahme, die die erste Auflage in Fachkreisen gefunden hat, anderseits dem vielseitig geäusserten Bedürfnis, besonders in dieser Zeit einen zuverlässigen Ratgeber zur Hand zu haben.

Die vorliegende zweite Auflage stellt eine gründliche Überarbeitung der ersten dar. Fehler und zahlreiche Unebenheiten, die die erste Auflage aufwies, sind soweit wie möglich ausgemerzt.

Herr Dr. **K. Steinhäuser,** Lautawerk, hat den Teil »Aluminium« durchgesehen und wertvolle Hinweise auf Grund seiner grossen praktischen Erfahrungen gegeben. Diesem Teil ist ein Abschnitt über Polarographie hinzugefügt, den Herr W. Porzel, Lautawerk, bearbeitet hat. Beide Mitarbeiter fehlten leider infolge ihres Kriegseinsatzes bei der letzten Durchsicht.

Neu aufgenommen wurde der Teil »Beryllium« und auf vielfachen Wunsch ein weiterer Teil, der einige wichtige Methoden zur Untersuchung von Schmelz- und Hilfsstoffen enthält. Das Literaturverzeichnis wurde wesentlich erweitert.

Bei der Gesamtdurchsicht und den Korrekturarbeiten halfen die Herren Dr. Fr. W. Wrigge und Dipl.-Ing. H. Wesenberg, Oslo. Die Zeichnungen wurden von Herrn H. Hilsen, Oslo, angefertigt. Die umfangreichen Literatur- und Schreibarbeiten erledigte Fräulein Tatjana v. Rosenbaum.

Möge auch diese Auflage eine gute Aufnahme finden und vor allem den erwarteten Zweck erfüllen.

Ich bin mir bewusst, dass die letzte Vervollkommnung

noch keineswegs erreicht ist. Die Verhältnisse des sechsten Kriegsjahres mögen dies wenigstens zum Teil entschuldigen. Allen Fachkollegen, die Anregungen gegeben haben, und vor allen Dingen meinen Mitarbeitern bin ich zu grossem Dank verpflichtet. Sie halfen, zahlreiche Schwierigkeiten zu überwinden.

Ich bitte um weitere Ergänzungen und Mitarbeit im Interesse unserer jungen, aufblühenden Leichtmetallindustrie.

Oslo, im Januar 1945.

H. Ginsberg.

INHALTSVERZEICHNIS

C. Magnesium

D. Schmelzmittel, Roh- und Hilfsstoffe

Tabellen

Verzeichnisse

Abbildungen

Anmerkung: Die Ziffern bei den Abschnittsüberschriften bzw. Eigennamen verweisen auf die Zeitschriftenliteratur, die mit dem Zusatz B auf die Buchliteratur!

ALLGEMEINES

1. Probenahme [B9, B19] *)

Über den Wert einer sorgfältigen und wohlüberlegten Probenahme ist sich jeder Analytiker im klaren. Probenahme und Analyse dienen dazu, Angaben über die Menge der nicht beabsichtigten Verunreinigungen im Reinmetall und über die richtige Zusammensetzung der Legierungen zu erhalten.

a) Aluminium

Im Hüttenaluminium und Umschmelzaluminium werden im allgemeinen nur Eisen und Silicium und evtl. noch Kupfer, Titan und Zink bestimmt, der Aluminiumgehalt ergibt sich aus der Differenz (s. Dinblatt 1712)[B2]. Man weiss zwar, dass auch noch eine grössere Anzahl anderer Verunreinigungen im Aluminium enthalten ist; normalerweise liegen diese aber in so kleiner Menge vor, dass der Aufwand für ihre Bestimmung in keinem Verhältnis zu ihrer Bedeutung stehen würde. Hinzu kommt noch, dass sie meistens in derselben Grössenordnung vorkommen. Sie sind im allgemeinen im Aluminium gleichmässig verteilt, mit Ausnahme von

Natrium, das besonders stark an der Oberfläche auftritt,

Aluminiumoxyd, das ganz unregelmässig im Metall enthalten ist, und

Carbiden, Nitriden und ähnlichen Verbindungen, die unter Umständen auch verschieden stark an einzelnen Stellen verteilt auftreten können.

---

*) Vgl. Anm. S. XX.

Auch für alle Legierungen gilt das bis jetzt Gesagte, soweit es sich um Verunreinigungen handelt. Die Legierungsbestandteile dagegen neigen je nach Art und Menge zu einer mehr oder weniger grossen Seigerung (es tritt auch in manchen Fällen, z. B. bei Kupfer, die sogenannte umgekehrte Blockseigerung[B19] auf), so dass hier eine besondere Vorsicht bei der Probenahme geboten erscheint.

Die Schwierigkeiten, die bei der Probenahme auftreten können, werden jedoch nicht nur durch die verschiedenen Bestandteile bedingt, sondern auch durch die Grösse und Form der zu bemusternden Teile. Häufig sind keine besonders gegossenen Probeblöckchen vorhanden, sondern es liegen Masseln, Barren, Halbfabrikate, Konstruktionsteile, Bleche usw. vor. Am einfachsten und sichersten erfolgt die Probenahme, wenn während des Vergiessens einer Charge oder vorher mit einer Schöpfkelle eine Probe aus dem Ofen entnommen wird. Beim Hüttenaluminium genügt es, ein etwa 200 g schweres Probeblöckchen zu giessen; bei Legierungen dagegen vermeidet man die Seigerung besser, wenn man die Probe auf einer kalten Unterlage (sauberes Aluminium-Blech) ausgiesst, wo sie sofort erstarren soll.

Es lassen sich für die Probenahme keine in allen Fällen gültigen Regeln aufstellen, sondern es wird immer wieder der Fall eintreten, dass die Methoden spezialisiert werden müssen. Die wichtigste Bedingung ist, dass die für die Analyse entnommene Probe auch wirklich einen Durchschnitt der ganzen Menge, die bemustert wurde, darstellt. Daher sollte die Probenahme nur von Personen ausgeführt werden, die eine lange Erfahrung besitzen und mit den Eigentümlichkeiten des Probegutes hinreichend vertraut sind.

Bei der Probenahme muss vor allem darauf geachtet werden, dass eine genügende Menge Metall entnommen wird, denn häufig erweist sich eine zweite oder dritte Analyse als erforderlich, oder es kann auch vorkommen, dass eine Schiedsanalyse[B9] notwendig wird. Bei solchen werden allerdings im allgemeinen Sondervereinbarungen zwischen den Partnern getroffen. Weiter ist bei der Probenahme wichtig, dass nicht nur die Stücke, die zur Probe zerspant werden sollen, einwandfrei sauber, vor allen Dingen nicht mit Fett oder Öl verunreinigt sind, sondern dass auch die Werkzeuge (Bohrer, Fräser, Drehstahl, Säge) vollkommen sauber sind. Die Herstellung feiner Bohr-, Dreh- oder Sägespäne muss unter Wasserkühlung erfolgen. Niemals darf etwa Bohröl verwendet werden, da ein einwandfreies nachträgliches Entfetten von Spänen unmöglich ist. Nach Fertigstellung der Probe müssen die Späne mit einem Magneten von metallischem Eisen befreit werden, das leicht beim Zerspanen in die Probe gerät.

Reinstaluminium

Bei Reinstaluminium werden zur Bestimmung der Verunreinigungen hochempfindliche Verfahren angewendet, wobei das Ergebnis sehr leicht von anhaftendem Schmutz, Staub, Fett usw. beeinflusst wird. Die zweckmässigste Probenahme ist daher die, dass man einen Rundstab von 20 mm Ø und ca. 200 mm Länge giesst und diesen Stab nach Abdrehen der Gusshaut mit einem Drehstahl in einem Stich abdreht. Hierbei entsteht eine zusammenhängende Spirale, von der man die zur Analyse nötige Menge abbricht. Bei anders geformten Stücken aus Reinstmetall muss ebenfalls die Gusshaut vor dem Zerspanen nach Möglichkeit entfernt werden. Im übrigen genügt dann ein Anbohren mit einem Aluminiumbohrer von 20 mm Ø mit speziellem Schnittwinkel zur Erzielung kurzgebrochener Späne.

Reinaluminium

Bei Reinaluminium, sei es von der Hütte oder auch Umschmelzaluminium, ist eine Seigerung im allgemeinen nicht zu erwarten, so dass ein einfaches Anbohren von 200 g schweren Probeblöckchen, von Masseln am Rand und in der Mitte, von Barren an vielen evtl. diagonal liegenden Stellen, desgleichen von Blechen usw. genügt. Sollen jedoch die schon eingangs erwähnten Verunreinigungen wie Natrium, Aluminiumoxyd usw. bestimmt werden, so ist auf ihre ungleichmässige Verteilung zu achten. In solchen Fällen ist es zweckmässig, über den ganzen Querschnitt abzudrehen oder auch mit Hilfe einer mechanischen Kaltsäge die Probe kreuz und quer zu zersägen. Diese Art der Probenahme erfordert zwar sehr viel Zeit, ist aber unter Umständen die einzig mögliche Art, um zu einem einwandfreien Durchschnitt zu kommen.

Aluminiumlegierungen

Bei der Probenahme von Legierungen aller Art ist wie schon erwähnt besonders auf die Eigentümlichkeit der betreffenden Legierung zu achten. Geht man von den üblichen Probeblöckchen aus, so bohrt man diese zweckmässig von der Unterseite aus bis zu ⅔ der Dicke an. Zahlreiche Untersuchungen haben ergeben, dass man dann selbst bei verhältnismässig stark seigernden Legierungen zu einem guten Durchschnitt kommt. Ein Abfräsen über den gesamten Querschnitt des Probeblöckchens führt ebenfalls immer zu einem richtigen Durchschnittsmuster. Bei Barren grossen Formates kann man sich in der Weise helfen, dass man bei der Herstellung kleine Lappen — dünne Teile zum Anfassen — angiesst und diese anbohrt, da sie meistens keine Seigerung zeigen. Liegen sehr harte oder spröde Legierungen vor oder solche, die harte Kriställchen einschliessen (z. B. hocheisenhaltige Legierungen), so muss man unter Umständen die harten Späne durch verschiedene Siebgrössen klassieren und den Durchfall jeder Mischgrösse im Verhältnis der Menge seines Anfalles zusammenwägen. Dies gilt besonders, wenn es sich um die Untersuchung von sogenannten Vorlegierungen handelt, die häufig so spröde sind, dass sie nicht gebohrt werden können, sondern zerstossen werden müssen.

Bei Legierungen gestaltet sich auch die *Probenahme von Abfällen* häufig recht schwierig. Späne müssen zunächst sorgfältig gemischt werden. Man behandelt sie mit einem starken Magneten, um Eisenteilchen zu entfernen, die möglicherweise bei der Verarbeitung hineingelangt sind.

Wenn es nicht möglich ist, die gesamten Abfälle zusammenzuschmelzen und ein Probeblöckchen zu giessen, so entnimmt man eine Durchschnittsprobe in dem Verhältnis, in dem die einzelnen Legierungen vertreten sind, schmilzt diese kleine Probe ein (nötigenfalls unter einer Salzdecke) und giesst eine Probemassel. Aus der Probemassel werden dann die Späne in üblicher Weise entnommen.

b) Beryllium

Das metallische Reinberyllium ist ausserordentlich spröde. Vom regulinischen Metall zerkleinert man eine bestimmte Menge durch Zerschlagen oder Zerdrücken, zerlegt das zerkleinerte Metall in vier Siebfraktionen und macht aus jeder Fraktion eine Teileinwaage, bis insgesamt 5 g für die Analyse vorliegen.

Wird das Metall in Form von Flittern eingeliefert, so können diese unzerkleinert eingewogen oder — wenn man das nicht will — erst in einer Reibschale aus Sinterkorund einfach zerdrückt werden. Im übrigen gelten die unter a) angeführten allgemeinen Regeln. S. 1

c) Magnesium

Auch für Magnesium und seine Legierungen sind bei der Probenahme die unter a) für Aluminium angegebenen S. 1
allgemeinen Regeln anzuwenden. Normalerweise werden für die Probe Sägespäne oder Frässpäne vom gesamten Querschnitt genommen.

2. Lösen der Metallproben

a) Aluminium

Bei der Ausführung der Analyse von Aluminium und seinen Legierungen wird das Metall meistens in ganz bestimmter Weise gelöst und auch das Aluminium nach be-

stimmten Methoden wenigstens zur Hauptsache entfernt, ehe die eigentliche Bestimmung der Bestandteile beginnen kann. Es sollen daher zunächst die allgemein üblichen Löse- und Anreicherungsverfahren besprochen werden. In der gleichen Weise wie die gravimetrische Analyse benötigen vielfach auch kolorimetrische, titrimetrische und sonstige Bestimmungsverfahren eine Vortrennung, die man ihrem Wesen nach zum Gebiet der gravimetrischen
S. 19 Analyse rechnen muss. Dieser Teil der Analyse soll daher auch in dem betreffenden Abschnitt der gravimetrischen Analyse besprochen werden, und zwar bei den einzelnen Elementen, die zu bestimmen sind, während die Löse- und Anreicherungsverfahren hier anschliessend abgehandelt werden.

Lösen von Aluminium in Salzsäure und seine Abtrennung durch Übersättigen mit Natronlauge oder durch Aussalzen

Wenn man Aluminium und seine Legierungen rasch lösen will, verwendet man gern Salzsäure. Der Lösungsvorgang ist einerseits mit einer starken Wärmeentwicklung verbunden, anderseits beschleunigt ihn auch eine Temperaturerhöhung. Daher löst man das Metall durch Eintragen der Späne in die Säure, um ein plötzliches Überschäumen zu vermeiden. Man gibt in ein Becherglas konz. Salzsäure und etwa ¼ der Menge an heissem Wasser, so dass die Lösung ungefähr 40—50° heiss wird. Der Wasserzusatz erfolgt, um eine Abscheidung von Aluminiumchlorid auf den Spänen zu verhindern, denn dieses würde den Lösungsvorgang stark verlangsamen. Man löst unter einem gut ziehenden Abzug. 1 g Aluminium benötigt ca. 10 ccm konz. Salzsäure. Sind grössere Mengen an Spänen zu lösen, so muss man von Zeit zu Zeit mit Wasser verdünnen, um ein Auskristallisieren von Aluminiumchlorid zu verhindern. Gegen Ende des Lösungsvorganges erhitzt man auf einer Heizplatte, da die Reaktion sonst zu langsam verläuft. Sollte sich durch Zementation ein Teil der Bestandteile metallisch niedergeschlagen haben, so gibt man etwas 3%ige Wasserstoffperoxydlösung hinzu.

Diese Art des Lösens ist nicht möglich, wenn man eine Siliciumbestimmung ausführen will, da Silicium dann zum Teil als Siliciumwasserstoff entweicht, auch wenn nur 0,1% Si im Aluminium enthalten ist. Die Umsetzung des Siliciums zu Siliciumwasserstoff tritt bei Anwesenheit bestimmter Fremdmetalle (z. B. Mg) besonders stark auf. Beim einfachen Lösen in Salzsäure entstehen ferner auch Verluste an Phosphor, evtl. Germanium und Zinn. Während die beiden ersten Elemente in Form von Wasserstoffverbindungen entweichen, ist das Zinn als Chlorid flüchtig.

Handelt es sich bei dem folgenden Trennungsgang um die Bestimmung von Elementen, die als Verunreinigungen in den Chemikalien oder im dest. Wasser enthalten sein können, z. B. also um die Bestimmung von Natrium, so sind ganz besondere Vorsichtsmassregeln zu treffen, um eine Fälschung der Analysenwerte zu verhindern. Darüber wird bei der Bestimmung der einzelnen Elemente geschrieben werden.

Die Hauptmenge des Aluminiums kann man auf zwei Arten aus der Salzsäurelösung abtrennen:

durch Übersättigung mit Natronlauge, gegebenenfalls unter Zusatz von Natriumsulfidlösung, und

durch Trennung mittels Kristallisation.

Natronlauge-Trennung
(gegebenenfalls unter Zusatz von Natriumsulfid)

Die Abtrennung des Aluminiums mit Natronlauge wendet man besonders dann an, wenn man Cu, Pb, Cr, Ti, Ni, Co, Mn, Zn, Mg und Ca bestimmen will.

Die vom Salzsäureüberschuss durch Kochen befreite saure Lösung wird bei etwa 70° solange mit 25%iger Natronlauge versetzt, bis das gesamte ausgefallene Aluminiumhydroxyd wieder in Lösung gegangen ist.

Häufig werden auch, wenn man die Verunreinigungen nach dem Natronlauge-Verfahren abtrennen will, die

Späne direkt in Natronlauge gelöst. Dies hat jedoch den Nachteil, dass der Rückstand noch wesentlich mehr Aluminium enthält als dann, wenn man zunächst in Salzsäure löst. Ob man den einen oder den anderen Weg einschlagen will, hängt lediglich davon ab, wie weit die Trennung von Aluminium durchgeführt werden muss, um noch zu einer einwandfreien Bestimmung der betreffenden Verunreinigungen zu gelangen. Es soll daher auch noch das direkte Lösen mit Natronlauge beschrieben werden.

Man löst die Späne in 25%iger Natronlauge (z. B. 10 g in 90 ccm) auch wieder am besten so, dass man die Späne in kleinen Mengen in die leicht vorgewärmte Lauge einträgt. Man vermeidet dadurch erstens das Überschäumen infolge zu heftiger Reaktion und zweitens die Bildung von Aluminiumhydroxyd. Bei zu langsamem oder zu kaltem Lösen des Aluminiums kann nämlich eine örtliche Verarmung an Natronlauge eintreten, so dass Aluminiumhydroxyd ausfällt. Dieses gealterte Hydroxyd lässt sich auch durch kräftiges Erhitzen, selbst wenn ein starker Überschuss an Natronlauge vorhanden ist, nicht mehr lösen. Diese Erscheinung tritt besonders leicht auf, wenn die Späne zuerst in das Becherglas gegeben werden und die Natronlauge in kleinen Mengen zugefügt wird.

Nach dem Zersetzen der letzten Späne verdünnt man die Lösung auf das dreifache Volumen, kocht kurz auf und versetzt mit 20—50 ccm 10%iger Natriumsulfidlösung. Die Natriumsulfidlösung soll frei von Polysulfid sein, um auch Kupfer mit auszufällen. Man lässt etwa 10 Stunden absitzen und filtriert die Sulfide durch eine mit Asbest präparierte Nutsche von 50—60 mm Ø, indem man zuerst vorsichtig die überstehende klare Flüssigkeit abgiesst. Den Niederschlag wäscht man mit heissem, natriumsulfidhaltigem Wasser aus. Das Filtrat ist häufig grüngelb gefärbt; diese Färbung ist auf die Anwesenheit kleiner Mengen FeS zurückzuführen. Da im allgemeinen Eisen direkt bestimmt wird, braucht man auf die Farbe keine Rücksicht zu nehmen. Die weitere Verarbeitung des Rückstandes wird bei den einzelnen Methoden beschrieben werden.

Bei dem direkten Lösen der Späne in 25%iger Natronlauge (10 g in 90 ccm oder 2 g in 30 ccm, wie es oft vorgeschrieben wird) kommt man nur zu guten Ergebnissen, wenn das Metall wenig *Silicium* enthält. Handelt es sich jedoch um Legierungen mit hohem Silicium-Gehalt, so findet man einen grösseren Anteil des Siliciums im Rückstand. Die Kieselsäure stört die Weiterarbeit ausserordentlich, da Filtrationen sehr langsam vonstatten gehen, wenn die Kieselsäure nicht in irgendeiner Form unlöslich gemacht oder zusammengeballt wird. Löst man dagegen in solchen Fällen mit einem grösseren Natronlaugeüberschuss, z. B. 2 g in 100 ccm 25%iger Natronlauge, und vermeidet man ein zusätzliches Erwärmen der Lösung, verdünnt mit etwa 70° heissem Wasser auf 300 ccm und lässt 3 Stunden absitzen, so erhält man einen praktisch kieselsäurefreien Rückstand, der gut abzufiltrieren ist. Diese Arbeitsweise ist bis zu Gehalten von 18% Silicium möglich. Bei höheren Silicium-Gehalten muss der Natronlaugeüberschuss weiter vergrössert werden, oder man arbeitet direkt nach Regelsberger. S. 46

Trennung durch Kristallisation

Die Abtrennung des Aluminiumchlorids mit Hilfe der Kristallisation erfolgt immer dann, wenn sehr kleine Mengen der Elemente zu bestimmen sind. Sie ist nach Literaturangaben gut möglich von Be, Ca, Mn, Fe, Co, Zn, Ga, wohingegen Mg und Ni nur *in kleinen Mengen* vorhanden sein dürfen, K, NH_4 und Na nur *in sehr kleinen Mengen*. Ti und Cr lassen sich nur durch doppelte Fällung sicher abtrennen.

Folgende Vorsichtsmassregeln haben sich bei der Ausführung der Kristallisation als vorteilhaft erwiesen:

1. Kräftiges Rühren verhindert eine Unterkühlung bzw. Übersättigung und beschleunigt ausserdem die Abscheidung des $AlCl_3 \cdot 6\,H_2O$.

2. Setzt man Äther hinzu, der einige Prozente Alkohol enthalten darf, so sinkt die Löslichkeit des Aluminiumchlorids auf den zehnten Teil.
   Der Ätherzusatz hat jedoch bei grösseren Konzentrationen an Aluminiumchlorid die Wirkung, dass das ausfallende Salz fremde Chloride einschliesst. Man setzt daher den Äther zweckmässig erst gegen Ende der Ausfällung hinzu.
3. Die Trennung geht um so rascher und vollständiger vor sich, je stärker gekühlt wird.
4. Der folgenden Tabelle ist zu entnehmen, wie gross man das Volumen in jedem Einzelfalle etwa wählen muss, um das gesuchte Element sicher in Lösung zu halten.
5. In manchen Fällen besteht auch die Möglichkeit einer störenden Doppelsalzbildung, z. B. bei gleichzeitiger Anwesenheit von Kalium und Titan.

Löslichkeit von Chloriden bei 0° in 100 ccm Äthersalzsäuregemisch (1 : 1)

$AlCl_3$	0,15 mg Al		$BeCl_2$	334 mg Be
$NaCl$	1,2 » Na		$MnCl_2$	850 » Mn
$NiCl_2$	2,8 » Ni		$FeCl_3$	5000 » Fe
$CrCl_3$ (viol.)	4,0 » Cr		$TiCl_4$	5000 » Ti
$MgCl_2$	12,2 » Mg		$ZnCl_2$	5000 » Zn
$CaCl_2$	49,0 » Ca		$CuCl_2$	6400 » Cu
KCl	55,0 » K		VCl_4	7000 » V
$CrCl_3$ (grün)	150 » Cr		$CoCl_2$	7700 » Co
NH_4Cl	159 » NH_4			

(Weitere spezielle Angaben siehe in der Originalarbeit[145])

In die abgekühlte Salzsäurelösung leitet man Salzsäuregas ein, anfangs in raschem Strom, später, sobald Aluminiumchlorid auskristallisiert, langsamer. Das Einleiterohr ist an seinem Ende zu einer Glocke erweitert (z. B. von 5 mm auf 40 mm), um das Zusetzen seiner Öffnung durch Aluminiumchlorid zu verhindern. Während des

Einleitens wird beträchtlich Wärme entwickelt. Zur Beschleunigung der Abscheidung wird diese Wärme zweckmässig durch Kühlen mit Wasser, besser noch mit Alkohol und Trockeneis abgeführt, wobei der Temperaturverlauf mit einem Thermometer zu kontrollieren ist.

Zur Entwicklung von Salzsäuregas füllt man eine 5-Liter-Flasche (Abb. 1) etwa zur Hälfte mit konz. Salzsäure. Den Flaschenhals verschliesst man mit einem doppelt durchbohrten Gummistopfen. Durch die eine Bohrung führt man den Hals eines 500 ccm-Scheide- oder Tropftrichters, durch die andere ein rechtwinklig gebogenes Glasrohr, das durch einen kurzen Gummischlauch mit dem Einleiterohr verbunden ist. Den Trichter füllt man mit konz. Schwefelsäure und lässt diese in die Salzsäure eintropfen. Der Gasstrom wird durch die Tropfgeschwindigkeit der Schwefelsäure geregelt.

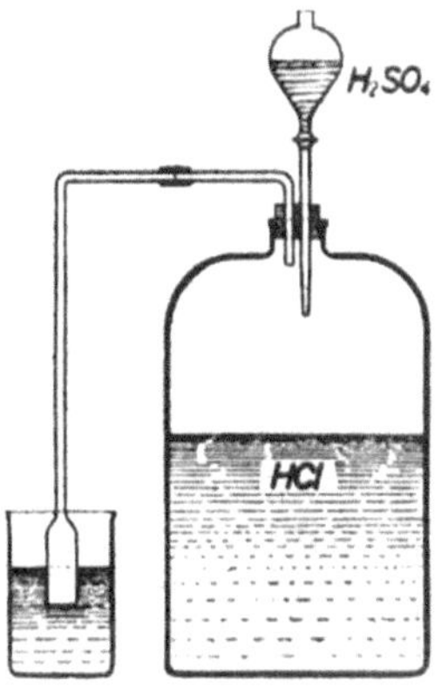

Abb. 1. Apparatur zur Entwicklung von Salzsäuregas

Vielfach wird bei der Herstellung von Salzsäuregas auch von festem Ammoniumchlorid ausgegangen, das mit konz. Schwefelsäure zersetzt wird. Dieses Verfahren liefert zwar ein verhältnismässig trockenes Gas, was in einigen Fällen vorteilhaft ist (siehe Al_2O_3-Bestimmung); S. 23 wenn jedoch grössere Mengen Salzsäuregas benötigt werden, arbeitet dieses Verfahren zu langsam. Ausserdem treten bei rascher Zugabe von Schwefelsäure starke örtliche Erhitzungen im Zersetzungsgefäss auf, die sogar zum Platzen des Entwicklungsgefässes führen können. Daher ist im vorliegenden Fall das Entwickeln von Salzsäuregas aus konz. Salzsäure günstiger.

Gegen Ende der Ausfällung setzt man das gleiche Volumen Äther zu, d.h. so lange, bis die Lösung an Äther gesättigt ist, und leitet weiter Salzsäuregas ein, bis keine

Fällung mehr zu beobachten ist. Nun trennt man das Aluminiumchlorid von der Mutterlauge in folgender Weise ab: In einen grossen Trichter legt man ein feinlöcheriges Siebplättchen ein, setzt ihn auf eine Saugflasche und verbindet diese mit einer Wasserstrahlpumpe. Man rührt das Aluminiumchlorid auf und giesst es in den Trichter. Auf dem Siebplättchen bildet sich ein Polster aus Aluminiumchlorid, durch das die Mutterlauge klar hindurchläuft. Das erste Trübfiltrat wird auf das Filter zurückgegeben. Statt des Siebplättchens kann man auch Glas- oder Porzellanfiltertiegel mit Fritte verwenden. Das Aluminiumchlorid wird mit gekühlter konz. Salzsäure, die durch Einleiten von Salzsäuregas gesättigt wurde, kräftig gewaschen.

Die Mutterlauge engt man in einer Porzellanschale ein.*) Falls grössere Mengen vorliegen, muss die Fällung wiederholt werden. Dazu löst man das möglichst trocken gesaugte Aluminiumchlorid mit heissem Wasser. Man konzentriert die Lösung durch Einengen, kühlt ab, leitet wie beschrieben Salzsäuregas ein und filtriert wieder. Die Mutterlauge wird mit der ersten vereinigt und eingeengt, bis Aluminiumchlorid auskristallisiert. Nun spült man mit wenig Wasser in ein entsprechendes Becherglas und leitet wieder Salzsäuregas ein. Aus der Mutterlauge fällt man so lange Aluminiumchlorid aus, bis sie je nach Bedarf auf 2 bis 30 ccm eingeengt werden kann. Bei der Bestimmung von Alkali muss ganz besonders auf dessen Ab-
S. 30 wesenheit (in den Chemikalien und verwendeten Glasgeräten) geachtet werden; unter Umständen müssen Quarzgefässe verwendet werden. (Näheres darüber siehe bei den Einzelbestimmungen.)

Lösungsmöglichkeiten für Aluminium und seine Legierungen in Sonderfällen

Neben den beiden beschriebenen wichtigsten Verfahren zum Lösen von Aluminium und Aluminiumlegierungen

*) Sicherheitsmassnahmen gegen die Ätherdämpfe beachten — Explosionsgefahr!

gibt es noch eine Reihe anderer Möglichkeiten, die angewendet werden, wenn es sich darum handelt, spezielle Verunreinigungen oder Legierungsbestandteile zu bestimmen.

Lösen in Mischsäure

Das Lösen in Mischsäure (eine Mischung von Salpetersäure, Salzsäure und Schwefelsäure) wird nicht nur bei der Bestimmung von Silicium (Verfahren von Otis-Handy) S. 45
angewandt, sondern auch in anderen Fällen, in denen nach der Abscheidung der Kieselsäure in schwefelsaurer Lösung weitergearbeitet werden soll. Vielfach enthält Aluminium (vor allem Umschmelzmetall) Verbindungen wie Carbide, Sulfide, Phosphide, Nitride usw. Diese können in gewissem Umfange die Bestimmung von einzelnen Elementen stören, z. B. die Bestimmung von Cr, V, Mn, die teils titriert, teils kolorimetrisch ermittelt werden. In all diesen Fällen ist es zweckmässig, in Säure zu lösen und anschliessend mit Schwefelsäure abzurauchen, also Mischsäure zu verwenden. Man verwendet bei einer Einwaage von 2 g Metall 45 ccm Mischsäure (700 ccm H_2SO_4 (1 : 1), 300 ccm HNO_3 konz.) unter nachträglichem und portionsweisem Zusatz von 20 ccm konz. Salzsäure. Sollte bei sehr langsamem Lösen die Säuremenge nicht ausreichen, so kann man Salpetersäure und Salzsäure in beliebigen Mengen nachgeben, *nicht jedoch* Schwefelsäure. Beim Eindampfen und späteren Abrauchen ist zu beachten, dass die Masse kurz vor dem Festwerden spritzen kann, wenn die Heizplatte (auch Sandbad) nicht die geeignete Hitze besitzt. In diesen Fällen ist es zweckmässig, den Moment des Festwerdens abzuwarten und in diesem Zeitpunkt kräftig umzuschwenken.

Die Säuremenge ist so bemessen, dass selbst bei halbstündigem weiterem Erhitzen der schon festen Masse noch genügend Schwefelsäure im Überschuss vorhanden ist, um das Ganze nach dem Abkühlen zu lösen.

Lösen in Salzsäure unter Zusatz von Quecksilber(II)-chlorid

Das Lösen von Aluminium in Salzsäure unter gleichzeitigem Zusatz von Quecksilberchlorid wird bei der Analyse von Raffinationsmetall angewendet, z. B. bei der Kupferbestimmung. Verwendet man in solchen Fällen nur die reine Säure, so benötigt man unter Umständen mehrere Tage, um das Metall zu lösen.

Je unreiner das Metall ist, um so rascher verläuft der Lösungsvorgang.

Für 10 g Aluminium benötigt man 20 ccm einer 1⁰/₀igen Quecksilber(II)-chloridlösung und 100—120 ccm konz. Salzsäure. Die Salzsäure gibt man zweckmässig in kleineren Mengen zu, um das Abdampfen von Säure möglichst einzuschränken. Da der Lösungsvorgang langsam verläuft, erhitzt man von Anfang an auf der Heizplatte. Das Quecksilber(II)-chlorid wird während des Lösens zu metallischem Quecksilber reduziert und enthält dann leicht einen Teil der zu bestimmenden Verunreinigungen in Form von Amalgam. Um diese Anteile zu erfassen, löst man das Quecksilberkügelchen in etwas Salpetersäure und verdampft. Ein *direktes* Verflüchtigen des Quecksilbers zieht immer Verluste an den anderen Bestandteilen nach sich. Darauf wird jedoch noch näher bei den Einzelbestimmungen eingegangen werden.

Lösen in Salpetersäure

Das Lösen von Aluminium in Salpetersäure hat sich in Einzelfällen (z. B. bei der Manganbestimmung in Legierungen) als praktisch erwiesen, vor allem dann, wenn man Aluminium nicht abzuscheiden braucht. Das Metall löst sich zwar etwas schwerer als in Salzsäure, aber es gibt eine bestimmte Salpetersäure-Konzentration (2 : 1 bis 1 : 1), bei der eine genügende Lösegeschwindigkeit erzielt wird. Wendet man die Säure verdünnter oder konzentrierter an, so geht das Lösen langsamer vor sich.

Man löst die Späne, die in diesem Fall besonders fein sein müssen, in der Säure unter Erhitzen. Für 1 g Aluminium benötigt man 10 ccm konz. Salpetersäure.

Lösen in Schwefelsäure

Das Lösen von Aluminium in reiner Schwefelsäure wird bei *technischen Analysen* (Fe, Si) gern ange- S. 43
wandt. Wenn man am Rückflusskühler mit Schwefelsäure kocht, so ist der Lösevorgang bei 2 g Einwaage und Verwendung von 75 ccm Schwefelsäure (d 1,6) in ca. ½ Stunde beendet. Die Säurekonzentration ist in diesem Falle so gewählt, dass die Kieselsäure auch *ohne Abrauchen* zur trockne praktisch unlöslich ist.

Lösen in Wasser nach Aktivieren des Metalles mit Quecksilber(II)-chlorid

In manchen Fällen ist es erwünscht, das Metall direkt mit Wasser zu zersetzen. Dazu ist es erforderlich, die schützende Oxydschicht so weit zu zerstören, dass sich das Aluminium mit Wasser umsetzen kann. Dies erreicht man durch Versetzen der Späne mit Quecksilber(II)-chloridlösung. 5 g Späne versetzt man z. B. mit 25 ccm einer 1%igen Lösung. Wenn die Reaktion einsetzt, giesst man von der überstehenden Flüssigkeit ab und löst nun mit reinem Wasser weiter. Wenn man das Ganze im Wasserbad warmstellt, ist das Metall innerhalb von 12—15 Stunden zersetzt.

Ausschmelzen von Metallen

Bei einigen Bestimmungen, z. B. der technischen Natriumbestimmung, ist ein sehr rasches Anreicherungsverfahren möglich. Man schmilzt das Metall in einem Tiegel ein, wobei das Alkali an die Oberfläche wandert. Man lässt nun abkühlen, löst von der Oberfläche das Natrium mit verdünnter eingestellter Salzsäure ab und schmilzt

wieder ein. Das Lösen und Wiedereinschmelzen muss 3—4 mal wiederholt werden. Die vereinigten Salzsäuremengen werden dann mit eingestellter Lauge titriert. Man erhält auf diese Weise eine für technische Zwecke durchaus ge-
S. 295 nügende Genauigkeit.

b) Beryllium

Als Lösungsmittel für Reinberyllium wird vorzugsweise Salzsäure angewendet. Das eingewogene Metall bringt man in einen 500ccm-Erlenmeyerkolben, fügt 100—200 ccm Wasser und danach portionsweise Salzsäure (d 1,19) hinzu. Sobald keine Gasentwicklung mehr zu beobachten ist, wird filtriert.

Kupfer- und nickelhaltige Beryllium-Legierungen werden im allgemeinen mit Salpetersäure (d 1,4) und Schwefelsäure (1 : 1), die vorwiegend Eisen enthaltenden Beryllium-Legierungen mit Salzsäure (d 1,19) unter Zusatz von Salpetersäure gelöst.

c) Magnesium

Die Magnesiumspäne werden gewöhnlich nach Übergiessen mit Wasser durch vorsichtiges Hinzufügen von konz. Salpetersäure gelöst. Die Säurezugabe soll so geregelt werden, dass der Kolben stets mit nitrosen Gasen gefüllt bleibt. Hierdurch wird verhindert, dass Siliciumwasserstoffe unzersetzt entweichen. Bei Bestimmung von Legierungsbestandteilen werden Salzsäure (1 : 1) und Schwefelsäure (1 : 1) angewendet.

A. ALUMINIUM

I. Abschnitt. Gravimetrische Methoden

Vorbemerkungen

Bei der Anwendung der folgenden Methoden wird die Kenntnis der allgemeinen Grundlagen des gravimetrischen Arbeitens vorausgesetzt. Trotzdem soll aber einiges bemerkt werden, das sich bei der Analyse von Aluminium und Aluminiumlegierungen als besonders wichtig ergeben hat.

Im allgemeinen wird Aluminium selbst nicht bestimmt, sondern es werden die Verunreinigungen oder die Legierungsbestandteile analytisch erfasst. Bei der Abtrennung muss deshalb beachtet werden, dass Aluminiumhydroxyd gern andere Bestandteile adsorptiv bindet und in vielen Fällen auch selbst nicht quantitativ ausgeschieden wird. Ähnlich, wenn auch nicht ganz so störend, verhalten sich bei der Abtrennung andere Hydroxyde wie Eisenhydroxyd usw.

Bei der bekannten Abtrennung des Aluminiums mit Ammoniak z. B. bleibt ein Teil des Hydroxydes in Lösung, wenn man auch nur einen verhältnismässig geringen Überschuss an Ammoniak verwendet. Man muss also in diesem Falle solange kochen, bis die Lösung praktisch neutral ist. Durch das Kochen bis zum Neutralpunkt altert das Aluminiumhydroxyd so stark, dass es auch dann, wenn man nachträglich wieder einen Überschuss an Ammoniak zugibt, nicht mehr in Lösung geht. Bei dem Verkochen des Ammoniak-Überschusses muss jedoch verhütet werden, dass vorhandenes Ammoniumchlorid aufgespalten wird und dadurch in kleinen Mengen freie Salzsäure entsteht, die ebenfalls wieder Aluminiumhydroxyd lösen kann. Bei der Bestimmung des Magnesiums als Phosphat dagegen werden meistens vor der eigentlichen Fällung die Hydroxyde des Eisens und Mangans abgetrennt. In diesem

Falle besteht die Schwierigkeit darin, dass die Hydroxyde Magnesium so stark festhalten, dass vor allem für genaue Bestimmungen eine doppelte Abtrennung erforderlich ist. Untersucht man zum Schluss nämlich den Magnesiumphosphat-Niederschlag (etwa spektrographisch) auf Reinheit, so kann man meist merkliche Mengen Kieselsäure, Eisenoxyd und Calciumphosphat feststellen. Diese letztgenannten Verunreinigungen stammen jedoch häufig nicht aus dem Metall, sondern aus den Wandungen des Becherglases oder aus den Chemikalien.

Aus diesen wenigen hier angeführten Beispielen ergibt sich, dass jede gravimetrische Bestimmung und jede Abtrennung mit ausserordentlicher Sorgfalt ausgeführt werden muss. Es hat sich weiter als sehr zweckmässig erwiesen, bei wichtigen Analysen die Chemikalien auf Reinheit zu prüfen oder, was noch besser ist, einen Blindversuch nebenher laufen zu lassen. Wenn bei der Bestimmung eines Bestandteiles mehrere Abtrennungen vorzunehmen sind, darf auch der Gehalt an Verunreinigungen in den Filterpapieren nicht vernachlässigt werden. Dies gilt besonders dann, wenn zum Abtrennen von Niederschlägen, die entfernt werden sollen, qualitative Filter verwendet werden; gerade bei technischen Analysen, die in grösserer Anzahl durchzuführen sind, wird dieses aus Sparsamkeitsgründen gern gemacht.

Bei sorgfältiger Berücksichtigung all dieser Möglichkeiten erhält man stets befriedigende Ergebnisse.

a) Untersuchung von Reinmetall und Reinstmetall

Aluminiumoxyd-Bestimmung[11, 12]

1. Salzsäuremethode

Grundsätzliches. Das Aluminiumoxyd kann in der Weise bestimmt werden, dass das Aluminium in einem wasserfreien Salzsäuregasstrom bei 250° als Aluminiumchlorid übergetrieben wird, wobei das Oxyd unzersetzt zurückbleibt. Bei der Ausführung der Bestimmung ist auf vollständige Trockenheit der Probe und der ganzen Apparatur zu achten; ebenso soll das Salzsäuregas möglichst wasserfrei sein. Schon kleinste Mengen Wasserdampf bedingen Überbefunde an Aluminiumoxyd, da das zunächst durch direkten Angriff des Metalles gebildete wasserhaltige Aluminiumchlorid nicht sublimiert, sondern bei der Umsetzungstemperatur in Tonerde und Salzsäure zerfällt.

Wenn das Metall Kohlenstoff oder Carbide enthält, ist damit zu rechnen, dass ein Teil des vorhandenen Oxydes in Chlorid umgewandelt wird. Der Umfang dieser Umsetzung hängt von den allgemeinen Versuchsbedingungen wie Temperatur, Stärke des Gasstromes usw. ab.

Die zur Bestimmung notwendige Apparatur ist in Abb. 2 dargestellt. Man verbindet eine Stickstoff-Flasche und eine Salzsäuregasflasche (siehe unter »Zusätzliche Hinweise«) mit einer Gaswaschflasche, die mit konzentrierter Schwefelsäure beschickt ist. An die Waschflasche sind zwei Trockentürme angeschlossen, die mit Phosphorpentoxyd und Glaswolle zur Vergrösserung der Oberfläche gefüllt sind. Die Trockentürme sind mit dem eigentlichen Zersetzungsrohr aus schwer schmelzbarem Glas verbunden,

S. 11, 23

das etwa ½ m lang ist und eine lichte Weite von 20 mm besitzt. Das mittlere Drittel des Zersetzungsrohres wird mit einem Reihenbrenner erhitzt. Das Ende des Rohres mündet im Hals einer Tubusflasche von 5 l Inhalt. In diese soll es n u r etwa 2 cm hineinragen, um ein Zuwachsen durch sublimierendes Aluminiumchlorid zu verhindern. Aus dem Tubus der Flasche führt ein Glasrohr über einen Blasenzähler, der mit Schwefelsäure gefüllt ist, direkt in den Abzugschacht.

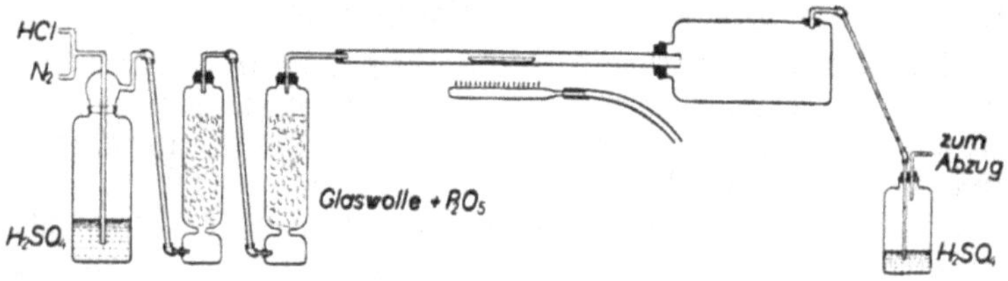

Abb. 2. Apparatur zum Chlorieren von Aluminium

Ausführung der Bestimmung. Man wägt 5—6 g Späne in ein Quarzschiffchen und trocknet bei 150°. Unterdessen leitet man durch die Apparatur Stickstoff und erhitzt das Zersetzungsrohr mit dem Brenner. Da sich an den kälteren Teilen des Rohres Feuchtigkeit niederschlägt, vertreibt man diese durch Fächeln mit einem Bunsenbrenner. Danach bringt man das Quarzschiffchen in das Zersetzungsrohr und erhitzt wieder etwa ½ Stunde im Stickstoffstrom auf 200°. Dann lässt man statt Stickstoff Salzsäuregas — 2 Blasen/s — einströmen und erhitzt auf 250°. Das entstehende Aluminiumchlorid sublimiert man durch Fächeln mit einem Bunsenbrenner in die Tubusflasche. Es ist immer darauf zu achten, dass sich das Rohr nicht mit Aluminiumchlorid zusetzt. Das Ende der Reaktion ist nach etwa 2 Stunden daran zu erkennen, dass sich an den kälteren Zonen des Rohres kein Aluminiumchlorid mehr absetzt. Unter Verstärkung des Salzsäurestromes lässt man abkühlen. Man nimmt das Quarzschiffchen aus der Apparatur und spült seinen Inhalt in ein 250ccm-Becherglas, das 10 ccm Salzsäure (1 : 1) enthält. Das am Schiffchen haftende Aluminiumchlorid löst sich, wogegen Tonerde und Kohle ungelöst zurückbleiben. Man erwärmt kurz, filtriert durch ein schnellaufendes Filter, das mit Filterschleim gedichtet ist, und wäscht einige Male mit heissem Wasser nach. Man verascht das Filter in einem gewogenen Platintiegel, glüht und wägt. Sicherheitshalber raucht man den Tiegelinhalt mit einigen Tropfen Flussäure und Schwefelsäure ab, um evtl. vorhandene Kieselsäure zu vertreiben. Die Auswaage ergibt den Gehalt an Aluminiumoxyd.

Zusätzliche Hinweise. Das Aluminiumoxyd kann in das Hüttenmetall durch Unachtsamkeit beim Vergiessen (Abreissen des Giessfadens oder schlechtes Abschäumen) geraten. Das Oxyd ist daher nesterweise im Aluminium verteilt, so dass man leicht bei der Wiederholung der Analyse zu schwankenden Werten kommen kann.

Ganz allgemein ist zu berücksichtigen, dass sehr dünne Oxydhäute (z. B. die Oberfläche der Späne) schon bei der angegebenen Temperatur sowohl von Salzsäure als auch von Chlor angegriffen werden. Noch stärker tritt dies bei Gegenwart von Kohlenstoff ein. Da das Metall immer etwas Kohlenstoff, meist in Form von Carbiden enthält, ist demnach die Gefahr der Umsetzung von Aluminiumoxyd zu Aluminiumchlorid immer gegeben.

Das Salzsäuregas kann man sich auch in der Weise herstellen, dass man in einem Kippschen Apparat Ammoniumchlorid mit Schwefelsäure umsetzt. Das vielfach angewendete Verfahren, bei dem in einer Wulfschen Flasche konzentrierte Schwefelsäure in konzentrierte Salzsäure ein- S. 11
tropft, hat zwar den Vorteil, einen sehr gleichmässigen Gasstrom zu liefern, auf der anderen Seite aber den Nachteil, dass das Gas sehr viel Wasserdampf enthält und infolgedessen schwer zu trocknen ist.

2. Chlorierungsmethode

Die Bestimmung von Aluminiumoxyd kann anstatt mit Salzsäuregas auch im Chlorstrom ausgeführt werden. Da Chlor stärker angreift als Salzsäure, muss die Zersetzungstemperatur etwas niedriger gehalten werden. Im übrigen gelten für die Durchführung der Bestimmung sinngemäss
S. 21 alle unter 1. gemachten Angaben.

3. Brom-Alkohol-Verfahren nach Werner[16]

Grundsätzliches. Die Methode beruht darauf, dass Brom in alkoholischer Lösung metallisches Aluminium löst, während das Oxyd nicht angegriffen wird. Es entwickelt sich zwar bei der Zersetzung auch Bromwasserstoff in grösseren Mengen, der unter Umständen feinste Oxydhäutchen angreifen kann. Die Methode hat aber gegenüber der zuerst erwähnten den Vorteil, dass sie in ausserordentlich kurzer Zeit (in 1—2 Stunden je nach Zersetzungsgeschwindigkeit) ausgeführt werden kann. Ferner ist sie auch für Serienanalysen geeignet.

Ausführung der Bestimmung. 5 g Aluminium (Sägespäne, Bohrspäne, Blech, Draht) werden in einem Erlenmeyerkolben mit 250 ccm Methanol und 20 ccm reinsten Broms anfangs unter Kühlen, zuletzt unter Erwärmen zersetzt. Man verdünnt mit Methylalkohol auf 300 ccm und filtriert durch ein weiches Filter, das mit Filterschleim gedichtet wurde. Man wäscht das Filter mit Methanol bis zur Farblosigkeit aus, verascht in einem Platintiegel, glüht und wägt. Bei Anwesenheit von Silicium und Kieselsäure hat man mit Flussäure, Schwefelsäure und evtl. unter Zusatz von etwas Salpetersäure abzurauchen, zu glühen und wieder zu wägen.

Dass feinste Oxydhäutchen durch den naszierenden Bromwasserstoff angegriffen werden, ist für die Brauchbarkeit der Methode belanglos, da es sich im Normalfall nur darum handelt, die gröberen Oxydteile festzustellen.

Calcium-Bestimmung

Grundsätzliches. Die hier beschriebene Calciumbestimmung lässt sich in Gegenwart sämtlicher im Aluminium vorhandenen Verunreinigungen ausführen. Es ist also nicht nötig, die sonst übliche Trennung vorzunehmen. Zu bemerken ist allerdings, dass die Magnesiumbestimmung, die häufig im Anschluss an die Calciumbestimmung durchgeführt wird, in diesem Fall n i c h t angeschlossen werden kann.

Calcium kommt im Aluminium nur in der Grössenordnung von einigen tausendstel bis hundertstel Prozenten vor. Aus diesem Grunde muss die Einwaage verhältnismässig gross gewählt werden, und es ist ausserdem eines der eingangs erwähnten Anreicherungsverfahren erforder- S. 6
lich.

Ausführung der Bestimmung. Man löst 25 g Späne durch Eintragen in 250 ccm 25%ige Natronlauge, verdünnt auf 700—800 ccm, gibt 5 ccm 5%ige Natriumoxalatlösung hinzu und kocht kurz auf. Nach etwa 2-stündigem Abstehen filtriert man die Hydroxyde durch ein schnellaufendes Filter. Den Rückstand wäscht man mehrere Male mit heissem Wasser aus. Da im allgemeinen grössere Mengen an Hydroxyden, vor allem Eisenhydroxyd, mitausfallen, ist an dieser Stelle ein Verlust an Calcium nicht zu befürchten. Man spritzt den Niederschlag, ohne das Filter zu durchstossen, in den Fällungsbecher zurück. Die letzten Reste des Hydroxydniederschlages löst man mit einer Mischung von 10 ccm konz. Salzsäure, 5 ccm 3%igem Wasserstoffperoxyd und 85 ccm heissem Wasser vom Filter ebenfalls in das Becherglas hinein. Man dampft die Lösung zur trockne ein, röstet ¼ Stunde auf dem Sandbad, um die Kieselsäure unlöslich zu machen, lässt abkühlen, gibt nochmals 10 ccm konz. Salzsäure hinzu und röstet wieder. Den Rückstand nimmt man mit etwa 100 ccm heissem Wasser und 2 ccm konz. Salzsäure auf, erhitzt, bis die Chloride unter Zurücklassung der ausgefallenen Kieselsäure gelöst sind, und filtriert die Kieselsäure durch ein schnellaufendes Filter ab.

Zum Filtrat gibt man 2 ccm Eisessig und soviel Ammoniumacetat hinzu, dass die Lösung gerade essigsauer wird (Rotfärbung von blauem Kongopapier). Dann erhitzt man auf 70° und fällt das Calcium als Oxalat, indem man soviel heisse 10%ige Ammoniumoxalatlösung zugibt, bis die rötliche Färbung des Eisenacetates in das Grüngelb des Eisenoxalats umschlägt. Nach Abstehen über Nacht filtriert man durch einen mit Asbest präparierten Goochtiegel oder durch einen Porzellanfiltertiegel. Das Oxalat wird etwa 6 mal mit heissem Wasser gewaschen, bei 110° getrocknet und als $CaC_2O_4 \cdot H_2O$ gewogen.

Der gravimetrische Wert lässt sich rasch durch Titra-
S. 115 tion kontrollieren.

Zusätzliche Hinweise. Beim Lösen der Späne in Natronlauge geht immer etwas Calcium in Lösung. Versetzt man, wie dies vielfach vorgeschlagen wird, die Lösung mit Natriumkarbonat, um Calcium zu fällen, so ist die Abscheidung unvollkommen. Zu einer quantitativen Abscheidung kommt man jedoch, wenn man statt Natriumkarbonat etwas Natriumoxalat zusetzt.

Die durch Rösten unlöslich gemachte Kieselsäure kann bei längerem Erhitzen (nicht Kochen) mit verdünnter Salzsäure wieder löslich werden. In diesem Fall darf daher beim Lösen nicht zu lange erhitzt werden. Zu einer wesentlich besseren Abtrennung der Kieselsäure kommt man jedoch, wenn sie nach dem Verfahren von Weiss
S. 48 durch Zusatz von Gelatine ausgeflockt wird.

Bestimmung von Calcium und Magnesium

Grundsätzliches. Zur Bestimmung des Magnesiums als Magnesiumammoniumphosphat in Anwesenheit von Calcium ist eine vorhergehende Abtrennung des Calciums erforderlich, weil dieses in ammoniakalischer Lösung mitgefällt wird. Die Trennung des Calciums vom Magnesium wird am zweckmässigsten in essigsaurer Lösung mit Ammoniumoxalat vorgenommen. Das ausfallende Calciumoxalat ist bei dem geringen Gehalt des Aluminiums an Calcium und Magnesium magnesiumfrei.

Ausführung der Bestimmung. Man löst 10 g der Legierung mit 125 ccm 25%iger Natronlauge, verdünnt auf etwa 500 ccm und gibt 5 ccm 5%ige Natriumoxalatlösung zur vollständigen Ausfällung des Calciums hinzu. Man kocht kurz auf, lässt 2 Stunden absitzen, filtriert durch ein schnellaufendes Filter und wäscht einige Male mit heissem Wasser aus. Man spritzt den Rückstand vom Filter in das Becherglas zurück und löst die Reste im Filter mit einer Lösung, die 10 ccm konz. Salzsäure, 5 ccm 3%ige Wasserstoffperoxydlösung und 85 ccm heisses Wasser enthält. Nach dem vollständigen Lösen gibt man 20 ccm 25%ige Ammoniumchloridlösung hinzu und fällt mit Ammoniak unter Zusatz von Bromwasser in der beschriebenen Weise S. 87 Mangan, Eisen, Titan und Reste des Aluminiums. Die Fällung ist wie angegeben zweimal durchzuführen. Die vereinigten ammoniakalischen Filtrate engt man auf etwa 200 ccm ein, säuert mit Essigsäure an und gibt in die etwa 70° heisse Lösung 15 ccm 5%ige Ammoniumoxalatlösung. Man kocht kurz auf, lässt mehrere Stunden auf dem Wasserbad stehen und filtriert das ausgeschiedene Calciumoxalat durch einen Porzellanfiltertiegel ab. Man wäscht einige Male mit heissem Wasser nach, trocknet bei 110° und wägt.

Das Calcium kann auch aus schwach basischer Lösung in Abwesenheit von Essigsäure, die beim Zugeben leicht ein Aufschäumen hervorruft, abgeschieden werden, ohne dass Magnesium mitfällt, wenn man folgende Bedingungen einhält: Die schwach saure Lösung wird mit 10 ccm 25%iger Ammoniumchloridlösung aufgekocht. Man entfernt die Heizquelle und neutralisiert die Lösung unter Zusatz von Methylorange mit verdünntem Ammoniak bis eben zur Gelbfärbung. Sodann versetzt man die Lösung unter intensivem Rühren mit 2—3 ccm gesättigter Ammoniumoxalatlösung. Die Temperatur beträgt nun 75—80°. Nachdem eine deutliche Trübung eingetreten ist, setzt man noch 25 ccm Ammoniumoxalatlösung hinzu, rührt noch einige weitere Minuten und filtriert erst nach 6 Stunden. Am besten lässt man über Nacht stehen. Der erhaltene Niederschlag ist praktisch frei von Magnesium und braucht im allgemeinen nicht umgefällt zu werden.

Falls grössere Mengen Calcium neben wenig Magnesium vorliegen, besteht die Gefahr, dass das Calcium durch einmaliges Fällen mit Ammoniumoxalat nicht vollständig abgetrennt wird, was auf Übersättigungserscheinungen beruht. Dies lässt sich durch intensives Kochen zum Teil aufheben, wobei aber auch grössere Mengen Magnesium ausgefällt werden. Man fällt also unter diesen Verhältnissen am besten immer um.

Das Filtrat (oder die vereinigten Filtrate, falls man das Calciumoxalat umgefällt hat) wird eingedampft und die Hauptmenge der Ammoniumsalze abgeraucht. Dadurch entfernt man auch den grossen Überschuss an Oxalat, was die spätere Magnesiumphosphatfällung sehr günstig beeinflusst. Nach dem Abrauchen wird der Rückstand mit 2 ccm Salzsäure (1:1) und 200 ccm Wasser wieder aufgenommen. Nach Zusatz von 10 ccm $25^{0}/_{0}$iger Ammoniumchloridlösung erhitzt man auf 80°, fügt 5 ccm Ammoniumoxalatlösung hinzu und neutralisiert dann mit verdünntem Ammoniak bis eben zur Gelbfärbung gegen Methylorange. Tritt nach 2 Stunden keine Trübung ein, so kann man weiter wie bei der Magnesium-Fällung üblich verfahren. Entsteht dagegen eine Trübung, was meistens der Fall sein wird, so fügt man weitere 5 ccm Oxalatlösung hinzu und wiederholt die Calcium-Fällung.

S. 61 Magnesiumbestimmung (s. u. A I b)

Natrium-Bestimmung[74, 81]

Grundsätzliches. Der Natriumgehalt von technischen Aluminiumsorten kann 0,0005 bis etwa 0,02% betragen. Die Hauptmenge des Natriums befindet sich meistens an der Oberfläche. Im Metall selbst ist es ungleichmässig (in Nestern) verteilt. Natrium wirkt in manchen Fällen festigkeitsvermindernd, in anderen korrosionsfördernd. Bei spektrographischen Prüfungen hat sich gezeigt, dass Natrium im Aluminium meistens zusammen mit Zink und Gallium auftritt, d. h. wenn eines dieser Elemente stärker auftritt, erscheinen auch die beiden anderen stärker als üblich.

Zur Bestimmung des Natriumgehaltes sind verschiedene Verfahren vorgeschlagen worden. Allen gemeinsam ist, dass man zunächst eine Anreicherung vornehmen muss. Hier sollen drei Methoden beschrieben werden:

1. Bestimmung mit Zinkuranylacetat,
2. Bestimmung mit Oxalsäure,
3. Ausschmelzverfahren. Vgl. Anhang z. Teil A. S. 295

Das Ausschmelzverfahren ist ein rein technisches, titrimetrisches Verfahren, das nur den Zweck hat, möglichst rasch dem Betrieb die nötigen Angaben zu machen. Trotz der Primitivität des Verfahrens erhält man annähernd richtige Werte. Das Oxalsäureverfahren gibt recht exakte Werte; es benötigt aber verhältnismässig lange Zeit zur Ausführung. Die Bestimmungen mit Zinkuranylacetat haben gegenüber der letztgenannten Methode verschiedene Vorteile. Vor allem ist der Zeitbedarf für die Ausführung der Analyse klein, da man infolge des grösseren Umrechnungsfaktors für Natrium von einer verhältnismässig kleinen Einwaage ausgehen kann. Ein weiterer Vorteil besteht darin, dass die Fällung in Gegenwart aller in Salzsäure löslichen Verunreinigungen ausgeführt werden kann. Schliesslich hat man noch die Möglichkeit, die gravimetrischen Ergebnisse durch Titration nachzuprüfen. Neuerdings wird statt Zinkuranylacetat auch

S. 334 Magnesiumuranylacetat als Fällungsmittel verwendet. Dies hat jedoch keinen Vorteil gegenüber der Arbeitsweise mit Zinkuranylacetat.

Erwähnt sei jedoch, dass man mit spektrographischen Bestimmungsverfahren zu viel genaueren Werten und auch erheblich rascher zu Ergebnissen kommt als bei den bisher behandelten Verfahren. Darauf wird S. 265 im Abschnitt «Spektrographie» näher eingegangen werden.

1. Bestimmung des Natriums mit Zinkuranylacetat

Ausführung der Bestimmung. Die von Barber und Kolthoff[74] verfeinerte Methode wurde für Aluminium wie folgt abgeändert: 10 g Späne werden in einem Quarzbecher in Salzsäure gelöst. Da die Chemikalien völlig natriumfrei sein müssen, andererseits aber die in Glasgefässen aufbewahrte Salzsäure immer deutliche Mengen an Natriumsalzen enthält, wird die für die Analyse benötigte Salzsäure durch Einleiten von Salzsäuregas in einen Erlenmeyerkolben aus Quarz gewonnen. Der Erlenmeyerkolben enthält aus Quarzgefässen doppelt destilliertes Wasser. Das Aussalzen muss möglichst rasch und ebenfalls in Quarzgefässen ausgeführt werden, weil bei mehrtägigem Stehen z. B. durch Staubteilchen Alkali in die Analysenlösung hineingebracht werden kann. Die Vorsichtsmassregeln, die beim Auskochen selbst zu beachten sind, ferner die Art des Kühlens und die Festlegung, wie oft das auskristallisierte Aluminiumchlorid wieder zu lösen und noch einmal auszusalzen ist, kann den Vor- S. 10 bemerkungen und der dort angeführten Tabelle entnommen werden.

Man salzt aus, bis beim Einengen auf 2 ccm Mutterlauge fast kein Aluminiumchlorid mehr ausfällt. Das ausgefallene Aluminiumchlorid nutscht man durch einen Platinfiltertiegel ab und wäscht gründlich mit gekühlter und mit Salzsäuregas gesättigter Salzsäure aus. Das Filtrat engt man in einer Quarzschale auf ein kleines Volumen ein, nimmt mit etwa 10 ccm heissem Wasser auf und filtriert evtl. ausgefallene Kieselsäure wieder durch einen Platinfiltertiegel ab. In das Filtrat gibt man 3 ccm konz. Salzsäure und dampft in einem 50ccm-Quarzbecher wieder auf etwa 2 ccm ab. Die abgekühlte vollständig klare Lösung wird mit 10 ccm Zinkuranylacetatlösung versetzt, wobei sie sich infolge der Anwesenheit von Eisen von Gelb nach Rot verfärbt. Nach kurzer Zeit entsteht ein feiner gelber Niederschlag, dessen Bildung durch Reiben mit einem Quarzstab beschleunigt werden kann. Nach etwa 2stündigem Stehen (bei sehr kleinen Fällungen nach 6stündigem Stehen) wird durch einen gewogenen Glassintertiegel 1G4 (Schott u. Gen.) abgesaugt. Man spült die Reste 2mal mit je 5 ccm des Fällungsmittels aus dem Bechergläschen heraus. Anschliessend werden Becherglas und Filter mit etwas Alkohol, der mit Natriumzinkuranylacetat gesättigt ist, nachgewaschen. Dabei tritt häufig im Filtrat eine Trübung auf, die jedoch vernachlässigt werden kann (s. »Zusätzliche Hinweise«). Hierauf wird im Äther- S. 32 strom getrocknet; der Tiegel wird aussen sorgfältig mit einem Lederlappen abgewischt und nach etwa 20 min gewogen.

Das Molekulargewicht des

$$NaZn(UO_2)_3 \cdot (CH_3COO)_9 \cdot 6\ H_2O$$

ist 1538,1.

Der Umrechnungsfaktor auf Natrium ist 0,01495.

Die für die Bestimmung erforderlichen Lösungen bereitet man in folgender Weise:

a) 10 g Uranylacetat, $(UO_2)_3 \cdot (CH_3COO)_2 \cdot 2\ H_2O$, löst man in 6 g Eisessig und 65 g Wasser.

b) 30 g Zinkacetat löst man in 3 g 30%iger Essigsäure und 65 g Wasser. Die Lösungen a) und b) giesst man zusammen, lässt über Nacht stehen und filtriert. 10 ccm dieser Lösung fällen ca. 8 mg Natrium aus.

Bei Aluminium oder Aluminiumlegierungen mit höherem Siliciumgehalt ($>$1% Si) treten Störungen auf, die eine gravimetrische Bestimmung unmöglich machen können.

Beachtet man jedoch die folgende Arbeitsweise, so erhält man auch dann noch befriedigende Ergebnisse.

Man löst 10 g Späne wie angegeben im Quarzbecher in alkalifreier Salzsäure, filtriert den Rückstand, der aus Silicium und Kieselsäure besteht, durch einen Platinfiltertiegel ab, verflüchtigt das Silicium durch Behandeln des Rückstandes mit etwas Flussäure, Salpetersäure und 1 ccm Schwefelsäure (1 : 1). Beim Eindampfen der Schwefelsäure achtet man darauf, dass die Masse nicht fest wird, sondern nur etwas eindickt, nimmt mit Wasser auf und gibt die Lösung zum Hauptteil der Analysenmenge hinzu. Die Analysenlösung behandelt man dann weiter wie angegeben.

Zusätzliche Hinweise. Der Vergleich der nach 1. erhaltenen Werte mit den auf spektrographischem Wege gefundenen hat gezeigt, dass die Werte durch die lange Dauer der Ausführung und durch die verhältnismässig grossen Chemikalienmengen, die benötigt werden, sehr leicht zu hoch werden. Selbst die Einführung von Quarzgefässen und Platingeräten sowie die sorgfältige Herstellung von alkalifreier Salzsäure hat nicht genügt, um die Fehler völlig zum Verschwinden zu bringen und damit den Blindwert genügend klein werden zu lassen. Auch unter solchen Bedingungen k a n n der Blindwert noch ein vielfaches des tatsächlichen Analysenwertes betragen. Es muss also bei der Natriumbestimmung besonders sorgfältig gearbeitet werden, um zu nur einigermassen brauchbaren Ergebnissen zu gelangen.

Das gebildete Natrium-Zinkuranylacetat ist verhältnismässig leicht löslich. Wegen dieser Löslichkeit darf nur w e n i g gewaschen werden, selbst wenn man Fällungsreagens oder auch an Salz gesättigten Alkohol verwendet. Um den Wascheffekt möglichst zu verbessern, soll jedesmal stark abgesaugt werden. Die Trübung, die beim Nachwaschen auftreten kann, rührt nicht von verlorengegangenem Natrium her, sondern ist auf Übersättigungserscheinungen zurückzuführen. Es kann an dieser

Stelle einerseits Aluminiumchlorid und anderseits auch Zinkuranylacetat ausfallen. Die Methode ist von verschiedenen Seiten nachgeprüft worden und hat sich trotz obiger Mängel bewährt.

2. Bestimmung des Natriums mit Oxalsäure[81]

Ausführung der Bestimmung. 50—100 g Aluminium werden in Salzsäure gelöst und von der Hauptmenge des Aluminiums abgetrennt wie beschrieben. Man beendet das Auskristallisieren, wenn das Filtrat nicht mehr als etwa 10 g Aluminiumchlorid, entsprechend etwa 1 g Al, enthält. Die Mutterlauge wird in eine 200ccm-Quarzschale gespült und auf dem Wasserbad bis zur Kristallbildung abgedampft. Dann nimmt man mit ca. 50 ccm Wasser auf, gibt 30 g Oxalsäure hinzu und dampft zur trockne. Unter ständigem Rühren vertreibt man die letzten Flüssigkeitsreste und glüht anschliessend die Schale etwa ½ Stunde über einem Bunsenbrenner. Das Natriumchlorid wird durch die Oxalsäure in Na_2CO_3 umgewandelt, das Aluminiumchlorid in Al_2O_3 und die übrigen Chloride in die entsprechenden Oxyde. S. 6, 30

Nach dem Erkalten kocht man den Rückstand mit 20—30 ccm Wasser unter ständigem Rühren aus. Den wässerigen Auszug dekantiert man durch ein kleines gehärtetes Filter und wiederholt das Auslaugen der Oxyde noch 3—4mal. Die vereinigten Auszüge engt man ein, macht schwach ammoniakalisch und gibt einige Kubikzentimeter 10%ige Ammoniumsulfidlösung sowie je 5 ccm 5%ige Ammoniumoxalatlösung und 10%ige Ammoniumkarbonatlösung hinzu. Man erhitzt zum Sieden und lässt 3—4 Stunden absitzen. Dann filtriert man durch ein gehärtetes Filter in eine gewogene Platinschale, wäscht das Filter einige Male mit heissem, ammoniumsulfidhaltigem Wasser aus und verkocht zunächst Ammoniak und Schwefelwasserstoff. Dann säuert man die Lösung mit einigen Tropfen Schwefelsäure an, dampft auf dem Wasserbad möglichst weit ab und trocknet vorsichtig im Trockenschrank bei 130°. Sind die Ammoniumsalze trocken, so raucht man sie über dem Bunsenbrenner ab und glüht die Schale vor dem Gebläse, wobei man darauf achtet, dass nur jeweils eine kleine Stelle der Platinschale dunkel rotglühend wird. Das Natrium wird als Natriumsulfat ausgewogen. Wenn auch normalerweise im Natriumsulfat Magnesium und Zink nicht mehr gefunden werden, so ist eine Prüfung auf diese Bestandteile sowie auf Reste von Eisen unerlässlich.

Zusätzliche Hinweise. Die Oxalsäure überführt die vorhandenen Metallchloride in Oxyde und das Natriumchlorid in Natriumkarbonat. Bei örtlicher Überhitzung kann sich jedoch Natriumkarbonat mit den Oxyden umsetzen, z. B. unter Bildung von Natriumaluminat. Dadurch können Verluste auftreten; daher darf beim Glühen mit Oxalsäure kein Gebläse angewendet werden. Beim Glühen des Natriumsulfats in der Platinschale sollen 800° nicht überschritten werden, da sonst Verdampfungsverluste auftreten können. Beim Abrauchen der Ammoniumsalze hat sich ein Quarzoberhitzer bestens bewährt.

Phosphor-Bestimmung [B17, 90]

Grundsätzliches. Der Phosphor kommt im Aluminium in Form von Phosphiden vor. Beim Zersetzen muss der sich bildende Phosphorwasserstoff in irgendeiner Form oxydiert werden, ehe man die Phosphorsäure aus der wässerigen Lösung mit Molybdänsäurelösung fällen kann. Vielfach wird die Probe zu diesem Zweck nur mit verdünnter Salzsäure gelöst und das entstehende Gasgemisch
S. 173 in Brom-Salzsäure eingeleitet (Vorschlag von M. Jean). Neben Wasserstoff und Phosphorwasserstoff enthält das Gas noch Schwefelwasserstoff, e v t l. Arsenwasserstoff und vor allen Dingen Siliciumwasserstoff. Während man

auf verhältnismässig einfache Weise den Schwefelwasserstoff aus der Lösung verkochen und das Arsen als Sulfid entfernen kann, lässt sich die aus dem Siliciumwasserstoff entstehende Kieselsäure nicht so leicht abtrennen. Aus diesem Grunde ist es zweckmässig, die entstehenden Gase zu verbrennen, die Verbrennungsprodukte durch verdünnte Natronlauge zu leiten, die Kieselsäure durch Abrauchen mit Flussäure zu entfernen und dann erst die eigentliche Phosphorsäurefällung folgen zu lassen. Arsen ist im allgemeinen im Aluminium nicht vorhanden, und Schwefelwasserstoff wird zu SO_2 verbrannt. Daher braucht man bei der Abtrennung auf diese Bestandteile normalerweise keine Rücksicht zu nehmen.

Apparatur. Abb. 3 gibt den wesentlichen Teil der erforderlichen Apparatur wieder. Sie besteht aus einer einfachen, mit Alkalilösung gefüllten Gaswaschflasche (Blasenzähler und Wasserstoffreiniger), einem Zersetzungskolben, zwei Absorptionsgefässen und einer Wasserstrahlpumpe. Der Zersetzungskolben ist mit einem Glasschliff verschlossen, durch dessen Kuppel seitlich ein Glasrohr bis auf den Boden des Kolbens zum Einleiten von Wasser-

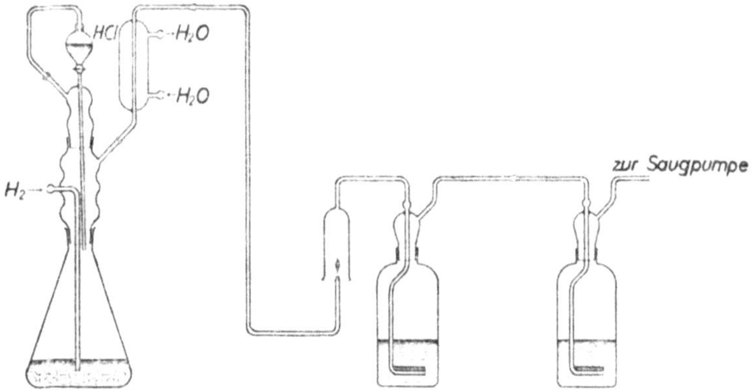

Abb. 3. Apparatur zur Phosphor-Bestimmung

stoff führt; auf der entgegengesetzten Seite ist das Gasableitungsrohr eingesetzt, dessen aufsteigender Teil von einem Rückflusskühler umschlossen wird. In der Mitte des Schliffes ist wieder mit einem Schliff ein Tropftrichter aufgesetzt, der mit einem Druckausgleichrohr versehen ist. An die Einsaugrohre beider Absorptionsflaschen sind zur besseren Gasverteilung Glasfritten angesetzt. Um die Verbrennungsgase sicher aufzufangen, ist das Ansaugrohr, in das die Verbrennungsflamme hineinbrennt, durch einen angesetzten Vorstoss oder einen offenen Glaszylinder erweitert.

Ausführung der Bestimmung. In den Zersetzungskolben wägt man 20—30 g Späne und bedeckt sie eben mit Wasser. Nun verdrängt man die Luft durch Einleiten von Wasserstoff, der vorher eine mit verdünnter Natronlauge beschickte Waschflasche durchströmt. Hat man einige Zeit Wasserstoff eingeleitet, so prüft man auf Knallgas, indem man das aus dem Verbrennungsrohr ausströmende Gas in Seifenwasser leitet und die Seifenblasen anzündet. Erst wenn der Kolben frei von Knallgas ist, erhitzt man auf 70—80° und entzündet den ausströmenden Wasserstoff. Um das Verlöschen durch Wasserverschluss oder Druckverminderung zu verhindern, lässt man in unmittelbarer Nähe der Ausströmöffnung ein kleines Gasflämmchen*) mitbrennen und versieht das Gasaustrittsrohr an der tiefsten Stelle mit einem kleinen Sammelgefäss für Kondenswasser und dieses mit einem Hahn. Die beiden Absorptionsgefässe, die mit je 2 ccm 25%iger Natronlauge und etwa 200 ccm Wasser beschickt sind, werden miteinander Glas an Glas verbunden und an eine Wasserstrahlpumpe angeschlossen. Diese soll so rasch Luft ansaugen, dass die Verbrennungsgase restlos in den Vorstoss hineingesaugt werden; man darf aber auch nicht zu rasch saugen, da sonst die Absorption unvollständig wird.

Zur Zersetzung der Späne lässt man Salzsäure (1 : 1) so

*) Wasserstoff aus der Bombe oder PH_3-freies Leuchtgas!

langsam zutropfen, dass das Flämmchen etwa 2—3 cm hoch brennt. Bei beginnendem Lösen erhitzt man nur ab und zu den Kolben, um eine zu plötzliche Reaktionsbeschleunigung zu vermeiden. Nach beendeter Zersetzung leitet man noch ½ Stunde lang Wasserstoff durch die Apparatur, wobei die Lösung selbst schwach kochen soll.

Die phosphorsäurehaltige Lösung gibt man in ein Becherglas, säuert mit 4 ccm Schwefelsäure (1 : 1) an und engt ein. Der Vorstoss enthält immer einen weissen Belag von SiO_2 und P_2O_5. Die Kieselsäure hält jedoch die Phosphorsäure so hartnäckig fest, dass letzte nicht mit Wasser oder Salpetersäure herausgelöst werden kann. Daher ist man gezwungen, den Vorstoss mit einer sehr verdünnten Flusssäure (ca. 50 ccm 3%ig, entsprechend etwa 8 g 40%iger Flussäure, verdünnt auf 50 ccm) dreimal auszuspülen. Auch die Absorptionsgefässe müssen mit verdünnter Flusssäure durchspült werden *). Der Angriff auf die Glasgefässe selbst ist dabei ausserordentlich gering.

In einem Blindversuch muss der Phosphorgehalt der Flussäure und der Chemikalien ermittelt werden. Deshalb muss man auch die Menge der verwendeten Flusssäure durch Wägen (8 g) genau festhalten. Die Flusssäure giesst man in eine Platinschale, gibt die eingeengte Absorptionslösung hinzu und dampft ab. Dann vertreibt man die überschüssige Schwefelsäure durch vorsichtiges Erhitzen; Rotglut ist zu vermeiden, weil sonst Verluste an Phosphorsäure auftreten können. Nach dem Erkalten löst man den Rückstand mit wenig heissem Wasser und 2 ccm Salpetersäure (1 : 1) und spült in ein 100ccm-Bechergläschen über. In die Lösung, deren Volumen nicht mehr als 50 ccm betragen soll, gibt man 10 ccm konz. Salpetersäure und 10 g Ammoniumnitrat. Nun erwärmt man auf höchstens 65° und fällt mit 25 ccm Ammoniummolybdatlösung; durch Reiben mit einem Glasstab wird die Fällung

*) Wegen der oft bösartigen Geschwüre, die beim Verätzen der Haut mit Flussäure auftreten können, ist die Verwendung von Gummihandschuhen erforderlich.

beschleunigt. Nach 12-stündigem Abstehen filtriert man durch ein kleines schnellaufendes Filter, das mit Filterschleim beschickt ist, und wäscht den Filterinhalt mit einer heissen Lösung, die 20 ccm konz. Salpetersäure und 25 g Ammoniumnitrat auf 500 ccm Wasser enthält. Das Ammoniumphosphormolybdat löst man mit 2—4 ccm Ammoniak (1 : 1) in einen gewogenen Porzellantiegel hinein und dampft auf dem Wasserbad zur trockne. Durch gelindes Erwärmen über einer kleinen Gasflamme verflüchtigt man die Ammoniumsalze. Man kann den Phosphor als gelbes Ammoniumphosphormolybdat $(NH_4)_3PO_4 \cdot 12\,MoO_3$ (f = 0,0164 empirisch ermittelt bei 105°) oder als blaues Phosphormolybdat $P_2O_5 \cdot 24\,MoO_3$ (f = 0,0172 nach Verglühen bei 500°) wägen.

Herstellung der Ammoniummolybdatlösung. Die für diese Art der Fällung benutzte Ammoniummolybdatlösung wird zweckmässig »gehärtet«; dies geschieht in folgender Weise: 150 g Ammoniummolybdat, $(NH_4)_6 \cdot Mo_7O_{24} \cdot 4\,H_2O$, werden in 750 ccm Wasser gelöst und filtriert. Darauf gibt man noch 250 ccm Wasser hinzu und lässt die kalte Lösung langsam unter kräftigem Schütteln in einen Rundkolben einfliessen, der mit 1000 ccm Salpetersäure (3 : 7) beschickt ist. Dabei soll noch keine Ausflockung von Molybdänsäure auftreten, auch nicht vorübergehend. Im Laufe von 2 Tagen erhitzt man die Lösung langsam auf 80°. Nachdem man von der ausgeschiedenen Molybdänsäure, etwa $^2/_5$ der Ausgangsmenge, abfiltriert hat, ist die Lösung gebrauchsfertig.

Man kann die Fällung und Bestimmung des Phosphors auch nach Woy oder Eggertz-Finkener[B17] ausführen; diese Fällungsart ist jedoch so bekannt, dass sie hier nicht näher beschrieben werden soll.

Zusätzliche Hinweise. Jede Ammoniummolybdatlösung hat die Eigenschaft, bei längerem Stehen Molybdänsäure abzusetzen. Dies tritt besonders leicht ein, wenn die Lösung erwärmt wird. Unter diesen Umständen kann bei der Analyse neben dem Phosphormolybdat eine unerwünschte Ausscheidung von Molybdänsäure auftreten, die nicht mehr abzutrennen ist. Durch die hier beschriebene »Härtung«, d. h. ein Widerstandsfähigmachen gegen höhere Temperaturen, wird diese Fehlermöglichkeit vermieden.

Viele Sorten Hahnfett enthalten Phosphate; deshalb darf man zum Dichten die Schliffe der Apparatur nur an den oberen Hälften und nur sehr schwach fetten.

Durch zu starkes Abrauchen mit Flussäure in der Platinschale können Verluste auftreten; die überschüssige Flussäure darf also nur sehr vorsichtig entfernt werden.

Bei der Zersetzung der Späne kann durch zu kräftiges Lösen der Gasstrom zu stark werden. Es ist deshalb beim Zersetzen darauf zu achten, dass die Geschwindigkeit des Lösevorganges mit der geforderten Grösse der Flamme in Einklang gebracht wird.

Schwefel-Bestimmung [B6, 94]

Grundsätzliches. Der Schwefel kommt im Aluminium in Form von Sulfiden vor. Zu seiner Bestimmung löst man Aluminium in Salzsäure, leitet den gebildeten Schwefelwasserstoff in eine essigsaure Lösung, die Cadmium- und Zinkacetat enthält, setzt das gebildete Sulfid mit Kupfersulfatlösung zu Kupfer(II)-sulfid um, überführt dieses durch Verglühen in Kupfer(II)-oxyd und wägt. Besser aber filtriert man das sich bildende Cadmiumsulfid ab und ermittelt den Schwefelgehalt jodometrisch.

Apparatur. Zur Ausführung der Analyse benötigt man einen Kohlensäure-Entwickler und einen etwa 1 l fassenden Rund- bezw. Erlenmeyerkolben, dessen Hals mit einem dreifach durchbohrten Korkstopfen verschlossen ist. Durch die eine Bohrung führt man einen Tropftrichter und durch die zweite ein gebogenes, bis auf den Kolbenboden reichendes Glasrohr, durch das die Kohlensäure eingeleitet wird. Ein zweites gebogenes Rohr, das kurz unter dem Stopfen endet, dient zum Ableiten des entwickelten Gases. An dieses Rohr schliesst man einen mit Waschflüssigkeit beschickten Erlenmeyer-Kolben an und an diesen wieder zwei mit der Fällungslösung versehene Kolben. Die Absorption erfolgt meistens restlos im ersten Kolben, der

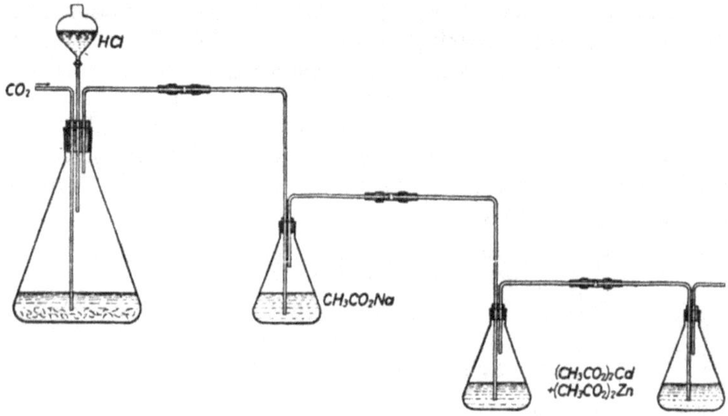

Abb. 4. Apparatur zur Schwefel-Bestimmung

zweite dient zur Sicherung. Die Kolben sind mit zweifach durchbohrten Korkstopfen verschlossen. Die Einleitungsrohre reichen jeweils bis zum Boden.

Da die gebräuchlichen Gummischläuche vulkanisiert sind und infolgedessen bei starkem Angriff durch Säuren Schwefel abgeben können, dürfen die einzelnen Rohre und Gefässe nicht mit Gummi verbunden oder mit Gummi verschlossen werden. Man schiebt daher über die aneinander stossenden Rohrenden ein etwa 5 cm langes weiteres Glasrohr. Über die Enden dieses Rohres können dann, ohne dass man Fehlresultate befürchten muss, Schlauchstücke zum Abdichten gezogen werden. Wenn man die Schlauchstücke an dem einen Ende umschlägt, so schliessen sie auch gegen die dünnen Glasrohre genügend dicht ab. Die im allgemeinen verwendeten Korkstopfen kann man durch eine Masse, die man sich aus Talkum und Wasserglas herstellt, vollkommen abdichten. Die Masse erhärtet so rasch, dass eine Verzögerung der Analyse im allgemeinen nicht eintritt. Es ist selbstverständlich möglich, auch Gefässe zu verwenden, die statt der Korkstopfen mit Glasschliffen in entsprechender Ausführung versehen sind.

Ausführung der Bestimmung [94, 151]. In den Kolben wägt man 10—20 g Späne ein, überdeckt sie mit Wasser und verschliesst den Kolben (Abb. 4). In den ersten hinter dem Zersetzungskolben stehenden 500ccm-Erlenmeyer-Kolben gibt man 100 ccm Wasser und ca. 3 g Natriumacetat, in die beiden folgenden Absorptionskolben je 40 ccm Cadmium-Zinkacetatlösung. Die Fällungslösung stellt man sich in der Weise her, dass man 20 g Zinkacetat, 5 g Cadmiumacetat und 250 ccm Eisessig in einen Literkolben gibt und zur Marke auffüllt.

Nun leitet man einen langsamen Strom von Kohlensäure durch die Apparatur und lässt langsam zunächst konzentrierte, später verdünnte Salzsäure zutropfen. Der Gasstrom wird durch die Waschflüssigkeit von mitgerissener Säure gereinigt und der erhaltene Schwefelwasserstoff im nächsten Kolben gefällt. Sind die Späne gelöst, so erhitzt man den Inhalt des Zersetzungskolbens zum Sieden und im Anschluss daran den zweiten Kolben mit der Waschflüssigkeit ebenfalls. Auf diese Weise werden die letzten Reste an Schwefelwasserstoff aus den Lösungen ausgetrieben.

In die Vorlage mit Cadmiumsulfid gibt man anschliessend 5 ccm Kupfersulfatlösung (12 g kristallisiertes Kupfersulfat, 12 ccm konz. Schwefelsäure mit Wasser auf 100 ccm aufgefüllt) und setzt in gelinder Wärme das Cadmiumsulfid zu Kupfersulfid um, filtriert die geklärte Lösung, wäscht mit warmem Wasser aus und verascht Filter mit Niederschlag feucht. Jetzt wird mit aufgelegtem Deckel einige Minuten möglichst stark geglüht und dann das Kupfer(II)-oxyd gewogen.

Besser geht man nach der Sulfidfällung titrimetrisch vor. Man filtriert den Cadmiumsulfidniederschlag durch ein kleines Filter und wäscht nochmals mit verdünntem Ammoniak aus. An der Wandung des Einleiterohres haftet meist etwas gelbes Sulfid. Mit einem kleinen Stück Filterpapier wischt man dieses ab und gibt es zum Niederschlag in das Filter. Das Filter selbst bringt man in ein kleines Becherglas, gibt 100 ccm $^{1}/_{50}$n-Jodlösung hinzu, dann 10 ccm 2n-Salzsäure, schüttelt einige Minuten gut um und titriert nach Zugabe von einigen Tropfen Stärkelösung mit $^{1}/_{50}$n-Thiosulfatlösung auf farblos.

Aus der Menge der verbrauchten Jodlösung errechnet sich der Schwefelgehalt. 1 ccm $^{1}/_{50}$n-Jodlösung entspricht 0,321 mg S.

Silicium-Bestimmung [B6, 99, 101, 102, 104]

Allgemeines. Silicium im Aluminium kann nach der Methode der Aluminiumfabrik Neuhausen, nach Otis-Handy, nach Regelsberger, ferner nach Weiss bestimmt werden. Beim Lösen in Schwefelsäure nach der Methode Neuhausen besteht immer die Gefahr, dass Siliciumwasserstoff entwickelt wird und damit Silicium der Bestimmung entgeht. Diese Gefahr ist besonders gross, wenn das Silicium im Aluminium in Form von Siliciden enthalten ist. Selbst in 99,8%igem Hüttenaluminium ist ein Teil des Siliciums noch als Silicid enthalten. Der Anteil an Silicid steigt mit dem Siliciumgehalt und mit der Zunahme der übrigen Verunreinigungen. Selbst bei Zusatz von Salpetersäure zum Säuregemisch, wie ihn Otis-Handy vorschreibt, ist dieser Verlust bei höheren Siliciumgehalten nicht völlig ausgeschaltet, besonders dann nicht, wenn das Aluminium Magnesium enthält. Bei grösseren Mengen Silicium, über 0,5% Si, wird ausserdem das Silicium, soweit es in Form des sogenannten graphitischen Siliciums vorliegt, nicht quantitativ in SiO_2

übergeführt. Das Gemisch von SiO_2 und Si enthält ferner immer Fe_2O_3 und Al_2O_3. Aus diesen Gründen schliesst man nach Otis-Handy das veraschte Filter mit Natriumkarbonat auf, wobei das gesamte noch vorhandene Silicium in SiO_2 übergeführt wird, und scheidet die Kieselsäure nochmals in bekannter Weise ab.

Schliesst man jedoch von vornherein nach Regelsberger alkalisch auf, so vermeidet man einerseits Verluste an Siliciumwasserstoff und anderseits die unvollständige Oxydation des graphitischen Siliciums. Die Methode Regelsberger benötigt im allgemeinen mehr Zeit zur Durchführung als die Methode Otis-Handy, besonders wenn man letzte abkürzt, d. h. sich den Aufschluss des Glührückstandes und das Abrauchen des Filtrates erspart und sie nur bis zu Höchstgehalten von 0,7% Silicium verwendet.

Der alkalische Aufschluss mit der Weiterarbeit nach Weiss benötigt allerdings auch nicht mehr Zeit als die Methode Otis-Handy. Die Methode Regelsberger ist in beiden Variationen sicherer als die nach Otis-Handy.

Zum Abrauchen von Kieselsäure mit Flussäure ist zu bemerken, dass dann, wenn grössere Mengen Aluminiumoxyd vorliegen und neben der Flussäure sehr wenig Schwefelsäure zugesetzt wird, Verluste an Aluminiumfluorid auftreten können, wobei man wohl an flüchtige saure Fluoride denken muss. Im allgemeinen ist der Schwefelsäureüberschuss hinreichend gross. Wenn jedoch z. B. Legierungen mit 35% Silicium oder mehr untersucht werden sollen, kann sich dieser Fehler schon bemerkbar machen. Ein Schwefelsäurezusatz, der gewichtsmässig das mehrfache der vorhandenen Aluminiumoxydmenge beträgt, verhindert einwandfrei die Verflüchtigung.

1. Methode Neuhausen (Betriebsmethode) [B6]

Grundsätzliches. Die Neuhausener Methode stellt eine ausgesprochene Betriebs-Schnellmethode dar, die für Siliciumgehalte von 0,05—0,7% brauchbar ist. Die Methode ist für Hütten-Aluminium und Umschmelzmetall gedacht und für Serienanalysen besonders geeignet. Das Filtrat kann direkt zur Eisenbestimmung verwandt werden. Die Genauigkeit bei 0,1% Si beträgt ± 10%, bei 0,7% Si ± 1,5% des gefundenen Wertes.

Ausführung der Bestimmung. 2 g Bohrspäne werden in einem 500ccm-Erlenmeyer-Kolben mit 70 ccm Schwefelsäure (d 1,6) übergossen und durch etwa halbstündiges schwaches Kochen am Rückflusskühler gelöst. Sind die Späne zu grob, so dauert der Lösungsvorgang zu lange, und es scheidet sich leicht Aluminiumsulfat ab, das die Späne umhüllt und ihre völlige Auflösung verhindert. Um dies zu vermeiden, ist auf feines Probematerial zu achten.

Ist das Metall gelöst, lässt man einige Minuten abkühlen und verdünnt mit kaltem Wasser auf 150—200 ccm. Die ausgeschiedene Kieselsäure wird durch ein schnellaufendes Filter filtriert, mit heissem Wasser bis zu zehnmal gut ausgewaschen und im gewogenen Porzellantiegel verascht, geglüht und gewogen. Die gewogene Kieselsäure enthält im Normalfalle wenig Fe_2O_3 und Al_2O_3; weisse Flocken oder Spitzen, die nach dem Veraschen im Rückstand auftreten können, deuten immer auf Anwesenheit von Aluminiumoxyd und damit auf ungenügendes Auswaschen hin.

Zusätzliche Hinweise. Bei dieser Methode treten immer Verluste auf, da man im Interesse einer raschen Durchführung der Bestimmung durch schnellaufende Filter filtriert. Die Verluste können bei einem Gesamtgehalt von z. B. 0,4% Si $^2/_{100}$—$^3/_{100}$% (1—2 mg SiO_2 Auswaage) betragen. Da man jedoch das Filter nach dem Auswaschen nur verascht und nicht mehr mit Flussäure abraucht, so wägt man immer etwas Fe_2O_3 und Al_2O_3 mit aus. Es ist nämlich nicht möglich, Kieselsäure so auszuwaschen, dass sie keine Fremdsalze mehr enthält. Die beiden erwähnten Fehler gleichen sich aber im allgemeinen so weitgehend aus, dass man normalerweise die gleichen Ergebnisse erhält wie bei der Verwendung genauerer Methoden.

2. Methode Otis-Handy [B 3 c, 99]

Abgeändertes Verfahren

Grundsätzliches. Die Methode Otis-Handy gibt bei Siliciumgehalten von 0,1—0,7% sehr genaue Werte; bei Gehalten von 0,7—2% Si ist sie beschränkt als »Betriebs-Schnellmethode« brauchbar. Legierungen, die nach dieser Arbeitsweise untersucht werden, dürfen nicht mehr als 0,1% Blei enthalten.

Die Genauigkeit bei 0,1% Si beträgt ± 10%, bei 0,7% Si ± 1,5% des gefundenen Wertes.

Ausführung der Bestimmung. 2 g Späne löst man im bedeckten Philippsbecher (600 ccm) mit 40 ccm Mischsäure (700 ccm H_2SO_4 (1 : 1) und 300 ccm HNO_3 konz.) unter dem Abzug und fügt noch 15 ccm konz. Salzsäure portionsweise hinzu ohne zu erwärmen. Während der Zersetzung sollen ständig braune Dämpfe von Stickoxyden über der Flüssigkeit stehen, um Siliciumwasserstoffe zu SiO_2 zu oxydieren. Nach beendigtem Lösen spült man Uhrglas und Philippsbecher ab und dampft auf dem Sandbad ein, bis schwache SO_3-Dämpfe auftreten, lässt unter Umschwenken fest werden und eine halbe Stunde kräftig rauchen. Der erkaltete Sulfatbrei wird mit ca. 200 ccm heissem Wasser aufgenommen; man erhitzt, bis das Aluminiumsulfat klar gelöst ist, und filtriert dann durch ein gehärtetes Filter oder durch ein schnellaufendes Weissbandfilter mit Filterschleim. Das Filter wäscht man etwa 6 bis 8mal mit kochendheissem Wasser aus, verascht und glüht es im Porzellantiegel bei etwa 950° und wägt anschliessend. Auswaage: SiO_2.

Der im Tiegel erhaltene Glührückstand kann dunkelbraun bis schwarz aussehen, wenn er graphitisches Silicium enthält. In diesem Fall wird er mit einem Pinsel in einen Platintiegel überführt, gewogen, mit einigen Tropfen Schwefelsäure (1 : 1) angefeuchtet, mit 1—2 ccm 40%iger Flussäure versetzt, abgeraucht, schwach geglüht und wieder gewogen. Die Gewichtsdifferenz ergibt die Menge der entfernten Kieselsäure. Hierauf wird das Abrauchen nochmals wiederholt, aber mit dem Unterschied, dass nach dem Flussäurezusatz noch 20 Tropfen Salpetersäure (d 1,4) hinzugefügt werden. Die jetzt nach dem Abrauchen und Glühen erhaltene Gewichtsdifferenz entspricht der Entfernung von Silicium.

Zusätzliche Hinweise. Um die Kieselsäure unlöslich zu machen, wird im Sandbad oder auf einer Heizplatte abgeraucht. Von der Art des Abrauchens hängt es ab, ob man die Kieselsäure vollständig abscheiden kann. Man muss also darauf achten, dass beim Abrauchen auf dem Sandbad kräftige SO_3-Nebel entweichen; wenn man ganz sicher gehen will, raucht man zum zweiten Mal ab. Bei Gehalten über 0,7% Si und bei Anwesenheit von Mg_2Si gelingt es nicht mehr, die Bildung von flüchtigen Silanen vollkommen zu verhindern. Gleichzeitiges Oxydieren und Abrauchen bei der ersten Behandlung des Glührückstandes führt erfahrungsgemäss leicht zu falschen Werten, deshalb ist das stufenweise Abrauchen ohne und mit Salpetersäure zu empfehlen.

3. Methode Regelsberger [B 3 c, 102]

Anwendungsbereich. Die Methode Regelsberger hat allen anderen Verfahren gegenüber den Vorteil, dass man nie mit dem Verlust von Silicium durch Entweichen von Siliciumwasserstoffen zu rechnen hat. Die Methode kann deshalb oberhalb 0,1% bis zu den höchsten Gehalten an Silicium angewendet werden. Die mit dieser Methode erreichten Genauigkeiten sind folgende:

bei 40% Si	± 0,5%	des	gefundenen	Wertes
» 10% Si	± 1,0%	»	»	»
» 1% Si	± 1,5%	»	»	»
» 0,1% Si	± 10%	»	»	»

Ausführung der Bestimmung. Je nach dem Siliciumgehalt wägt man ½—2 g Späne in eine Nickelschale und gibt 3—7 g Natriumhydroxyd (in Plätzchen) und 10 ccm Wasser hinzu. Bei Proben mit mehr als 5% Silicium nimmt man die etwa 6fache Menge Natriumhydroxyd, auf die Einwaage bezogen. In die bedeckte Schale spritzt man nach und nach ca. 60 ccm Wasser und kocht unter Ergänzen des Wassers max. eine halbe Stunde. Man lässt kurz abkühlen und spült in eine Porzellanschale, in die man je nach Einwaage 15—40 ccm Schwefelsäure (1 : 1) vorgelegt hat. Bei 1 g Einwaage und Verwendung der 6fachen Menge Natriumhydroxyd benötigt man 30 ccm Schwefelsäure (1 : 1). Die noch vorhandenen Reste löst man aus dem Tiegel bzw. der Schale mit wenig heisser Salzsäure heraus und wischt mit einem Gummiwischer nach. Evtl. vorhandener Metallschwamm wird durch portionsweisen Zusatz von 5—15 ccm Wasserstoffperoxyd gelöst und ebenfalls der Hauptmenge hinzugefügt. Nachdem man zur trockne abgeraucht hat, nimmt man mit ca. 200 ccm heissem Wasser auf, erhitzt bis zur Lösung der Sulfate, filtriert die ausgeschiedene Kieselsäure (bei grösseren SiO_2-Mengen durch ein schnellaufendes Filter, sonst durch ein gehärtetes Filter) und dampft das Filtrat nochmals zur trockne ein. Man nimmt wieder mit Wasser auf, filtriert durch ein zweites gehärtetes Filter, wäscht 6—8 mal, verascht beide Filter gemeinsam im Platintiegel, wägt, raucht mit 2—3 ccm Flussäure unter Zusatz von 5—10 Tropfen Schwefelsäure ab, glüht bei 950° und wägt. Die Differenz ergibt den Kieselsäuregehalt.

Eine 40% Si enthaltende Legierung löst sich leichter bei Zugabe von zunächst 15 ccm 25%iger Natronlauge und dann von 5 g Natriumsuperoxyd. Im übrigen verfährt man weiter wie angegeben.

Liegen Vorlegierungen mit verhältnismässig niederem Gehalt an Aluminium vor (weniger als 50%), so ist es vorteilhaft, den Aufschluss ohne Zusatz von Wasser durchzuführen. Man arbeitet dann wie folgt: 0,5—1 g der fein zerkleinerten Probe (diese Legierungen sind alle sehr spröde) wird mit 2—3 Plätzchen Natriumhydroxyd in einem Silbertiegel langsam erwärmt. Die Reaktion verläuft dann mässig und ohne zu schäumen. Wenn die Reaktion nachlässt, wird nach und nach mehr Natriumhydroxyd zugesetzt, bis man insgesamt 4—8 g je nach Tiegelgrösse verwendet hat. Die Temperatur wird jetzt langsam gesteigert, bis schwache Rotglut am äusseren Tiegelboden auftritt (die Temperatur in der Schmelze beträgt dann etwa 450°). Der Aufschluss ist beendet, wenn die Schmelze ruhig fliesst. Sind nennenswerte Mengen Eisen vorhanden, so ist die Schmelze dunkelbraun und getrübt. Dies bedeutet nicht, dass der Aufschluss etwa unvollständig war und braucht deshalb nicht berücksichtigt zu werden. Die Hauptmenge der Schmelze wird auf einer kalten polierten Stahlplatte ausgegossen. Der Rest wird mit heissem Wasser in dem Tiegel gelöst. Die letzten Spuren von Eisen kann man mit verdünnter Salzsäure herauslösen, ohne zu befürchten, dass Silber mit in Lösung geht. Jetzt wird wie üblich weiterbehandelt. Auf diese Weise gelingt es, selbst sehr schwer aufschliessbare Legierungen, wie elektrothermisch erzeugte Vorlegierungen mit bedeutenden Gehalten an Fe, Siliciumcarbid und Titancarbid, restlos und schnell zu lösen.

Zusätzliche Hinweise. Bei Anwesenheit von Mangan findet sich beim Aufnehmen mit heissem Wasser manchmal Mangan(IV)-oxydhydrat in den Kieselsäureflocken. Um dieses zu lösen, setzt man einige Kubikzentimeter Salpetersäure (1 : 1) und Wasserstoffperoxyd hinzu.

Statt Nickeltiegel kann man auch vorteilhaft Silbertiegel verwenden, besonders wenn anschliessend Eisen und evtl. auch noch Nickel bestimmt werden sollen. Auf diese Weise erspart man sich einen Aufschluss.

4. Methode Weiss [B 3c, 98, 104]

Grundsätzliches. Die Methode Weiss vereinigt die Vorteile der beiden beschriebenen Verfahren. Durch den alkalischen Aufschluss wird nämlich das Entweichen von Siliciumwasserstoff verhindert und durch Abscheiden der Kieselsäure mit Gelatine die gesamte Kieselsäuremenge in einem Arbeitsgang erfasst. Das umständliche Abrauchen wird vermieden und die Dauer der Analyse stark herabgesetzt. Im Filtrat der Kieselsäurebestimmung ist ohne Entfernung der Gelatine eine Bestimmung der übrigen Bestandteile möglich.

Die Genauigkeit beträgt bei 0,1% Si etwa ± 10%, bei 1% Si ± 1% und bei > 1% Si etwa ± 0,5% des gefundenen Wertes.

Ausführung der Bestimmung. Der Aufschluss erfolgt alkalisch genau so wie bei der Methode Regelsberger. S. 46
Bei einem Silicium-Gehalt bis 5% verwendet man 2 g Einwaage und 7 g Natriumhydroxyd, bei Gehalten bis 10% Silicium 1 g Einwaage und 5 g Natriumhydroxyd und bei Gehalten bis 40% Silicium ½ g Einwaage und 3 g Natriumhydroxyd. In der folgenden Beschreibung ist der erste Fall herausgegriffen.

2 g Späne werden in einer bedeckten Nickelschale mit 7 g Natriumhydroxyd und 10 ccm Wasser, dann portionsweise mit weiteren insgesamt 50 ccm Wasser versetzt. Man kocht, bis das gesamte sog. metallische Silicium aufgeschlossen ist; bei sehr hohen Siliciumgehalten benötigt man etwa 1 Stunde. Die Lösung füllt man in ein Becherglas, das 60 ccm Schwefelsäure (1 : 1) oder 120 ccm Salzsäure (1 : 1) enthält, spült Nickelschale und Deckel sorgfältig aus, kocht etwa 20 min lang nach Auflegen eines Uhrglases bis zur Ausflockung der Kieselsäure, wobei das Endvolumen 50 ccm betragen soll, und kühlt auf etwa 60° ab, gibt 10 ccm einer 1%igen frisch bereiteten Gelatinelösung samt 50 ccm Wasser hinzu und rührt rasch kräftig durch. Man lässt 10 min absitzen, filtriert durch ein Filter mittlerer Dichte und wäscht kräftig 6 bis 8mal mit heissem Wasser aus. Das Waschwasser soll im Liter 5 ccm Gelatinelösung und 10 ccm Salzsäure (1 : 1) enthalten. Filter und Niederschlag werden im Porzellantiegel getrocknet, noch nass verascht, bei etwa 1000° geglüht und nach dem Abkühlen gewogen.

Zusätzliche Hinweise. Bei richtiger Arbeitsweise fällt die Kieselsäure so rein an, dass ein Abrauchen mit Flusssäure nicht mehr nötig ist. Blei- und Zinngehalte über 0,5% führen bei Anwendung von Schwefelsäure zu Überbefunden. Man nimmt daher in diesem Fall Salzsäure.

Bei der Abscheidung der Kieselsäure mit Gelatine wird man oft bei der meist üblichen nachfolgenden Titration von Eisen mit Permanganat zu Überbefunden kommen oder die Titration wird sogar vollkommen undurchführbar. Im ersten Fall verbrauchen organische Substanzen, die in Lösung gegangen sind, Permanganat. Im anderen Fall sind sie durch Schwefelsäure verharzt und verhindern die Reduktion mit Zinnchlorür. Falls man die Eisenbestimmung doch mit Permanganat durchführen will, muss man die organischen Substanzen durch mehrmaliges Abrauchen mit Brom-Salpetersäure entfernen. Bestimmt man da-
S. 102 gegen das Eisen durch Titration mit Titantrichlorid, so beeinflusst der Gelatinezusatz die Ergebnisse nicht.

b) Untersuchung von Aluminiumlegierungen

Aluminium-Bestimmung

Grundsätzliches. Das Aluminium wird im allgemeinen nur als Rest ermittelt, d. h. man bestimmt die Verunreinigungen, soweit sie in jedem einzelnen Fall von Bedeutung sind. Eine direkte Bestimmungsmethode für Aluminium hat in der Hauptsache nur Bedeutung bei Erzen (Bauxiten, Tonen, Gesteinen u. ähnl.), bei denen der Aluminiumoxydgehalt zwischen 20 und 60% schwankt. Bei Vielstofflegierungen jedoch und bei Abfall-Legierungen ist häufig eine Methode erwünscht, mit der es möglich ist, den Aluminiumgehalt zu ermitteln, ohne eine Vollanalyse ausführen zu müssen.

Für eine direkte Bestimmung sind zwei Methoden möglich:

1. die Bestimmung des Aluminiums als Phosphat,
2. die Bestimmung des Aluminiums als Oxychinolat.

Es sei jedoch von vornherein darauf hingewiesen, dass beide Methoden nur *technische* Genauigkeiten zulassen, also schärfsten Anforderungen nicht genügen. Wie gross die Genauigkeit im Einzelfall ist, hängt wesentlich von der Menge des vorhandenen Aluminiums einerseits und von der Art und Zahl der vorhandenen sonstigen Bestandteile anderseits ab. Hier ist auf die gleichzeitige Anwesenheit von folgenden Legierungsbestandteilen Rücksicht genommen worden: Si, Fe, Cu, Mn, Mg, Pb, Cd, Bi, Sn, Sb, Ti, Cr, Zn, Ni und Co.

Bei der Bestimmung des Aluminiums als Phosphat wird Titan mitgefällt, da eine Abtrennung des Titans eine wesentliche Komplizierung der Methode bedeutete. Wenn man jedoch berücksichtigt, dass bei dem Verfahren ein Aluminiumanteil, der in der Kieselsäure hängen bleibt, nicht erfasst wird und der Titangehalt meistens nicht über 0,1 oder 0,2% liegt, so kann man auf eine besondere Abtrennung des Titans verzichten. Die Genauigkeit der Methode liegt bei etwa 0,5%, wenn ca. 90% Aluminium vorhanden sind. Der Fehler durch die Mitfällung des Titans würde also weit unterhalb der Fehlergrenze liegen.

Bei der Bestimmung des Aluminiums als Oxychinolat werden fast alle Legierungsbestandteile mit Schwefelwasserstoff entfernt. Auch in diesem Fall ist mit einem geringen Verlust an Aluminium in den einzelnen Rückständen zu rechnen; er dürfte sich erst dann in grösserem Umfange auswirken, wenn der Siliciumgehalt sehr hoch liegt.

1. Bestimmung des Aluminiums als Phosphat[2, 8]

Ausführung der Bestimmung. Man löst 1 g Späne in
S. 45 25 ccm Mischsäure nach Otis-Handy und raucht ab. Den Rückstand löst man in heissem Wasser, verdünnt auf etwa 500 ccm und leitet in die etwa 70° heisse Lösung ½ Stunde lang Schwefelwasserstoff ein. Nach kurzem Absitzen nutscht man durch einen mit schnellaufendem Filter belegten Saugtrichter ab und wäscht einige Male mit schwefelwasserstoffhaltigem Wasser aus. Man verkocht den Schwefelwasserstoff und oxydiert den Rest durch Zusatz von 2 ccm 3%iger Wasserstoffperoxydlösung. Nach dem Abkühlen gibt man die Lösung in einen 500ccm-Messkolben und füllt zur Marke auf. Man gibt 25 ccm der Analysenlösung in ein 600ccm-Becherglas, neutralisiert mit Ammoniak (1 : 1) gegen Methylrot als Indikator, setzt 4 ccm konz. Salzsäure zu, verdünnt auf etwa 400 ccm und kocht auf. Nun versetzt man mit 20 ccm 25%iger Ammoniumthiosulfatlösung, gibt 10 ccm Eisessig und 10 ccm 10%ige Ammoniumphosphatlösung hinzu und kocht wieder ¼ Stunde lang. Man lässt absitzen und filtriert

durch ein schnellaufendes Filter, wäscht 6—7mal mit heissem Wasser aus und trocknet den Rückstand zunächst in einem Porzellantiegel bei 105°. Anschliessend wird vorsichtig verascht, bis der gesamte Kohlenstoff verbrannt ist, und dann bei 1200—1300° bis zur Gewichtskonstanz geglüht.

Zusätzliche Hinweise. Beträgt der Siliciumgehalt mehr als 1%, so ist es erforderlich, das Gemisch von Kieselsäure und Silicium für sich abzufiltrieren, mit Flussäure, Salpetersäure und Schwefelsäure abzurauchen, den Rückstand mit Hydrogensulfat aufzuschliessen und nach dem Lösen in Wasser zu der Analysenlösung hinzuzugeben, weil sonst der Verlust an Al_2O_3 zu hoch würde.

Die Fällung als Phosphat soll bei einem p_H-Wert zwischen 3 und 3,6 erfolgen. Schwankungen im Salzsäure- und auch im Essigsäuregehalt um einige Kubikzentimeter bewirken meistens keine übermässige Verschiebung des p_H-Wertes, da die Lösung stark gepuffert ist. Der Zusatz des Thiosulfates erfolgt einerseits zur Reduktion von Eisen und Mangan und anderseits, um mit Hilfe des abgeschiedenen Schwefels den Phosphatniederschlag aufzulockern. Dadurch ergibt sich ein Niederschlag, der sich gut filtrieren und auswaschen lässt, keinen Überschuss an Phosphorsäure enthält und dann leicht verglühbar ist.

An sich ist die Fällung auch möglich, wenn man den Zusatz von Thiosulfat durch Zugabe von 25 ccm einer kalt gesättigten wässrigen Lösung von Schwefeldioxyd ersetzt; dann erfolgt aber keine Schwefelabscheidung, die die Filtration und Veraschung des Niederschlages günstig beeinflusst.

Beträgt der Eisengehalt ein Mehrfaches des Aluminiumgehaltes, so fällt auch Eisen mit aus. In diesem Fall muss der Niederschlag noch einmal in Säure gelöst und die Fällung wiederholt werden.

2. Bestimmung des Aluminiums als Oxychinolat

Ausführung der Bestimmung. Diese Methode ist nur brauchbar, wenn andere mit Oxychinolin unter den angegebenen Bedingungen fällbare Elemente wie z. B. Magnesium abwesend sind. Ist Magnesium vorhanden, so muss das Aluminium als Phosphat bestimmt werden.

S. 45 Man löst 1 g Späne in 25 ccm Mischsäure und raucht ab, löst den Rückstand in heissem Wasser, verdünnt auf etwa 500 ccm und leitet in die etwa 70° heisse Lösung ½ Stunde lang Schwefelwasserstoff ein. Nach kurzem Absitzen nutscht man durch eine mit Asbest präparierte Nutsche von ca. 50 mm Ø ab und wäscht einige Male mit schwefelwasserstoffhaltigem Wasser aus. Man gibt die Lösung in einen 500ccm-Kolben und entnimmt zur Bestimmung 10 ccm. Man verdünnt auf 200 ccm, versetzt mit 20 ccm 10%iger Weinsäurelösung, macht mit Ammoniak (1 : 1) ammoniakalisch, gibt 10 ccm Ammoniak im Überschuss hinzu, kocht auf und gibt 10 ccm 10%ige Ammoniumsulfidlösung hinzu. Man kocht noch einmal auf und lässt in der Wärme absitzen. Der Rückstand wird durch ein schnellaufendes Filter filtriert und mehrmals mit Ammoniumsulfid und ammoniakhaltigem Wasser ausgewaschen. Man verkocht den Schwefelwasserstoff, filtriert wenn nötig vom ausfallenden Schwefel ab, gibt 2 ccm Salzsäure (1 : 1) hinzu und 20 ccm einer 2%igen alkoholischen Oxinlösung, macht gegen Lackmus schwach ammoniakalisch, lässt aufkochen und filtriert durch einen gewogenen Porzellanfiltertiegel. Man wäscht ca. 10mal mit heissem Wasser gut aus, um den Überschuss des Fällungsmittels zu entfernen, und trocknet bei 110°. Der Umrechnungsfaktor ist 0,0587.

Zusätzliche Hinweise. Die Schwefelwasserstoff-Fällung wird zuerst in saurer Lösung und anschliessend in ammoniakalischer Lösung ausgeführt. Die Abscheidung aus saurer Lösung ist wegen des vorhandenen Zinns und Antimons erforderlich. Fehlen diese, so können die beiden

Schwefelwasserstoff-Fällungen zusammengefasst werden. Diese Art der Abtrennung ist nur möglich, wenn der Siliciumgehalt unter 1% liegt. Bei höheren Gehalten empfiehlt sich die Entfernung der Kieselsäure nach L. Weiss[104]. Ein Abrauchen des Kieselsäurerückstandes S. 48 mit Flussäure und Schwefelsäure und anschliessendem Aufschluss mit Hydrogensulfat ist darum im allgemeinen erforderlich. Wenn es auf genauere Bestimmungen ankommt, empfiehlt es sich, den in ammoniakalischer Lösung erhaltenen Sulfidniederschlag mit Salzsäure und Wasserstoffperoxyd (7 ccm konz. Salzsäure, 5 ccm 3%ige Wasserstoffperoxydlösung und 70 ccm heisses Wasser) zu lösen und die Sulfidfällung zu wiederholen, da der Niederschlag immer kleine Mengen Aluminiumhydroxyd einschliesst. Magnesium stört und darf nicht zugegen sein.

Antimon-Bestimmung [B7, B16]

Grundsätzliches. Das Antimon wird mit Schwefelwasserstoff als Antimonsulfid gefällt und als Sb_2S_3 gewogen. Zu beachten ist, dass Zinn und Arsen unter den gleichen Bedingungen mitgefällt werden und daher die Methode dann in dieser Fassung nicht brauchbar ist. Da aber die wenigsten Aluminiumlegierungen diese drei Metalle nebeneinander enthalten, ist die Methode normalerweise doch anwendbar.

Ausführung der Bestimmung. Man löst 2 g der Legierung mit 40 ccm Salzsäure (1 : 1). Nachdem die Hauptreaktion vorüber ist, setzt man 2 g Kaliumchlorat hinzu, um den ausgeschiedenen Metallschwamm zu lösen; das dabei freiwerdende Chlor wird durch Verkochen entfernt (Prüfen mit Jodkaliumstärkepapier). Man verdünnt die Lösung mit heissem Wasser auf etwa 300 ccm, leitet ½ Stunde lang Schwefelwasserstoff ein, filtriert durch eine mit Asbest präparierte Nutsche (Goochtiegel) und wäscht 3—4mal mit schwefelwasserstoffhaltigem Wasser aus.

Nach dem Entfernen des Filtrates saugt man langsam in kleinen Mengen etwa 50 ccm einer 2%igen farblosen Ammoniumsulfid-Lösung hindurch, um das Antimon als sulfosaures Salz zu lösen. Man säuert den Auszug im bedeckten Becherglas mit Salzsäure (1 : 1) gerade an (Lackmuspapier) und filtriert das Sulfid durch einen gewogenen Porzellanfiltertiegel. Man wäscht mit 2%iger Essigsäure,

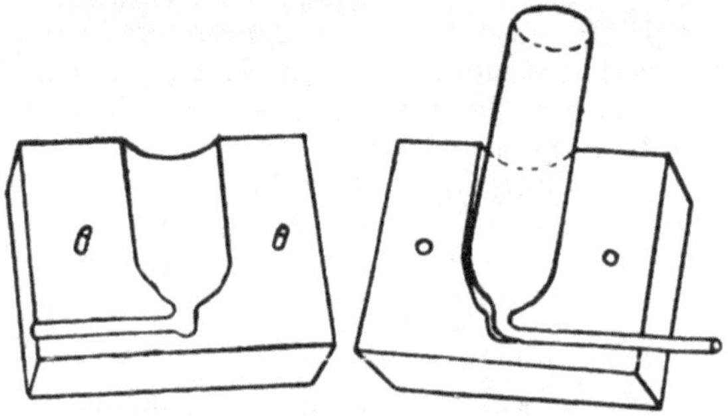

Abb. 5. Apparatur zum Glühen von Antimonsulfid*)

die mit Schwefelwasserstoff gesättigt ist, trocknet den Tiegel zunächst bei 100° vor und erhitzt dann bei 280—300° in einem Aluminiumblock (Abb. 5) oder Asbest-Ofen. Während des Erhitzens leitet man einen sauerstofffreien Strom von Kohlendioxyd hindurch, kühlt dann auf wenigstens 150° ab, um eine Oxydation des Antimon(III)-sulfids zu verhindern, und gibt den Tiegel in einen Exsikkator. Die Gewichtszunahme ergibt die Menge an Sb_2S_3. Der Umrechnungsfaktor ist 0,7169.

Zusätzliche Hinweise. Das Antimonsulfid wird mit verdünnter Essigsäure gewaschen, um die Salzsäure zu vertreiben. Beim Erhitzen auf etwa 300° bildet sich Antimon(III)-chlorid; dieses ist flüchtig und bedingt dadurch Fehler.

*) Praktischerweise erhält der Aluminiumblock noch eine Aussparung zum Einsetzen eines Thermometers!

Blei-Bestimmung [B9]

Grundsätzliches. Die Bestimmung des Bleis als Sulfat ist bei allen Aluminiumlegierungen anwendbar, im Gegensatz zur elektrolytischen Bestimmung, bei der Mangan infolge anodischer Abscheidung als Mangan(IV)-oxydhydrat stört. Man benötigt naturgemäss zur Bestimmung als Sulfat mehr Zeit als zur elektrolytischen Bestimmung. Wenn der Bleigehalt in Umschmelzaluminiumlegierungen bestimmt werden soll, ist das erhaltene Bleisulfat häufig stark von anderen Elementen verunreinigt. Es ist zweckmässig, in diesem Fall das Sulfat mit Ammoniumacetat auszuziehen und das Blei als Chromat zu fällen.

Da das Blei in Aluminium praktisch unlöslich ist, kommt es oft vor, dass es in den Aluminiumlegierungen ungleichmässig verteilt ist; deshalb ist, wenn Bleigehalte von mehr als 0,3% erwartet werden, eine ganz besonders sorgfältige Probenahme erforderlich.

Ausführung der Bestimmung. Je nach dem Bleigehalt werden 1—3 g der Legierung in 20—60 ccm Salzsäure (1 : 1) gelöst und mit heissem Wasser auf etwa 300 ccm verdünnt. Die saure Lösung lässt man kurz aufkochen und leitet ½ Stunde lang Schwefelwasserstoff ein. Man filtriert die Sulfide durch ein mit Filterschleim gedichtetes schnellaufendes Filter und wäscht einige Male mit schwefelwasserstoffhaltigem Wasser aus. Man gibt das Filter mit dem Rückstand in das Becherglas zurück und löst die Sulfide unter Erwärmen mit 20 ccm Salpetersäure (1 : 1). Man filtriert von dem entstehenden Filterbrei, der auch einen Teil der etwa vorhandenen Kieselsäure enthält, ab und wäscht das Filter mehrmals mit heissem Wasser aus. Zum Filtrat gibt man 10 ccm Schwefelsäure (1 : 1) und dampft bis zum kräftigen Rauchen der Schwefelsäure ab. Nach dem Abkühlen nimmt man mit 20 ccm Wasser auf, erwärmt, bis das vorhandene Kupfersulfat in Lösung gegangen ist, filtriert etwa ausgeschiedene Kieselsäure durch ein dichtes Filter ab, engt wieder auf 20 ccm ein, kühlt ab und gibt ein gleiches Volumen Äthylalkohol hinzu. Nach 2-stündigem Abstehen filtriert man das Bleisulfat, das immer noch etwas Kieselsäure enthält, durch einen Porzellanfiltertiegel oder eine mit Asbest präparierte Nutsche. Man wäscht mit einer Lösung, die auf 100 ccm Wasser 100 ccm Alkohol und 4 ccm konz. Schwefelsäure enthält, 4—5mal aus; zum Schluss wird noch 2—3mal mit kaltem 50$^0/_0$igem Alkohol nachgewaschen. Den Tiegel oder die Nutsche trocknet man im Trockenschrank bei 105° und wägt. Durch langsames Durchsaugen von 20 ccm einer 10$^0/_0$igen heissen, frisch bereiteten Ammoniumacetatlösung (500 ccm konz. Ammoniak, 500 ccm Eisessig und 500 ccm Wasser) löst man das Bleisulfat, wäscht den Tiegel oder die Nutsche mehrmals mit heissem Wasser und trocknet wieder bei 105°. Anschliessend wägt man wieder. Die Gewichtsdifferenz ergibt die Menge Bleisulfat, aus der sich der Prozentgehalt an Blei errechnen lässt.

Zusätzliche Hinweise. Enthält die Legierung noch Wismut, so muss das in Ammoniumacetat gelöste Bleisulfat noch einmal mit Schwefelsäure abgeraucht werden; denn Bleisulfat schliesst gern Wismutsulfat ein. Auch auf das Vorhandensein von Kieselsäure und Zinndioxyd im Bleisulfat ist zu achten.

Es ist zweckmässiger, die mit Ammoniumacetat erhaltene Lösung des Bleis mit Chromat zu fällen und darin
S. 95 den Bleigehalt titrimetrisch zu bestimmen.

Vielfach wird zur Bestimmung des Bleis die Legierung direkt in Natronlauge gelöst, wobei Blei teilweise als Metallschwamm zurückbleibt. Um die Gesamtmenge des Bleis zu erfassen, gibt man nach starkem Verdünnen etwas Natriumsulfidlösung hinzu. Den Rückstand filtriert man ab und löst ihn mit verdünnter Salzsäure, der man etwas Wasserstoffperoxydlösung zugesetzt hat. Nach dem Verkochen des Peroxydes erfolgt die Schwefelwasserstoff-Fällung in saurer Lösung und die Weiterarbeit wie angegeben. Diese Arbeitsweise ist besonders dann zu empfehlen, wenn die Legierung grössere Silicium-Mengen enthält. Bei Anwesenheit von Zinn, sofern auch dieses bestimmt werden soll, ist jedoch dieser letzte Weg nicht gangbar.

Calcium-Bestimmung

Grundsätzliches. Im Prinzip wird Calcium in Legierungen genau so bestimmt, wie im Abschnitt »Reinaluminium« S. 25 angegeben. Lediglich wenn grössere Calcium-Mengen erwartet werden, geht man von kleineren Einwaagen aus.

Ausführung der Bestimmung. Für die Durchführung der Bestimmung kann auf die erwähnte Methode verwiesen werden.

Enthält die Legierung Metalle der Schwefelwasserstoff-Gruppe, so erfährt die Methode folgende Änderung:

Man löst die Legierung mit Salzsäure, verdünnt auf etwa 300 ccm und leitet in die heisse Lösung ½ Stunde lang Schwefelwasserstoff ein. Man filtriert durch ein schnelllaufendes Filter, wäscht 3—4mal mit schwefelwasserstoffhaltigem Wasser aus, verkocht den Schwefelwasserstoff im Filtrat und fällt anschliessend mit Natronlauge unter Zusatz von 10 ccm 10%iger Natriumoxalatlösung. Im übrigen verfährt man wie angegeben. S. 25

Handelt es sich um die Untersuchung einer hochsiliciumhaltigen Legierung, so löst man in einem grösseren Überschuss an Natronlauge ohne zusätzliche Erwärmung. S. 9 Bei richtiger Ausführung bleibt die gesamte Kieselsäure in Lösung, während sich das Calcium als Oxalat im Rückstand befindet.

Das Calciumoxalat kann unter Umständen Kieselsäure enthalten. Bei siliciumreichen Legierungen mit mehr als 1% Si löst man wie angegeben in Natronlauge, löst dann wiederum den verbliebenen Rückstand in Salzsäure, dampft zur trockne und röstet auf dem Sandbad. Man nimmt den Rückstand mit 5 ccm Salzsäure und 50 ccm heissem Wasser evtl. unter Zusatz einiger Tropfen Wasserstoffperoxydlösung auf und filtriert von der ausgeschiedenen Kieselsäure ab. Im übrigen verfährt man wie angegeben.

Bestimmung des Calciums und Magnesiums

Grundsätzliches. Im Prinzip kann man nach der im Ab-
S. 26 schnitt »Reinaluminium« angeführten Methode arbeiten, so dass hier auf Einzelheiten nicht weiter eingegangen werden muss. Da die Legierungen jedoch meistens grössere Mengen Magnesium enthalten, ist eine Umfällung des Calciumoxalats zweckmässig.

Ausführung der Bestimmung. Enthält die Legierung Kupfer oder andere mit Schwefelwasserstoff fällbare Metalle, so löst man 2 g Späne mit 40 ccm Salzsäure (1 : 1) unter Zusatz von 5 ccm 3%iger Wasserstoffperoxydlösung. Man verkocht das Peroxyd, verdünnt auf 300 ccm und leitet in die heisse Lösung ½ Stunde lang Schwefelwasserstoff ein. Die Sulfide sowohl als auch die Mischung von Silicium und Kieselsäure filtriert man durch ein schnellaufendes Filter, verkocht den Schwefelwasserstoff im Filtrat und versetzt es mit Natronlauge unter Zusatz von 5 ccm 10%iger Natriumoxalatlösung. Im übrigen verfährt man
S. 26 wie angegeben.

Handelt es sich um die Untersuchung einer hochsiliciumhaltigen Legierung, so löst man in einem grösseren Überschuss an Natronlauge ohne zusätzliche Erwärmung. Bei
S. 9, 63 richtiger Ausführung bleibt die gesamte Kieselsäure in Lösung, während Calcium und Magnesium im Rückstand gefunden werden.

S. 77 Eisen (s. u. Titan und Eisen)

Magnesium-Bestimmung [B 7]

Grundsätzliches. Das Magnesium wird in allen Fällen als Magnesiumammoniumphosphat gefällt und teils als Magnesiumpyrophosphat, teils als Magnesiumammoniumphosphat ($MgNH_4PO_4 \cdot 6H_2O$) gewogen. Die einzelnen Methoden unterscheiden sich in der Art der Abtrennung der übrigen Bestandteile. Die Bestimmung selbst nimmt sehr viel Zeit in Anspruch, weil vor der eigentlichen Fällung des Magnesiums die meisten der dem Aluminium zulegierten Metalle abgetrennt werden müssen. Diese Trennungsgänge und die lange Dauer beeinflussen natürlich die Genauigkeit der Analyse. Es muss deshalb darauf hingewiesen werden, dass gerade bei der Magnesiumbestimmung in erhöhtem Umfange auf Reinheit der Reagenzien, auf aschefreie Filter und einen möglichst staubfreien Arbeitsplatz zu achten ist. Beachtet man diese Faktoren und die folgenden Arbeitsvorschriften genau, so kann man zu befriedigenden Ergebnissen gelangen, deren Genauigkeit bis etwa ± 2% des gefundenen Wertes beträgt.

1. Normale Phosphatmethode [B 3c, 56, 65, 67]

(Gekürzte Arbeitsweise)

Grundsätzliches. Durch Trocknen des Magnesiumammoniumphosphat-Niederschlages mit Aceton gelingt es, den Zeitbedarf für die Fertigstellung der Analysen ganz erheblich zu verkürzen. Ein weiterer Vorteil ist darin zu sehen, dass Magnesiumammoniumphosphat einen sehr viel günstigeren Umrechnungsfaktor als das Magnesiumpyrophosphat besitzt. Ferner wurde die Methode so durchgearbeitet, dass sie sowohl bei kleinen als auch bei sehr grossen Mengen an Magnesium (Hydronalium) anwendbar ist. Falls die Manganbestimmung in demselben Arbeitsgang mit ausgeführt werden soll, so ist auch dies ohne weiteres nach verschiedenen Methoden möglich. Bei Gehalten von 0,3—5% Mg kann eine Genauigkeit von ± 2% des gefundenen Wertes erreicht werden.

Ausführung der Bestimmung. Bei Legierungen mit einem Gehalt zwischen 0,5 und 2% Magnesium löst man 1 g Späne mit 15 ccm 25%iger Natronlauge in einem 250ccm-Becherglas. Man verdünnt mit heissem Wasser auf 150 ccm und versetzt mit 5 Tropfen Wasserstoffperoxyd. Nach dem Aufkochen wird sofort durch ein Filter mittlerer Dichte filtriert, der Rückstand mit heissem Wasser ausgewaschen und mit 20 ccm Salzsäure (1 : 1), der man etwa 10 Tropfen Wasserstoffperoxyd zugesetzt hat, vom Filter gelöst.

Die Analysenlösung verdünnt man auf 150 ccm, gibt 0,5 g Zitronensäure (nicht Weinsäure) hinzu, ferner 20 ccm einer 25%igen Ammoniumchloridlösung, 20 ccm einer 10%igen Ammoniumphosphatlösung und 3 Tropfen Phenolphtalein. Es wird mit Ammoniak deutlich alkalisch gemacht und unter Umrühren 1 min lang gekocht. Nach Entfernen der Wärmequelle gibt man 50 ccm konz. Ammoniak hinzu und rührt 20 min lang kräftig. Man filtriert durch einen mit Aceton gewaschenen und im Vakuum getrockneten, gewogenen Glasfiltertiegel 1G3 unter Absaugen. Becher und Rührer werden mit einer Gummifahne abgewischt und kurz mit ammoniakhaltigem Wasser ausgewaschen. Der Glasfiltertiegel wird anschliessend 3mal mit wasserfreiem Aceton unter Absaugen gewaschen und im Vakuumexsikkator getrocknet, bis der Geruch nach Aceton verschwunden ist (Dauer 2 min). Man wägt als $MgNH_4PO_4 \cdot 6H_2O$; der Umrechnungsfaktor auf Mg ist 0,0991.

Bei manganhaltigen Proben scheidet man das Mangan
S. 68 nach der Methode von Volhard und Wolff [B14] mit Zinkoxyd und Kaliumpermanganat ab. Man verwendet zur Magnesiumbestimmung das Filtrat der Hauptfiltration. Wenn man beim Neutralisieren mit Zinkoxyd zunächst die Hauptmenge der freien Säure mit Natriumkarbonat ab-

stumpft, kann die Magnesiumfällung bei Anwesenheit der gesamten noch vorhandenen Zinkmenge ausgeführt werden. Will man das Mangan in salpetersaurer Lösung mit Kaliumchlorat oder mit Peroxydisulfat bestimmen, so löst man den in alkalischer Lösung erhaltenen Rückstand nicht wie angegeben mit Salzsäure, sondern mit 20 ccm heisser Salpetersäure (1 : 1), der man etwas Wasserstoffperoxyd zugesetzt hat. Nach der Filtration des Mangans kann die Magnesium-Bestimmung direkt im Filtrat wie angegeben ausgeführt werden. S. 62

Enthält die Legierung grössere Mengen Silicium und Mangan, so verfährt man folgendermassen: Man löst 2 g Späne in einem 400ccm-Becherglas mit 100 ccm 25%iger S. 9
Natronlauge, ohne zusätzlich zu erwärmen. Man setzt 3 ccm Wasserstoffperoxyd hinzu, verdünnt mit heissem Wasser auf 300 ccm und lässt 2 Stunden absitzen. Dann wird durch ein Filter mittlerer Dichte filtriert, einigemale mit heissem Wasser ausgewaschen und im Rückstand wie angegeben Mangan und anschliessend Magnesium bestimmt.

Zusätzliche Hinweise. Es muss so gearbeitet werden, dass die Kieselsäure nicht in den Magnesium-Niederschlag gelangen kann. Wird eine Mangan-Bestimmung ausgeführt, so finden sich sicher die letzten Reste von Kieselsäure im Mangan-Niederschlag. Ist kein Mangan anwesend, so ist eine Filtration vor der eigentlichen Magnesium-Fällung zweckmässig. Enthält die Legierung Blei, Zinn oder Zink, so findet man diese Elemente in der Hauptsache schon in der alkalischen Lösung. Die Reste, die noch im Rückstand vorhanden sind, stören die Bestimmung nicht. Auch Zirkonium, Chrom und Vanadium können bis zu je 0,5% vorhanden sein, ohne dass die Genauigkeit der Methode darunter leidet.

Statt Weinsäure wurde Zitronensäure gewählt. Zitronensäure hält neben den Metallen der dritten Gruppe auch Calcium sicher in Lösung, während dies bei Weinsäure weniger der Fall ist.

Das Aceton, das zum Waschen des Magnesium-Niederschlages verwendet wird, wird in einem besonderen Saugstutzen aufgefangen und kann durch einfache Destillation so weit gereinigt werden, dass es wieder verwendbar ist.

2. Methode nach Blumenthal[53]

Grundsätzliches. Bei der Methode nach Blumenthal werden Eisen, Titan und Reste von Aluminium durch Weinsäure in Lösung gehalten, während das Mangan teilweise mit dem Magnesium zusammen ausfällt. Aus dem Gemisch beider Phosphate wird das mitgefällte Mangan titrimetrisch ermittelt und nach Umrechnen auf $Mn_2P_2O_7$ abgezogen. Diese Arbeitsweise kann jedoch nur bei Legierungen, die auch Mangan enthalten, angewandt werden.

Sind, wie häufig in Umschmelzlegierungen, Blei und Zinn vorhanden, so muss auf deren Entfernung besonders Rücksicht genommen werden, am besten durch eine Zwischenfällung mit Schwefelwasserstoff.

Ausführung der Bestimmung. Man richtet die Einwaage so ein, dass die zu erwartende Auswaage an Mangan- und Magnesiumpyrophosphat kleiner als 0,1 g ist. Die Späne können in verschiedener Weise gelöst werden:

S. 62 a) Man löst die Späne in der unter Vorschrift 1 angegebenen Weise alkalisch, filtriert vom Rückstand ab, löst ihn in verdünnter Schwefelsäure (10 ccm konz. Schwefelsäure, 5 ccm Wasserstoffperoxyd, 85 ccm Wasser), leitet in die 70° heisse Lösung Schwefelwasserstoff ein, verkocht nach der Filtration der Sulfide aus dem Filtrat den Schwefelwasserstoff und übersättigt es noch einmal mit Natronlauge.

S. 45 b) Man löst die Späne nach Otis-Handy (z. B. 2 g in 45 ccm Mischsäure), erhitzt bis zum schwachen Rauchen, um die letzten Anteile an Salzsäure und Salpetersäure zu entfernen, verdünnt mit heissem Wasser auf 400 ccm und leitet zum Entfernen der Metalle der Schwefelwasserstoff-Gruppe in üblicher Weise bei 70° ½ Stunde lang Schwefelwasserstoff ein. Das Filtrat wird durch Kochen von Schwefelwasserstoff befreit und die Lösung durch Zusatz von Natronlauge im geringen Überschuss wieder alkalisch gemacht.

Die nach a) oder b) in alkalischer Lösung erhaltenen Hydroxyde filtriert man ab, spritzt den gut gewaschenen Niederschlag vom Filter in das Becherglas zurück und löst mit einer Lösung, die 7 ccm konz. Salzsäure, 5 ccm 3%ige Wasserstoffperoxydlösung und etwa 70 ccm heisses Wasser enthält. (Bei zinkhaltigen Legierungen ist die Fällung zu wiederholen.) Zu der sauren Lösung gibt man je 20 ccm Weinsäure (1 : 1), 10%ige Ammoniumphosphatlösung und 25%ige Ammoniumchloridlösung. Man verdünnt auf etwa 150 ccm und stumpft den Hauptanteil der freien Säure durch langsame Zugabe von 10%igem Ammoniak ab. Man verwendet hierbei Thymolblau als Indikator, das einen Umschlag von rötlich nach grünblau aufweist. Die Analysenlösung muss beim Neutralisieren vollständig klar bleiben. Man erwärmt auf etwa 70°, giesst die Lösung rasch in 50 ccm 10%igen Ammoniak und spült mit Wasser nach. Nach kurzer Zeit, während der die Lösung nicht durch ausfallende Hydroxyde getrübt werden darf, beginnt die Abscheidung des kristallinen Niederschlages. Nun fügt man noch $^1/_5$ des Volumens konz. Ammoniak hinzu und rührt von Zeit zu Zeit um. Nach einigen Stunden sind das gesamte Magnesium und wechselnde Mengen des Mangans gefällt. Der Niederschlag wird durch ein gehärtetes Filter filtriert, mit ammoniakalischem Wasser gewaschen, verascht, geglüht und als Pyrophosphat gewogen. Den Mangangehalt des Phosphatgemisches ermittelt man, indem man den Tiegelinhalt mit einigen Kubikzentimetern Salpetersäure (1 : 1) löst und das Mangan nach der beschriebenen Wismutat-Methode bestimmt. Das er- S. 126
mittelte Mangan wird in $Mn_2P_2O_7$ umgerechnet und von der Auswaage abgezogen. Aus der Differenz errechnet sich der Magnesiumgehalt.

Zusätzliche Hinweise. Parallelversuche werden bei der Auswaage des Magnesium- und Manganpyrophosphat-Niederschlages nicht immer zum gleichen Ergebnis führen, da die Fällungsbedingungen für Mangan andere sind als für Magnesium.

Tritt bei der Neutralisation oder bei der späteren Fällung mit Ammoniak ein Ausfallen von Hydroxyden auf, so löst man diese noch einmal in Salzsäure und wiederholt die Neutralisation bzw. die Fällung wie angegeben.

Bei der Magnesium-Bestimmung in Silumin erhält man nur dann einwandfreie Werte, wenn man die Kieselsäure durch zweimaliges Abrauchen mit Schwefelsäure abtrennt, den Kieselsäurerückstand mit Fluss-, Salpeter- und Schwefelsäure abraucht, den dabei erhaltenen Rückstand mit Kaliumhydrogensulfat aufschliesst und die wässrige Lösung des Aufschlusses zu der Hauptmenge der Analyse hinzugibt. Dann wird mit Natronlauge übersättigt, filtriert, der Rückstand in Salzsäure und Wasserstoffperoxyd gelöst und schliesslich die Magnesiumfällung nach Blumenthal ausgeführt.

Ausgehen kann man von 2 g Spänen und diese entweder
S. 45 nach Otis-Handy oder in reiner Salzsäure lösen und abrösten.

3. Trennung des Mangans vom Magnesium

S. 124

a) Kaliumchloratmethode nach Hampe [B7]

Grundsätzliches. Nach dieser Methode wird das Mangan aus salpetersaurer Lösung als Mangan(IV)-oxydhydrat mit Kaliumchlorat abgeschieden. Die Methode hat gegenüber
S. 64 der von Blumenthal den Vorteil, dass Mangan und Magnesium in einem Arbeitsgang ermittelt werden können; der Zeitbedarf ist dann allerdings für die Magnesium-Bestimmung selbst etwas grösser. Das Magnesium wird wieder als Magnesiumammoniumphosphat gefällt, ohne Rücksicht auf Anwesenheit von Eisen, Titan und Resten von Aluminium, die durch Weinsäure in Lösung gehalten

werden. Kleine Mengen Magnesium fallen mit Phosphat bei Gegenwart von Weinsäure erst nach sehr langem Abstehen und trotzdem nicht immer quantitativ aus.

Ausführung der Bestimmung. 1—2 g Metall werden nach Otis-Handy gelöst. Nach dem Abfiltrieren der Kieselsäure und nach Entfernen des Kupfers (evtl. elektrolytisch) sowie der übrigen mit Schwefelwasserstoff fällbaren Legierungsbestandteile durch Abscheiden mit Schwefelwasserstoff wird die Analysenlösung durch Übersättigen mit Natronlauge alkalisch gemacht. Man setzt einige Kubikzentimeter Wasserstoffperoxydlösung hinzu, verdünnt mit heissem Wasser auf mindestens 300 ccm, kocht auf und lässt wenigstens 3 Stunden absitzen. Der Rückstand wird vom Filter in das Becherglas zurückgespritzt, die Reste werden mit einer Lösung, die 10 ccm Salpetersäure, 5 ccm 3%iges Wasserstoffperoxyd und etwa 85 ccm heisses Wasser enthält, gelöst. Man engt auf 5 ccm ein, fügt 20 ccm konz. Salpetersäure hinzu, erhitzt und gibt zunächst nur einige Körnchen Kaliumchlorat hinzu, bis Mangan(IV)-hydrate auszufallen beginnen. Dann setzt man noch 1 g Kaliumchlorat hinzu, dampft auf etwa 5 ccm ein oder erhitzt auf dem Wasserbad bis zum Festwerden. Erst nach völligem Abkühlen auf Zimmertemperatur wird mit etwa 10 ccm heissem Wasser aufgenommen, durch einen Glasfiltertiegel 1G4 oder durch eine mit Asbest präparierte Nutsche filtriert und mit heissem Wasser nachgewaschen. Im Rückstand bestimmt man Mangan nach Hampe. Das Filtrat spült man in ein 600ccm-Becherglas, gibt 20 ccm 25%ige Ammoniumchloridlösung, 20 ccm Weinsäurelösung (1 : 1) und 15 ccm 15%ige Ammoniumphosphatlösung hinzu. Man erhitzt auf 70°, macht gerade ammoniakalisch, kocht kurz auf und fügt $^1/_5$ des Volumens konz. Ammoniak hinzu. Nach Abstehen über Nacht filtriert man, verascht, glüht und wägt als $Mg_2P_2O_7$ wie angegeben.

S. 45
S. 124

Zusätzliche Hinweise. Mangan(IV)-hydrate können bei unrichtigem Abscheiden einerseits Magnesium enthalten und anderseits nicht vollständig gefällt werden. Wird bei

kupferfreien Legierungen direkt in Natronlauge gelöst und mit Salpetersäure angesäuert, so ist zu beachten, dass die Bestimmung des Mangans bei Aluminiumlegierungen mit 1% Si und 14% Si möglich ist, nicht aber bei Legierungen mit etwa 5% Si. In solchen Fällen wird das Mangan von der Kieselsäure so eingeschlossen, dass es zum Teil der Bestimmung entzogen wird. Man löst dann die Probe wie
S. 9, 63 angegeben in einem starken Alkaliüberschuss.

Nach der Abscheidung des Mangans mit Kaliumchlorat ist das Filtrat ab und zu durch Spuren von Kaliumpermanganat rötlich gefärbt. Die Genauigkeit der Magnesium- und der Mangan-Bestimmung wird dadurch jedoch nicht beeinflusst.

S. 128

b) Methode nach Volhard-Wolff [B14] mit Zinkoxyd und Kaliumpermanganat

Grundsätzliches. Bei der Magnesiumfällung als Phosphat werden sehr leicht Kieselsäure und Hydroxyde mitgerissen oder gar fremde Metalle als Phosphat gefällt. In den meisten Fällen versucht man daher, die letzten Reste der schädlichen Elemente durch Weinsäure oder Zitronensäure in Lösung zu halten, um dadurch ihre Fällung zu verhindern. Ein anderer Weg besteht darin, dass man alle störenden Elemente quantitativ abscheidet. Beim Mangan kann man dies z. B. durch Abscheidung nach Volhard-Wolff erreichen. Durch die Neutralisation mit Zinkoxyd werden letzte Reste an Kieselsäure und sämtliche noch vorhandenen 3-wertigen Elemente restlos entfernt. Bei der nachfolgenden Fällung des Mangans als Mangan(IV)-oxydhydrat durch Zusatz von Kaliumpermanganat wird auch dieses entfernt. Es kann also im Filtrat der Mangantitration ohne weiteres die Magnesiumfällung ausgeführt werden, und zwar ohne dass Verluste an Magnesium im Manganniederschlag zu befürchten sind.

Ausführung der Bestimmung. Man löst die Späne ent-
S. 45 weder nach Otis-Handy oder in Salzsäure und entfernt die Kieselsäure sowie anschliessend die Schwermetalle

entweder elektrolytisch oder mit Schwefelwasserstoff. Die Analysenlösung wird dann mit 25%iger Natronlauge übersättigt, um die Hauptmenge des Aluminiums zu entfernen; man versetzt mit einigen Kubikzentimetern Wasserstoffperoxyd, verdünnt auf mindestens 300 ccm, kocht auf und filtriert nach mehrstündigem Abstehen. Anstatt die Späne sauer zu lösen, kann man auch direkt alkalisch nach Regelsberger arbeiten oder bei hohen Siliciumgehalten mit S. 46 starkem Natronlaugeüberschuss lösen und S. 9, 63 die ausgeschiedenen Hydroxyde abfiltrieren. Welchen Weg man im Einzelfalle wählt, hängt davon ab, welche Elemente gleichzeitig noch mitbestimmt werden sollen.

Den Rückstand löst man in 100 ccm heisser, verdünnter Salzsäure, die 5 ccm Wasserstoffperoxyd enthält. Die Lösung wird durch Zugabe von festem Natriumkarbonat weitgehend abgestumpft und dann mit Zinkoxyd versetzt, bis eine schwache Verfärbung nach gelbbraun erfolgt (Abscheidung von Eisenhydroxyd). Man gibt noch einen kleinen Überschuss an Zinkoxyd hinzu und titriert die siedend heisse Lösung mit $^1/_{10}$n-Kaliumpermanganatlösung bis zum Auftreten einer schwach roten Farbe. Sollte sich der Niederschlag schlecht absetzen, so kann man entweder vor Beginn der Neutralisation etwas Eisenchloridlösung hinzusetzen oder nach Zugabe der Permanganatlösung ganz wenig von der Analysenlösung in ein Reagenzglas abfiltrieren und darin die Färbung beobachten. Bei der Manganbestimmung auf diese Weise führt man immer eine Vortitration und anschliessend eine Haupttitration durch.

Die Analysenlösung der Haupttitration filtriert man vom Rückstand durch ein weiches mit Filterschleim gedichtetes Filter ab. Die Filtration muss sehr sorgfältig durchgeführt werden. Man wäscht 3—4mal mit heissem Wasser aus und engt das Filtrat auf etwa 150 ccm ein. Nach Zusatz von ½ g Zitronensäure kann die Magnesium- S. 62 bestimmung als $Mg\,NH_4PO_4 \cdot 6\,H_2O$ erfolgen.

Zusätzliche Hinweise. Wenn bei der Neutralisation der Analysenlösung zuviel Zinkoxyd verbraucht wird, d.h. also bei ungenügender Vorneutralisation mit Natriumkarbonat, findet man unter Umständen etwas Zink im Magnesiumniederschlag. Deshalb ist es zweckmässig, mit Natriumkarbonat sehr weitgehend zu neutralisieren.

Bei der Filtration des Manganhydrat-Niederschlages kommt es vor, dass feinst verteilte Manganhydrate und auch etwas Zinkoxyd durch das Filter laufen. Diese Mengen werden dann sicher im Magnesiumniederschlag gefunden; es ist deshalb erforderlich, sehr sorgfältig zu filtrieren.

S. 130 c) Peroxydisulfat-Methode

Grundsätzliches. Bei der Abscheidung des Mangans mit Peroxydisulfat in Salpetersäurelösung werden letzte Reste an Kieselsäure nicht abgeschieden; daher ist vor der eigentlichen Magnesiumbestimmung eine Zwischenfiltration einzuschieben. Die übrigen in der Lösung noch vorhandenen Elemente wie Eisen, Aluminium usw. sind jedoch im Gegensatz zu der Abscheidung nach Volhard-Wolff noch in der Lösung vorhanden, so dass man diese bei der späteren Magnesium-Fällung durch Zusatz von Weinsäure oder Zitronensäure in Lösung halten muss. Das ausfallende Manganhydrat ist jedoch auch in diesem Falle frei von Magnesium.

Ausführung der Bestimmung. Man löst die Späne in 25%iger Natronlauge unter Zusatz von etwas Wasserstoffperoxyd oder auch in 10%iger Natronlauge, verdünnt auf etwa 250 ccm, filtriert den Rückstand durch ein Filter mittlerer Dichte und wäscht 3mal mit heissem Wasser aus. Der Rückstand wird mit 20 ccm Salpetersäure (1 : 1) gelöst, das Filter gut ausgewaschen. Man neutralisiert mit Ammoniak, bis der zuerst entstandene Niederschlag gerade wieder in Lösung geht, gibt einen Überschuss von 10 ccm Salpetersäure (1 : 9) hinzu, ferner 25 ccm 25%iger Ammoniumperoxydisulfatlösung und verdünnt auf höchstens 150 ccm. Man kocht 10 min und filtriert durch ein mit Filterschleim gedichtetes Filter mittlerer Dichte. Für die nachfolgende Mangantitration wird das Peroxydisulfat aus dem Filter gewaschen.

In dem Filtrat wird der Persulfatüberschuss durch 30 min langes Kochen zerstört. Man setzt 50 ccm einer 20%igen Ammoniumchloridlösung hinzu, 20 ccm einer 20%igen Weinsäurelösung, macht gerade ammoniakalisch, kocht auf und filtriert von etwa noch vorhandener Kieselsäure ab. Man säuert das Filtrat mit Salzsäure an, gibt 30 ccm einer 10%igen Ammoniumphosphatlösung hinzu, kocht auf und fügt unter kräftigem Rühren 50 ccm konz. Ammoniak hinzu. Man rührt weiter, bis die Hauptmenge des Magnesiumammoniumphosphates ausgefallen ist, lässt 2 Stunden absitzen und verfährt anschliessend nach der Phosphat-Methode oder nach Blumenthal. S. 61, 64

Zusätzliche Hinweise. Das Ammoniumperoxydisulfat wird in diesem Fall nicht fest, sondern der einfacheren Dosierung wegen in Lösung zugesetzt. Die Lösung ist jedoch auch in einer dunklen Flasche nicht länger als 2 Tage haltbar.

Nickel-Bestimmung [B7, B17]

Grundsätzliches. Die Bestimmung des Nickels mit Diacetyldioxim (Dimethylglyoxim)*) ist eines der sichersten Verfahren der analytischen Chemie. Die Bestimmung kann bei Gegenwart vieler anderer Elemente wie Mg, Zn, Co, Mn in essigsaurer Lösung ausgeführt werden, bei Gegenwart von Weinsäure auch beim Vorhandensein der in ammoniakalischer Lösung normalerweise ausfallenden Hydroxyde. Die Nickelfällung kann entweder vor der Magnesiumfällung oder auch ebenso gut im Filtrat der Magnesiumfällung vorgenommen werden. Da die Methode einfach ist, wird sie im allgemeinen häufiger angewandt als die an sich elegante elektrolytische

*) $CH_3 \cdot C(:NOH) \cdot C(:NOH) \cdot CH_3$; Mol.-Gew. 116,08.

Bestimmung. Man wendet aber diese letzte immer dann an, wenn neben Nickel auch Kobalt vorhanden ist und man beide Elemente zunächst gemeinsam elektrolytisch abscheiden will (siehe auch Grundsätzliches zur Kobalt-
S. 215 Bestimmung), ehe man sie mit Diacetyldioxim voneinander trennt.

Ausführung der Bestimmung. Man löst 2 g der Legierung
S. 45 nach Otis-Handy und filtriert die Kieselsäure wie angegeben. Aus dem Filtrat entfernt man Kupfer durch Elektrolyse; sind noch andere Elemente der Schwefelwasserstoffgruppe vorhanden, so trennt man sie durch Fällung mit Schwefelwasserstoff ab. Nach dem Filtrieren entfernt man den Schwefelwasserstoff durch Verkochen, um die sonst bei der Weiterverarbeitung eintretende Mitfällung
S. 91 des Zinks zu verhindern (s. Trennungsgänge).

Man versetzt etwa 200 ccm der schwefelsauren Lösung mit 25%iger Natronlauge, bis das ausfallende Aluminiumhydroxyd gerade als Aluminat wieder in Lösung geht. Nach kurzem Absitzenlassen werden die ausgefallenen Hydroxyde durch ein schnellaufendes Filter filtriert und mit heissem Wasser gewaschen. Man spritzt den Rückstand vom Filter, löst die Reste in einer Lösung, die 7 ccm konz. Salzsäure, 5 ccm 3%ige Wasserstoffperoxydlösung und 70 ccm heisses Wasser enthält, und kocht bis zur Lösung der Hydroxyde.

Zu der Lösung, deren Volumen 200—300 ccm betragen soll, gibt man nun 10 ccm Weinsäure (1 : 1), 5 g Ammoniumacetat und 15 ccm 1%ige alkoholische Diacetyldioxim-Lösung. Man erhitzt zum Sieden und gibt tropfenweise Ammoniak zu, bis Lackmuspapier gerade blau wird. Ein grösserer Überschuss an freiem Ammoniak verzögert die Fällung.[B 17] Man kocht kurz auf, lässt 2—3 Stunden absitzen, filtriert durch einen gewogenen Glasfiltertiegel 1G4 oder durch einen mit Asbest präparierten Goochtiegel, wäscht einige Male mit warmem Wasser und trocknet bei 110—120°. Man wägt als $NiC_8H_{14}N_4O_4$ (f = 0,2032).

Zusätzliche Hinweise. Enthält die Legierung weniger als 0,5% Silicium, so kann man direkt in 25%iger Natronlauge lösen, z. B. 2 g in 30 ccm, filtrieren, den Rückstand in Schwefelsäure lösen und nach der Entfernung des Kupfers wie angegeben weiterarbeiten. Auch bei grösserem Siliciumgehalt kann man in Natronlauge lösen, wenn man die angeführten Vorsichtsmassregeln be- S. 9, 63
achtet.

Will man Mangan, Magnesium, Eisen oder Titan bestimmen, so trennt man diese nach den Angaben bei der Magnesiumbestimmung oder nach den Trennungsgängen ab. S. 85

Das Nickeldiacetyldioxim ist in dem Alkohol, wie er z. B. bei einem zu grossen Überschuss an Fällungsmitteln in die Lösung gerät, nicht löslich, da dieser viel zu stark verdünnt wird, um die Analyse wesentlich zu beeinflussen.

Beim Auswaschen des Nickelniederschlages mit kochend heissem Wasser wird der Niederschlag jedoch zum Teil gelöst; es darf daher nur mit warmem Wasser gewaschen werden. Wenn vor der Nickelfällung das Eisen als Hydroxyd mit Ammoniak entfernt wird, so können Verluste an Nickel eintreten, weil das Eisenhydroxyd leicht Nickel absorbiert.

Silicium-Bestimmung

Grundsätzliches. Über das Vorkommen des Siliciums im Aluminium und über die Möglichkeiten zu seiner Bestimmung ist das wichtigste schon unter »Reinaluminium« S. 42
gesagt. Die Verhältnisse liegen bei Aluminiumlegierungen ganz ähnlich. Bei Gehalten bis 0,7% Si kann man bei Abwesenheit von Magnesium ohne weiteres die Methode Otis-Handy anwenden. Bei Anwesenheit von Magnesium und höheren Gehalten an Silicium wendet man besser die Methode Regelsberger an, weil dann keine Ver-

luste durch Entweichen von Siliciumwasserstoffen zu befürchten sind. Sehr vorteilhaft wendet man bei Legierungen auch die Methode Weiss an.

Ausführung der Bestimmungen

1. Methode Otis-Handy

S. 45 Die Methode wird in der Form ausgeführt, wie sie bereits beschrieben ist. Sie wird besonders dann gern angewandt, wenn man aus dem schwefelsauren Filtrat Kupfer elektrolytisch und anschliessend noch andere Legierungsbestandteile wie Mn, Mg, Ni usw. bestimmen will.

2. Methode Regelsberger

Auch diese Methode, die für sämtliche Gehalte an Sili-
S. 46 cium gilt, ist schon genau beschrieben.

Zu berücksichtigen ist nur, dass bei Anwesenheit von Kupfer, Mangan und sonstigen Schwermetallen nach dem Ansäuern mit Schwefelsäure 2—5 ccm Salpetersäure (1 : 1) und 1 ccm 3%ige Wasserstoffperoxydlösung zum Lösen der metallischen Anteile zugesetzt werden. Beim Aufnehmen mit heissem Wasser finden sich unter diesen Umständen manchmal Mangan(IV)-hydrate in den Kieselsäureflocken. Um diese zu lösen, setzt man nochmals einige Kubikzentimeter Salpetersäure (1 : 1) und etwas Wasserstoffperoxyd hinzu.

3. Methode Weiss[104]

(Gelatineverfahren)

Die Abscheidung der Kieselsäure mit Gelatine nach
S. 48 Weiss ist ebenfalls schon eingehend beschrieben, so dass hier einige zusätzliche Hinweise genügen.

Bei der Anwendung der Methode auf Legierungen scheidet man die Kieselsäure in schwefelsaurer

Lösung ab, wenn im Anschluss daran noch Kupfer bestimmt werden soll. Enthält die Legierung dagegen Blei und Zinn, also Elemente, die leicht im Kieselsäurerückstand als Sulfat oder Oxyd gefunden werden, so nimmt man die Abscheidung der Kieselsäure in Salzsäurelösung vor. Eine besondere Abtrennung von Blei und Zinn ist dann nicht mehr nötig.

Will man im Filtrat der Kieselsäurebestimmung noch Mn, Mg, Ni, Ti oder Fe bestimmen, so fällt man diese Elemente zunächst durch Übersättigen mit Natronlauge unter Zusatz von einigen Kubikzentimetern Wasserstoffperoxyd und behandelt dann weiter wie beschrieben.

Thorium-Bestimmung

Grundsätzliches. Thoriumphenylarsenat *) ist im Gegensatz zu den Phenylarsenaten der anderen seltenen Erden in verdünnter Essigsäure schwer löslich. Dieses trifft auch für die entsprechenden Verbindungen von Zirkon, Hafnium und Titan zu. Die Oxalate dieser letztgenannten Elemente sind aber im Gegensatz zum Thoriumoxalat in verdünnter Salzsäure löslich und lassen sich auf diese Weise vom Thorium abtrennen. Die Phenylarsenate des Zirkons und Hafniums sind in kochender Salzsäure fast S. 345
unlöslich, während die des Thoriums und Titans unter diesen Bedingungen leicht in Lösung gehen.

Auf Grund dieses Verhaltens ist von H. Grundmann [106] ein Verfahren zur Bestimmung von Thorium in Aluminium und einigen Aluminium-Legierungen ausgearbeitet worden.

Ausführung der Bestimmung. Die Methode ist noch nicht genügend nachgeprüft. Es sei deshalb hier nur das Prinzip mitgeteilt und im übrigen auf die Originalliteratur verwiesen.

*) Phenylarsinsäure $C_6H_5 \cdot AsO(OH)_2$. Mol.-Gew.: 201,96.

a) Bei der Thorium-Bestimmung in

Aluminium und Al-Mg-Legierungen

erfolgt die Lösung der Probe in Natronlauge. Der dabei entstandene und filtrierte Niederschlag wird in einem Gemisch von konz. Salpetersäure und konz. Schwefelsäure durch Abrauchen aufgeschlossen, die Probe nach dem Erkalten mit Wasser aufgenommen und die Kieselsäure abgeschieden. Die Kieselsäure wird wie üblich abgeraucht und der Rückstand aufbereitet, die Aufbereitungslösung mit dem Kieselsäurefiltrat vereinigt. In den vereinigten Filtraten wird Thorium mit Natronlauge in der Hitze ausgefällt, der Niederschlag filtriert und mit konzentrierter Salzsäure unter längerem Sieden wiederum in Lösung gebracht. Die so erhaltene Lösung wird alkalisch gemacht und der ausfallende Niederschlag durch Essigsäure gelöst. Jetzt wird auf ca. 400 ccm verdünnt, 75 ccm konz. Essigsäure hinzugefügt und mit 10%iger alkoholischer Phenylarsinsäurelösung gefällt. Nach dem Filtrieren und Waschen wird der Niederschlag in ein Becherglas zurückgebracht und dann mit konzentrierter Salzsäure 2 min gekocht. Hierbei lösen sich die Phenylarsenate des Thoriums und des Titans, während diejenigen des Zirkons und Hafniums fast ungelöst zurückbleiben. Aus dem kochenden Filtrat wird das Thorium mit 5 g fester Oxalsäure ausgefällt und nach 48 Stunden filtriert. Das Thoriumoxalat wird verascht. Zur Auswaage gelangt Thoriumoxyd, ThO_2, f = 0,8788.

b) Bei

Al-Cu-Mg-Mn-Legierungen

wird die Trennung des Thoriums von der Kieselsäure und der Hauptmenge des Aluminiums wie vorbeschrieben durchgeführt. Im Filtrat wird das Kupfer elektrolytisch abgeschieden. Um das Ausfällen von Mangan(IV)-hydraten zurückzudrängen, erhält der Elektrolyt einen Zusatz von 2,5 ccm Salpetersäure (d 1,4). Nach Abscheidung des Kupfers wird das Thorium mit Natronlauge gefällt und der Niederschlag wie unter a) beschrieben behandelt.

c) Bei

Al-Si-Legierungen

wird die Probe nach Regelsberger gelöst, die Kieselsäure wie üblich abgeschieden und abgeraucht, der Abrauchrückstand aufgeschlossen und die Aufschlusslösung mit dem Filtrat der Kieselsäure vereinigt und dann weiter wie unter a) aufbereitet. S. 46

Die Bestimmung von Titan und Eisen und ihre Trennung von Aluminium [B7,B15]

Grundsätzliches. Die Bestimmung von Titan und Eisen wird meistens kolorimetrisch oder titrimetrisch ausgeführt. In manchen Fällen ist jedoch auch ein gravimetrisches Verfahren erwünscht, vor allem dann, wenn damit eine einwandfreie Trennung von Aluminium verbunden ist. Eine solche Bestimmung kann man mit Kupferron (Nitrosophenylhydroxylamin-Ammonium, $C_6H_5 \cdot N \cdot (NO) \cdot ONH_4$) durchführen, obwohl mit diesem Reagens unter bestimmten Bedingungen Cu, Fe, Ti, V, Sn, Zr, Th, Nb, Ta ausfallen. In saurer kupferfreier Lösung gelingt jedoch die Trennung von Aluminium verhältnismässig leicht. Eisen wird als $Fe(C_6H_5O_2N_2)_3$ (f = 0,1196) und Titan als $Ti(C_6H_5O_2N_2)_4$ (f = 0,0802) gefällt.

Ausführung der Bestimmung. Bei Aluminiumlegierungen mit hohem Titangehalt (1% und mehr) geht man vom Filtrat der Siliciumbestimmung nach Otis-Handy oder S. 45 Weiss aus. S. 48 Aus der Lösung muss noch evtl. vorhandenes Kupfer entfernt werden (elektrolytisch oder mit Schwefelwasserstoff). Die Analysenlösung gibt man in einen 250 ccm fassenden Kolben und verwendet je nach der Menge des Eisens und Titans 50—100 ccm der Lösung.

50 ccm der schwefelsauren Lösung werden in ein 600ccm-Becherglas gebracht, mit 20—30 ccm Schwefelsäure (1 : 1) versetzt, auf ca. 400 ccm verdünnt und in

fliessendem Wasser gut gekühlt. Die Temperatur soll etwa 15° betragen. Bei höheren Temperaturen tritt leicht Verharzung ein.

Zur Fällung des Titans und Eisens verwendet man eine frisch bereitete, etwa 6%ige wässrige Kupferron-Lösung; man lässt diese unter dauerndem Rühren am Rande des Becherglases zufliessen, bis sich weisse Kupferron-Kriställchen zeigen, die aber wieder verschwinden. Die Eisenverbindung sieht rotbraun, die Titanverbindung gelb aus. Ein zu grosser Überschuss an Kupferron soll vermieden werden, weil der Niederschlag sonst leicht verharzt. Der Niederschlag muss so lange gerührt werden, bis die überstehende Flüssigkeit klar wird. Eine schwache Trübung rührt vom Kupferron-Überschuss her. Nach etwa 15 min wird der Niederschlag durch ein schnellaufendes Filter über eine Trichter-Nutsche abgesaugt. Zunächst wird mit kalter verdünnter Salzsäure (1 : 1), dann mit kaltem Wasser gewaschen und das Filter mit Inhalt im gewogenen Platin-, Quarz- oder Porzellantiegel bei 110° getrocknet. Im fest bedeckten Tiegel verascht man vorsichtig (Abzug, starke Entwicklung von Dämpfen!), verbrennt anschliessend den Kohlenstoff und glüht im elektrischen Ofen. Beim Auswägen erhält man die Summe von TiO_2 und Fe_2O_3.

Den Rückstand kann man mit wenig Hydrogensulfat aufschliessen und in der wässrigen Lösung in bekannter
S. 102 Weise Eisen mit Titantrichlorid titrieren. In manchen Fällen wird es möglich sein, schon in der Ausgangslösung das Eisen durch direkte Titration zu bestimmen.

Zusätzliche Hinweise. Bei der Fällung des Niederschlages mit Kupferron kann auch etwas Aluminium mit ausfallen. Diese Möglichkeit hängt ab von den vorhandenen Mengen an Aluminium, das ja auch in schwach saurer Lösung (0,005 n) mit Kupferron fällbar ist. Vermutet man Al_2O_3 im Rückstand, so kann man ihn mit Hydrogensulfat schmelzen und Eisen und Titan in Teilen der Lösung bestimmen.

Das Kupferron verharzt, wenn ein grosser Überschuss an Fällungsmitteln verwendet wird, sowie wenn die Temperatur während der Fällung zu hoch ist; beides ist leicht vermeidbar.

Zink-Bestimmung [B7, 131, 137]

Grundsätzliches. Zink in Aluminiumlegierungen kann auf sehr verschiedene Weise bestimmt werden. Die älteste Methode ist die, bei der Zink als Zinksulfid gefällt und als Zinkoxyd ermittelt wird. Diese Methode wird immer dann angewendet, wenn man im normalen Trennungsgang andere Elemente abscheidet, der ganze Trennungsgang also nicht nur für die Zinkbestimmung ausgeführt wird.

Die schnellste Bestimmung ist die elektrolytische in alkalischer Lösung. Diese Methode gestattet die rascheste Abtrennung von anderen Legierungsbestandteilen, liefert aber nicht allzu genaue Werte, so dass sie im allgemeinen mehr für technische Zwecke angewendet wird. Exakte Werte bei hinreichender Geschwindigkeit liefert die bekannte Bestimmung als Zink-Quecksilber(II)-Rhodanid nach G. E. F. Lundell und Naikim Bee[130]; sie hat vor allem den Vorteil, dass man kleine Mengen sehr genau titrieren kann, während man grössere Mengen direkt auswägt.

Die sichersten Werte erhält man jedoch nach dem Verfahren von H. Fischer[131] auf kolorimetrischem Wege S. 194 mit Dithizon. Erwähnenswert ist auch die Oxychinolin-Methode; sie kann allerdings nur angewendet werden, S. 93 wenn ebenso wie bei der Bestimmung als Zinkoxyd die Abtrennung von den meisten anderen Legierungsbestandteilen schon erfolgt ist. Im übrigen gibt sie aber genauere Werte als die vorher erwähnten Methoden, da sonstige Verunreinigungen (u. a. Alkalien) mit Oxychinolin nicht in dem Umfange mitgerissen werden wie bei der Fällung mit Schwefelwasserstoff oder Rhodanid, und da vor allem der Umrechnungsfaktor sehr viel günstiger ist.

An dieser Stelle werden nur zwei Methoden beschrieben:

1. Bestimmung als Zinkoxyd [B7]

Ausführung der Bestimmung. Man löst 1—2 g Metall in 15—30 ccm 25%iger Natronlauge, verdünnt auf etwa 600 ccm, gibt 20 ccm 10%ige Natriumsulfidlösung hinzu, kocht kurz auf und lässt etwa 2 Stunden absitzen. Nach dem Filtrieren durch ein schnellaufendes Filter wäscht man das Filter einige Male mit natriumsulfidhaltigem Wasser aus, spült den Rückstand in das Becherglas zurück, löst letzte Reste mit heisser verdünnter 2n-Salzsäure vom Filter in das Becherglas, gibt 10 ccm Königswasser hinzu, erhitzt bis zur Lösung, versetzt mit 10 ccm Schwefelsäure und raucht ab. Ist Blei vorhanden, löst man den Rückstand in etwa 20 ccm Wasser unter Erhitzen, lässt abkühlen S. 57 und filtriert das ausgefallene Bleisulfat ab; dabei wird mit verdünnter 2n-Schwefelsäure nachgewaschen. Bei Anwesenheit von Kupfer kann das Filtrat elektrolytisch S. 215 entkupfert werden. Man kann auch Blei und Kupfer gemeinsam elektrolytisch abscheiden.

Zur Analysenlösung gibt man 20 g Ammoniumsulfat, um Nickel und Kobalt bei der folgenden Schwefelwasserstofffällung in Lösung zu halten, und verdünnt auf etwa 400 ccm. Man stellt durch Zugabe von Ammoniak auf einen p_H-Wert von 3,1—3,2 ein (Lyphanpapier 652 oder 656 oder Mercks Universal-Indikator) und fällt Zink durch ½stündiges Einleiten von Schwefelwasserstoff in die 70—80° heisse Lösung. Nach 20 min setzt man nach Biltz [B7] auf je 2 mg Zink eine Lösung von 50 mg Quecksilber(II)-chlorid in 10 ccm Wasser in einem Guss unter starkem Rühren hinzu. Das ausfallende Quecksilbersulfid reisst das gesamte Zinksulfid mit und erleichtert ausserdem die Filtration ausserordentlich. Man filtriert durch ein schnelllaufendes Filter, wäscht den Rückstand 8—10mal mit schwefelwasserstoffhaltigem Wasser, verascht im gewogenen Porzellantiegel (Abzug!), glüht und wägt. Das Zinkoxyd soll rein weiss sein, andernfalls muss umgefällt werden.

Zusätzliche Hinweise. Ganz abgesehen davon, dass diese Art der Zink-Abtrennung umständlich ist, enthält sie auch Fehlermöglichkeiten. Zink kann bei der Fällung mit Natriumsulfid aus alkalischer Lösung verlorengehen, wenn sie zuviel Alkali enthält, deshalb muss entsprechend verdünnt werden. Andererseits kann das Zinkoxyd trotz aller Vorsichtsmassregeln kleine Mengen Fe_2O_3, Al_2O_3 und SiO_2 enthalten. Sind grössere Zinkmengen zu bestimmen, so spielt dies keine Rolle; sind die Mengen jedoch klein, muss darauf Rücksicht genommen werden.

2. Bestimmung des Zinks als Zink-Quecksilber(II)-Rhodanid

Grundsätzliches. Die Fällung des Zinks beruht auf der Bildung der Verbindung $ZnHg(CNS)_4$, die kristallin ist und sich sehr gut auswaschen lässt. Kupfer, Nickel und Kobalt geben jedoch ebenfalls eine Fällung mit Quecksilber-Rhodanid, so dass diese vor der Zinkbestimmung entfernt sein müssen. Eisen stört, wenn es in grösseren Mengen vorhanden ist, kann aber durch Zusatz von Phosphorsäure weitgehend in Lösung gehalten werden. Mangan fällt nicht, wenn man reine Manganlösung mit Quecksilberrhodanid fällt, wohl aber wird es in die Kristalle miteingebaut, wenn gleichzeitig Zink vorhanden ist. Da Manganrhodanid farblos ist, kann die Mitfällung n i c h t ohne weiteres erkannt werden. Bei stärkerer Verdünnung und raschem Arbeiten wird das Mangan nicht mitgefällt. Besser wird jedoch das Mangan vorher in geeigneter Form abgetrennt.

Da bei Anwesenheit von kleineren Zinkmengen im allgemeinen gern titriert wird, ist diese Methode auch im II. Abschnitt, Volumetr. Methoden, beschrieben. S. 110

Ausführung der Bestimmung. Man löst 1—2 g Späne in 15—30 ccm 25%iger Natronlauge, verdünnt auf etwa 600 ccm und versetzt mit 20 ccm 10%iger Natriumsulfid-Lösung. Nach mehrstündigem Absitzenlassen filtriert man durch eine mit Asbest präparierte Nutsche, wobei man den Rückstand mit heissem, natriumsulfidhaltigem Wasser wäscht. Man löst den Rückstand mit einer heissen Lösung, die 7 ccm Salzsäure, 5 ccm 3%ige Wasserstoffperoxydlösung und 70 ccm Wasser enthält, und filtriert ab. Man verdünnt auf 300 ccm, setzt noch einmal 10 ccm Salzsäure hinzu und leitet zur Fällung des Kupfers Schwefelwasserstoff ein. Man filtriert von den Sulfiden ab, wäscht mit schwefelwasserstoffhaltigem Wasser aus, verkocht den Schwefelwasserstoff und stellt nun mit verdünntem Ammoniak und wenn nötig wieder mit verdünnter Salzsäure auf einen p_H-Wert von 3,0—3,3 ein und fällt das Zink durch Einleiten von Schwefelwasserstoff in die 70° heisse Lösung. Diese Trennung ist einmal bei Anwesenheit von Mangan und dann zur Entfernung des grössten Eisenanteiles nötig. Bei geringen Eisengehalten unter 0,4% und bei Abwesenheit von Mangan kann dieser Trennungsgang entfallen. Bei Anwesenheit von Nickel und Kobalt muss das Zink immer besonders als Zinksulfid abgeschieden werden.

Man filtriert den Sulfidniederschlag ab, wäscht gut mit schwefelwasserstoffhaltigem Wasser aus, löst den Rückstand mit 25 ccm 10%iger Schwefelsäure vom Filter und wäscht einmal mit heissem Wasser aus. Man engt das Filtrat auf etwa 50 ccm ein, gibt 4 Tropfen 3%ige Wasserstoffperoxydlösung hinzu, ferner 3 ccm konz. Phosphorsäure und 25 ccm Fällungslösung. Die Fällungslösung enthält 27 g Quecksilberchlorid und 39 g Ammonium-Rhodanid im Liter. Man rührt ½ Stunde aus, filtriert den Zink-Quecksilber-Rhodanid-Niederschlag durch einen Glasfiltertiegel G4 und wäscht mit möglichst wenig 2%iger Fällungslösung aus. Man trocknet den Niederschlag bei etwa 105° und wägt. Der Umrechnungsfaktor ist 0,1312.

Zusätzliche Hinweise. Da das Zink-Quecksilber-Rhodanid verhältnismässig leicht in Wasser löslich ist, verwendet man zum Auswaschen eine 2%ige Fällungslösung, wobei jedesmal stark abgesaugt und verhältnismässig wenig verbraucht werden soll. Um Nickel und Kobalt in

Lösung zu halten (Trennung von Zink), ist es zweckmässig, vor der Schwefelwasserstoff-Fällung des Zinks aus saurer Lösung (p_H-Wert etwa 3,3) pro 100 ccm Lösung 4—5 g Ammoniumsulfat zuzugeben. Ist das Zink-Quecksilber-Rhodanid infolge der Anwesenheit von Eisen leicht violettrot gefärbt, so wird das Ergebnis nur unwesentlich beeinflusst; ist die Farbe jedoch stärker violettrot, so muss die erwähnte Schwefelwasserstoff-Trennung in saurer Lösung durchgeführt werden. Der Kupferniederschlag sieht an sich grünlich aus, in Verbindung mit Zink fällt jedoch ein Doppelsalz, das schwarz aussieht. Da das Zink-Quecksilber-Rhodanid selbst rein weiss ist, erkennt man also leicht an der Verfärbung, dass andere Elemente mit ausgefallen sind.

Zirkonium-Bestimmung

Grundsätzliches. Zirkonium wird aus stark salzsaurer Lösung mit Diammoniumhydrogenphosphat gefällt. Die Fällung ist erst nach 12-stündigem Stehen quantitativ, sie enthält häufig Spuren von Titanphosphat, die jedoch in der Regel die Genauigkeit nicht beeinflussen.

Ausführung der Bestimmung. Man löst 1 g der Legierung nach Otis-Handy. Die ausgeschiedene Kieselsäure sowie S. 45
evtl. vorhandenes Bleisulfat und Calciumsulfat filtriert man durch ein mit Filterschleim gedichtetes Filter und wäscht etwa 4mal mit heissem Wasser nach. Zum eingeengten Filtrat gibt man 30 ccm 20%ige Salzsäure (1 : 1), verdünnt auf etwa 125 ccm, versetzt mit 3 ccm 3%iger Wasserstoffperoxydlösung, um Titanchlorid in Peroxytitansäure zu überführen und auf diese Weise in Lösung zu halten. Anschliessend gibt man 1 g festes Ammoniumhydrogenphosphat hinzu. Man lässt die Lösung 12 Stunden bei 70° stehen, filtriert durch ein schnellaufendes, mit Filterschleim gedichtetes Filter, wäscht 10—12 mal mit

kalter 5%iger Ammoniumnitratlösung und verascht im Porzellantiegel. Man glüht bei 1000—1100° und wägt als ZrP_2O_7. Der Umrechnungsfaktor für Zirkonium ist 0,3439.

Zusätzliche Hinweise. Das Zirkoniumphosphat enthält häufig etwas Aluminiumoxyd, so dass dadurch die Werte leicht zu hoch ausfallen. Auch Titanphosphat kann in kleinen Mengen auftreten. Im allgemeinen erhält man jedoch genaue Ergebnisse nach dieser Methode.

c) Trennungsgänge

Grundsätzliches. Im folgenden werden einige Trennungsgänge angegeben, wobei — was die Einzelbestimmung betrifft — auf schon vorher beschriebene Methoden zurückgegriffen wird. Die angeführten Trennungsgänge haben sich bewährt. Es ist jedoch durchaus möglich, die Trennung auch in ganz anderer Weise vorzunehmen. In vielen Laboratorien wird es vorgezogen, jede Einzelbestimmung aus einer neuen Einwaage zu beginnen und die Bestimmung dann auf eine Anzahl Bearbeiter zu verteilen. Im allgemeinen ist ein Trennungsgang zu bevorzugen, bei dem mehrere Bestandteile aus einer Einwaage bestimmt werden. Wie man dies in jedem Einzelfall anfasst, hängt sehr stark von den Erfordernissen des Betriebes und von Fragen der Organisation ab.

1. Bestimmung von Verunreinigungen im Reinmetall

Grundsätzliches. Wie schon erwähnt, treten die Elemente Cu, Pb, Ca, Zn, Mn, Mg, Ni, Ti, Cr, V im Aluminium nur in Spuren auf. Sie werden daher auch selten bestimmt; in den meisten Fällen sucht man nur nach der einen oder nach der anderen Komponente. Trotzdem soll hier ein Trennungsgang für sämtliche oben erwähnten Elemente angegeben werden. Auch in diesem Fall wird nach Beendigung der Trennung auf die vorher angegebenen Methoden zur Einzelbestimmung verwiesen werden.

Ausführung der Bestimmung. Man löst 50—100 g Aluminium mit Salzsäure oder Natronlauge in der angegebenen Weise. Beim Aussalzen mit Salzsäuregas ist auf die S. 10
verschiedene Löslichkeit der einzelnen Elemente besonders

Rücksicht zu nehmen. Soll Vanadium bestimmt werden, so ist allerdings der alkalische Aufschluss und die Fällung mit Natriumsulfid nicht möglich.

Hat man mit Salzsäure gelöst und angereichert, so vertreibt man den Überschuss an Salzsäure durch Einengen bis zur beginnenden Kristallisation, verdünnt anschliessend auf 400 ccm, erhitzt zum Sieden und leitet eine halbe Stunde lang Schwefelwasserstoff ein. Die erhaltenen Sulfide werden abfiltriert; man löst den Rückstand in verdünnter Salpetersäure (10 ccm konz. Salpetersäure, 3 ccm 3%iges Wasserstoffperoxyd, 85 ccm 70° heisses Wasser), gibt 2 ccm konz. Schwefelsäure zu und raucht ab. Die Bestimmung des Bleis wird in der angegebenen Weise als
S. 95 Chromat mit nachfolgender Titration ausgeführt. Das Kupfer kann, wenn es in so kleinen Mengen vorliegt, durch Veraschen des Sulfids und Verglühen zu CuO bestimmt werden. Zu diesem Zweck verdünnt man das Filtrat der Bleibestimmung nach dem Verkochen des Alkohols und fällt Kupfer noch einmal mit Schwefelwasserstoff. Zur Sicherheit kann man den Kupferoxydniederschlag in Salpetersäure lösen und danach die Kupfermenge kolori-
S. 155 metrisch bestimmen.

Noch zweckmässiger ist es, wenn man Kupfer und Blei in einer Sondereinwaage mit Dithizon bestimmt und hier eine Abtrennung nur der Schwermetalle mit Schwefelwasserstoff zur Bestimmung der übrigen Elemente vornimmt.

Aus dem Filtrat der Blei-Kupfer-Fällung bestimmt man Chrom, Vanadium, Titan, Mangan, Calcium, Magnesium und Nickel. Man gibt zunächst zu dem von Schwefelwasserstoff befreiten Filtrat Natriumperoxyd bis zum Alkalischwerden und zusätzlich 1 g Na_2CO_3. Man erhitzt die etwa 300 ccm betragende Lösung, hält sie 5 min im Sieden und filtriert durch einen Goochtiegel ab. Man löst den Niederschlag in verdünnter Salzsäure (10 ccm konz. Salzsäure, 3 ccm 3%iges Wasserstoffperoxyd und 85 ccm heisses Wasser) und wiederholt die Abscheidung noch zweimal in gleicher Weise, da der Rückstand Chrom hartnäckig

festhält. Der Rückstand enthält zum Schluss das gesamte
Eisen, Mangan, Titan, Calcium, Magnesium und Nickel.

Man löst den Rückstand in verdünnter Salzsäure wie
oben, fällt Eisen, Mangan und Titan mit Ammoniak und
Bromwasser, um sie von Nickel, Zink, Calcium und Mag-
nesium zu trennen. Zu diesem Zweck versetzt man die
Lösung auf je 100 ccm mit 10 ccm 25%iger Ammonium-
chloridlösung, macht deutlich ammoniakalisch und gibt
10 ccm gesättigtes Bromwasser hinzu. Man kocht auf und
hält die Lösung 10 min im Sieden, wonach der Überschuss
an Ammoniak verkocht sein soll (Geruchprobe). Dann gibt
man noch einmal 10 ccm Ammoniak (1 : 1) und 10 ccm
Bromwasser hinzu und kocht wieder 10 min. Diesmal soll
der Geruch nach freiem Ammoniak nicht mehr verschwin-
den (s. »Zusätzliche Hinweise«). Den Niederschlag lässt man S. 89
absitzen und filtriert ihn durch ein mit Filterschleim ge-
dichtetes weiches oder durch ein gehärtetes Filter. Das
Filtrat engt man ein, den Rückstand löst man in einer
Lösung, die 10 ccm konz. Salzsäure, 5 ccm 3%ige Wasser-
stoffperoxydlösung und 85 ccm heisses Wasser enthält.
Zu dieser Lösung gibt man noch einmal 20 ccm Ammo-
niumchlorid und wiederholt die Fällung wie angegeben.

Den Rückstand filtriert man durch ein mit Filterschleim
gedichtetes weiches Filter ab, löst ihn in verdünnter Salz-
säure (s. oben) und gibt ihn in ein 100ccm-Kölbchen. 25
ccm der Lösung verwendet man zur kolorimetrischen
Titanbestimmung, 50 ccm zur Manganbestimmung, indem S. 169, 188
man durch zweimaliges Abdampfen mit Salpetersäure die
Salzsäure vertreibt und Mangan kolorimetrisch mit Wis-
mutat bestimmt. Das Filtrat der Bromammoniakfällung
macht man essigsauer und fällt Calcium als Oxalat. In S. 26
das Filtrat der Calciumfällung gibt man einige Kubik-
zentimeter konz. Salzsäure und zerstört durch Kochen
nach Zugabe von 5 ccm 3%iger Wasserstoffperoxydlösung
den Oxalatüberschuss. Danach führt man die Bestimmung
des Magnesiums als Phosphat zu Ende und im Filtrat der
Magnesiumbestimmung die Nickelbestimmung mit Diace- S. 71
tyldioxim.

Die Bestimmung des Zinks führt man am besten in einer
S. 194 Sondereinwaage mit Dithizon aus. Man kann dazu dieselbe Lösung verwenden, aus der man Blei und Kupfer mit Dithizon bestimmen will. Eisen wird zweckmässig
S. 153 mit Sulfosalicylsäure ebenfalls in einer Sondereinwaage bestimmt.

Das erste natronalkalische Filtrat enthält das gesamte Vanadium und Chrom. Man säuert die Lösung mit Salpetersäure an, gibt 40 ccm Eisessig auf 500 ccm Gesamtflüssigkeit hinzu und stumpft mit Natronlauge ab, bis die Lösung noch eben essigsauer ist (Rotfärbung von Kongopapier). Darauf fällt man Chrom und Vanadium mit Bleiacetat als Bleichromat und Bleivanadat. Man erhitzt zum Sieden und filtriert durch ein gedichtetes Filter. Man löst den Rückstand in möglichst wenig Salpetersäure, entfernt Blei mit Schwefelwasserstoff, dampft das Filtrat mit Schwefelsäure bis zum kräftigen Rauchen ein und erhitzt die Lösung, nachdem man den Überschuss an Schwefelsäure mit Natronlauge weitgehend abgestumpft hat, solange mit Kaliumpermanganat, bis die rote Farbe des Permanganats längere Zeit bestehen bleibt. Man setzt ein Körnchen Mangansulfat zu und kocht weiter, bis das gesamte Permanganat wieder reduziert ist, und filtriert. Man versetzt das Filtrat mit 25 ccm Schwefelsäure (1 : 1), verdünnt auf ein Gesamtvolumen von 300 ccm und titriert zunächst mit frisch eingestellter Eisen(II)-sulfatlösung die Summe von Chrom und Vanadium und durch Rücktitration bei 70° mit kalter Permanganatlösung das Vanadium
S. 136 allein. Diese Titration wird am zweckmässigsten potentiometrisch ausgeführt.

Hat man, wie eingangs erwähnt, nicht sauer, sondern alkalisch gelöst und mit Natriumsulfid gefällt, so ändert sich der oben beschriebene Arbeitsgang wie folgt:

Man filtriert die Sulfide durch eine grössere mit Asbest präparierte Nutsche, löst den Niederschlag mit heisser
S. 89/90 verdünnter Salzsäure (s.w.u.), filtriert vom Asbest ab, verdünnt auf etwa 200 ccm und leitet Schwefelwasserstoff ein. Nun verfährt man weiter wie bei dem salzsauren

Aufschluss. Es ist zu beachten, dass beim Lösen in Natronlauge und Fällen mit Natriumsulfid das Vanadium in Lösung bleibt.

Zusätzliche Hinweise. Da man bei Verwendung kolorimetrischer Verfahren sehr k l e i n e Einwaagen nötig hat, und zwar auch dann, wenn es sich um die Bestimmung von Verunreinigungen im Hüttenaluminium handelt, ist es zweckmässig, die betreffenden Elemente in kleinen Sondereinwaagen zu bestimmen. Dies gilt z. B. für Cu, Pb, Zn, Fe, Mn, Ni.

Zu der Fällung mit Ammoniak unter Zusatz von Bromwasser, die zwar umständlich ist, aber doch eine recht genaue Trennung von Mangan, Titan, Aluminium und Eisen von den übrigen Elementen zulässt, ist noch folgendes zu sagen:

Beim 1. Ammoniakzusatz wird der Ammoniak verkocht, um das Aluminiumhydroxyd durch die mit dem Kochen verbundene Alterung möglichst unlöslich zu machen. Dabei kann Ammoniumchlorid unter Bildung von freier Salzsäure aufgespalten werden. Die Salzsäure setzt sich jedoch sofort wieder mit schon ausgeschiedenen Manganhydraten um, daher ist ein 2. Zusatz von Ammoniak nötig, der dann nicht mehr ganz verkocht werden soll.

2. Trennungsgang für Aluminiumlegierungen, die neben kleinen Mengen Si und Fe noch Cu, Mn, Mg enthalten

Man löst 2 g Späne nach Otis-Handy oder Weiss, filtriert S. 45, 48
und bestimmt in der dort angegebenen Weise die Kieselsäure. Aus dem Filtrat bestimmt man Kupfer elektroly- S. 215
tisch.

Die kupferfreie Lösung gibt man in einen 500ccm-Messkolben und füllt auf. 250 ccm (1 g Einwaage) versetzt man mit 25%iger Natronlauge und 5 ccm 3%iger Wasserstoffperoxydlösung, erhitzt zum Sieden und lässt absitzen. Nach etwa 4 Stunden filtriert man durch ein schnellaufendes Filter, löst den Rückstand in verdünnter Salzsäure (7 ccm

konz. Salzsäure, 3 ccm 3$^0/_0$iges Wasserstoffperoxyd, 70
ccm heisses Wasser) und bestimmt in der Lösung Mangan
S. 128 nach Volhard-Wolff und anschliessend Magnesium nach
S. 61 der Phosphatmethode. Auch aus der Salpetersäurelösung
kann Mangan mit Kaliumchlorat oder Peroxydisulfat und
anschliessend noch Magnesium nach der Phosphatmethode
bestimmt werden.

Für die Eisenbestimmung werden die restlichen 250 ccm
Analysenlösung aus dem Messkolben entnommen und di-
S. 102 rekt mit Titantrichlorid titriert.

3. Trennungsgang für Aluminiumlegierungen, die neben kleinen Mengen Si und Fe noch Cu, Mn, Mg, Zn, Ni, Ti enthalten

S. 45 Man löst 2 g Späne nach Otis-Handy und bestimmt
nach dem Filtrieren in der dort angegebenen Weise
S. 215 die Kieselsäure. Im Filtrat wird Kupfer elektrolytisch
bestimmt. Salpetersäurezusatz ist wegen der späteren
Zinkabscheidung zu vermeiden.

Die kupferfreie Lösung gibt man in einen 500ccm-Messkolben und füllt auf. 250 ccm werden mit 25$^0/_0$iger Natronlauge im Überschuss versetzt und anschliessend mit 3 ccm 3$^0/_0$iger Wasserstoffperoxydlösung. Man kocht auf und filtriert nach dem Absitzen. Man löst den Rückstand in verdünnter Salzsäure (7 ccm konz. Salzsäure, 3 ccm 3$^0/_0$iges
Wasserstoffperoxyd, 70 ccm heisses Wasser), titriert Man-
S. 128 gan nach Volhard-Wolff und bestimmt anschliessend
S. 61 Magnesium nach der Phosphatmethode. Man kann den
Rückstand stattdessen auch mit verdünnter Salpeter-
säure (10 ccm konz. Salpetersäure, 3 ccm 3$^0/_0$iges Wasser-
stoffperoxyd, 85 ccm heisses Wasser) nach der Peroxydi-
S. 70 sulfatmethode lösen und wieder anschliessend Magnesium
nach der Phosphatmethode bestimmen. Soll dagegen an
dieser Stelle lediglich Mangan bestimmt werden, so kann
S. 126 das nach der Wismutatmethode in salpetersaurer Lösung
erfolgen.

Zur Zinkbestimmung fällt man die restlichen 250 ccm
aus dem Messkolben ebenfalls mit Natronlauge und

Wasserstoffperoxyd, löst den Rückstand nach dem Filtrieren in verdünnter Schwefelsäure (5 ccm konz. Schwefelsäure, 3 ccm 3%iges Wasserstoffperoxyd, 70 ccm heisses Wasser) und wiederholt die Natronlaugefällung, da der Rückstand immer eine gewisse Menge des Zinks zurückhält. In den vereinigten Filtraten wird Zink elektrolytisch S. 220 bestimmt.

Im Rückstand nach dem alkalischen Herauslösen des Zinks können Magnesium und Nickel bestimmt werden. Man löst den Rückstand in verdünnter Salzsäure, bestimmt Magnesium nach Blumenthal und im Filtrat der S. 64 Magnesiumbestimmung Nickel mit Diacethyldioxim. Falls S. 71 man Magnesium zusammen mit Mangan bestimmt, kann man hier direkt die Nickelbestimmung ausführen. Die Eisenbestimmung wird in einer gesonderten Einwaage ausgeführt. Entweder gibt man die schwefelsaure Analysenlösung durch einen Reduktor und titriert direkt mit S. 121 Kaliumpermanganat oder man bestimmt das Eisen ohne Reduktor in salzsaurer oder schwefelsaurer Lösung mit S. 102 Titantrichlorid.

Zur Titanbestimmung verwendet man einen Teil der kupferfreien Analysenlösung, mit der man die Mangan- und Magnesiumbestimmung ausführen will, oder eine Sondereinwaage. Im letzten Fall löst man das Metall in Salzsäure, entfernt Kupfer mit Hilfe eines Reduktors und S. 121 kann Titan sofort kolorimetrisch bestimmen. S. 169

4. Trennungsgang für eine Vielstofflegierung, die neben Fe und Si noch Cu, Pb, Sn, Zn, Cr, Mn, Mg, Ti, Ni, Co enthält

Zur Bestimmung sind in diesem Fall drei gesonderte Einwaagen nötig. In der ersten Einwaage (a) werden Cu, Pb, Sn, Cr, Ti, Ni und Co bestimmt, in der zweiten Einwaage (b) Mn, Mg und Zn und in der dritten Einwaage (c) Fe und Si. Bei kleinen Si-Gehalten ist es vorteilhaft, Kupfer und Zink in einer kleinen Sondereinwaage mit Dithizon zu bestimmen. S. 155, 194

(a) Man löst 2 g Späne in 20 ccm konz. Salzsäure nach Zusatz von ca. 3 g Kaliumchlorid und 1 g Kaliumchlorat und dampft bis zur Kristallisation ein. Man nimmt mit etwa 200 ccm heissem Wasser auf, filtriert von etwa vorhandenem graphitischem Silicium ab, wäscht gut mit heissem Wasser aus und leitet in die Analysenlösung, die ungefähr 400 ccm beträgt und 70° heiss sein soll, bis zum Kaltwerden (¾ Stunden) Schwefelwasserstoff ein. Im Rückstand befinden sich Pb, Sn und Cu, im Filtrat (I) Cr, Ti, Ni und Co neben den anderen Legierungsbestandteilen.

Den Rückstand zieht man auf dem Filter mit 100 ccm heisser, 5%iger Natriumsulfidlösung (farblos) durch portionsweise Zugabe aus. Jetzt befindet sich im Rückstand Blei und Kupfer, im Filtrat (II) das Zinn. Das Filtrat (II) wird nach Zugabe von 3 g Kaliumchlorid mit Salzsäure (1 : 1) angesäuert, mit 10 ccm 10%iger Wasserstoffperoxydlösung versetzt und nach dem Einengen auf etwa 10 ccm durch Filtrieren von dem ausgeschiedenen Schwefel getrennt. Man verdünnt auf 150—200 ccm mit verdünnter
S. 224 Salzsäure und elektrolysiert das Zinn wie angegeben.

Die Sulfide von Blei und Kupfer löst man in Salpetersäure (1 : 1), raucht mit Schwefelsäure zum Unlöslichmachen des Bleis ab und bestimmt dieses nach der Filtra-
S. 95 tion (III) jodometrisch nach Umwandlung in Bleichromat. Im Filtrat (III) bestimmt man Kupfer elektrolytisch. Man
S. 210, 215 kann auch Blei und Kupfer gemeinsam elektrolytisch bestimmen.

Aus dem Filtrat (I) vertreibt man den Schwefelwasserstoff durch Verkochen, macht mit Natronlauge unter Zusatz von etwas Natriumperoxyd deutlich alkalisch und be-
S. 172 stimmt im Filtrat Chrom kolorimetrisch. Enthält die Analysenlösung grössere Mengen Chrom, so ist die alkalische Trennung von Eisen und Mangan noch einmal zu wiederholen. Im Rückstand befinden sich auch Titan, Nickel und Kobalt. Zu ihrer Bestimmung löst man den Rückstand in verdünnter Salzsäure, trennt Eisen und Titan von Nickel und Kobalt durch zweimalige Fällung mit Ammoniak, löst den Rückstand in verdünnter Schwefelsäure und bestimmt

anschliessend Titan kolorimetrisch. Aus dem stark ammoniakhaltigen Filtrat werden Nickel und Kobalt gemeinsam elektrolytisch abgeschieden. Nach dem Auswägen löst man den Niederschlag mit Salpetersäure (1 : 1) von der Elektrode ab und bestimmt in der Lösung Nickel durch Fällung mit Diacethyldioxim. S. 169 S. 71

(b) Man löst 2 g Späne in einer Lösung, die 320 ccm Wasser und 80 ccm 25%ige Natronlauge enthält, ohne zu erwärmen und ohne Zusatz von Wasserstoffperoxyd. Sofort nach dem Lösen wird filtriert, wobei darauf zu achten ist, dass das Filter immer gefüllt bleibt und auch beim Waschen mit 2%iger Natronlauge nicht leer läuft. Tritt nämlich Oxydation durch Luftsauerstoff ein, so läuft aufoxydiertes Mangan in Form von Hydraten kolloidal durch das Filter und stört die Weiterarbeit. Bei dieser Art des Lösens bleiben alle Elemente im Rückstand, nur Silicium (auch bei Silumin) und Zink werden gelöst. Im Filtrat wird Zink durch Elektrolyse direkt bestimmt; den Rückstand löst man in verdünnter Salpeter- oder Salzsäure, bestimmt Mangan mit Kaliumchlorat nach Hampe oder nach Volhard-Wolff und anschliessend Magnesium als Phosphat. S. 61, 124, 128

(c) Zur Siliciumbestimmung löst man 2 g Späne alkalisch, fällt die Kieselsäure in saurer Lösung (Salzsäure oder auch Schwefelsäure) mit Gelatine nach Weiss, bestimmt Kupfer im Filtrat elektrolytisch und Eisen in der kupferfreien Lösung nach Anrötung mit Kaliumpermanganat durch Titration mit Titantrichlorid. Da bei der Anwendung von Schwefelsäure mit der Kieselsäure Blei und Zinn ausfallen, verwendet man bei der Siliciumbestimmung zum Ansäuern Salzsäure. S. 48 S. 215 S. 102

5. Trennungsgang für eine Aluminiumlegierung. Bestimmung des Zinks und Magnesiums mit Oxychinolin

Grundsätzliches. Zink und Magnesium können nach der Abtrennung sämtlicher anderer Legierungsbestandteile mit Oxychinolin gefällt werden, und zwar wird zuerst das Zink aus essigsaurer Lösung und im Anschluss daran das Magnesium aus ammoniakalischer Lösung gefällt. Nach dieser Methode lassen sich sowohl kleine Mengen Zink von grossen Mengen Magnesium als auch grosse Mengen Zink von kleinen Mengen Magnesium abtrennen. Die Methode hat gegenüber der Phosphat-Methode den Vorteil, dass man die Zinkfällung sehr rasch abfiltrieren kann. Würde man die Magnesiumfällung mit Phosphat vornehmen und im Anschluss daran Zink bestimmen, so hätte man mit sehr viel längeren Wartezeiten zur Ausbildung genügend grosser Kristalle zu rechnen.

Zu beachten ist, dass Magnesiumammoniumphosphat immer kleinere Mengen Zinkammoniumphosphat einschliesst, besonders wenn viel Zink neben wenig Magnesium zu bestimmen ist.

Ausführung der Bestimmung. Man löst 1 g der Legie-
S. 45 rung nach Otis-Handy. Aus dem Filtrat der Kieselsäurebestimmung entfernt man Kupfer elektrolytisch oder durch Einleiten von Schwefelwasserstoff. Letztes ist vor allem dann zu empfehlen, wenn noch andere mit Schwefelwasserstoff fällbare Bestandteile vorhanden sind. Das Filtrat wird mit Natronlauge (1 : 3) übersättigt, auf etwa 400 ccm verdünnt und mit 15 ccm $10^{0}/_{0}$iger Natriumsulfid-Lösung versetzt. Man kocht kurz auf und lässt einige Stunden absitzen. Nach dem Abfiltrieren spritzt man den Niederschlag in das Becherglas zurück und löst mit verdünnter Salzsäure (7 ccm konz. Salzsäure, 3 ccm $3^{0}/_{0}$iges Wasserstoffperoxyd, 70 ccm heisses Wasser). Die Lösung kocht man auf, versetzt mit 20 ccm $25^{0}/_{0}$iger Ammoniumchloridlösung und fällt in der beschriebenen Weise mit Brom-
S. 87 Ammoniak. Da der Niederschlag immer beträchtliche Mengen Zink und Magnesium einschliesst, ist er noch einmal in verdünnter Salpetersäure (s.o.) oder verdünnter Salzsäure zu lösen und die Fällung zu wiederholen. Aus den
S. 71 vereinigten Filtraten fällt man Nickel mit Diacetyldioxim. Die nickelfreie Lösung säuert man mit einigen Tropfen Salzsäure an und gibt Ammoniumacetat hinzu, bis Kongo-

papier gerade nach rot umschlägt. Die essigsaure Lösung soll einen p_H-Wert zwischen 4,0 und 4,5 haben. Nun fällt man Zink bei Zimmertemperatur durch Zugabe von 15 ccm einer 2%igen alkoholischen Oxychinolinlösung in geringem Überschuss. Nach kräftigem Rühren lässt man den Niederschlag absitzen und filtriert durch einen gewogenen Porzellanfiltertiegel. Man wäscht 6mal mit heissem Wasser und trocknet entweder bei 100—105° (Faktor = 0,1718) oder bei 120—130° (Faktor = 0,1849). Der bei 105° getrocknete Niederschlag enthält 1½ Mol Wasser, während der bei 120° getrocknete Niederschlag wasserfrei ist. Das Filtrat der Zinkfällung versetzt man mit 10 ccm 2%iger alkoholischer Oxinlösung und 15 ccm konz. Ammoniak. Man erhitzt kurz zum Sieden, lässt absitzen und filtriert durch einen gewogenen Porzellanfiltertiegel. Man trocknet bei 100—105° (Faktor = 0,0698) oder bei 130—140° (Faktor = 0,0779). Der bei 105° getrocknete Niederschlag enthält 2 Mole Wasser, während der andere wasserfrei ist.

6. Trennungsgang für eine Aluminiumlegierung, Bestimmung von Silicium und Blei

Man löst 3 g der Legierung mit 100 ccm Mischsäure nach Otis-Handy. Nach dem Filtrieren der Kieselsäure wäscht S. 45
man mit 10%iger kalter Schwefelsäure aus. Der Niederschlag, der die gesamte Bleimenge enthält, wird in das Becherglas zurückgegeben und mit 40 ccm Ammoniumacetatlösung (500 ccm konz. Ammoniak, 400 ccm Wasser, 500 ccm konz. Essigsäure) gekocht. Man filtriert wieder durch dasselbe Filter, wäscht mit heissem Wasser und bestimmt die Kieselsäure in der üblichen Weise. Das Filtrat erhitzt man zum Sieden, versetzt tropfenweise mit 5 ccm 5%iger Kaliumchromatlösung, kocht 1 min und gibt noch 20 ccm Kaliumchromatlösung hinzu. Man erhitzt, bis der Niederschlag grobkristallin wird und eine orangefarbene Tönung annimmt, dann lässt man erkalten. Man filtriert, wäscht gut mit kaltem Wasser aus, löst den Niederschlag

in 50 ccm kalter Salzsäure (1 : 1), versetzt mit 10 ccm 10%iger Kaliumjodidlösung und titriert mit $^1/_{10}$n-Thiosulfatlösung und Stärke als Indikator. 1 ccm $^1/_{10}$n-Thiosulfatlösung entspricht 0,0069 g Blei.

7. Trennungsgang für eine Aluminiumlegierung, Trennung von Mangan und Magnesium bei Anwesenheit von mehr als 0,5% Blei

Man löst 3 g Späne in 80 ccm 10%iger Natronlauge, verdünnt mit heissem Wasser auf etwa 300 ccm und filtriert. Aus dem Filterrückstand löst man durch Behandeln mit 30 ccm heisser 10%iger Schwefelsäure, die in kleinen Portionen durch das Filter gegeben wird, Mangan und Magnesium heraus und wäscht mit heissem Wasser nach. Das Filtrat wird mit Ammoniak bis zum Auftreten eines leichten Niederschlages versetzt und darauf dieser wieder mit einigen Tropfen 10%iger Schwefelsäure gelöst. Man verdünnt auf 100 ccm, setzt 10 ccm 10%ige Schwefelsäure und 20 ccm 25%ige Ammoniumperoxydisulfatlösung hinzu und kocht 10 min zur Fällung des Mangans als Mangan-(IV)-oxydhydrat. Nach dem Abfiltrieren und Waschen des Niederschlages wird Mangan entweder nach Hampe in
S. 124 Oxalsäure gelöst und mit Permanganat titriert oder in
S. 126 Salpetersäure gelöst und nach dem Wismutatverfahren bestimmt. Das Filtrat von der Abscheidung des Mangan-(IV)-oxydhydrates kocht man 10 min lang lebhaft. Man gibt eine Aluminiumdrahtspirale (75 cm Draht 0,4 mm Ø) aus Raffinationsmetall hinzu und 10 ccm konz. Salzsäure. Damit wird das in der Lösung enthaltene Blei als Bleischwamm abgeschieden. Man kocht, bis die nach einiger Zeit auftretende Dunkelfärbung eine rötliche Tönung annimmt. Man filtriert, gibt 40 ccm 20%ige Weinsäure und 30 ccm 20%ige Ammoniumchloridlösung hinzu und fällt nach dem Abfiltrieren der durch Ammoniak fällbaren
S. 61 Kieselsäure das Magnesium wie üblich als Phosphat. Die Abtrennung des Bleis durch Reduktion ist erforderlich, weil Blei durch Weinsäure nicht in Lösung gehalten wird.

II. Abschnitt. Volumetrische Methoden

Vorbemerkungen

Es hat zeitweise den Anschein gehabt, als ob durch die immer weitergehende Einführung physikalischer Methoden in die Praxis der analytischen Laboratorien (Spektralanalyse, Spektralphotometrie, Polarographie und dergl.) die Massanalyse völlig verdrängt werden könnte. Wenn dies doch nicht eingetreten ist, so sind dafür besonders zwei Gesichtspunkte massgebend: Erstens erlaubt die Massanalyse genaue Reihenuntersuchungen auch unter Verzicht auf jede anspruchsvolle Laboratoriumseinrichtung und selbst bei Mangel an ausgebildetem Personal, und zweitens ist die Anwendung physikalischer Methoden auch der Massanalyse selbst zugute gekommen; so ist z. B. durch Benutzung der konduktometrischen oder potentiometrischen Indizierung der Anwendungsbereich der Massanalyse wesentlich erweitert worden.

Auch in der Leichtmetallanalyse werden massanalytische Methoden weitgehend angewendet. Die Grundlagen der Massanalyse dürfen als bekannt vorausgesetzt werden; im Bedarfsfall geben vorzügliche Standardwerke erschöpfende Auskunft.[B8, B13a, B14]

Für die Durchführung potentiometrischer Messungen eignen sich besonders Apparate, die nach dem Prinzip des Röhren-Voltmeters gebaut sind. Mit ihnen lässt sich durch Wahl einer Vorspannung, die den Gitterstrom niedrig hält, leicht eine praktisch stromlose Potentialmessung durchführen.

Eine derartige Messeinrichtung kann z. B. bei der Bestimmung von Chrom in Aluminium als Chromat mittels Eisen(II)-sulfatlösung verwendet werden. Es lassen sich potentiometrisch Gehaltsbestimmungen nach der sogenannten Ausschlagmethode oder nach der Kompensationsmethode durchführen. Nach der Kompensationsmethode erfolgt die Messung dadurch stromlos, dass eine bekannte veränderliche Spannung (Potential) der zu messenden entgegengeschaltet wird; das Gerät dient dann als Nullpunktinstrument. Die Ausschlagmethode ist einfacher als die Kompensationsmethode, die letzte ist aber genauer.

Mit Hilfe eines durch einen magnetischen Spannungsregler gesicherten Röhrenvoltmeters lassen sich auch konduktometrische Messungen durchführen. Der für die Leitfähigkeitsmessung erforderliche Wechselstrom wird mit der gleichen Elektrodenröhre in Generatorschaltung erzeugt, in Voltmeterschaltung aber gemessen.

Die Leitfähigkeitsmessung wird angewendet für konduktometrische Titrationen, von denen wohl am längsten und allgemeinsten die konduktometrische Titration von Bariumhydroxyd mit Schwefelsäure bekannt ist. Ferner werden Gehaltsbestimmungen auf Grund des Leitvermögens von Lösungen nach dieser Arbeitsweise ausgeführt. Hierbei kann man wiederum nach der sogenannten Ausgleichsmethode arbeiten, indem man mit Standardlösungen vergleicht, oder man wendet Substitutionsmethoden an, indem man mit bekannten Widerständen Vergleichsmessungen durchführt.

Näheres in der bekannten Fachliteratur.[B13a, B36]

a) Untersuchung von Reinmetall

Eisen-Bestimmung

1. Methode Margueritte B 3 c, 32

Grundsätzliches. Die klassische Methode Margueritte, bei der Eisen(II)-sulfat durch Kaliumpermanganatlösung gemessen wird, ist seit Beginn der hüttenmässigen Aluminiumerzeugung die allgemein übliche Betriebsmethode.

Beim Lösen des Metalls in Lauge bleibt feinst verteiltes Eisen zurück, das durch Ansäuern mit Schwefelsäure in Eisen(II)-sulfat überführt wird.

Der weitere Reaktionsablauf vollzieht sich entsprechend der Gleichung:

$$10\,FeSO_4 + 2\,KMnO_4 + 8\,H_2SO_4$$
$$\rightarrow 5\,Fe_2(SO_4)_3 + 2\,MnSO_4 + K_2SO_4 + 8\,H_2O.$$

Die Arbeitsweise wird vorwiegend für Rohaluminium verwendet. Sie gilt als Schnellmethode. Bei ihrer Anwendung für Legierungen ist darauf zu achten, dass folgende Legierungsbestandteile stören: Co, Cr, Cu, Ni, Sb, Sn, Ti und V.

Die Methode eignet sich für Eisengehalte über 0,05%. Ihre Genauigkeit beträgt bei 1% Fe ± 3%, bei 0,2% Fe ± 5% des gefundenen Wertes.

Ausführung der Bestimmung. Man löst 1—2 g Bohrspäne in einem mit einem Uhrglas bedeckten Erlenmeyer-Kolben mit 30 ccm 25%iger Natronlauge. Zur Einleitung der Reaktion — aber auch gegen Ende zur Beschleunigung der Auflösung — kann man etwas erwärmen. Nach dem Abkühlen versetzt man in einem Guss mit 40 ccm Schwefelsäure (1 : 1) und schwenkt kräftig um. Die schwefelsaure Lösung ist nach wenigen Augenblicken soweit geklärt, dass man die Titration sofort nach Verdünnen mit ca. 200 ccm kaltem Wasser ausführen kann. Man lässt Permanganatlösung, von der 1 ccm genau 0,001 g Fe entspricht, bis zur schwachen bleibenden Rötung hinzufliessen. Es empfiehlt sich, einige Tropfen »Ferroin«*) als Indikator zuzusetzen, weil dadurch der Umschlagspunkt wesentlich schärfer und damit sicherer, selbst bei künstlichem Licht, erfasst wird. Zur Herstellung dieses Indikators wägt man 1,624 g Ferroin und 0,695 g Eisen(II)-sulfat ein, löst in Wasser und verdünnt auf 100 ccm. Die Lösung ist dann $^1/_{40}$ molar. Als Blindprobe für den Verbrauch durch Natronlauge, Schwefelsäure und Wasser ist von jedem Bearbeiter ein subjektiver Wert durch den Versuch zu ermitteln.

Zusätzliche Hinweise. Luftsauerstoff wirkt in alkalischen Lösungen, die zweiwertiges Eisen enthalten, stärker oxydierend als in saurer Lösung. Daher muss das Lösen in Natronlauge durch Verwendung feiner Bohrspäne, sehr dünner Blechstreifen oder ausgewalzter Drähte beschleunigt werden. Nach dem Lösen ist sofort anzusäuern. Solange die alkalische Lösung vorliegt, besteht eine erhöhte Gefahr der Oxydierbarkeit, besonders bei Anwesenheit von Mangan. Es muss daher schnell gearbeitet werden. Andere durch Kaliumpermanganat unter den vorliegenden Bedingungen oxydierbare Kationen stören die Titration. Kupfer, Kobalt und Nickel wirken als Sauerstoffüberträger, ebenfalls stören organische Verbindungen aus dem Kohlenstoffgehalt des Metalls.

2. Titantrichloridmethode [B14, B3c]

Grundsätzliches. Titan(III)-chlorid wurde durch E. Knecht[28] und E. Hibbert in die Massanalyse eingeführt.

Der Reaktionsverlauf bei der Reduktion des Eisens ist:

$$FeCl_3 + TiCl_3 \rightarrow FeCl_2 + TiCl_4$$

*) Tri-orto-phenanthrolin-hydrochlorid (Merck).

Die Methode eignet sich als Schiedsverfahren und ist eine gute Kontrolle für die «Permanganatmethoden». Sie eignet sich für alle Eisengehalte über 0,05%. Ihre Genauigkeit beträgt bei 1% Fe ± 1,5%, bei 0,2% Fe ± 5,0% des gefundenen Wertes, vorausgesetzt, dass eine Einwaage von 2 g gewählt wird.

5 l ca. $^{1}/_{50}$n-Messlösung bereitet man wie folgt:

90—100 ccm der handelsüblichen 15%igen Titan(III)-chloridlösung werden zusammen mit ca. 200 ccm Salzsäure (d 1,19) in eine Flasche aus braunem Glas von 5 l Inhalt gebracht. Dann füllt man abgekochtes destilliertes Wasser von ca. 50° ein, bis sich ungefähr 5 l Lösung in der Flasche befinden, und verschliesst zum Umschwenken mit dem Schliffaufsatz. Darauf stellt man die Flasche auf ihren erhöhten Platz. Zum Schutz der Lösung gegen den Luftsauerstoff hat sich die in Abb. 6 wiedergegebene Anordnung bewährt. Man stellt den Kohlensäuregasstrom an (Kipp-Apparat) und lässt bei geöffneten Hähnen A und C während des Abkühlens einen langsamen Strom durch Flasche und Bürette hindurchgehen. Das Ablaufrohr am Bürettenaufsatz wird durch einen Gummischlauch mit einem Glasrohr verbunden, das in ein Auffanggefäss führt; die Gummiverbindung wird durch einen Quetschhahn abgeschlossen, der später beim Gebrauch von Zeit zu Zeit zum Ent-

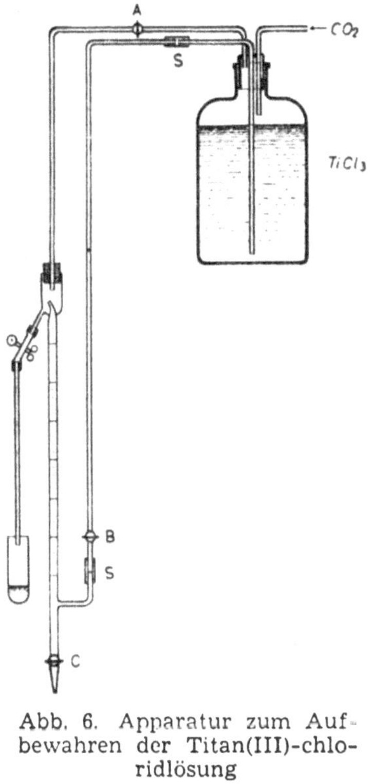

Abb. 6. Apparatur zum Aufbewahren der Titan(III)-chloridlösung

fernen der angesammelten Flüssigkeit geöffnet wird. Dann schliesst man den Hahn A, verstärkt den Kohlensäuredruck und öffnet Hahn B. Kommt es jetzt nicht sogleich zum Ablauf, so braucht man nur bei C einen geringen Unterdruck anzusetzen. Wenn dann bei B und C geschlossen und bei A geöffnet wird, ist die Bürette titrierbereit. Zu den Verbindungen bei S wähle man nach Möglichkeit Igelitschlauch statt Gummi.

Selbstverständlich kann statt Kohlensäure auch Wasserstoff verwendet werden, um die Titan(III)-chloridlösung vor Oxydation zu schützen.

Zur Einstellung benutzt man eine aus Eisenoxyd hergestellte $^1/_{50}$n-Eisen(III)-chloridlösung. Zur Bereitung von 2 l dieser Lösung erwärmt man 3,1936 g Eisenoxyd (nach Brandt) mit 100 ccm Salzsäure (d 1,19) und verdünnt nach vollständiger Auflösung und Abkühlung im 2 l-Messkolben. 20 ccm dieser Lösung enthalten 0,02234 g Fe. Man verdünnt diese mit einer Pipette entnommene Menge auf ca. 75 ccm und versetzt mit je 10 ccm Schwefelsäure (1 : 1) und 10%igem Ammoniumrhodanid. Darauf titriert man — zuletzt langsam — auf farblos. Erwärmt man vorher auf ca. 35°, so geht die Reduktion schneller vor sich, wodurch die Gefahr des Übertitrierens verringert wird.

Ausführung der Bestimmung. Zur Eisenbestimmung eignen sich alle eisen(III)-haltigen Lösungen, die keine sonstigen reduzierbaren Bestandteile enthalten. Die Titration selbst ist vorstehend bei der Einstellung der Titan(III)-chloridlösung beschrieben.

Zusätzliche Hinweise. Kupfer stört. Es muss mit
S. 121 einem Reduktor, durch Schwefelwasserstoff oder durch Elektrolyse entfernt werden. Bei elektrolytischer Entfernung muss zur Zerstörung etwa gebildeter Perschwefelsäure 3 min lang mit Aluminiumband aus Reinstmetall gekocht werden. Bei Umschmelzlegierungen können Begleitstoffe wie Chrom oder Carbide stören; in einem solchen Fall muss man das Eisen mit Ammoniak oder Natronlauge vorher abscheiden.

Kohlenstoff-Bestimmung [40]

Grundsätzliches. Die beste Methode für die Bestimmung des Kohlenstoffs in Aluminium ist die Oxydation mit Chrom-Schwefelsäure und anschliessende volumetrische Bestimmung der Kohlensäure.

$$Ba(OH)_2 + CO_2 \rightarrow BaCO_3 + H_2O$$

Nach dieser Gleichung wird die Kohlensäure durch Barytlauge bekannter Normalität als Absorptionsflüssigkeit gebunden. Durch Rücktitration des Laugeüberschusses mit eingestellter Salzsäure lässt sich die aufgenommene Kohlensäure sehr genau bestimmen.

Zur **Ausführung der Bestimmung** sind u. a. erforderlich:

Bariumhydroxydlösung: 30 g $Ba(OH)_2 \cdot 8\,H_2O$ in 1 l Wasser lösen, abfiltrieren und gut verschlossen aufbewahren; Chromsäurelösung kalt gesättigt; Kupfersulfatlösung: 100 g $CuSO_4 \cdot 5\,H_2O$ in 1 l Wasser lösen.

Der Kohlenstoffgehalt des Metalls kann 0,005—0,05% betragen. Die Genauigkeit beträgt etwa ± 10% des gefundenen Wertes.

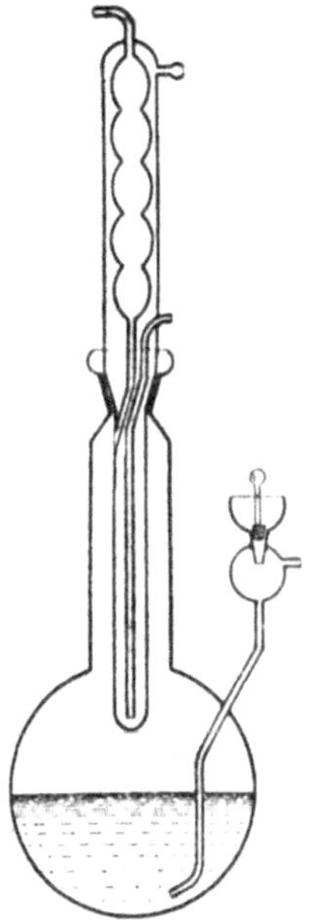

Abb. 7. Corleis-Kolben für die Kohlenstoff-Bestimmung

Die Apparatur besteht aus einem Corleis-Kolben, dessen eingeschliffener Kühler mit einem Fünfkugelkühler kombiniert ist, Abb. 7. Vom Kugelkühler wird das Gas in drei Volhardsche Enten geleitet, die sich als Auffanggefässe hier weitaus am besten bewähren. Der durch diese Apparatur zu leitende Luftstrom muss sorgfältig von Kohlensäure befreit sein. Zu diesem Zweck passiert die Luft einen Turm, der unten mit Kalilauge (1 : 1) und oben mit Natronkalk beschickt wird, ferner mindestens eine

Spiralgaswaschflasche mit Barytlauge. Eine gleiche Anordnung, d. h. Turm und Waschflasche, wird ausserdem gebraucht, um die 1. und 2. Volhardsche Ente mit kohlensäurefreier Luft auszuspülen, bevor man sie mit eingestellter Barytlauge beschickt.

Man gibt in den Corleis-Kolben von möglichst 1,5 l Fassungsvermögen 50 ccm Chromsäurelösung, 150 ccm Kupfersulfatlösung und 200 ccm konz. Schwefelsäure, stellt einen nicht zu langsamen Luftstrom ein, bringt die an sich schon warm gewordene Flüssigkeit innerhalb 10 min zum Sieden und kocht weitere 60 min. Während dieser Zeit befindet sich nur die Volhardsche Ente (3) am Ende der Apparatur. Die Enten (1) und (2) werden leer an die parallel geschaltete Waschapparatur angeschlossen. Man lässt die Flüssigkeit im Corleis-Kolben auf ungefähr 50° abkühlen und kann dann mit dem eigentlichen Versuch beginnen. Die Volhardschen Enten (1) und (2) werden zwischen Corleis-Kolben und Ente (3) angeschlossen, nachdem sie mit 15 ccm ca. $^1/_{10}$n-Barytlauge und 35 ccm ausgekochtem Wasser beschickt worden sind. Dann hebt man den Kühler heraus, gibt durch einen langen und weiten Fülltrichter 3 g gut gesäuberte und fettfreie Bohrspäne des zu untersuchenden Materials hinein und setzt den Kühler sofort wieder auf. Nachdem der Gasstrom etwas gedrosselt worden ist, steigert man die Temperatur, bis ein langsames gleichmässiges Sieden einsetzt. Während dieser Zeit achtet man besonders darauf, dass sich das Gaseintrittsrohr des Corleis-Kolbens nicht durch auskristallisierende Chromsäure verstopft. Man vermeidet diesen Nachteil durch häufiges Bewegen des Kolbeninhaltes. Die Auflösung des Metalles geht praktisch ohne Wasserstoffentwicklung vor sich, das Ende des Lösungsvorganges ist deshalb schlecht zu beobachten. Einstündiges Kochen und ¼stündiges Nachspülen mit dem Luftstrom, der nach dem Abstellen der Flamme etwas zu verstärken ist, wird jedoch mit Sicherheit ausreichen.

Der Inhalt der Volhardschen Ente (1) wird darauf mit Phenolphtalein versetzt und unverzüglich mit $^1/_{10}$n-Salzsäure unter Schwenken und unter Ausspülen des Ansatzes auf farblos titriert. Zur Sicherheit wird auch die Lösung aus der Ente (2) in gleicher Weise titriert. Wurde in dieser Vorlage ein deutlich sichtbarer Bariumkarbonat-Niederschlag erkannt, so ist der Gasstrom bei den folgenden Versuchen etwas zu reduzieren.

Trotz Durchspülens der Vorlagen (1) und (2) mit kohlensäurefreier Luft lässt sich das Hinzutreten von CO_2 beim Beschicken nicht ganz vermeiden. Man versäume deshalb nicht, einen Blindversuch durchzuführen.

Berechnungsbeispiel. Bei der Titration von 15 ccm Barytlauge wurden 13,9 $^1/_{10}$n-Salzsäure verbraucht.

Die Rücktitration der Vorlage (1) ergab 12,8 ccm.

Die Rücktitration der Vorlage (2) ergab 13,6 ccm.

Der Gesamtverbrauch beträgt also 27,8—26,4 = 1,4 ccm $^1/_{10}$n-Lösung. Hiervon ist eventuell noch der beim Blindversuch erhaltene Wert abzuziehen. (f = 0,0006/$^1/_{10}$n-ccm).

Zusätzliche Hinweise.

1. Die angegebene Einwaage von 3 g kann nicht beliebig erhöht werden, selbst wenn eine solche Erhöhung wegen des geringen Gehalts an Kohlenstoff wünschenswert erschiene. Auf alle Fälle müssen Einwaage und Verbrennungsflüssigkeit in allen Teilen in dem angegebenen Verhältnis bleiben.

2. Besonders darf die Chromsäuremenge nicht verringert werden, um die Bildung von Wasserstoff mit Sicherheit zu verhindern. Hier ergibt sich sonst eine Explosionsgefahr besonders dann, wenn man auf ein mit Kupferoxyd beschicktes Verbrennungsrohr zwischen Corleis-Kolben und Gasauffanggefässen nicht verzichten will. In diesem Fall sollte aus Sicherheitsgründen Stickstoff statt Luft durch die Apparatur geleitet werden.

3. Steht kein Corleis-Kolben mit Kugelkühleraufsatz zur Verfügung, so ist dem Blindversuch grössere Beachtung zu schenken, weil dann das Übergehen kleiner Säuremengen aus dem Kolben nicht ganz zu vermeiden ist.

Natrium-Bestimmung [75, 76, 77]

Grundsätzliches. Die allgemeinen Gesichtspunkte für
das Natrium sind schon im Abschnitt »Gravimetrische
S. 29 Methoden« erörtert worden. Titrieren lässt sich das Na-
trium, wenn es in irgendeiner Form angereichert wurde.
In Frage kommen zwei Verfahren: erstens die Titration
des Zinkuranylacetats und zweitens die Titration nach dem
Ausschmelzverfahren. Das Prinzip für die letzte Methode
S. 295 ist schon unter »Anreicherungsverfahren« beschrieben
worden. Man benutzt die Eigenschaft des Natriums, sich
im geschmolzenen Zustand weitgehend an der Oberfläche
des Aluminiums zu sammeln. Dabei wird es oxydiert und
zu Natriumkarbonat umgewandelt. Das Verfahren ist je-
doch nur als ein t e c h n i s c h e s S c h n e l l v e r f a h -
r e n zu bezeichnen, da man nur einen ungefähren Anhalts-
punkt über die vorhandenen Mengen an Natrium erhält.

1. Titration des Natrium-Zinkuranylacetates

T i t r a t i o n m i t K a l i u m p e r m a n g a n a t n a c h G a l l u n d H e i n i g [77]

Man löst das Natrium-Zinkuranylacetat, dessen Gewin-
S. 30 nung unter »Gravimetrische Methoden« beschrieben ist,
mit 30 ccm 5n-Schwefelsäure und spült den Glassinter-
tiegel mit kaltem Wasser nach. Man giesst diese Lösung
S. 121 durch einen Cadmium-Amalgam-Reduktor, wobei das
sechswertige Uran zu vierwertigem Uran reduziert wird.
Die reduzierte Lösung wird durch ein s c h n e l l a u f e n -
d e s P a p i e r f i l t e r filtriert, um Cadmiumreste zu
entfernen und entstandenes dreiwertiges Uran zu vier-
wertigem Uran aufzuoxydieren. Die grüne Lösung (U^{IV})
wird mit $^1/_{60}$n- oder $^1/_{100}$n-Kaliumpermanganatlösung ti-
triert.

1. $2\,NaZn(UO_2)_3(CH_3COO)_9 \cdot 6\,H_2O + 9\,H_2SO_4$
$\rightarrow Na_2SO_4 + 2\,ZnSO_4 + 6\,UO_2SO_4 + 18\,CH_3COOH$
$+ 6\,H_2O$;

2. $UO_2SO_4 + H_2SO_4 + 2\,H^+ \rightarrow U(SO_4)_2 + 2\,H_2O$;
3. $5\,U(SO_4)_2 + 2\,KMnO_4 + 2\,H_2O$
$\rightarrow 5\,UO_2SO_4 + K_2SO_4 + 2\,MnSO_4 + 2\,H_2SO_4$.

1 Redoxäquivalent entspricht $^1/_6$ Atom Na und
1 ccm $^1/_{50}$n-$KMnO_4$ entspricht 0,0767 mg Na.
Der Eisentiter der Kaliumpermanganat-Lösung multipliziert mit 0,06864 ergibt den Natriumtiter.

Titration mit Natronlauge und Salzsäure nach Dobbins und Byrd[76]

Man löst das Natrium-Zinkuranylacetat, dessen Gewinnung unter »Gravimetrische Methoden« beschrieben ist, in S. 30 heissem Wasser. Man versetzt mit einigen Tropfen Phenolphthalein und titriert mit ½n-Natronlauge bis zur deutlich alkalischen Reaktion. Dann erhitzt man zum Sieden. Wenn hierbei die Rotfärbung verschwindet, gibt man solange Natronlauge zu, bis die Farbe 5 min bestehen bleibt. Der Überschuss an Natronlauge wird anschliessend mit ½n-Salzsäure zurücktitriert. Da es sich hier im allgemeinen um kleine Mengen Natrium handelt, verwendet man zur Titration zweckmässig Büretten mit einer Einteilung in $^1/_{100}$ Kubikzentimeter.

$NaZn(UO_2)_3(CH_3COO)_9 \cdot 6\,H_2O + 10\,NaOH$
$\rightarrow 9\,Na(CH_3COO) + Na_2U_2O_7 + ZnUO_4 + 11\,H_2O$.

10 Äquivalente NaOH entsprechen 1 Äquivalent Na und
1 ccm ½n-NaOH entspricht 1,150 mg Na.

---

2. Ausschmelzverfahren (s. Anhang zu Teil A) S. 295

Schwefel-Bestimmung (s. A I a) S. 39

Stickstoff-Bestimmung

Grundsätzliches. Stickstoff findet sich im Aluminium in Form von Aluminiumnitrid und kann verhältnismässig einfach durch Zersetzen des Metalls in Salzsäure und Bestimmung des erhaltenen Ammoniaks nach dem Kjeldahlverfahren ermittelt werden. Man kann aber auch das Metall direkt mit Natronlauge zersetzen und Stickstoff als Ammoniak übertreiben.

Ausführung der Bestimmung. Im allgemeinen kommt man mit einer Einwaage von 10 g Spänen aus, da bei einem Gehalt von 0,006% schon 4—5 ccm $^1/_{100}$n-Salzsäure verbraucht werden. Bei sehr reinem Metall setzt man etwas Quecksilberchlorid hinzu, um die Zersetzung in Salzsäure zu beschleunigen. Der Überschuss an Natronlauge wird so gewählt, dass sich das Aluminium gerade als Aluminat löst und noch ein Überschuss von etwa 20 ccm Natron-
S. 361 lauge (1 : 3) vorhanden ist. Zum Auffangen des übergetriebenen Ammoniaks wird Salzsäure in üblicher Weise mit Methylrot angerötet.

Diese Bestimmung ergibt genaue Resultate.

Zink-Bestimmung

Grundsätzliches. Die Bestimmung des Zinks im Aluminium macht besondere Schwierigkeiten, auf die im Ab-
S. 79 schnitt »Gravimetrische Methoden« schon hingewiesen ist. Hier soll nun ein Verfahren beschrieben werden, das die Fällung des Zinks in Anwesenheit anderer Elemente gestattet und bei dem das Zink titriert werden kann. Dies
S. 79 hat den Vorzug, dass viele der oben erwähnten Fehlerquellen ausgeschlossen sind und infolge des grossen Moleküls noch Mengen erfasst werden können, die unter ande-

ren Bedingungen nicht mehr fällbar sind. Die Methode kann also auch zur Zinkbestimmung im Reinmetall verwendet werden. Die Fällung des Zinks wird als Zink-Quecksilber(II)-rhodanid ausgeführt; der Vorgang ist in folgenden Formeln festgelegt:

1. $Zn^{++} + (NH_4)_2 \cdot Hg(CNS)_4 \rightarrow ZnHg(CNS)_4 + 2NH_4^+$

2. $ZnHg(CNS)_4 + 4HCl + 4KJO_3 + 4H_2O \rightarrow$
$ZnCl_2 + HgCl_2 + 4KCN + 4H_2SO_4 + 2H_2 + 2J_2$

3. $2J_2 + 4H + 8HCl + 2KJO_3 \rightarrow 6JCl + 2KCl + 6H_2O$

Kupfer, Nickel und Kobalt werden von dem Rhodanid mitgefällt, sie müssen daher abgetrennt werden. Eisen fällt mit dem Reagens an sich nicht, wird aber gern von dem Zink-Quecksilber-Rhodanid eingeschlossen und ist an einer Violettfärbung zu erkennen. Bei normalem Hüttenaluminium, bei dem der Eisengehalt ein Vielfaches vom Zinkgehalt beträgt, ist daher eine Abtrennung des Eisens unerlässlich. Bei Aluminium mit weniger als 0,05% Fe kann man sich die Trennung sparen.

Ausführung der Bestimmung. 20 g Späne werden in 25%iger Natronlauge (je 10 ccm pro g) durch Eintragen der Späne in die Lauge gelöst. Man verdünnt auf 2000 ccm, erhitzt zum Sieden, versetzt mit 100 ccm 10%iger Natriumsulfidlösung und lässt über Nacht absitzen. Dann filtriert man durch eine mit Asbest präparierte Nutsche, wäscht den Rückstand mit heissem natriumsulfid- und natronlaugehaltigem Wasser und löst mit verdünnter Salzsäure (10 ccm konz. Salzsäure, 5 ccm 3%iges Wasserstoffperoxyd und 85 ccm heisses Wasser) von der Nutsche. Man filtriert nötigenfalls von mitgerissenem Asbest ab, verdünnt auf 200 ccm und fällt das Kupfer durch ½-stündiges Einleiten von Schwefelwasserstoff in die 70° heisse Lösung. Die Lösung muss einen p_H-Wert unter 1 haben! 5 min vor Beendigung der Fällung*) setzt man 10 ccm 1%ige Quecksilber(II)-chloridlösung hinzu, um das Kupfersulfid niederzuschlagen. Aus dem Filtrat dieser Lösung wird der

*) d. h., vor Beendigung des halbstündigen Einleitens.

Schwefelwasserstoff verkocht und die Lösung nach Zugabe von 4—5 g Ammoniumsulfat pro 100 ccm, um Nickel und Kobalt in Lösung zu halten, auf etwa 400 ccm verdünnt. Man stellt durch Zugabe von Ammoniak und Ammoniumacetat auf einen p_H-Wert von 3,1—3,3 ein (Lyphanpapier) und fällt das Zink durch Einleiten von Schwefelwasserstoff in die 70° heisse Lösung. Diese Fällung ist zum Abtrennen von der Hauptmenge des Eisens, von Nickel und Kobalt erforderlich. Auch in diesem Fall werden 5 min vor Beendigung der Fällung 10 ccm 1%ige Quecksilberchloridlösung zugesetzt. Die Sulfide werden filtriert und mit Waschwasser vom p_H-Wert 3,1—3,3, das ebenfalls etwas Ammoniumsulfat und Schwefelwasserstoff enthält, gewaschen. Sie werden in Königswasser (1 : 9) gelöst; die Lösung wird vom Filterbrei abfiltriert, mit 5 ccm Schwefelsäure (1 : 1) versetzt und nach Zusatz von etwas Kaliumsulfat, um ein Ausfallen von basischem Zinksulfat zu vermeiden, abgeraucht. Man löst mit wenig Wasser, verdünnt auf etwa 50 ccm, gibt 4 Tropfen 3%ige Wasserstoffperoxydlösung hinzu, ferner 3 ccm konz. Phosphorsäure und 25 ccm Fällungslösung. Die Fällungslösung enthält im Liter 27 g Quecksilber(II)-chlorid und 39 g Ammoniumrhodanid. Man rührt ½ Stunde lang kräftig, filtriert den Niederschlag von Zink-Quecksilber-Rhodanid durch einen Jenaer Glasfiltertiegel G4, wäscht 5mal mit möglichst wenig 2%iger Fällungslösung, saugt gut ab und löst den Rückstand in 80 ccm Salzsäure (1 : 1). Zu der Lösung gibt man 5 ccm Chloroform und titriert mit einer Kaliumjodatlösung bis zum Verschwinden der zuerst auftretenden Violettfärbung des Chloroforms. Die Kaliumjodatlösung enthält 3,929 g KJO_3 im Liter. 1 ccm entspricht 0,0002 g Zink.

Zusätzliche Hinweise. Bei der Fällung des Zinks aus saurer Lösung mit Schwefelwasserstoff wurde durch Versuche festgestellt, dass bei einem p_H-Wert von 1 noch kein Zink mitfällt, sondern nur Kupfer. Bei einem p_H-Wert von 3,3 fällt das gesamte Zink, ohne dass schon Aluminiumhydroxyd mit ausgefällt würde. Die angegebenen p_H-Werte müssen allerdings ziemlich genau eingehalten werden.

Da der Rhodanidrest titriert wird, muss nach dem Waschen mit Waschwasser, das Fällungsmittel enthält, möglichst trocken gesaugt werden, da sonst die Titrationswerte zu hoch ausfallen. Auf der anderen Seite ist der Niederschlag auch in dem Waschwasser etwas löslich, so dass Verluste möglich sind. Bei einiger Übung gelingt es jedoch leicht, so zu arbeiten, dass sich beide Fehler gerade kompensieren bzw. überhaupt nicht mehr ins Gewicht fallen.

Von anderer Seite [139] wird zur Kürzung der Methode vorgeschlagen, anstelle der H_2S-Fällung des Kupfers dieses durch Elektrolyse bei etwa 60° und 3 A abzuscheiden, nachdem vorher die alkalische Aufschlusslösung schwefelsauer gemacht und mit 20%iger Ammoniumnitratlösung versetzt war. Nach einhalbstündiger Elektrolyse wird Mangan mit Ammoniumperoxydisulfatlösung ausgefällt und abfiltriert. In einem aliquoten Teil dieses Filtrates wird Zinkquecksilberrhodanid gefällt und titriert. — Kobalt und Nickel stören!

---

b) Untersuchung von Legierungen

Antimon-Bestimmung

Grundsätzliches. Zur Bestimmung des Antimons wird dieses zunächst aus saurer Lösung als Antimonsulfid mit Schwefelwasserstoff abgeschieden. Durch Kochen mit Schwefelsäure wird das Sulfid in Antimon(III)-sulfat übergeführt. Bei der folgenden Titration mit Kaliumbromat geht das Antimon in den fünfwertigen Zustand über. Ist der Endpunkt erreicht, so wird der bei der Titration verwandte Indikator durch das Kaliumbromat zersetzt und dadurch der Endpunkt angezeigt.

Ausführung der Bestimmung. Man löst 1 g Späne in 50 ccm Bromwasser-Salzsäure (1 : 1), verkocht nach beendigtem Lösen den Überschuss an Brom, verdünnt mit heissem Wasser auf 300—400 ccm und leitet bis zum Abkühlen Schwefelwasserstoff ein. Man filtriert durch ein Filter mittlerer Dichte und wäscht 3—4mal mit schwefelwasserstoffhaltigem Wasser aus.

Aus der Gesamtmenge der Sulfide löst man mit ca. 20 ccm heisser 10%iger Natriumsulfidlösung das Antimon in einem 250ccm-Erlenmeyerkolben und wäscht mit 2%igem natriumsulfidhaltigem Wasser nach. Die Lösung wird mit 30 ccm konz. Schwefelsäure versetzt und unter dem Abzug bis zum Verschwinden des überschüssigen Schwefels abgeraucht. Nach dem Erkalten verdünnt man vorsichtig mit 150 ccm Wasser, versetzt mit 30 ccm konz. Salzsäure, kühlt auf etwa 70° ab und titriert nach Zugabe von 10 Tropfen Methylorange mit Kaliumbromatlösung bis zur Entfärbung des Indikators (f = 0,00609/$^1/_{10}$n-ccm).

Bei einem Gehalt von etwa 0,2% Antimon sind die erhaltenen Werte auf 0,5% genau.

Zusätzliche Hinweise. Die Methode ist für alle Umschmelzaluminiumlegierungen brauchbar. Zinn stört nicht. Eisen darf nicht in der zweiwertigen Form vorliegen; es ist deshalb bei dem Auswaschen der Sulfide mit Schwefelwasserstoffwasser durch sorgfältiges Waschen zu entfernen. Als einziges Element würde Arsen stören; da dieses jedoch im allgemeinen in Aluminiumlegierungen nicht vorkommt, braucht man darauf keine Rücksicht zu nehmen.

Calcium-Bestimmung

Die Fällung des Calciumoxalates wird in der angegebenen Weise ausgeführt. S. 25

Nach dem Absitzen wird der Niederschlag durch einen mit Asbest präparierten Gooch-Tiegel oder einen Porzellanfiltertiegel filtriert. Man gibt den Tiegel in das Becherglas zurück und löst das Oxalat durch Zugabe von 10 ccm Schwefelsäure (1 : 1) und 100 ccm Wasser unter Erhitzen zum Sieden, nimmt dann den Tiegel aus dem Becherglas heraus, spült ihn gut ab und titriert das Oxalat in bekannter Weise mit $^1/_{100}$n-Kaliumpermanganatlösung.

Wird die Bestimmung in Legierungen ausgeführt, so gilt das früher Gesagte auch hier. S. 59

Chrom-Bestimmung

1. Titantrichloridmethode

Grundsätzliches. Eine chrom(III)-haltige Aluminiumsalzlösung lässt sich nicht unmittelbar mit Kaliumpermanganat titrieren. Auch nach dem Vorschlag von B. Reinitzer und P. Conrath[B13a], demgemäss Natriumacetat zur Abstumpfung der freien Mineralsäure zugesetzt wird, erfolgt die Oxydation nur zögernd. Bei Anwendung eines grossen Permanganatüberschusses kann man dagegen auch in mineralsaurer Lösung Cr^{+++} in CrO_4^{--} überführen. Damit sind dann die Voraussetzungen zur Anwendung solcher volumetrischer Methoden gegeben, die wiederum auf der Reduktion von Chromat beruhen. Nach Entfernen des überschüssigen Permanganates und Zersetzen der bei der Reduktion von Permanganat gebildeten Mangan(IV)-hydrate kann man z. B. nach Jatar die chromathaltige Lösung auf überschüssige Eisen(II)-lösung einwirken lassen und das gebildete Fe(III)-Ion mit Titan(III)-chloridlösung genau titrieren.

Die folgenden Reaktionsgleichungen geben die chemischen Vorgänge wieder:

$$1.\ Cr_2O_3 + Mn_2O_7 \rightarrow 2CrO_3 + 2MnO_2$$

$$2.\ 2K_2CrO_4 + 6FeSO_4 + 8H_2SO_4 \rightarrow 3Fe_2(SO_4)_3 + Cr_2(SO_4)_3 + 2K_2SO_4 + 8H_2O.$$

Der Chromgehalt kann beliebig sein. Der angegebene Permanganatüberschuss ist bei 10 g Einwaage ausreichend für Legierungen mit 1% Chrom. Die Genauigkeit beträgt bei Anwesenheit von Kupfer bei 1% Cr etwa ± 1% des gefundenen Wertes.

Ausführung der Bestimmung. 10 g der Legierung wer-
S. 45 den in Mischsäure gelöst. Nach dem Lösen, Abrauchen und Filtrieren wird in einem 500ccm-Messkolben aufgefüllt. Anschliessend werden 50 ccm in einen 500ccm-Erlenmeyer-Kolben abpipettiert. Man erhitzt zum Sieden, lässt 15 ccm $^1/_{10}$n-Kaliumpermanganatlösung hinzufliessen und ca. 2 min weiterkochen. Dann versetzt man mit 10 ccm Ammoniumchloridlösung und setzt das Kochen fort, bis alle Manganhydrate verschwunden sind. Man erhält eine Lösung, die je nach dem Chromatgehalt mehr oder weniger stark gelb gefärbt ist. (Bei Gegenwart von viel Kupfer ist die Lösung grünstichig). In die noch siedende Lösung gibt man zum Schluss ca. 50 ccm kaltgesättigte Hydrogenkarbonatlösung möglichst in einem Guss oder aus einer schnellaufenden Pipette. Nach dem Abkühlen versetzt man mit 20 oder 25 ccm einer etwa 5%igen Ammonium-

eisen(II)-sulfatlösung, dann mit 20 ccm Ammoniumrhodanidlösung und titriert wie üblich.

Man muss alle mit Titantrichloridlösung reduzierbaren Bestandteile wie Fe und Cu in der Legierung und Fe(III) in Reagenzien berücksichtigen und danach den Gesamtverbrauch an Titantrichlorid korrigieren (f = 0,001731/$^{1}/_{10}$n-ccm).

Zusätzliche Hinweise. Bei der Entfernung des Permanganatüberschusses und der Mangan(IV)-oxydhydrat-Suspension durch Ammoniumchlorid in mineralsaurer Lösung soll nicht länger gekocht werden, als zu dem genannten Zweck erforderlich ist, weil sonst langsam die Reduktion von Chromat einsetzt.

Die chromathaltige Lösung muss zunächst mit Eisen(II)-Salzlösung reduziert und darf dann erst mit dem Rhodanidindikator versetzt werden, weil sonst augenblicklich — und zwar auch bei geringer Ammoniumrhodanidkonzentration — das CrO_4-Ion reduziert wird.

2. Eisensulfat-Permanganat-Methode

Grundsätzliches. Das in der Analysenlösung vorhandene Chrom wird zunächst durch Oxydation mit Kaliumpermanganat zu Chromat oxydiert, dann wird mit einem Überschuss an Eisen(II)-sulfatlösung versetzt und mit Kaliumpermanganat der Überschuss an Eisen(II)-sulfatlösung zurückgemessen. Kupfer darf n i c h t anwesend sein.

Ausführung der Bestimmung. Man löst 2 g der Legierung in etwa 40 ccm Mischsäure, gibt zur Beschleunigung S. 45
der Reaktion noch 20 ccm konz. Salzsäure nach und nach hinzu und dampft bis zum kräftigen Rauchen der Schwefelsäure ab. Der Rückstand wird mit 200 ccm heissem Wasser aufgenommen, anschliessend wird von Si und SiO_2 abfiltriert. Das Filtrat engt man auf etwa 80 ccm ein, gibt es in einen 100ccm-Messkolben, füllt nach dem

Abkühlen bis zur Marke auf und entnimmt 50 ccm zur Chrombestimmung. Die Lösung wird in einem 250ccm-Erlenmeyerkolben zum Sieden erhitzt, mit ca. 15 ccm $^1/_{10}$n-Kaliumpermanganatlösung versetzt und 10 min lang zum Sieden erhitzt. Bleibt die Permanganatfarbe gerade noch bestehen, so versetzt man mit 10 ccm 20%iger Ammoniumchloridlösung und erhitzt, bis die gesamten Manganhydrate gelöst sind. Zum Schluss versetzt man die Lösung mit 50 ccm einer kalt gesättigten Kaliumhydrogenkarbonatlösung, um den Luftsauerstoff zu verdrängen, und kühlt rasch auf 30—40° ab. Die Lösung wird nun mit einem Überschuss an Eisen(II)-sulfatlösung (ca. 30 g $(NH_4)_2Fe(SO_4)_2 \cdot 6\,H_2O$ + 100 ccm H_2SO_4 aufgefüllt auf 1 Liter) versetzt und der Überschuss an zweiwertigem Eisen mit einer eingestellten $^1/_{50}$n-Kaliumpermanganatlösung zurücktitriert.

Zur Ermittlung des Fe-Wertes der Eisen(II)-sulfatlösung wird die gleiche schon bei der Titration der Analysenlösung verwendete Menge vorgelegt, mit 50 ccm Kaliumhydrogenkarbonatlösung und 10 ccm Schwefelsäure (1 : 1), ferner mit 75 ccm Wasser versetzt und sofort mit Kaliumpermanganatlösung titriert.

Die Differenz beider Titrationen ergibt den Cr-Gehalt (f = 0,0003467/$^1/_{50}$n-ccm).

Zusätzliche Hinweise. Metallisches Silicium darf n i c h t anwesend sein, ebensowenig Kupfer. Es ist daher zweckmässig, die Kieselsäure immer abzufiltrieren und eventuell vorher Kupfer elektrolytisch, mit Schwefelwasserstoff oder durch Durchgiessen der Analysenlösung S. 122 durch einen Reduktor zu entfernen. Hat man mit Schwefelwasserstoff gearbeitet, was besonders bei Anwesenheit anderer mit Schwefelwasserstoff fällbarer Bestandteile erforderlich ist, so muss natürlich vor Beginn der Oxydation der Schwefelwasserstoff verkocht werden.

Enthält die Legierung auch Nickel und Kobalt, so ist es S. 119 besser, sich der Wismutatmethode zu bedienen.

3. Wismutatmethode

Grundsätzliches. Die Bestimmung des Chroms in Vielstofflegierungen lässt sich zweckmässig auch in der Weise ausführen, dass man Chrom in salpetersaurer Lösung mit Natriumwismutat zu Chromat oxydiert und dann mit Eisen(II)-sulfat und Kaliumpermanganat titriert.

Ausführung der Bestimmung. Man löst 2 g Späne mit ca. 50 ccm Salzsäure (1 : 1). Bei Anwesenheit von Kupfer gibt man etwas Salpetersäure hinzu. Man verdünnt auf etwa 200 ccm und fügt Natronlauge im Überschuss hinzu. Um Kupfer, Kobalt und Nickel in Lösung zu halten, setzt man 30 ccm einer 20%igen Kaliumcyanidlösung hinzu und fällt die übrigen Bestandteile mit 15 ccm 10%iger Natriumsulfidlösung. Man kocht auf, lässt absitzen und filtriert.*) Den Niederschlag gibt man in das Becherglas zurück und löst mit verdünnter Salzsäure (10 ccm konz. Salzsäure, 3 ccm 3%iges Wasserstoffperoxyd, 85 ccm heisses Wasser). Man versetzt mit 5 ccm Schwefelsäure (1 : 1) und dampft bis zum Rauchen ab. Man verdünnt auf 80 ccm, versetzt mit 30 ccm Salpetersäure (1 : 1) und 3 g Natriumwismutat. Durch halbstündiges Kochen wird das Mangan zuerst zu Permanganat umgesetzt und dann als Hydrate abgeschieden; man kann die Ausscheidung durch Zusatz von einigen Mangansulfat-Kristallen beschleunigen. Man filtriert nach dem Einengen auf 20 ccm durch eine Glasfilternutsche mit Asbestpolster und wäscht kalt mit ca. $^1/_{10}$n-Salpetersäure. Das Filtrat verdünnt man auf etwa 150 ccm, gibt einen Überschuss an ca. $^1/_{50}$n-Eisen(II)-ammoniumsulfatlösung hinzu und titriert mit $^1/_{50}$n-Kaliumpermanganatlösung bis zur schwachen Rotfärbung. Die gleiche Menge Eisen(II)-ammoniumsulfatlösung gibt man zu dem Blindversuch und titriert mit Kaliumpermanganatlösung zurück. Die Differenz dieser beiden Bestimmungen ergibt die für die Chrombestimmung verbrauchten Kubikzentimeter an $^1/_{50}$n-Ka-

*) Beim Verwerfen des Filtrates nicht mit sauren Abwässern zusammenschütten — HCN! — Niederschlag unterm Abzug lösen!

liumpermanganat. Der Umrechnungsfaktor für Chrom ist 0,0003467/$^1/_{60}$n-ccm.

Zusätzliche Hinweise. Ist sehr viel Chrom vorhanden, so muss besonders sorgfältig darauf geachtet werden, dass das zuerst sich bildende Kaliumpermanganat durch weiteres Kochen der Lösung mit Wismutat völlig in Mangan (IV)-oxydhydrat umgewandelt wird. Die stark gelbe Farbe des Chromates verdeckt nämlich häufig die rotviolette Farbe der letzten Anteile an Kaliumpermanganatlösung.

4. Potentiometrische Bestimmung

Grundsätzliches. Die schwefelsaure Lösung der Metallprobe wird zunächst in der Hitze mit Kaliumpermanganat oxydiert und nach dem Abkühlen mit Eisen(II)-sulfatlösung reduziert. Ein Potentialsprung zeigt die vollständige Umwandlung des Chroms in die dreiwertige Form an. Die potentiometrische Bestimmung ist annähernd ebenso genau wie die vorbeschriebene Methode. Bei einem Gehalt von 0,2% Cr lässt sie sich auf etwa ± 5% des gefundenen Wertes ausführen.

Ausführung der Bestimmung. Die Vorbereitung ge-
S. 136 schieht in der unter Vanadin-Bestimmung angegebenen Weise. Die Titration selbst wird in der Kälte und am zweckmässigsten mit einem Röhrenvoltmeter ausgeführt; als Indikatorelektrode verwendet man Platin. Es ist jedoch auf eine genügende Säurekonzentration zu achten, da von ihr die Grösse des Potentialsprunges abhängt. Der Vorgang kann folgendermassen formuliert werden:

$$HCrO_4^- + 3\,Fe^{++} + 7\,H^+ \rightarrow Cr^{+++} + 3\,Fe^{+++} + 4\,H_2O.$$

Die Gegenwart grösserer Mengen Salpetersäure muss bei der potentiometrischen Titration vermieden werden.

Eisen-Bestimmung [30]

1. Titantrichloridmethode

Grundsätzliches. Die Bestimmung des Eisens mit Titantrichlorid wird genau so durchgeführt, wie im Abschnitt »Reinmetall« angegeben. S. 102

Sind störende Legierungsbestandteile bzw. Verunreinigungen vorhanden wie Chrom, Carbid u. a., so muss eine Zwischenfällung mit Natronlauge oder Ammoniak vorgenommen werden. Ist in der Legierung Kupfer vorhanden, so kann es mit einem Reduktor (s. nächste Vorschrift), mit Schwefelwasserstoff oder auch durch Elektrolyse entfernt werden. Wird das Kupfer elektrolytisch abgeschieden, so ist die Analysenlösung noch 3 min mit Raffinationsaluminium zu kochen, um etwa gebildete Perschwefelsäure zu zerstören.

Nach Kolthoff [30] kann man das Eisen mit Titantrichlorid auch bei Anwesenheit von Kupfer direkt bestimmen, wenn man Mekonsäure*) als Indikator verwendet. Diese Methode gibt gute Resultate, bietet aber keine besonderen Vorteile.

2. Reduktormethode [B3c]

Liegt in diesen Fällen das Eisen in dreiwertiger Form vor und hat man keine Titanchloridlösung zur Titration zur Verfügung, so muss die Eisenlösung zuerst in geeigneter Weise reduziert werden. Am raschesten ist die Reduktion durchführbar, wenn man die schwefelsaure, etwa 70° heisse Analysenlösung durch einen Cadmium-Reduktor gibt.

Die Methode ist anwendbar bei Gehalten über 0,05% Fe. Ihre Genauigkeit beträgt bei 1% Fe etwa ± 2%, bei 0,2% Fe ± 5% des gefundenen Wertes.

---

*)
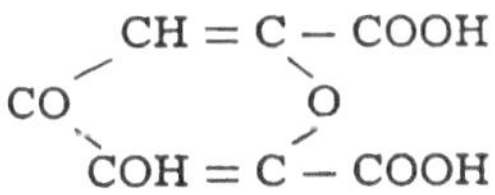

Ausführung der Bestimmung. Der Reduktor wird in folgender Weise hergestellt:

Ein 30 cm langes, innen etwa 15 mm weites Reduktionsrohr sitzt mit einem etwa 6 cm langen und 4 mm weiten Verlängerungsstück im Stopfen einer Saugflasche. An der tiefsten Stelle des Reduktionsrohres befindet sich ein Hahn zum Abstellen und darüber eine Glaskugel mit etwas Glaswolle. Man füllt das Rohr mit dem amalgamierten Cadmium bis etwa 5 cm unterhalb des oberen Randes und schliesst mit etwas Glaswolle ab. Reduziertes Cu sammelt sich dann auf der Glaswolle an und kann leicht entfernt werden. Das Rohr wird völlig mit Wasser gefüllt aufbewahrt.

Die Beschickung des Rohres wird folgendermassen hergestellt:

Man gibt 200 g Cadmium grob gepulvert von Merck in eine Porzellanschale, versetzt mit 150 ccm verdünnter 10⁰/₀iger Schwefelsäure und 5 g metallischem Quecksilber. Man verreibt die Masse tüchtig, wäscht mehrmals mit verdünnter Schwefelsäure und anschliessend mit dest. Wasser aus und mischt das gleiche Volumen Glasperlen (5 mm ∅) hinzu. Die Glasperlen verhindern ein Versetzen des Rohres.

Die reduzierte Analysenlösung wird sofort in der Saugflasche mit Kaliumpermanganat titriert.

Zusätzliche Hinweise. Bemerkenswert ist, dass sich das vorhandene Kupfer bei Verwendung eines Cadmium-Reduktors oben auf dem Reduktor abscheidet und immer wieder leicht durch Abschwemmen entfernt werden kann. Störend wirken bei dieser Methode Elemente, die selbst durch Reduktion in einer niederen Wertigkeitsstufe einen gewissen Permanganatverbrauch bewirken, wie Ti, Cr und V.

S. 105 Kohlenstoff-Bestimmung (s. Teil A II a)

Magnesium-Bestimmung

Phosphatmethode [59]

Grundsätzliches. Aus magnesiumhaltigen Lösungen, die allerdings frei sein müssen von allen Elementen, die unter den hier vorliegenden Bedingungen mit Ammoniak ausfallen, wird Magnesium als Magnesiumammoniumphosphat gefällt. Der Niederschlag wird ammoniakfrei gewaschen und in einer gemessenen Menge eingestellter Schwefelsäure gelöst; durch Rücktitration mit eingestellter Lauge wird der Schwefelsäureverbrauch festgestellt. Die Reaktion verläuft nach der folgenden Gleichung:

$$MgNH_4PO_4 + H_2SO_4 \rightarrow MgSO_4 + NH_4H_2PO_4.$$

Diese Methode kann bei geeigneter Organisation als Schnellmethode gelten. Da bei der Titration Magnesium und Mangan gemeinsam titriert werden, muss Mangan gesondert bestimmt werden. Der Wert des Mangans, ausgedrückt in ccm Schwefelsäure, kann aus einer Tabelle entnommen und von dem Gesamtverbrauch an Schwefelsäure abgezogen werden.

Die Genauigkeit beträgt bei ca. 1% Mg ± 3% des gefundenen Wertes.

Ausführung der Bestimmung. Man löst 1 g Späne in 10 ccm 25%iger Natronlauge, verdünnt mit 150 ccm heissem Wasser, versetzt mit 5 ccm 3%iger Wasserstoffperoxydlösung und kocht auf. Man filtriert nach kurzem Abstehen durch ein mittelschnelles Filter, wäscht 3—4mal mit heissem Wasser aus, löst den Niederschlag mit 30 ccm heisser Salpetersäure (1:1) vom Filter in das Becherglas zurück (evtl. unter Zusatz von etwas Wasserstoffperoxyd) und wäscht das Filter aus. Die Analysenlösung versetzt man mit 50 ccm einer 20%igen Zitronensäurelösung, 20 ccm einer 10%igen Ammoniumphosphatlösung, 10 ccm einer 25%igen Ammoniumchloridlösung und 70 ccm konz. Ammoniak. Man erhitzt unter ständigem Rühren zum Sieden, lässt im Kühlbecken einige Minuten absitzen und filtriert den Niederschlag durch ein mit Filterschleim gedichtetes mittelschnelles Filter. Man wäscht zunächst mit 3%igem Ammoniakwasser und anschliessend mehrmals mit einer Waschlösung, die durch mehrstündiges Rühren von 100 g Magnesiumammoniumphosphat in 25 l Wasser an Magnesiumammoniumphosphat kalt gesättigt wurde. Man gibt Filter und Niederschlag in einen 500ccm-Erlenmeyerkolben, zerschlägt das Filter mit 150 ccm Wasser, versetzt mit einem Überschuss an $^1/_{10}$n-Schwefelsäure, mit Methylrot als Indikator, macht mit $^1/_{10}$n-Natronlauge alkalisch und titriert wieder mit $^1/_{10}$n-Schwefelsäure bis zum Umschlag. Die Summe der Phosphate von Magnesium und Mangan wird mit a bezeichnet.

Den auf andere Weise, z. B. nach dem Wismutat- oder Peroxydisulfatverfahren ermittelten Wert für den Mangangehalt rechnet man auf $^1/_{10}$n-Schwefelsäure (b ccm) um und zieht diesen Wert von der Summe a ab.

Wenn die Schwefelsäurelösung so eingestellt wird, dass 1 ccm 1 mg Magnesium entspricht — es müssen dann 100 mg Na_2CO_3 22,95 ccm Masslösung verbrauchen — so fällt jeglicher Umrechnungsfaktor fort.

Zusätzliche Hinweise. Das letzte Waschwasser wird getrennt aufgefangen und soll nicht mehr als 0,3—0,5 ccm $^1/_{10}$n-Schwefelsäure verbrauchen.

Mangan-Bestimmung

1. Kaliumchloratmethode B[17]

Grundsätzliches. Mangan wird in salpetersaurer Lösung durch Kaliumchlorat in Mangan(IV)-hydrate überführt; der Niederschlag wird mit schwefelsaurer Natriumoxalatlösung reduziert und der Überschuss von Natriumoxalat mit Kaliumpermanganat zurückgemessen.

Diese Vorgänge werden durch folgende Gleichungen dargestellt:

1. $Mn(NO_3)_2 + 2KClO_3 \rightarrow MnO_2 + 2KNO_3 + 2ClO_2$
2. $MnO_2 + Na_2C_2O_4 + 2H_2SO_4$
$\rightarrow MnSO_4 + Na_2SO_4 + 2CO_2 + 2H_2O$
3. $5Na_2C_2O_4 + 8H_2SO_4 + 2KMnO_4$
$\rightarrow K_2SO_4 + 5Na_2SO_4 + 2MnSO_4 + 10CO_2 + 8H_2O$

Bei 0,5% Mn wird eine Genauigkeit von ± 2% des gefundenen Wertes erreicht.

Ausführung der Bestimmung. Bei Legierungen mit einem Siliciumgehalt bis max. 1% kann man direkt in Salpetersäure lösen und das Mangan in Gegenwart der gesamten Metallmenge abscheiden. In diesem Fall löst man 2 g Späne in 30 ccm Salpetersäure (1 : 1), wobei man zur Beschleunigung der Reaktion etwas Salzsäure zusetzt. Die restliche Salzsäure wird durch wiederholte Zugabe von Salpetersäure und Einengen restlos vertrieben; es dürfen keine nitrosen Gase mehr vorhanden sein. Man engt bis zur öligen Konsistenz (etwa 10 ccm) ein, gibt nach Zusatz von 5 ccm konz. Salpetersäure zunächst einige Körnchen und dann auf einmal weitere 2—3 g Kaliumchlorat hinzu. Man erhitzt unter Umschwenken zum Sieden, lässt abkühlen, verdünnt mit kochendheissem Wasser auf etwa 60 ccm und filtriert durch einen mit Asbest präparierten Glasfiltertiegel 1G3. Der Rückstand wird mit heissem Wasser gut ausgewaschen und zusammen mit dem Asbest in das Becherglas zurückgegeben. Man säuert mit etwa 20 ccm Schwefelsäure (1:1) an und gibt zum Lösen der Manganhydrate einen Überschuss an $^1/_{10}$n-Natriumoxalatlösung (a ccm) hinzu. Nach beendeter Lösung wird mit heissem Wasser auf ca. 200 ccm verdünnt und der Überschuss an Natriumoxalat mit $^1/_{10}$n-Permanganatlösung (b ccm) zurücktitriert.

$$\frac{(a - b) \cdot 0{,}0027465 \cdot 100}{E} = \%\ Mn$$

Wenn der Gehalt an Silicium grösser als 1% ist, kann man dieses durch geschicktes Lösen der Proben in Natronlauge in Lösung bringen. Zu diesem Zweck löst man 2 g Späne bei Zimmertemperatur ohne zusätzliche Erwärmung in einem 400ccm-Becherglas in 100 ccm 25%iger Natronlauge, gibt 5 ccm Wasserstoffperoxyd hinzu, verdünnt mit heissem Wasser auf mindestens 300 ccm, lässt kurz absitzen, filtriert durch ein mittelschnelles Filter und wäscht einige Male mit heissem Wasser aus. Den Rückstand löst man in verdünnter, peroxydhaltiger Salpetersäure (10 ccm konz. Salpetersäure, 5 ccm Wasserstoffperoxyd, 85 ccm Wasser), engt auf etwa 5 ccm ein und verfährt weiter wie angegeben.

Zusätzliche Hinweise. Das Eindampfen bis zur öligen Konsistenz ist notwendig, weil sonst die Manganabscheidung nicht vollständig ist. Wenn bei dieser Methode Fehler gemacht werden, treten meistens auch Fehler durch Verluste auf. Bei Anwesenheit von Salzsäure besteht Explosionsgefahr; darum ist es nötig, die Salzsäure durch Zusatz von Salpetersäure völlig zu vertreiben. Der zur Filtration verwendete Asbest und die Filtermasse müssen natürlich indifferent gegen Kaliumpermanganat sein.

2. Wismutatmethode [71]

Grundsätzliches. Mangan wird durch Natriumwismutat (desgl. durch Perjodat) in Permangansäure übergeführt, die dann mit überschüssiger Natriumoxalatlösung gemessen wird, indem man den Überschuss mit Kaliumpermanganatlösung zurücktitriert.

Die Oxydation des Mangans (1.) und die Titration der Permangansäure (2.) vollzieht sich nach folgenden Gleichungen:

1.) $2Mn(NO_3)_2 + 5NaBiO_3 + 16HNO_3$
$\rightarrow 2[HMnO_4] + 5Bi(NO_3)_3 + 5NaNO_3 + 7H_2O$

2.) $2[HMnO_4] + 5Na_2C_2O_4 + 7H_2SO_4$
$\rightarrow 2MnSO_4 + 5Na_2SO_4 + 10CO_2 + 8H_2O$

Ausführung der Bestimmung. Bei Silicium-Gehalten unter 1% löst man 2 g Legierung, die sich in einem 600ccm-Becherglas befinden, mit 30 ccm 25%iger Natronlauge und setzt dann unter Umrühren 30 ccm konz. Salpetersäure hinzu. Hierauf kocht man bis zur beginnenden Kristallisation ein, verdünnt mit ca. 50 ccm heissem Wasser, setzt noch einmal 15 ccm Salpetersäure hinzu und lässt auf Zimmertemperatur abkühlen. Dann trägt man ca. 1 g Natriumwismutat ein und rührt wiederholt um. Nach ca. ¼ Stunde ist die Umsetzung beendet. Man filtriert den Wismutatschlamm durch einen Jenaer Glasfiltertiegel ab (zweckmässig ist eine Auflage von Asbestwolle) und wäscht etwas mit kalter Salpetersäure (1 : 20) aus. Das dunkelblaurot gefärbte Filtrat bringt man dann in einen Erlenmeyerkolben, versetzt mit 10 ccm Schwefelsäure (1 : 1) und verdünnt auf ca. 200 ccm. Die Titration wird wie üblich ausgeführt: Man nimmt 20—50 ccm $^1/_{10}$n-Natriumoxalatlösung, stellt warm und titriert bei ca. 70° mit $^1/_{10}$n-Kaliumpermanganatlösung zurück.

Bei Legierungen mit 1—15% Silicium löst man 2 g Späne in 100 ccm 25%iger Natronlauge bei Zimmertemperatur und ohne zusätzliche Erwärmung in einem 400ccm-Becherglas. Man gibt 5 ccm 3%ige Wasserstoffperoxydlösung hinzu, verdünnt mit heissem Wasser auf 300 ccm, lässt kurz absitzen und filtriert durch ein Filter mittlerer Dichte. Den Rückstand wäscht man einigemal mit heissem Wasser aus, löst ihn mit Salpetersäure (10 ccm konz. Salpetersäure, 5 ccm 3%iges Wasserstoffperoxyd, 85 ccm heisses Wasser) in ein 100ccm-Becherglas vom Filter, engt bis zur beginnenden Kristallisation ein und verfährt weiter wie angegeben (f = 0,0010986/$^1/_{10}$n-ccm).

Zusätzliche Hinweise. Die Methode ist in dieser Form bei Gehalten über 0,03% Mn brauchbar. Bei kleinen Mengen arbeitet man in der gleichen Weise, führt aber die eigentliche Bestimmung kolorimetrisch aus. Es ist darauf S. 188
zu achten, dass die zuletzt zugesetzte Salpetersäure frei von salpetriger Säure ist und dass in keinem Falle metallisches Silicium anwesend sein darf, da es die Permanganatlösung reduziert; es muss also zuvor durch Filtration entfernt werden. Ferner ist zu beachten, dass alle Chemikalien und Hilfsmittel frei von reduzierend wirkenden Bestandteilen sind.

3. Volhard-Wolff-Methode B[14]

Grundsätzliches. Man löst alkalisch und gelangt dadurch zu einer weitgehenden Abtrennung des Aluminiums. Den Rückstand löst man mit Salzsäure, oxydiert das Eisen, versetzt mit der ausreichenden Menge Zinkoxyd und titriert dann heiss mit $^1/_{10}$n-Kaliumpermanganatlösung.

Entsprechend der Reaktionsgleichung

$$3MnCl_2 + 2KMnO_4 + 2ZnO \rightarrow 5MnO_2 + 2KCl + 2ZnCl_2$$

zeigt 1 ccm $^1/_{10}$n-Kaliumpermanganatlösung 0,001648 g Mn an.

Ausführung der Bestimmung.

a) Man wägt im allgemeinen 2 g Legierung ein (bei Gehalten unter 1% 3 g und unter 0,5% 5 g) und löst in 10%iger Natriumhydroxydlösung, von der man 20—25 ccm je g Legierung anwendet. Nach dem Verdünnen auf das dreifache Volumen filtriert man. Der in Lauge unlösliche Metallschlamm wird mit 50—100 ccm warmer, verdünnter Salzsäure*) behandelt. Mangan gehört zu den Metallen des Rückstandes, die sich sofort lösen. Man kann zur Abtrennung von Kupfer und Nickel (sowie Kobalt) auch hier wie oben angegeben verfahren. Nachdem man einige Minuten gekocht hat, verdünnt man mit heissem Wasser auf ungefähr 150 ccm, stumpft die Säure durch Zugabe von festem Natriumkarbonat ab und fügt Zinkoxyd hinzu, bis eine schwache Verfärbung nach gelbbräunlich erfolgt (Eisen(III)-hydroxydausfällung).

Bei Anwesenheit grösserer Kupfermengen muss an dieser Stelle filtriert werden, da Kupfer die Permanganattitration stört. Darauf gibt man noch einen weiteren kleinen Löffel Zinkoxyd hinzu und titriert sodann die siedend heisse Lösung mit $^1/_{10}$n-Kaliumpermanganat-Lösung. Gegen Ende der Titration beobachtet man die sich schnell

*) Man gibt in 70 ccm heisses Wasser 7 ccm Salzsäure und 3 ccm Wasserstoffperoxyd.

absetzende Lösung und liest den Verbrauch ab, sobald eine schwache Rotfärbung erkennbar ist.

In einer Vortitration ermittelt man den ungefähren Verbrauch an Kaliumpermanganatlösung, in der folgenden Haupttitration gibt man die Hauptmenge der Lösung in einem Strahl hinzu und titriert nur den letzten Rest von etwa ½ ccm langsam.

b) Eine andere noch wesentlich schnellere Arbeitsweise führt ebenfalls zu brauchbaren Werten:

**) 2 g Legierung werden in einem 750ccm-Erlenmeyerkolben mit ca. 45 ccm Salzsäure (1 : 1) gelöst. Die Lösung wird mit ca. 5 ccm Wasserstoffperoxyd versetzt und bis zur beginnenden Kristallisation eingekocht. Dann fügt man 250 ccm heisses Wasser hinzu, erhitzt zum Sieden und giesst unter Umschwenken eine Zinkoxydsuspension hinein von 12 g ZnO in 150 ccm siedendheissem Wasser. Man titriert sofort mit $^1/_{10}$n-Kaliumpermanganatlösung. Die Lösung setzt schlecht ab; man kann also auf das Absetzen nicht wiederholt, sondern nur einmal warten! Man erkennt jedoch schon beim Titrieren deutlich, wann ein Kaliumpermanganatüberschuss zugegen ist. Man lässt nun absitzen, dekantiert oder filtriert einen Teil der Lösung, um in diesem Teil auf kolorimetrischem Wege den Kaliumpermanganatgehalt zu ermitteln. Man gibt zu diesem Zweck in ein gleiches Volumen Wasser soviel $^1/_{10}$n-Kaliumpermanganatlösung, dass Farbgleichheit besteht, rechnet sodann den Verbrauch im Verhältnis der angewandten Teilmenge zum Gesamtvolumen um und zieht die errechneten $^1/_{10}$ ccm — um mehr wird es sich meistens nicht handeln — vom Verbrauch bei der eigentlichen Titration ab.

Der Umrechnungsfaktor ist f = 0,001648/$^1/_{10}$n-ccm. Kennt man bei einer beliebigen Kaliumpermanganatlösung den Eisentiter, so ist 0,295 die Umrechnungszahl von Eisen auf Mangan.

**) Diese Arbeitsweise ist zu den im Anhang beschriebenen weniger genauen Schnellmethoden zu zählen.

Zusätzliche Hinweise.

1. Der Kaliumpermanganatverbrauch des Zinkoxydes in dem bei der Titration angewandten Flüssigkeitsvolumen muss geprüft und eventuell abgezogen werden.

2. Ein gewisser Eisengehalt der Lösung ist erwünscht, da sich dann die ausfallenden Manganhydrate leichter und besser absetzen. Man wird deshalb einige Kubikzentimeter $^{1}/_{50}$n-Eisen(III)-chloridlösung hinzusetzen, wenn man die Verfärbung der Zinkoxydsuspension nicht deutlich erkennt, weil der Eisengehalt der Legierung vielleicht zu gering ist.

3. Das zur Oxydation des Eisens erforderliche Wasserstoffperoxyd muss vor der Titration zerstört sein. Man verwende deshalb, um die Zeit des Kochens abzukürzen, nur sehr wenig Wasserstoffperoxyd.

4. (bei der Ausführungsform b) Die Zinkoxydzugabe von 12 g ist nur dann ausreichend, wenn eine praktisch salzsäurefreie Aluminiumchloridlösung vorliegt. Deshalb soll gerade bis zum Kristallisieren eingekocht werden.

4. Peroxydisulfatmethode

Grundsätzliches. Die Legierung wird in Mischsäure gelöst und nach Vertreiben der Stickoxyde unter Zusatz von Silbernitratlösung mit Ammoniumpersulfatlösung aufoxydiert. Dabei wandelt sich das Mangan in Permanganat. Es kann durch Titration mit arseniger Säure ermittelt werden.

Der Titer der arsenigen Säure wird durch Einstellen mit einer Legierung bekannten Gehaltes festgelegt. Man erhält immer einen empirischen Faktor, da die Reaktion nicht streng nach stöchiometrischen Verhältnissen vor sich geht.

Ausführung der Bestimmung. Bei Legierungen mit Siliciumgehalten bis etwa 1% werden 0,2 g Späne (auf S. 45 einwandfreie Probenahme achten!) in 30 ccm Mischsäure unter gelindem Erwärmen gelöst. Nach dem Lösen wird so lange gekocht, bis die nitrosen Gase vertrieben sind. Man versetzt mit 80 ccm Wasser, erhitzt zum Sieden, gibt 30 ccm einer 10%igen Ammoniumperoxydisulfatlösung hinzu und 20 ccm einer Silbernitratlösung, die 3 g Silbernitrat im Liter enthält. Man erwärmt einige Minuten bis auf 60°, kühlt auf Zimmertemperatur ab, setzt 2 ccm Natriumchloridlösung hinzu, die 12 g Natriumchlorid im Liter enthält, und titriert mit arseniger Säure auf Farblosigkeit.

Den Titer der arsenigen Säure bestimmt man mit einer Normalprobe, die etwa die gleiche Menge Mangan enthält wie die Analysenprobe.

Bei Legierungen mit höherem Siliciumgehalt, und zwar bis zu 15%, muss zunächst das Silicium entfernt werden. Dies erreicht man durch Lösen von 0,2 g Spänen in 10 ccm 25%iger Natronlauge und anschliessendes Ansäuern mit S. 9 35 ccm Mischsäure. Man vertreibt ebenfalls durch Kochen nitrose Gase, verdünnt mit 70 ccm Wasser und verfährt weiter wie oben angegeben.

Herstellung der arsenigen Säure: 15 g As_2O_3 werden mit 45 g wasserfreiem Natriumkarbonat und 150 ccm Wasser unter Erwärmen gelöst. Die Lösung wird zum Liter aufgefüllt. Von dieser Stammlösung werden wieder 50 ccm auf 1 l aufgefüllt.

Zusätzliche Hinweise. Die Bestimmung mit arseniger Säure lässt sich sehr exakt durchführen. Metallisches Silicium, Staub, Fett oder sonstige Verunreinigungen organischer Natur sind wegen ihrer reduzierenden Wirkung auf Kaliumpermanganat fernzuhalten. Bei Anwesenheit von grösseren Mengen Chrom kann die Titration dadurch gestört werden, dass die gelbe Farbe des Chromat-Ions den Endpunkt durch gelbgrün verdeckt.

Nickel-Bestimmung [B15]

Grundsätzliches. G. Spacu veröffentlichte 1923 eine Reihe von analytischen Methoden, die auf der Ausfällung verschiedener Metalle als Pyridin-Rhodan-Komplexsalze beruhen.

Die hier interessierende Nickelverbindung hat die Formel $(NiPy_4) \cdot (SCN)_2$. Hiernach ist der Nickel-Pyridin-Komplex das Kation, das mit Rhodanid als Anion ein schwerlösliches Salz bildet. Die überschüssige Ammoniumrhodanidmenge bestimmt man im Filtrat mit eingestellter Silbernitratlösung. Die Umsetzung erfolgt nach der Gleichung

$$Ni(NO_3)_2 + 4\,Py + 2\,NH_4SCN \rightarrow (NiPy_4)\,(SCN)_2 + 2\,NH_4NO_3.$$

Ähnliche rhodanhaltige Komplexsalze bilden Zink, Kupfer, Cadmium und Kobalt; eventuell vorhandenes Blei bildet unlösliches basisches Bleirhodanid. Alle diese Metalle würden also, da sie Rhodanid verbrauchen, die volumetrische Bestimmung stören.

Ausführung der Bestimmung. Die folgende Tabelle enthält, den Nickelgehalten zugeordnet, Angaben über die zweckmässigen Einwaagen und Volumenverhältnisse (Messkolben) sowie über die erforderlichen Mengen an Fällungsmitteln und Masslösungen. Man wird sie mit Vorteil benutzen können, wenn der Nickelgehalt ungefähr bekannt oder roh bestimmt ist.

Ni-Gehalt %	Einwaage g	Messkolben ccm	$^1/_{10}$ n NH_4SCN ccm	Pyridin ccm	Filtratentnahme ccm	angew. Subst. g	angew. $^1/_{10}$ n-NH_4SCN-Lsg ccm	vorgelegte $^1/_{10}$ n $AgNO_3$ ccm
2	6.25	250	75.0	10	200	5	60	25—35
1	12.50	250	75.0	10	200	10	60	25—35
0.5	12.50	250	50.0	10	200	10	40	25—35
0.25	12.50	125	30.0	5	100	10	24	15—25

Hat man die Einwaage gemäss der Tabelle gewählt, so löst man in 10%iger Natriumhydroxyd-Lösung. Für je 1 g Legierung braucht man 20—25 ccm Lauge.

Nach Auflösung des Metalls verdünnt man um die Hälfte des Volumens, filtriert den unlöslichen Rückstand ab und wäscht ihn 3—4mal mit Lauge aus. Den ausgewaschenen Rückstand bringt man in einen Becher und löst ihn in 20 ccm Salpetersäure (1 : 1). Dabei wird vorausgesetzt, dass bereits 30—50 ccm Spülwasser benutzt worden sind, andernfalls verdünnt man die Säure entsprechend und erhitzt zum Sieden. Tritt jetzt eine weissliche Trübung auf, so ist mit der Gegenwart von Zinn zu rechnen. Man dampft weiter ein, nimmt wieder mit 10 ccm Salpetersäure (1 : 1) auf und filtriert das unreine Zinnoxyd ab. Das Filtrat wird, falls Kupfer und Blei oder eines der beiden Metalle zugegen sind, elektrolysiert. Die nickelhaltige Lösung wird dann — nötigenfalls nach Einengen — in einen Messkolben überführt. Hierbei ist zu beachten, dass nach Zusatz der Fällungsreagenzien nicht nur Platz für Ammoniaklösung zur Neutralisation bleiben muss, sondern dass die Neutralisation selbst unter Umschwenken erfolgen muss. Zu der kalten Lösung im Kolben gibt man zunächst die gemäss Tabelle erforderliche Menge von $^{1}/_{10}$n-Ammoniumrhodanid-Lösung und Pyridin, dann bringt man einen ca. 5 cm langen Lakmuspapierstreifen hinein und gibt tropfenweise unter Umschütteln Ammoniak hinzu, zuerst konzentriert, gegen Ende verdünnt, bis sich der Streifen blau färbt. In der schwach ammoniakalischen Lösung sind sowohl das Nickel als $(NiPy_4)\cdot(SCN)_2$ als auch das Eisen und eventuell vorhandenes Chrom als Hydroxyde gefällt. Hat sich die Lösung durch die Neutralisation erwärmt, so wird wieder abgekühlt und mit 5%iger wässriger Pyridinlösung aufgefüllt. Das genaue Erkennen der Füllmarke wird häufig durch Schaumbildung erschwert; der Nachteil lässt sich aber durch wenige Tropfen Äther beheben.

Man filtriert dann die Lösung durch ein Faltenfilter ab und entnimmt dem Filtrat die vorgeschriebene Menge, die man mit 10 ccm Salpetersäure (1 : 1) ansäuert. Hierauf

wird nach Volhard mit $^{1}/_{10}$n-Silbernitratlösung titriert und abschliessend dessen Überschuss nach Zusatz von 10 ccm Eisen(III)-ammoniumsulfatlösung als Indikator mit $^{1}/_{10}$n-Ammoniumrhodanidlösung zurücktitriert.
(f = 0,002935/$^{1}/_{10}$n-ccm).

Zusätzliche Hinweise. Die gefundenen Werte liegen meistens etwas zu hoch. Diese Erscheinung ist wahrscheinlich auf die verhältnismässig grosse Fällung aus geringem Volumen zurückzuführen. Bei grossen Gehalten an Eisen und Chrom ($>$ 1%) ist deshalb mit grosser Genauigkeit nicht zu rechnen.

Titan-Bestimmung [B3c]

Grundsätzliches. Die oben beschriebene titanometrische
S. 102 Methode zur Bestimmung des Eisens lässt sich umkehren und als Titan-Bestimmung anwenden. Man kann die Titanlösung mit Zink reduzieren und danach soviel einer Eisen(III)-lösung bekannten Gehaltes hinzufügen, bis ein der Lösung entnommener Tropfen mit Rhodanidlösung Rotfärbung anzeigt. Gallo wies darauf hin, dass man den Indikator ohne Nachteil direkt in die Lösung geben kann. Wenn man nun Aluminium statt Zink als Reduktionsmittel anwendet, hat man die unten beschriebene Arbeitsweise.

Reaktionsgleichung: $TiCl_3 + FeCl_3 \rightarrow TiCl_4 + FeCl_2$

Die Methode liefert zuverlässige Werte. Die Genauigkeit beträgt bei 0,05%—0,2% Ti ± 5% des gefundenen Wertes. Die Methode ist anwendbar für Al- und U-Al-Legierungen, nicht anwendbar bei hoch-siliciumhaltigen Legierungen.

Ausführung der Bestimmung. Man braucht zur Durchführung der Methode Salzsäure (1 : 1), Al-Griess oder Blechstreifen aus Reinstaluminium, Natriumhydrogenkarbonat (fest), 10%ige Ammoniumrhodanidlösung und als Messlösung eine $^{1}/_{50}$n-Eisen(III)-chloridlösung.

5 g einer Legierung mit 0,1—0,2% Titan werden vorsichtig in ungefähr 125 ccm Salzsäure (1 : 1) gelöst. Zur Reduktion gibt man noch etwa 2 g Aluminium hinzu, und zwar je nach der Form und Feinheit in grösseren oder kleineren Teilmengen. Das Reduktionsmittel muss intensiv mit allen Teilen der Lösung in Berührung gebracht werden. Durch Zugabe von etwa 25 ccm Salzsäure (1 : 1) wird die Lösegeschwindigkeit beschleunigt. Dann gibt man wiederholt kleine Mengen Natriumhydrogenkarbonat in die Lösung und kühlt ab. Nach Zusatz von ca. 75 ccm kalten, luftfreien Wassers und 10 ccm Ammoniumrhodanid wird bei ca. 30° sofort und rasch auf hellbräunlich mit $^{1}/_{50}$n-Eisen(III)-chlorid titriert. Dass die Färbung häufig wieder verschwindet, ist ohne Bedeutung. (f = 0,000958/$^{1}/_{50}$n-ccm).

Die Eisen(III)-chloridlösung wird auf folgende Weise hergestellt: Man löst 1,5968 g Fe_2O_3 nach Brandt mit ca. 50 ccm konz. Salzsäure unter Erwärmen. Nach beendeter Lösung kühlt man ab und verdünnt im Messkolben auf 1 l.

Zusätzliche Hinweise.

1. Das zur Reduktion angewandte Aluminium muss praktisch frei von Titan sein, es soll andererseits nicht eisenarm sein; denn Eisen beschleunigt das Lösen des Reduktionsmetalles.

2. Hinterlässt die Legierung nach Aufhören der Wasserstoffentwicklung einen feinen schwarzen Schlamm, der sich zum Teil am Boden absetzt, so enthält die Probe Titan als Carbid. In solchen Fällen muss man die Legierung von vornherein in Königswasser lösen, danach durch viel Salzsäure wieder die Salpetersäure vertreiben, um schliesslich die Reduktion des Titans mit Aluminium durchzuführen.

Feinst verteiltes Kupfer reagiert mit Eisen(III)-Lösungen

und liefert Überbefunde. Deshalb muss man in diesem Fall unter Zusatz von Hydrogenkarbonat bis zum völligen Lösen des Metallschwammes weiter erhitzen. Bei Anwesenheit von Zinn, das durch Aluminium nur in der Kälte abgeschieden wird, treten Überbefunde auf, wenn man zu heiss titriert. Daher abkühlen!

Vanadin-Bestimmung[114]

(potentiometrisch)

Grundsätzliches. Die schwefelsaure Lösung der Metallprobe wird zunächst in der Hitze mit Kaliumpermanganat oxydiert und nach dem Abkühlen mit Eisen(II)-sulfatlösung reduziert. Ein Potentialsprung zeigt die vollständige Umwandlung des Vanadins in die vierwertige Form an. Im Anschluss hieran wird die potentiometrische Bestimmung des Vanadins bei etwa 70° durch Oxydation mit Kaliumpermanganat zu Vanadinsäure durchgeführt.

Ausführung der Bestimmung. 2—5 g Metallspäne je nach dem zu erwartenden Vanadingehalt werden mit 75—150 ccm Schwefelsäure (1 : 2) versetzt und sodann durch portionsweises Hinzufügen von 30 ccm Salzsäure (d 1,19) gelöst. Man verdünnt auf etwa 150—300 ccm, kocht einige Zeit, kühlt ab, spült in einen 1 Liter-Messkolben und füllt auf.

Für die Analyse werden 100 ccm des Kolbeninhalts entsprechend $^1/_{10}$ der Einwaage abgenommen und bis zur trockne eingedampft. Der Eindampfrückstand wird durch Erwärmen mit 30 ccm Schwefelsäure (1 : 1) gelöst, mit 6 ccm Phosphorsäure (d 1,7) und mit Kaliumpermanganatlösung versetzt und gekocht (Gesamtvolumen etwa 100 ccm). Hierbei soll die Kaliumpermanganatfarbe etwa 10 min bestehen bleiben. Anschliessend wird das überschüssige Permanganat verkocht und das dabei gebildete Mangan(IV)-oxydhydrat abfiltriert. Die abgekühlte Flüssigkeit wird nun potentiometrisch mit $^{1}/_{10}$n-Eisen(II)-sulfatlösung bis gerade zum Umschlag, d. h. bis das gesamte Vanadin gerade in die vierwertige Stufe überführt ist, reduziert. Ist Chrom vorhanden, so wird es ebenfalls reduziert. Man kann mit einer Kalomel-Elektrode als Bezugselektrode oder auch unter Verwendung eines Nullpunktinstruments und einer Umschlagselektrode arbeiten. Die Umschlagselektrode wird mit einer Lösung gefüllt, die wie folgt herzustellen ist: 525 g Kaliumeisen(III)-sulfat und 1,5 g Eisen(II)-sulfat werden in 500 ccm einer Schwefelsäure von 20 Vol.-% gelöst. Von dieser Lösung werden 10 ccm auf 200 ccm verdünnt. Der Stromschlüssel wird mit gesättigter Kaliumsulfatlösung gefüllt. Beim Arbeiten mit der Umschlagselektrode gelingt es, den Endpunkt der Reaktion genau zu erfassen, wenn man zunächst einen geringen Überschuss von $^{1}/_{10}$n-Eisen(II)-sulfatlösung hinzufügt, diesen sodann mit Kaliumpermanganatlösung wieder beseitigt und schliesslich mit $^{1}/_{50}$n-Eisen(II)-sulfatlösung bis zum Umschlagpotential titriert.

Die reduzierte Vanadinlösung wird auf etwa 250 ccm verdünnt, auf 70° erhitzt und heiss mit $^{1}/_{10}$n-Kaliumpermanganatlösung unter Anwendung der Normalkalomelelektrode als Bezugselektrode potentiometrisch nach der Kompensationsmethode und mit dem Röhrenpotentiometer bis zum Potentialsprung titriert.

Der Titer der Messflüssigkeit wird mit Natriumoxalat nach Sörensen und zwar ebenfalls auf potentiometrischem Wege eingestellt. Reine Vanadinsäure ergibt praktisch den gleichen Wirkungswert.

Zusätzliche Hinweise. Gewöhnlich wird die Oxydation des Vanadins zur fünfwertigen Stufe mit Ammoniumperoxydisulfat in Gegenwart von Silbernitrat oder mit Kaliumpermanganat durchgeführt. Der Überschuss an Oxydationsmitteln wird entweder durch Verkochen oder durch Reduktion mit Oxalsäure in der Kälte entfernt. Bei dem Ammoniumperoxydisulfatverfahren besteht der Nachteil, dass ebenfalls vorhandenes Chrom mitbestimmt wird.

Zinkbestimmung

Soll der Zinkgehalt nach der Rhodanid-Methode volumetrisch bestimmt werden, so verfährt man zunächst wie bei der gravimetrischen Bestimmung des Zinks als Zink-
S. 81 quecksilberrhodanid. Der erhaltene Niederschlag wird jetzt jedoch nicht ausgewogen, sondern wie im Abschnitt
S. 110 Reinaluminium titriert (s.AIIa).

Zinn-Bestimmung [B9]

Grundsätzliches. Die titrimetrische Zinnbestimmung beruht auf der Oxydation von Zinn(II)-chlorid zu Zinn(IV)-chlorid in salzsaurer Lösung. Bei kupferarmen (weniger als 0,5% Kupfer) oder kupferfreien Legierungen kann die Titration nach der Zementierung des Kupfers, Arsens und Antimons mit Eisenpulver und der anschliessenden Reduktion mit Aluminiumspänen direkt ausgeführt werden. Bei Anwesenheit grösserer Mengen Kupfer ist vorher eine Abtrennung mit Schwefelwasserstoff und ein Auszug mit Natriumsulfid erforderlich.

a) in kupferarmen oder kupferfreien Legierungen

Ausführung der Bestimmung. Man löst 3 g Späne mit 60 ccm Salzsäure (1 : 1) und versetzt gegen Ende der Reaktion mit 0,5 g Kaliumchlorat, um Zinnverluste durch Bildung von Chlorzinnsäure zu vermeiden. Gleichzeitig geht dabei der vorhandene Metallschwamm in Lösung. Man verkocht das überschüssige Chlor, indem man bis zur Kristallbildung eindampft. Den Kristallbrei nimmt man mit etwa 50 ccm Wasser und 2 ccm konz. Salzsäure auf, reduziert mit 1 g Ferrum reductum, wobei Kupfer, Arsen und Antimon metallisch abgeschieden werden. Man filtriert die Lösung, die noch Eisenpulver enthalten soll, durch ein schnellaufendes Filter in einen Erlenmeyerkolben und wäscht einige Male mit heissem Wasser nach. Das Filtrat versetzt man mit etwa 2 g Aluminiumspänen, die fettfrei sein müssen und weder Kupfer noch Zinn enthalten dürfen. Man verschliesst den Kolben mit einem doppelt durchbohrten Stopfen; durch die eine Bohrung leitet man Kohlensäure unter gelindem Erwärmen in den Kolben, die andere Öffnung ist mit einem Bunsenventil verschlossen. Lösen sich die Aluminiumspäne zu stürmisch, so muss man etwas verdünnen, im anderen Fall etwas Salzsäure zusetzen. Das Zinn scheidet sich als Metallschwamm ab. Man löst den Metallschwamm einschliesslich der Reste der Aluminiumspäne durch Zugabe von 50 ccm konz. Salzsäure und kühlt den Kolben unter ständigem Einleiten von Kohlensäure ab. Nach dem Abkühlen entfernt man den Stopfen und leitet in den Erlenmeyerkolben durch ein rechtwinklig gebogenes Glasrohr weiter Kohlensäure, um eine Oxydation zu verhindern. Man gibt 3 ccm 0,5%ige Stärkelösung hinzu und titriert mit $^1/_{10}$n- oder $^1/_{50}$n-Jodlösung bis zur auftretenden Blaufärbung.

1 ccm $^1/_{10}$n-Jodlösung entspricht 5,935 mg Sn,
1 ccm $^1/_{50}$n-Jodlösung entspricht 1,187 mg Sn.

b) in kupferreichen Legierungen

Ausführung der Bestimmung. Man löst 3 g Späne wie angegeben und dampft bis zur Kristallbildung ein. Man versetzt mit etwa 400 ccm Wasser und leitet in die heisse Lösung ½ Stunde lang Schwefelwasserstoff ein. Man filtriert durch eine mit Asbest präparierte Nutsche und wäscht den Rückstand 3—4mal mit schwefelwasserstoffhaltigem Wasser aus. Nach Entfernen des Filtrates saugt man durch die Nutsche langsam 50 ccm einer etwa 1%igen farblosen heissen Natriumsulfidlösung. Den Sulfoauszug spült man in ein Becherglas, säuert mit etwa 15 ccm konz. Salzsäure an und löst das Zinnsulfid durch Erhitzen. Im Anschluss daran reduziert man mit Ferrum reductum und arbeitet wie unter a) weiter.

III. Abschnitt. Kolorimetrische Methoden

Vorbemerkungen

Kolorimetrische und photometrische Methoden werden bei der Leichtmetallanalyse bevorzugt angewendet, und zwar nicht nur für die analytische Untersuchung von reinem und reinstem Aluminium, sondern auch bei Legierungen und für Spurenanalysen.

Die Kolorimetrie arbeitet mit Vergleichslösungen, die denselben farbigen Stoff, den die zu untersuchende Lösung aufweist, in bekannter Konzentration enthalten. Es sind also relative Messungen, Farbvergleiche, die von der Spektralreinheit des verwendeten Lichtes weitgehend unabhängig sind. Die Kolorimetrie wird als subjektive Methode unter Verwendung von einfachen Vergleichsgläsern mit plangeschliffenem Boden oder mit Hilfe von Duboscq- oder ähnlichen Kolorimetern ausgeführt. Die Einstellung erfolgt auf gleiche Helligkeit, d. h. auf gleiche Farbsättigung. Für die Beziehungen zwischen Konzentrationen und Schichtdicken gilt das bekannte Beersche Gesetzt: $c_1d_1 = c_2d_2$.

Zur Erhöhung der Empfindlichkeit verwendet man Farbfilter, wobei die Empfindlichkeit um so grösser wird, je grössere Intensitätsunterschiede bei einer kleinen Änderung der Schichtdicke auftreten; dies ist im Gebiet der stärksten Absorption der Fall. S. 144

Die Spektralphotometrie unterscheidet sich grundsätzlich von der Kolorimetrie. Bei den photometrischen Untersuchungen werden keine Farbvergleiche angestellt, sondern Konzentrationen durch Festlegung von Extinktionen mit Hilfe von Lichtschwächungseinrichtungen ermittelt.

Die Lichtschwächung kann durch verstellbare Blenden, Polarisationsprismen und ähnliche Einrichtungen erzielt werden. A. Thiel[B31] verwendet Graulösungen bzw. einen Graukeil. Entsprechende Apparate hat die Firma Leitz, Wetzlar, entwickelt. Das Pulfrich-Photometer der Firma Zeiss, Jena, ist mit verstellbaren Blenden ausgerüstet.

Für die exakte Durchführbarkeit der photometrischen Messungen gilt nach dem Lambert-Beerschen Gesetz:

$$\lg J_0/J = E = \varepsilon\, c\, d;$$

($\varepsilon = 0{,}4343\ k =$ konzentrationsunabhängige Stoffkonstante).

Hiernach ist also das logarithmische Verhältnis zwischen eingestrahlter und ausgestrahlter Lichtenergie, die Extinktion E, proportional der Konzentration c des absorbierenden Stoffes in Mol/l und der Schichtdicke d des durchstrahlten Mediums in cm.

Die Spektralphotometer haben den Vorteil, dass sie optisch vorzüglich ausgerüstet sind. Infolgedessen kann man mit ihnen sehr saubere Messungen ausführen. Man benötigt keine Vergleichslösungen. Dies ist einerseits eine Vereinfachung der Arbeitsweise, hat aber anderseits den Nachteil, dass die optischen Verhältnisse auf beiden Messseiten nicht mehr so ausgeglichen sind wie bei der Kolorimetrie. Es ist deshalb zu empfehlen, beim Arbeiten mit dem Photometer in den zweiten Strahlengang Blindlösungen zu schalten, die bis auf den Farbträger genauestens der Analysenlösung angepasst sind. Es sind Filter mit engen Spektralbereichen anzuwenden, deren Schwerpunkt mit dem Absorptionsmaximum der zu untersuchenden Lösung zusammenfällt.

Das Absorptionsmaximum findet man, indem man mit einem Photometer eine Absorptionskurve über den gesamten Messbereich aufstellt. Man erhält damit eine sogenannte Farbkurve, deren Verlauf auch in anderer Beziehung recht aufschlussreich sein kann, z. B. für die Ausarbeitung von Methoden, zwei Farbträger in einer Lösung
S. 174 nebeneinander zu bestimmen.

In neuerer Zeit sind verschiedene Geräte für objektive spektralphotometrische Messungen entwickelt worden. Theoretisch ist zu erwarten, dass man mit derartigen

Messeinrichtungen noch höhere Genauigkeiten als mit den Apparaten für subjektive Messungen erzielen kann. Derartige hochempfindliche lichtelektrische Photometer sind von B. Lange[B30], R. Havemann[194] und anderen entwickelt worden.

Die Apparatur für objektive Messungen ist eindeutig überlegen, wenn im ultravioletten Gebiet gemessen wird. Das Lange-Kolorimeter ist nach bisherigen Erfahrungen für enge Messbereiche brauchbar und hat sich besonders für schnelle Bestimmungen von Kupfer, Eisen, Mangan und Nickel bewährt.

Unter den äusseren Bedingungen, die bei den Absorptionsmessungen von Wichtigkeit sind, ist in erster Linie die Einhaltung der Temperatur zu beachten, da schon Temperaturschwankungen von wenigen Graden die Genauigkeit stark beeinflussen. Sowohl bei relativen als bei absoluten Messungen muss die Temperatur auf $\pm 1^\circ$ genau definiert sein, wenn eine Reproduzierbarkeit von etwa 1% angestrebt wird. Bei den Messungen ist ferner darauf zu achten, dass bei den lichtabsorbierenden Stoffen in der Lösung keine Gleichgewichtsverschiebungen oder chemische Umsetzungen vorkommen; auch ist den Lichtverhältnissen, unter denen die Messung vorgenommen wird, besondere Beachtung zu schenken. Selbstverständlich müssen alle optischen Flächen der Apparatur peinlich sauber gehalten werden.

Bei normalen Konzentrations-Bestimmungen sind in vielen Fällen die kolorimetrischen Methoden den spektralphotometrischen vorzuziehen, wenn die Vergleichslösungen sich bequem herstellen lassen und genügend Haltbarkeit aufweisen, weil man wie erwähnt bei ihrer Verwendung von der spektralen Zusammensetzung des Lichtes unabhängig ist.

Bei den subjektiven Methoden, die bei der Leichtmetallanalyse vornehmlich angewandt werden, liegt die Genauigkeitsgrenze für den kleinsten relativen Intensitätsunterschied unter optimalen Verhältnissen bei etwa 1%. Auf diesen spricht das Auge eben noch an. Diese Genauigkeit wird aber im allgemeinen nicht erreicht, einerseits weil die Einstellungsmöglichkeit der Messvorrichtung nicht entsprechend genau ist, anderseits weil immer einige Unsicherheiten in der Herstellung der Lösung liegen. Im allgemeinen rechnet man mit einer erreichbaren Genauigkeit von etwa 2%. Bei den nachfolgend beschriebenen Methoden ist erfahrungsgemäss die höchste Genauigkeit mit ± 5% des Sollwertes angegeben, wobei allerdings die besonderen Verhältnisse in einem Betriebslaboratorium — nämlich die Forderung nach Vermeidung langwieriger Anreicherungsverfahren — durch Begrenzung der Einwaage auf 2 g, in Sonderfällen auf max. 5 bis 10 g, berücksichtigt worden sind.

Zusammenfassend sei nochmals betont, dass zur gründlichen Überprüfung und Ausarbeitung einer kolorimetrischen Methode das optische Gerät unerlässlich ist. Bei der praktischen Anwendung der Kolorimetrie lassen sich in vielen Fällen schon unter einfachsten Arbeitsbedingungen, z. B. bei Verwendung von Nesslergläsern, mit einem guten menschlichen Auge erstaunlich zuverlässige Ergebnisse erzielen. [108, 192, 196, B 29]

Eine besondere Befruchtung hat das Gebiet der Kolorimetrie durch die Anwendung des Dithizons erfahren.

Das Dithizon (Diphenyl-thiocarbazon*) bildet mit einer grösseren Zahl von Schwermetallen innerkomplexe Verbindungen, die in Wasser völlig unlöslich sind, sich aber sehr leicht in mit Wasser nicht mischbaren organischen Lösungsmitteln wie Tetrachlorkohlenstoff und Chloroform lösen und intensive Färbungen geben. Die auf diesem Verhalten aufgebauten Dithizonmethoden lassen sich sehr einfach und schnell durchführen; besonders eignen sie sich für die Ausführung von Einzelanalysen und brauchen in vielen Fällen keinen komplizierten Trennungsgang.

Bei der Durchführung der Dithizonmethoden ist besonders darauf zu achten, dass in Reagenzien und Geräten

*) $C_6H_5 \cdot N : N \cdot CS \cdot NH \cdot C_6H_5$; Mol.-Gew. 256,19.

keine störenden Verunreinigungen enthalten und keine adsorbierenden oder oxydierenden Stoffe zugegen sind. Von der Reinheit der Reagenzien überzeugt man sich leicht durch eine Reaktion mit Dithizon. Häufig vorkommende Verunreinigungen sind Kupfer, Zink und Blei. Alle Lösungen sollen unter Verwendung reinster Chemikalien mit doppeltdestilliertem Wasser angesetzt werden.

Die Dithizonmethoden beruhen also in der Hauptsache auf Extraktionsreaktionen. Das nachzuweisende Metall wird gewöhnlich mit der grünen Lösung des Dithizons in Tetrachlorkohlenstoff (6—10 mg auf 100 ccm CCl_4) aus der wässrigen Lösung extrahiert. Das überschüssige Dithizon wird aus der Tetrachlorkohlenstofflösung des gebildeten Dithizonates mit einer schwach alkalischen, auf Reinheit sorgfältigst geprüften Lösung entfernt. Handelt es sich um ein beständiges Dithizonat, so wird nach dem Waschen die gefärbte Tetrachlorkohlenstofflösung direkt zur kolorimetrischen Bestimmung verwendet. Andernfalls wird mit verdünnter Salzsäure gewaschen und hierdurch der Dithizonkomplex gespalten, so dass wieder eine Grünfärbung entsteht und die Bestimmung durch Kolorimetrieren des freien Dithizons durchgeführt wird. Nach H. Fischer[189] können Metallgehalte bis herab zu etwa 10^{-3}%, in besonderen Fällen bis 10^{-4}% bestimmt werden.

Auch bei der Leichtmetallanalyse werden die Dithizonmethoden bereits mit gutem Erfolg angewandt und versprechen, sich mehr und mehr einzuführen. Im folgenden werden nur die Kupfer- und Zinkbestimmungen beschrieben, weil diese bisher am meisten überarbeitet wurden. Die Aufnahme weiterer Methoden ist für eine spätere Zeit vorgesehen.

a) Untersuchung von Reinmetall und Reinstmetall

Chrom-Bestimmung

S. 172 (s. u. Vanadin und Chrom)

Eisen-Bestimmung

I. Rhodanidmethode [36, 192]

Grundsätzliches. Die Arbeitsweise beruht auf der Bildung der roten Farbe des Eisen(III)-rhodanides in salzsaurer Lösung. Bekannt ist, dass die rote Farbe des Eisenrhodanides mehr oder weniger rasch verblasst. Um diese Schwierigkeit zu überwinden, wird der Farbkörper mit Äther ausgeschüttelt und der Ätherauszug kolorimetriert. Aber auch hierbei wird anfangs noch ein sehr starker Abfall der Farbintensität beobachtet. Erst nach reichlich einer Stunde tritt Konstanz der Extinktion ein. Am einfachsten und zuverlässigsten kommt man sofort zu stabilen Farbverhältnissen, wenn der Analysenlösung vor dem Ausschütteln mit Äther Äthylalkohol zugesetzt wird.

Abb. 8 enthält verschiedene Extinktions-Zeit-Kurven, die unter gleichen Verhältnissen beim Ausschütteln einundderselben Lösungsmenge (50 ccm mit 0,15 mg Fe) mit Äther — ohne und mit Zusatz von SO_2-gesättigtem Äther —, mit Amylalkohol und mit Äthylalkohol erhalten wurden. Man sieht, dass diese Zusätze eine gleichwertige Stabilisierung ergeben. Unterschiedlich sind jedoch ihre Einflüsse auf die Ausschüttelungsausbeute, was durch verschiedene Farbintensitäten zum Ausdruck kommt. In dieser Beziehung steht der Äthylalkoholzusatz an der Spitze, und damit ist auch der einfachste Weg zum gewünschten Ergebnis festgelegt.

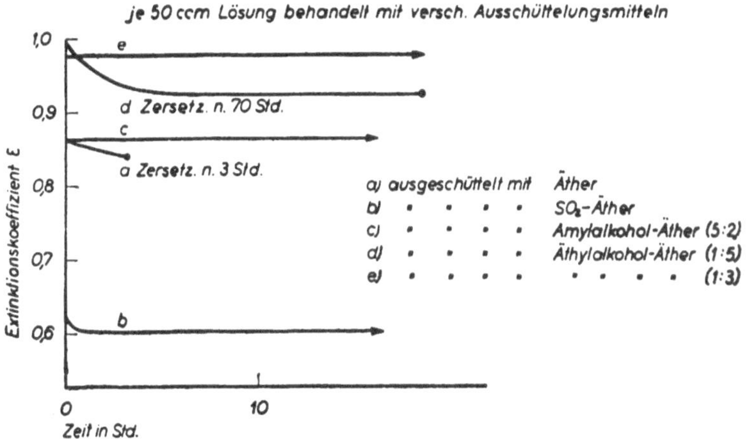

Abb. 8. Extinktionskurven für Eisen-Rhodanid

Den Vergleichslösungen, die die gleichen Zusätze an Chemikalien wie die Analysenlösung enthalten sollen, fügt man ungefähr zu erwartende Eisenmengen hinzu und schüttelt diese nach Vorschrift aus.

Zum Kolorimetrieren können einfache Nesslergläser, ein gewöhnliches Kolorimeter oder ein Photometer verwendet werden (in letztem Falle ohne Vergleichslösung, wohl aber mit einer Blindlösung — Kompensationslösung — zur Ausschaltung der Einflüsse unvermeidbarer Verunreinigungen in den Chemikalien).

Die Methode eignet sich vorzugsweise für die Bestimmung geringer Gehalte ($<$0,05% Fe) bei einer Einwaage von 2 g gelöst in 100 ccm. Bei höheren Gehalten muss entsprechend verdünnt oder die Einwaage verringert werden. Die Genauigkeit der Methode beträgt $\pm$ 5% des gefundenen Messwertes. Dies gilt bis zu Gehalten von 0,005% Fe. Bei kleineren Gehalten wird die Genauigkeit geringer.

Ausführung der Bestimmung. 2 g Aluminiumspäne werden in einem Becherglas oder 500ccm-Erlenmeyer-Kolben mit 45 ccm Mischsäure (300 ccm konz. Salpetersäure auf 700 ccm Schwefelsäure (1 : 1)) versetzt, mit einem Uhrglas abgedeckt und durch portionsweise Zugabe von 15 ccm konz. Salzsäure ohne Erwärmung gelöst. Nun wird auf dem Sandbad bis zum Festwerden eingedampft und ½ Stunde stark abgeraucht. Dann lässt man erkalten, gibt 200 ccm heisses Wasser hinzu, erwärmt bis zur klaren Lösung und filtriert die Kieselsäure ab. Das Filtrat füllt man in einem 250ccm-Messkolben mit Wasser bis zur Marke auf. Man entnimmt der Lösung einen Teil, dessen Eisengehalt zwischen 0,005 und 0,2 mg Fe liegt, und schüttelt in einem Scheidetrichter aus, nachdem zuvor 5 ccm Salzsäure (1 : 1), 10 ccm 50%ige Kaliumrhodanidlösung, 25 ccm Alkohol und 15 ccm Äther zugesetzt sind. Man lässt die Salzlösung nach k u r z e m Absitzen ablaufen und gibt den Auszug in ein trockenes 50ccm-Kölbchen. Unabhängig von der vorhandenen Eisenmenge wird das Ausschütteln noch 3mal unter weiterer Zugabe von je 10 ccm Äther wiederholt. Die vereinigten Ätherauszüge werden in einem 50ccm-Kolben mit Äther bis zur Marke aufgefüllt und nunmehr kolorimetriert.

Der meist geringe Eisengehalt der Reagenzien muss berücksichtigt werden. Hierzu raucht man 45 ccm Mischsäure und 15 ccm konz. Salzsäure ebenso lange wie die Analysenlösung ab und behandelt den Flüssigkeitsrest wie den Analysenrückstand. Der auf diese Weise gefundene Korrekturwert braucht bei Reihenuntersuchungen erst wieder bei Reagenzienwechsel neu bestimmt zu werden. Bei Einzeluntersuchungen dagegen ist er immer neu zu bestimmen.

Zusätzliche Hinweise.

1. Die zum Ausschütteln zu verwendende Menge ist begrenzt, weil bei Gehalten über 0,2 mg Fe das Eisen sich nicht mehr vollständig durch viermaliges Ausschütteln entfernen lässt. Schüttelt man häufiger, so benötigt man grössere Sammelmesskolben, so dass die Verdünnung im Äther-Alkohol grösser wird.

2. Gewisse organische Stoffe wie Natriumoxalat, Weinsäure, Zitronensäure und ähnliche lösen sich in Äther und stören. Sie dürfen daher nicht in der Analysenlösung vorhanden sein.

3. Die Glasgefässe müssen vor Gebrauch mit einer wässrigen Lösung, der Salzsäure, Rhodankalium, Alkohol und Äther zugesetzt sind, ausgeschüttelt werden, da schon kleinste Staubteilchen eine merkliche Rotfärbung verursachen.

2. Sulfidmethode [26, 35, 39]

Grundsätzliches. Der von L. W. Winkler[39] 1902 vorgeschlagene kolorimetrische Nachweis von Eisen in Wässern als kolloidales Eisensulfid hat durch H. Ginsberg[26] und G. Holder eine neue Anwendung bei der Bestimmung von Eisen in Aluminium und Aluminiumlegierungen gefunden. Im Gegensatz zu Winkler wird dabei als Reagens nicht Schwefelwasserstoffwasser, sondern Natriumsulfidlösung verwendet. Statt der durch das Sulfid braun gefärbten Lösungen wie sie Winkler anwendet, wird mit intensiv blaugrün gefärbten Lösungen gearbeitet. Die Beständigkeit dieser Lösungen ist genau untersucht und kann für technische Analysen als ausreichend bezeichnet werden. Wenn diese Methode auch nicht ganz so empfindlich ist wie die vorstehend beschriebene Rhodanidmethode, so ist sie ihr bezüglich Einfachheit der Ausführung und Zeitersparnis überlegen.

Die typische Farbkurve dieser Sulfidfärbung zeigt zwei Absorptionsmaxima, und zwar bei 4360 Å und bei 6100 Å. Obwohl im gelben Gebiet die Eichkurve etwas steiler verläuft, ist es im allgemeinen für das Auge angenehmer, im violetten Gebiet zu messen.

Die Methode beruht also darauf, dass alkalische eisenhaltige Lösungen bei Zusatz von Natriumsulfid durch Bildung von kolloidalem Schwefeleisen blaugrün gefärbt werden.

Arbeitet man mit Vergleichslösungen, so sind diese von Fall zu Fall frisch anzusetzen, und zwar wiederum genau gleich wie die Analysenlösung. Als Standardlösung verwendet man eine titrimetrisch eingestellte Eisensalzlösung, von der man einige Tropfen je nach dem zu erwartenden Eisengehalt der Vergleichslösung zusetzt.

Die Methode eignet sich vorzüglich als Schnellmethode für den Betrieb, z. B. bei der laufenden Untersuchung von Reinstmetall. Hier arbeitet man praktischerweise mit Nesslergläsern. Genauere Analysen werden mit dem Kolorimeter oder Photometer durchgeführt. Arbeitet man mit einem Photometer, so ist wie in jedem derartigen Fall eine Eichkurve aufzustellen. Hierbei verwendet man eine Eisen(III)- oder Eisen(II)-salzlösung, z. B. eine schwachsaure Eisenlösung aus Mohrschem Salz, die 0,02—0,03 mg Fe/ccm enthält.

Praktische Bedeutung hat die Sulfidmethode nur bei der Bestimmung kleinerer Gehalte ($<$ als 0,08% Fe); andernfalls führen titrimetrische Methoden rascher zum Ziel. Die Genauigkeit beträgt $\pm$ 8% des gefundenen Wertes.

Ausführung der Bestimmung. Liegt wie bei der Aufstellung der Eichkurve eine schwachsaure Lösung vor, so werden 1—10 ccm in einen 100ccm-Messkolben abpipettiert und mit 5 ccm 5%iger Natriumtartratlösung versetzt. Unter Umschütteln gibt man tropfenweise 2 ccm 20%ige Natronlauge bis zur alkalischen Reaktion (Tüpfeln auf Lackmuspapier) hinzu und färbt mit 5 ccm 10%iger Natriumsulfidlösung an. Die Reagenzien müssen täglich frisch bereitet werden. Die anfänglich braune Farbe der Lösung geht rasch in eine blaugrüne über. Nach einer Wartezeit von 15 min wird bis zur Marke mit Wasser aufgefüllt. Die Farbe der Lösung ist mehrere Stunden lang unverändert haltbar.

S. 45 1—2 g Aluminiumspäne werden nach Otis-Handy gelöst und abgeraucht. Die ausgeschiedene Kieselsäure wird abfiltriert und die Lösung im Messkolben je nach dem Eisengehalt auf 100—500 ccm aufgefüllt. Von der Analysenlösung werden 2—25 ccm in einen 100ccm-Messkolben abpipettiert. Die Menge der angewandten Analysenlösung richtet sich nach dem Eisengehalt, der zwischen 0,005 und 0,3 mg Fe liegen soll. Man gibt 5 ccm 5%ige Natriumtartratlösung zur Stabilisierung der kolloidalen Lösung hinzu und unter Umschütteln tropfenweise 2n-Natronlauge, bis sich das ausgefallene Hydroxyd gerade wieder gelöst hat. Nun setzt man 5 ccm 10%ige Natriumsulfidlösung hinzu und schüttelt um. Nach 15 min wird bis zur Marke aufgefüllt und anschliessend kolorimetriert.

Zusätzliche Hinweise.

1. Die Lösung darf keine Schwermetalle wie Blei und Kupfer enthalten.

2. Die Vergleichslösungen sind frisch anzusetzen; es ist eine Blindprobe durchzuführen.

3. Beim Zusatz der Natronlauge muss man rasch arbeiten, um ein Altern des zuerst ausfallenden Aluminiumhydroxydes zu vermeiden. Andernfalls gelingt es nicht, das Hydroxyd wieder zu lösen.

3. Sulfosalicylsäuremethode [23, 31, 199, 200]

Grundsätzliches. Die Methode stammt von L. N. Lapin und W. E. Kill [31]. Dreiwertiges Eisen gibt in saurer Lösung mit Sulfosalicylsäure*) eine rote Färbung. Das Aluminium-Ion wird durch die Sulfosalicylsäure gleichzeitig komplex gebunden, so dass keine Ausflockung stattfindet. In ammoniakalischer Lösung geben Eisen(III)- und Eisen(II)-Salze eine gelbe Färbung, deren Extinktionskurve bei 4240 Å ein Maximum zeigt**).

*) $HO_3S \cdot C_6H_3 \cdot (OH) \cdot COOH$ (5 · 2 · 1) + $2H_2O$; Mol.-Gew.: 254,14.

**) Für die Bestimmung wird die ammoniakalische Lösung gewählt, weil man hiernach unabhängig von der Wertigkeitsstufe ist, in der das Eisen in Lösung vorliegt. Der gelbe Farbkomplex wird jedoch in jedem Falle von dreiwertigem Eisen gebildet; zweiwertiges Eisen bildet farblose Verbindungen, die aber sofort an der Luft oxydieren.

Als Standardlösung werden eine 20%ige wässrige Sulfosalicylsäurelösung und eine Eisensalzlösung von bekanntem Gehalt verwendet. Die Vergleichslösung erhält die gleichen Zusätze wie die Analysenlösung (s. u.).

Die Bestimmung kann mit jedem Kolorimeter oder Photometer durchgeführt werden. Sehr bequem und mit genügender Sicherheit lässt sich die Methode auch mit einfachen Nesslergläsern als sogenannte kolorimetrische Titration anwenden; diese Arbeitsweise ist hier beschrieben. Sie ist nicht so genau wie die Rhodanidmethode. Trotzdem eignet sie sich erfahrungsgemäss recht gut für die Bestimmung von Eisen in Reinstaluminium, d. h. also in Metallen mit weniger als 0,05% Fe. Die Genauigkeit beträgt etwa ± 8% des gefundenen Wertes. Als Anwendungsbereich ist zu empfehlen 0,005—0,35 mg Fe in 100 ccm Lösung.

Ausführung der Bestimmung. Die Einwaage richtet sich nach dem mutmasslichen Eisengehalt. So werden z. B. 0,5 g Metallspäne mit 10 ccm 20%iger Natronlauge gelöst. Dann wird mit 10 ccm Schwefelsäure (1 : 1) angesäuert und erwärmt, bis die Lösung vollkommen klar ist, auf Raumtemperatur abgekühlt und auf 500 ccm aufgefüllt. Eine Kieselsäureabtrennung ist nicht erforderlich, soweit es sich tatsächlich um die Untersuchung von Reinstmetall handelt. Nunmehr werden 5 oder mehr Kubikzentimeter (je nach dem mutmasslichen Eisengehalt) der Lösung in einen Nesslerzylinder gegeben, 5 ccm 10%ige Sulfosalicylsäurelösung und 3 ccm 25%iger Ammoniak hinzugefügt und auf 100 ccm aufgefüllt. In das zweite Nesslerglas gibt man die gleichen Mengen Sulfosalicylsäure und Ammoniaklösung, füllt auf ungefähr 100 ccm auf und lässt jetzt aus einer Bürette in die ungefärbte Lösung tropfenweise Eisen(III)-Salz-Standardlösung zufliessen, bis die Färbung in beiden Gläsern die gleiche ist. Praktischerweise ist die Eisen-Standardlösung so angesetzt, dass 1 ccm 0,01 mg Fe entspricht.

Zusätzliche Hinweise.

1. Die verwendeten Reagenzien müssen eisenfrei sein (Blindprobe!)
2. Die angefärbten Lösungen sind nur begrenzt haltbar; beim Stehenlassen während eines Zeitraumes von 2 Stunden findet jedoch noch keine messbare Farbänderung statt.
3. Die bei der Ausführung vorhandenen Alkali- und Aluminiumsalze stören nicht.
4. Mangan stört, desgleichen stören Citrate und Tartrate.

Kupfer-Bestimmung [43, 191, 193]

Grundsätzliches. Für die Bestimmung des Kupfers mit Dithizon sind die Vorbemerkungen zu beachten, die für alle Dithizonfällungen gelten. S. 146

Das Kupfer-Dithizonat bildet sich in saurer Lösung und sieht rot-violett aus. Da das Ausschütteln des Kupfer-Dithizonates schwieriger ist als das Ausschütteln anderer Komplexe, benötigt man eine Schüttelmaschine. Man schüttelt so lange, bis die Rotfärbung durch einen grünlichen Ton des Tetrachlorkohlenstoffes überdeckt wird und somit ein genügender Überschuss an grünem Dithizon vorhanden ist. Es hat sich gezeigt, dass man bei Verwendung des Pulfrich-Photometers die Menge des roten Kupfer-Dithizonates direkt messen kann, ohne dass das im Überschuss vorhandene grüne Dithizon stört. Es ist also nicht nötig, auf die von H. Fischer [43] vorgeschlagene Mischfarbenkolorimetrie (Titration bis zur Farbgleichheit) zurückzugreifen. Die Messung muss zu diesem Zweck mit dem Filter S75 durchgeführt werden. Das Maximum der Extinktion für die grüne Farbe liegt bei dem Filter S61 S. 144 und geht schon bei dem Filter S72 bis auf Null herunter. Die rote Farbe zeigt bei dem Filter S72 nur eine geringe Extinktion, bei dem Filter S75 erfolgt jedoch wieder ein genügend starker Anstieg zu einem Maximum, das noch weiter im roten Gebiet liegen muss; zum Messen des wirklichen Maximums fehlen jedoch beim normalen Pulfrich-Photometer die Filter.

Wegen der grossen Empfindlichkeit der Dithizonreaktion muss man immer eine Blindlösung mit ausschütteln. Der Überschuss an grünem Dithizon kann jedoch von dem bei der Analyse abweichen, da er nicht mitgemessen wird. Darin und in dem Umstand, dass man keine Vergleichslösung mit auszuschütteln braucht, liegt ein grosser Vorteil in Bezug auf die Schnelligkeit der Ausführung.

Ausführung der Bestimmung. Die Bestimmung kann bei Kupfergehalten bis zu 0,1% durchgeführt werden, im allgemeinen liegen die zu bestimmenden Kupfergehalte jedoch niedriger.

Man löst 5 g Aluminium in 50 ccm konz. Salzsäure und etwas Wasser unter Zusatz von 0,5 g Kaliumchlorat. Nach dem Lösen wird bis zur Kristallbildung abgedampft. Der Kristallbrei wird in Wasser gelöst und in einem Messkolben auf 250 ccm aufgefüllt. Je nach Kupfergehalt pipettiert man einen aliquoten Teil (25—50 ccm mit etwa 10—15 γ Cu) in einen Scheidetrichter von ca. 100 ccm Inhalt und kurzem Ablaufrohr, verdünnt mit Wasser auf ca. 50 ccm und stellt dann mit Salzsäure (1 : 1) so ein, dass Kongopapier deutlich blau ist. (Die Blindlösung, der dieselben Reagenzien zugesetzt werden, muss an dieser Stelle erst mit verdünntem Ammoniak neutralisiert werden, bis Kongopapier nach rot umschlägt, dann gibt man Salzsäure zu, bis Kongopapier wieder blau wird). Zur Verhinderung einer geringen Oxydation gibt man noch 0,5 ccm einer 20%igen, frisch bereiteten Hydroxylaminhydrochloridlösung zu. Dieser Zusatz verhindert auch den schädlichen oxydierenden Einfluss von dreiwertigem Eisen.

Zu der Lösung im Scheidetrichter gibt man 3 ccm
S. 194 Dithizonlösung, die etwa 20 mg Dithizon auf 100 ccm Tetrachlorkohlenstoff enthält; diese Menge reicht zur Bindung von 7 γ Cu aus. Bei grösseren Kupfergehalten verwendet man eine entsprechend grössere Menge oder eine

stärkere Dithizonlösung. Man verwendet zweckmässig von vornherein einen solchen Überschuss an Dithizon, dass die Farbe des Tetrachlorkohlenstoffes noch grünlich bleibt. Tritt trotzdem bei kräftigem Schütteln mit der Schüttelmaschine (Dauer 5 min) eine deutlich violette Färbung auf, so lässt man die Tetrachlorkohlenstoffschicht in ein 10ccm-Messkölbchen ab und extrahiert mit weiteren kleinen Mengen Dithizonlösung solange, bis ein deutlicher Überschuss an freiem Dithizon, kenntlich an der grünen Färbung, vorhanden ist. Die Extrakte werden im Messkölbchen gesammelt und das Kölbchen mit Tetrachlorkohlenstoff genau aufgefüllt. Die Festlegung des Blindwertes geschieht auf gleiche Weise. Es ist jedoch nicht nötig, die bei der Analyse verwendete Menge an Dithizonlösung beim Blindwert genau einzuhalten. Die Kupfer-Dithizonatlösung wird im Pulfrich-Photometer mit dem Filter S75 gegen den Blindwert gemessen.

Löst man Raffinationsmetalle in der angegebenen Weise mit Salzsäure und Kaliumchlorat, so nimmt dieses unter Umständen 1—2 Tage in Anspruch. Besser löst man daher das Raffinationsmetall mit Salzsäure und gibt 5 ccm 5%ige Quecksilberchloridlösung hinzu. Nach ca. ½ Stunde ist das Metall gelöst, und es wird dann wie oben zur Kristallbildung abgedampft. Der Kristallbrei wird mit Wasser aufgenommen und die Lösung in einen 250ccm-Messkolben durch ein schnellaufendes Filter filtriert. Das Filter wird mehrmals mit Wasser ausgewaschen und die im Filter befindliche Quecksilberkugel in einen kleinen Porzellantiegel gebracht. Man löst sie mit einigen Tropfen Salpetersäure und dampft zur trockne ein. Dann glüht man den Tiegel über einer k l e i n e n Flamme, bis das Quecksilberoxyd abgedampft ist.*) Den Rückstand (CuO) im Tiegel löst man mit einigen Tropfen Salzsäure und giesst die Lösung in den Messkolben. Nun arbeitet man nach der obigen Vorschrift weiter, gibt jedoch zur Tarnung des Quecksilbers 2 ccm einer 1%igen Kaliumjodidlösung in den Scheide-

*) Abzug!

trichter. Es ist anzunehmen, dass grössenordnungsmässig immer eine gleiche Menge Quecksilber in Lösung ist, so dass 2 ccm Kaliumjodid in allen Fällen zur Tarnung genügen.

Zusätzliche Hinweise. Die Methode ist einerseits so empfindlich und anderseits ist überall Kupfer in so kleinen Mengen zu finden, dass nur bei sehr sorgfältigem Ausspülen der Bechergläser und bei genauem Arbeiten einwandfreie Werte erzielt werden können. Zu beachten ist, dass das zur Tarnung zugegebene Kaliumjodid die Ausfällung des Kupfers beeinflusst, wenn wesentlich mehr zugesetzt wird, als zur Tarnung notwendig ist. Bei dem vorgeschlagenen Lösen mit Quecksilberzusatz wird jedoch das Quecksilber in der Hauptsache zu Metall reduziert, so dass man annehmen kann, dass immer nur dieselben Restmengen Quecksilber in Lösung bleiben. Aus diesem Grunde kann hier eine bestimmte Menge Kaliumjodidlösung angegeben werden.

Phosphorbestimmung [88, 91, 92, 93]

Grundsätzliches. Von Treadwell und Hartnagel [91] wurde die gravimetrische Methode von K. Steinhäuser abgewandelt. Zunächst wird das Metall ebenfalls unter Durchleiten von Wasserstoff in Salzsäure gelöst und der entwickelte Phosphorwasserstoff zu Phosphorsäure verbrannt, die jedoch dann mit dem Wasserdampf, der bei der Verbrennung des Wasserstoffes in grösseren Mengen entsteht, kondensiert wird. Die Bestimmung der Phosphorsäure erfolgt anschliessend kolorimetrisch mit einer Molybdänblau-Sulfatlösung. Als Mass für die Phosphorsäure dient die Blaufärbung (Farbvertiefung), die in einer bis zur Farblosigkeit verdünnten Molybdänblau-Sulfatlösung durch Phosphorsäure erzeugt wird, gemäss einer Formulierung von Denigès und Verda [88, 92]:

S. 35

$$[\text{Molybdänblau}] + H_3PO_4 \rightarrow$$

$$\begin{array}{ccc} OH & OH & OH \\ | & | & | \end{array}$$

$$(MoO_3)_4 : OMo — PO_3 — MoO : (MoO_3)_4 + H_2O.$$

Die bei der Verbrennung von Siliciumwasserstoffen entstehende Kieselsäure wird bei intensiver Kühlung der Verbrennungsglocke (Abb. 9, c) nicht als fester Beschlag

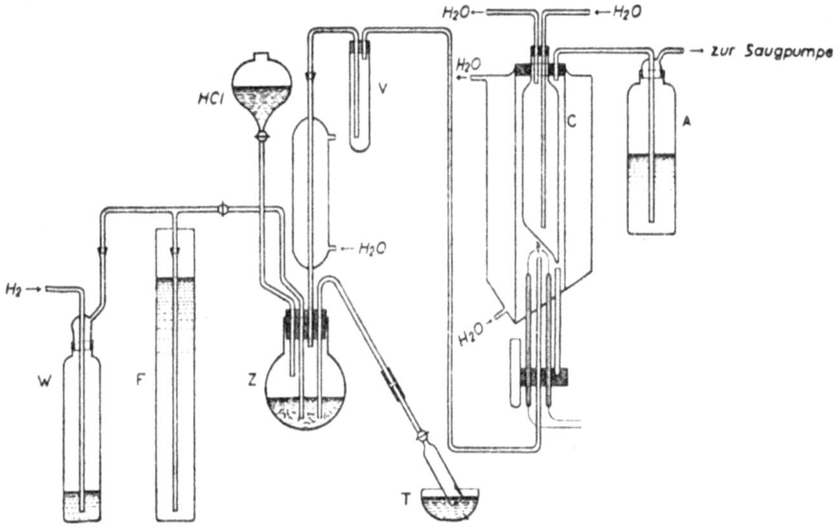

Abb. 9. Apparatur zur kolorimetrischen Bestimmung des Phosphors

an den Glockenwandungen abgeschieden, sondern geht als kaum sichtbare Suspension ins Kondenswasser.

Nach den Angaben von Treadwell [91] soll der Vorteil der kolorimetrischen Bestimmung in der kürzeren Dauer liegen und ferner darin, dass man von der Kieselsäure nicht abzutrennen braucht. Nach vorliegenden Erfahrungen ist jedoch der Zeitgewinn unbeträchtlich und wegen der ungleichmässigen Verteilung der Phosphide nicht immer zu empfehlen. Je kleiner die Einwaage ist, um so stärker macht sich dieser Fehler bemerkbar. Dennoch wird die kolorimetrische Methode, und zwar weitgehend im Originaltext, hier angegeben, weil es öfters vorkommt, dass man nur sehr wenig Material zur Verfügung hat und deshalb von der Möglichkeit einer kolorimetrischen Bestimmung Gebrauch machen möchte.

Apparatur. Der verwendete Zersetzungsapparat ist in Abb. 9 dargestellt. Mit Hilfe des Blasenzählers W und des Druckreglers mit verstellbarem Flüssigkeitsverschluss F kann der Wasserstoffstrom aus der Bombe, der als Spülgas dient, auf die gewünschte Geschwindigkeit, ca. 160 ccm/min, eingestellt werden. Der Zersetzer Z besteht aus einem 100 ccm fassenden Jenaer Rundkolben, der mit einem Rückflusskühler, einer Gasableitung und einem Tropftrichter ausgestattet ist. Das Trichterrohr T dient dazu, verbrauchte Säure aus dem Kolben abzuziehen oder die Reaktion durch Einführen von Wasser zu mildern. Der Rückflusskühler kondensiert mitgerissene Flüssigkeitsnebel schon sehr vollständig. Die durchgehenden Tröpfchen können dann noch, wenn nötig, in der Vorlage V abfiltriert werden; bei Zersetzung unter vorsichtiger Kühlung ist dies aber nicht mehr nötig.

Der Wasserstoff entweicht durch eine Quarzkapillare von 3 cm Länge und 0,5 mm lichter Weite, an deren Ende die Zündung durch einen feinen elektrischen Funken zwischen zwei Platinspitzen erfolgt. Durch Regulierung des Spülwasserstoffes wird die Höhe der Flamme auf 6—8 mm so eingestellt, dass ihre Spitze den Kühler nahezu berührt. Der Innenkühler im Zylinder C füllt die lichte Weite bis auf 2 mm aus. Am unteren Ende ist er zu einer Spitze ausgezogen, von der das Kondenswasser in ein Reagenzglas abtropft. Eine ähnliche Einrichtung ist auch am Zylinder C für die Sammlung des Kondenswassers angebracht. Die Länge dieses Zylinders beträgt ca. 25 cm, die lichte Weite ca. 5 cm.

Um der Flamme die nötige Verbrennungsluft zuzuführen, wird durch die Spiralwaschflasche A am Schluss der Apparatur mit Hilfe der Wasserstrahlpumpe ein Luftstrom von ca. 1 l/min gesaugt. Nach den eigenen Erfahrungen gelangt keine Spur von Phosphorsäure in die Waschflasche A.

Ausführung der Bestimmung. Man wägt in das Zersetzungskölbchen 0,1—1 g des zu untersuchenden Aluminiums (entsprechend 1 — 60 γ Phosphor) in der Form feiner Bohrspäne und spült die Apparatur bis vor die Quarzkapillare mit Wasserstoff aus. (Ableitung des Wasserstoffs durch einen in der Figur nicht gezeichneten Dreiwegehahn. Man vermeidet so die Demontierung der Verbrennungsglocke.) Nun wird der Gasstrom auf den Brenner umgestellt und zugleich mit dem Funken gezündet. Gleichzeitig schaltet man auch die innere und äussere Wasserkühlung der Glocke ein und beginnt dann mit der Auflösung der Metallprobe durch Zutropfen von 10 ccm 10%iger Salzsäure. Das Lösen der Probe benötigt etwa 20—40 min. Man spült noch ca. 15 min mit Wasserstoff durch und füllt dann den Zersetzungskolben bis zum Hals mit Säure.

Das Kondensat von 5—10 ccm wird mit dem Waschwasser, das zum Ausspülen der Verbrennungsglocke nötig ist, in einer Platinschale vereinigt und nach Zusatz von 1—2 Tropfen verdünnter Schwefelsäure auf dem Wasserbad auf ca. 10 ccm eingeengt; darin wird die Phosphorsäure kolorimetrisch bestimmt.

Die Ausführung der kolorimetrischen Bestimmungen folgt den Angaben von Zinzadze [93].

Das auf ca. 10 ccm eingeengte Kondensat wird zunächst gegen Dinitrophenol (1 · 2 · 6) als Indikator auf $p_H = 4$ eingestellt und nun mit der genau vorgeschriebenen Menge von Zinzadze's Molybdänblau-Reagens versetzt, nämlich 0,14 ccm auf 10 ccm Lösung. Nun wird die Probe auf das gewünschte Volumen verdünnt (ca. 1 γ Phosphor pro ccm) und 10 min im Wasserbad erhitzt, wobei sich die Blaufärbung entwickelt. Nach halbstündigem Stehen in der Kälte ist das Maximum der Färbung erreicht. Man bestimmt nun den Phosphorgehalt an Hand von Vergleichsproben [91] mit Hilfe eines Leitz'schen Kolorimeters, wozu

Proben von ca. 10 ccm Lösung benötigt werden. Die Blaulösungen bleiben im Dunkeln 8—19 Tage konstant.

Herstellung der Molybdänlösung. In 50 g reiner konz. Schwefelsäure (d 1,84) werden in der Hitze 3 g reinstes MoO_3 gelöst. Nach dem völligen Abkühlen wird in 50 ccm Wasser gegossen und die noch heisse Lösung mit 0,15 g Molybdänpulver (durch Reduktion von MoO_3 mit Wasserstoff bei 800° hergestellt) versetzt und 5—10 min erhitzt. Man lässt nun die blaue Flüssigkeit stehen, bis sich die Reste des Molybdänmetalles völlig abgesetzt haben, und giesst dann das Reagens vorsichtig ab. 2,5 ccm des Reagenzes sollen 2 ccm $^1/_{10}$n-Permanganatlösung verbrauchen.

Zusätzliche Hinweise. Die Genauigkeit der Methode hängt infolge der kleinen Einwaage weitgehend von der Homogenität der Analysenprobe ab. Da aber nach den allgemeinen Erfahrungen die Phosphide ungleichmässig im Aluminium verteilt sind, wird die Bestimmung umso ungenauer, je kleiner die Einwaage gewählt wird.

Die Färbung des Phosphormolybdänblaus ist stark von der Wasserstoffionenkonzentration abhängig. Ungenauigkeiten bei der Neutralisation können zu schwankenden Ergebnissen führen. Die Anwesenheit von Germanium ist bei dieser Methode nicht berücksichtigt. Sollte dies zugegen sein, so sind Fehlresultate durch Bildung von Germaniumwasserstoff zu erwarten.

Silicium-Bestimmung [188, 197, 198]

1. Normale Arbeitsweise

Grundsätzliches. Eine Kieselsäure enthaltende Lösung wird durch Zusatz von Ammoniummolybdat gelb gefärbt, und zwar durch die Bildung der komplexen Silicomolybdänsäure. Diese Methode ist nicht so sicher in ihrer Anwendung wie die übrigen in diesem Abschnitt beschriebenen kolorimetrischen Arbeitsweisen. Dennoch lassen sich bei genauer Einhaltung der Vorschrift und einiger Übung recht befriedigende Ergebnisse erzielen.

Bei der Aufstellung der Eichkurve und bei der Durchführung der Bestimmung selbst können Photometer, Kolorimeter oder auch Nesslergläser verwendet werden. Da die Lösungen leicht ein wenig getrübt sind und nur das Auge Trübungen zu eliminieren versteht, werden in den meisten Fällen Nesslergläser vorgezogen.

Anstelle von Nesslergläsern kann man auch einfache Reagenzgläser verwenden. Die damit verbundenen optischen Ungleichheiten lassen sich ausschalten, wenn man beim Vergleichen die Reagenzgläser in ein Medium von praktisch gleichem Brechungsexponenten wie Glas, z. B. in Toluol, eintaucht.

Für laufende Untersuchungen, bei denen mit Siliciumgehalten unter 0,1% zu rechnen ist, hat sich auch das lichtelektrische Photometer von Lange gut eingeführt.

Die kolorimetrischen Silicium-Bestimmungen werden vorzugsweise für geringe Gehalte, wie sie z. B. im Reinstmetall vorkommen, angewendet. Bei Gehalten von unter 0,002% Si geht man von 4 g Einwaage, bei Gehalten von 0,01% bis 0,1% von 2 g Einwaage aus. Im ersten Fall erreicht man eine Genauigkeit, die bei den sehr niedrigen Gehalten »nur« ± 50%, im letzten Fall ± 5% des gefundenen Wertes betragen kann. Man kann beim Arbeiten mit Nessle rgläsern mit Sicherheit noch 0,001 mg Silicium schätzen.

Ausführung der Bestimmung. Als Standardlösung verwendet man eine Pikrinsäurelösung (128 mg/5 l). Für diese wird mit einer Natriumsilikatlösung bekannten Gehalts eine Eichkurve aufgestellt.

Zu diesem Zweck schliesst man unter Berücksichtigung des Glühverlustes 214 mg reinste getrocknete Kieselsäure mit der 5fachen Menge Natriumkaliumkarbonat auf, löst in Wasser und verdünnt auf 1 l. 1ccm dieser Lösung enthält dann 0,1 mg Si. Nunmehr werden je 80 ccm rd. 15%iger Natriumperoxydlösung (s.u.) mit wechselnden Mengen Silikatlösung versetzt und 20 min in einer Nickelschale gekocht. Diese Lösungen werden unter Rühren mit einem Hartgummistab in 200 ccm Wasser eingetragen, mit 60 ccm 6n-Salzsäure angesäuert, gekocht, bis die Lösung vollständig klar ist, und in einem 500ccm-Kolben aufgefüllt. 90 ccm hiervon versetzt man mit 5 ccm 10%iger Ammoniummolybdatlösung*) und 10 ccm einer Aluminium-

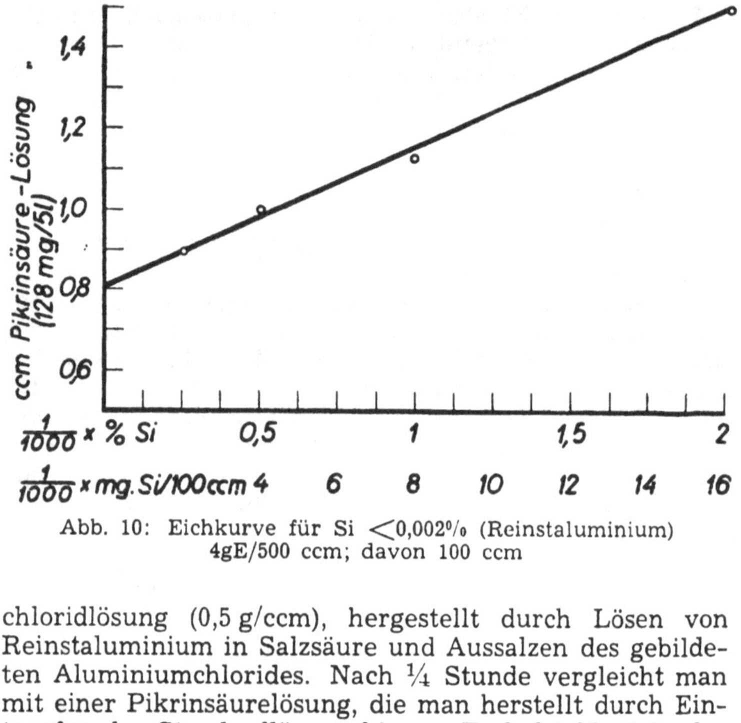

Abb. 10: Eichkurve für Si $<$0,002% (Reinstaluminium) 4gE/500 ccm; davon 100 ccm

chloridlösung (0,5 g/ccm), hergestellt durch Lösen von Reinstaluminium in Salzsäure und Aussalzen des gebildeten Aluminiumchlorides. Nach ¼ Stunde vergleicht man mit einer Pikrinsäurelösung, die man herstellt durch Eintropfen der Standardlösung bis zur Farbgleichheit in das Vergleichsglas, in dem ebenfalls 10 ccm der Aluminiumchloridlösung vorgelegt sind.

*) Man löst 100 g im Achatmörser pulverisiertes, im kalten Wasser vollkommen klar lösliches Ammoniummolybdat p. a. im 1 l-Messkolben in 800 ccm Wasser, fügt 10 ccm Ammoniak (d 0,96) hinzu und füllt auf.

Die graphische Übertragung der bei den Vergleichslösungen ermittelten Pikrinsäurewerte gegen die bekannten Kieselsäuregehalte führt in jedem Fall zur Aufstellung einer Eichkurve (s. Abb. 10 u. 11). Der Blindwert wird in gleicher Weise, jedoch ohne Zusatz von Silikatlösung ermittelt.

Bei der Probenahme ist darauf zu achten, dass nach Abdrehen der Gusshaut die Probe über den ganzen Quer-

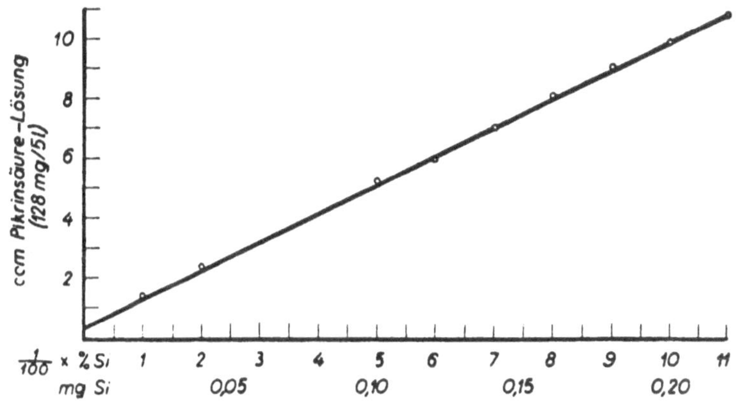

Abb. 11: Eichkurve für Si > 0,01% (Reinaluminium)
2gE/250 ccm; davon 25 ccm

schnitt des Probeblöckchens oder des Probestabes genommen wird.

4 bzw. 2 g Metall werden mit 65 bzw. 32 ccm Natriumperoxydlösung in einer Nickelschale unter portionsweiser Zugabe gelöst. Die Natriumperoxydlösung wird durch Lösen von 147 g Natriumperoxyd in 1 l Wasser hergestellt. Das Lösen erfolgt unter Kühlen und portionsweisem Eintragen in eine Silber- oder Nickelschale. Die Lösung ist darin 3 Tage lang haltbar.

Die Aufschlusslösung wird 20 min gekocht, auf 50° abgekühlt und dann unter Rühren mit einem Hartgummistab in ein Becherglas mit 200 bzw. 80 ccm Wasser eingetragen. Jetzt versetzt man mit 145 bzw. 70 ccm 6n-Salzsäure, erhitzt bis zum Klarwerden der Lösung und gibt diese in einen 500 bzw. 250ccm-Messkolben, rötet mit einigen Tropfen $^1/_{20}$n-Kaliumpermanganatlösung an, nimmt den Überschuss der Färbung mit $^1/_{10}$n-Oxalsäure wieder weg, lässt abkühlen und füllt auf.

100 bzw. 25 ccm der so vorbereiteten Lösung werden mit 5 ccm 10%iger Ammoniummolybdatlösung (s. o.) versetzt und nach ¼ Stunde kolorimetriert. Den entsprechenden Siliciumwert entnimmt man der Eichkurve.

Die Wartezeit kann man wesentlich abkürzen, wenn man die Analysenlösung vor dem Versetzen mit Ammoniummolybdatlösung auf 60° erwärmt und nach dem Vermischen der beiden Lösungen sogleich auf etwa 20° abkühlt.

Anstatt mit Salzsäure kann man die Aufschlusslösung auch mit Salpetersäure ansäuern. In salpetersaurer Lösung ist der Molybdänsäurekomplex etwas beständiger als in salzsaurer. Jedoch reicht nach eigenen Erfahrungen die Salzsäurelösung in allen Fällen aus, in denen man die Aufschlusslösung in einem Arbeitsgang kolorimetriert.

Zusätzliche Hinweise.

1. Die Kieselsäureabgabe der Glasgefässe muss berücksichtigt werden. Zu diesem Zweck führt man den gesamten Arbeitsgang unter Verwendung der gleichen Reagenzienmengen als Blindprobe durch. Man erhält auf diese Weise einen Blind- oder Leerwert, der abzuziehen ist.

2. Die vorgeschriebenen Säuremengen müssen genau eingehalten werden, da die maximale Färbung nur in einem bestimmten p_H-Intervall erreicht wird.

3. Kupfergehalte über 0,05% stören, da sie eine Grünfärbung geben. Man kann den Einfluss des Kupfers durch Zusatz der gleichen Menge zu den Vergleichslösungen ausgleichen.

4. Bei Eisen- und Titangehalten in Höhe von 0,05 bis 0,11% erhält man Überbefunde. In solchen Fällen muss

ein empirisch gefundener Abzug vom Kieselsäurewert gemacht werden. Dieser liegt bei etwa 0,003 bis 0,005%.

5. Eisen in zweiwertiger Form sowie naszierender Wasserstoff rufen Grünfärbung durch Reduktion der Silicomolybdänsäure hervor. Deshalb müssen ungelöste Aluminiumteile aus der Lösung entfernt werden.

6. Aluminiumchlorid wird zugesetzt, um die Farbe der Pikrinsäure an die der Silicomolybdänsäure anzugleichen.

2. Vereinfachte Arbeitsweise B 3 c

Grundsätzliches. Für laufende Betriebsanalysen von Hüttenaluminium und Umschmelzaluminium eignet sich die folgende vereinfachte Arbeitsweise, deren Genauigkeit etwas geringer ist, mit der aber bei genügender Übung noch Werte erzielt werden, die für die meisten Zwecke ausreichen. Die Vereinfachungen beziehen sich auf die Verwendung von Natronlauge statt Natriumperoxyd, auf die Art des Ansäuerns und auf die Titration einer Blindlösung bis zur Farbgleichheit, so dass also im letzten Fall das Füllen von Nesslergläsern mit Pikrinsäure verschiedener Konzentration und das Aufstellen einer Eichkurve wegfällt. An Stelle des Titrierens kann man auch die angefärbte Analysenlösung in eine Reihe von vorbereiteten Vergleichslösungen einstufen.

Die Genauigkeit beträgt bei 0,1% Si ± 5%, bei 0,5% Si ± 3% des gefundenen Wertes.

Ausführung der Bestimmung. Man gibt 0,25 g Aluminium in einen bedeckten Nickeltiegel, fügt 5 ccm 15%ige Natronlauge hinzu und löst bei 100°. Darauf wird mit 40 ccm heissem Wasser verdünnt und die Lösung in ein 500ccm-Becherglas oder in eine gleichgrosse Steilbrustflasche gefüllt, worin 15 ccm 6n-Salzsäure vorgelegt sind. Nach kurzem Umschwenken wird die Lösung bis zur gerade wahrnehmbaren und wieder verschwindenden Rötung mit $^1/_{100}$n-Kaliumpermanganatlösung versetzt. Man verdünnt auf 250 ccm, fügt 6 ccm einer 10%igen

Ammoniummolybdatlösung hinzu und rührt gut um. Nach 30 min hat die Lösung das Maximum der Farbintensität erreicht und kann auf einer weissen Unterlage kolorimetriert werden. Zu diesem Zweck gibt man in ein zweites Becherglas etwa 500 ccm Wasser und fügt aus einer Bürette solange Pikrinsäurelösung hinzu (etwa 125 mg Pikrinsäure im Liter), bis Farbgleichheit eintritt. 1 ccm Pikrinsäurelösung entspricht 0,1 mg Si. Löst man 60 mg Pikrinsäure in 2 l Wasser, so entspricht der Farbwert eines Kubikzentimeters dieser Lösung 0,025 mg Si, d. h. bei 0,25 g Einwaage 0,01% Si.

An Stelle der Titration empfiehlt es sich bei Reihenuntersuchungen, die angefärbte Analysenlösung in eine Reihe vorbereiteter Vergleichslösungen einzustufen. Hierzu gibt man in 20 Steilbrustflaschen aus gleichartigem Glas von 150 ccm Inhalt je 1 bis 20 ccm Pikrinsäure und füllt jede Flasche auf 250 ccm auf.

Bei Gehalten unter 0,1% Si werden Einwaage und Reagenzien, mit Ausnahme von Ammoniummolybdat, verdoppelt. Bei Gehalten über 0,2% Si muss man die gefärbte Analysenlösung beim Einstufungsverfahren entsprechend verdünnen oder die Stufenabstände vergrössern.

Folgende Arbeitsweise, bei der man an Molybdat noch einsparen kann, hat auch zu befriedigenden Ergebnissen
S. 46 geführt: 0,5 g Metall werden nach Regelsberger im Nickel- oder Silbertiegel gelöst. Wenn die Lösung kalt geworden ist, wird sie in einem Messkolben auf 500 ccm aufgefüllt. Für die kolorimetrische Bestimmung verwendet man 25 ccm dieser Lösung (25 mg Originalmetall). Die Lösung wird mit Salzsäure (1 : 1) neutralisiert, mit 1 ccm im Ueberschuss versetzt, dann mit einigen Tropfen $^{1}/_{50}$n-Permanganatlösung angerötet, aufgekocht, mit $^{1}/_{10}$n-Oxalatlösung wieder entfärbt und mit 1,25 ccm 10%iger Molybdatlösung versetzt.

Zusätzliche Hinweise. Im allgemeinen enthält Natronlauge etwas mehr Kieselsäure als Natriumperoxyd. Bei sehr kleinen Gehalten (z. B. 0,0005% Si im Aluminium) erreicht der Blindwert schon die gleiche Höhe wie der Analysenwert. Es ist deshalb erforderlich, für sehr genaue Bestimmungen solche Chemikalien zu verwenden, die den kleinsten Siliciumgehalt aufweisen.

Sowohl Aluminiumchlorid als auch die Menge der Salzsäure haben einen gewissen Einfluss auf den Farbton und die Farbstärke der Silikomolybdänsäure und auf den Farbton der Pikrinsäure. Es ist daher zweckmässig, die Konzentration an Chlor-Ionen immer konstant zu halten und auch den Blindlösungen entsprechende Mengen zuzufügen. Aus diesem Grunde wird bei sehr genauen Analysen (s. Ausführung der Bestimmung) ein entsprechender Zusatz S. 167
vorgeschrieben.

Das Aluminium enthält manchmal kleine Mengen Carbide, die bei der Zersetzung organische Verbindungen liefern. Diese haben einen Einfluss auf den Farbton und werden vorsichtshalber durch Oxydation mit Kaliumpermanganat zerstört.

Im übrigen gelten die schon bei der Hauptbestimmung gemachten Angaben über Fehlermöglichkeiten.

Titan-Bestimmung [B 3 c, 108]

Grundsätzliches. Die Methode beruht auf der Oxydation des Titansulfats mit Wasserstoffperoxyd zu einer gelbgefärbten Peroxoverbindung. Vermutlich bildet sich das Anion der Peroxo-disulfatotitansäure $[Ti^{IV}O_2(SO_4)_2]^{--}$ [110]. Eine entsprechende Verbindung entsteht zwar auch in jeder anderen Säurelösung, jedoch ist im Hinblick auf das Aluminium eine schwefelsaure Lösung zu empfehlen. Eisenverbindungen müssen durch Zusatz von Phosphorsäure farblos gemacht werden. Fluor-Ionen dürfen nicht zugegen sein, weil sie auf die Titanfarbe entfärbend wirken.

Für die Messung wird am besten ein gutes Photometer

mit Quecksilberlampe (Filter Hg436) verwendet, nachdem vorher eine Eichkurve aufgestellt worden ist. Die Messungen lassen sich aber bei einiger Übung auch mit jedem einfachen Kolorimeter oder mit Nesslergläsern durchführen.

Der auf die Metalleinwaage zu beziehende Anwendungsbereich ist, soweit durch Ausfällen angereichert wird, nahezu unbegrenzt. Bestimmt man in der Aufschlusslösung, so ist die Methode bei entsprechend verringerter Einwaage bzw. Verdünnung der Analysenlösung bis 2% Ti-Gehalt brauchbar.

Die Genauigkeit beträgt unter Berücksichtigung einer normalen Arbeitsweise (siehe Einleitung zu diesem Ab-
S. 146 schnitt) bei 0,2% Ti $\pm$ 1%, bei 0,01% Ti $\pm$ 5% des gefundenen Wertes; bei Verwendung eines Pulfrichphotometers mit Quecksilberlampe und 25 cm langen Küvetten können noch 0,008 mg Ti*) je 100 ccm erfasst werden.

Ausführung der Bestimmung. Als Grundsubstanz für die Herstellung der Vergleichslösung verwendet man reinstes geglühtes TiO_2 oder Kaliumtitanfluorid, aus dem das Fluor mit Schwefelsäure abzurauchen ist. Auch kann man von Titanoxalat ausgehen. Man wählt die letzten beiden Verbindungen, weil sie sehr leicht rein darzustellen sind. Zur Herstellung der Vergleichslösung geht man von einer Standardlösung aus, die 0,1 g TiO_2 in 1 l 5%iger Schwefelsäure enthält. Das Titansäureanhydrid wird unter Berücksichtigung seines Glühverlustes eingewogen und mit 3 g Kaliumhydrogensulfat aufgeschlossen. Nach Erkalten der Schmelze wird diese in 200 ccm Wasser und 50 ccm konz. Schwefelsäure gelöst und die Lösung auf 1 l aufgefüllt. Von dieser Standardlösung wird jeweils eine entsprechende Anzahl Kubikzentimeter zur Herstellung der Vergleichslösung benutzt.

Als Ausgangslösung wird bei chromfreien Le-

*) Die Grenzkonz. wurde bei rd. 0,001 mgTi/100 ccm bestimmt [192].

gierungen praktischerweise das Filtrat der Siliciumbestimmung gewählt und nach Verarbeiten des Abrauch-Rückstandes direkt kolorimetriert. Besser löst man das Metall in 25%iger Natronlauge unter Zusatz von Wasserstoffperoxyd, kocht 10 min, filtriert und löst den verbleibenden Rückstand in Schwefelsäure unter Zusatz von einigen Tropfen Wasserstoffperoxyd.

Bei Legierungen mit höheren Siliciumgehalten kann die Aufarbeitung des Siliciumrückstandes umgangen werden. Man löst in diesem Fall 2 g Späne in 100 ccm 25%iger Natronlauge ohne zusätzliche Erwärmung, gibt 3 ccm 3%ige Wasserstoffperoxydlösung hinzu, verdünnt mit heissem Wasser auf 200 ccm, lässt 3 Stunden absitzen und filtriert durch ein Filter mittlerer Dichte ab. Man wäscht fünfmal mit heissem Wasser aus, wonach sich das gesamte Titan nun im Rückstand befindet. Man löst in 10 ccm Schwefelsäure (1 : 9) unter Zusatz von einigen Tropfen Wasserstoffperoxyd. — Bei Cu-Gehalten über 0,5% wird zweckmässigerweise vor dem Kolorimetrieren das Kupfer elektrolytisch entfernt.

Bei niedrigem Siliciumgehalt und bei Titanmengen unter 0,01% löst man 10 g Späne wie oben, kocht auf und verdünnt auf 300 ccm.

Bei chromhaltigen Legierungen löst man wie oben in Natronlauge und überführt das Chrom in Chromat durch Zusatz von 3 g festem Natriumperoxyd. Man filtriert den verbleibenden, meist nicht chromfreien Rückstand ab, löst wie beschrieben vom Filter mit Schwefelsäure, macht die Lösung durch Zusatz von Natriumperoxyd alkalisch, filtriert wieder und löst den dann verbleibenden Rückstand wieder in Schwefelsäure.

Von der auf ein bestimmtes Volumen aufgefüllten Analysenlösung werden 50 ccm, max. 2 g Metalleinwaage entsprechend, mit 5 ccm 3%iger Wasserstoffperoxydlösung, 5 ccm konz. Phosphorsäure und 10 ccm Schwefelsäure (1 : 1) versetzt und auf 100 ccm aufgefüllt. Die Vergleichslösung soll annähernd gleichen Titangehalt und dieselben Reagenzienmengen aufweisen. Beim Kolorimetrieren mit

Nesslergläsern oder mit dem Kolorimeter ist darauf zu achten, dass möglichst gleiche Flüssigkeitshöhen verglichen werden.

Zusätzliche Hinweise.

1. Die für die Vergleichslösung verwendeten Salze sind besonders sorgfältig auf Reinheit zu prüfen.
2. Fluoride stören, weil Fluor die Titanfarbe schwächt.
3. Chrom, Vanadin, Molybdän, Nickel, Kobalt, Wolfram und Cer geben unter gleichen Bedingungen ebenfalls Gelbfärbungen und stören infolgedessen. Chrom und Vanadin werden bei Anwendung des alkalischen Anreicherungsverfahrens abgetrennt, wenn gleichzeitig genügend oxydiert wird, um das Chrom in Chromat umzuwandeln. Über gleichzeitige Bestimmung von Titan und Vanadin nebeneinander enthält der Abschnitt über Vanadinbestimmung näheres.
4. Die Lösungen sind möglichst vor direktem Licht zu schützen.
5. Die Lösungen sollen keinen übertrieben hohen Salzgehalt aufweisen. Jedenfalls muss darauf geachtet werden, dass die Vergleichslösung auch bezüglich der Salze ebenso zusammengesetzt ist wie die Analysenlösung.

Vanadin- und Chrom-Bestimmung in Anwesenheit von Titan [192]

Nacheinander

Grundsätzliches. Bei der Titanbestimmung wurde bereits erwähnt, dass Chrom und Vanadin unter Umständen stören, Chrom als gelbes Chromat, Vanadin in Gegenwart von Wasserstoffperoxyd als entsprechende gelb bis gelbrot gefärbte Perverbindung. Bei gleichzeitiger Anwesenheit dieser drei Metalle muss daher ein Trennungsgang durchgeführt werden. Löst man das Aluminium alkalisch oxydierend und filtriert, so findet sich das Chrom als Chromat, das Vanadin als Vanadat im Filtrat, während Titan im Rückstand verbleibt. Das Chromat kann im Filtrat direkt kolorimetrisch bestimmt werden. In einem Teil des Filtrats wird das Chromat durch Ansäuern reduziert und in dieser Lösung endlich das Vanadin kolorimetriert.

Für die Durchführung der Bestimmungen sind die gleichen Geräte verwendbar, die bei der Titankolorimetrie angegeben wurden. Bei der Vanadin- und Chromkolorimetrie hat sich die Verwendung von Nesslergläsern bewährt, wobei man die Vergleichslösung praktischerweise durch Zutropfen der Standardlösungen auf gleiche Farbintensität bringt.

Auch diese Methoden eignen sich vorzugsweise für die Bestimmung geringer Gehalte, 0,05% bis etwa 0,002% Cr bzw. V bei einer Einwaage von 2 g Metall in 100 ccm Lösung. Der Messfehler beträgt in diesem Konzentrationsbereich weniger als ± 10% des gefundenen Wertes.

Ausführung der Bestimmung. Zur Herstellung der Vanadin-Vergleichslösungen verwendet man reinste Vanadinsäure. Vanadinsäureanhydrid wird vor der Einwaage bei 250° getrocknet. Hierauf wird 0,1 g V_2O_5 eingewogen und in 10 ccm konz. Schwefelsäure gelöst. Die Lösung wird auf 1 l aufgefüllt. Von der so hergestellten Standardlösung gibt man eine entsprechende Anzahl Kubikzentimeter zur Messlösung. Zur Herstellung der Chrom-Vergleichslösungen geht man von titrimetrisch eingestellten Chromatlösungen aus. Die Vergleichslösungen erhalten ausserdem wieder Zusätze, die der Zusammensetzung der Analysenlösung entsprechen.

10—20 g Metall werden in Salzsäure*) gelöst, aus der Lösung wird das Aluminiumchlorid durch Einleiten von

*) Bei Legierungen Brom-Salzsäure — — Salzsäure (1 : 1) mit Brom gesättigt.

S. 9 Salzsäuregas soweit wie möglich ausgefällt und von der Lösung getrennt. Man dampft das Filtrat bis zur trockne ein, nimmt den verbleibenden Rückstand mit Natronlauge auf und oxydiert Chrom und Vanadin durch Wasserstoffperoxyd zu Chromat und Vanadat. Hierbei bleiben Eisen und Titan, evtl. auch Mangan und Kupfer zurück. Man löst den abfiltrierten Rückstand in Schwefelsäure und kolorimetriert in dieser Lösung das Titan. In einem Teil des alkalischen Filtrats wird das Chrom als Chromat in Ness-
S. 173 lergläsern titrimetrisch-kolorimetrisch (siehe oben) direkt bestimmt. Darauf säuert man die alkalische Lösung durch vorsichtige Zugabe von konz. Schwefelsäure an, setzt noch 15 ccm konz. Schwefelsäure und 10 ccm 3%ige Wasserstoffperoxydlösung hinzu und kolorimetriert das Vanadin nach etwa einer Stunde.

Zusätzliche Hinweise.

1. Die Titanmessungen sind möglichst sofort nach Vorliegen der Lösungen durchzuführen. Bei Vanadin ist etwa eine Stunde zu warten.
2. Die Vergleichslösungen sind gleichzeitig mit den Analysenlösungen anzufärben.
3. Molybdän könnte stören, findet sich aber nicht im Reinaluminium.
4. Bei grösseren Eisengehalten wird Chromhydroxyd von Eisenhydrat festgehalten. In diesem Fall ist eine Umfällung erforderlich.

Vanadin und Titan

Nebeneinander

1. Ausführungsart [26]

Grundsätzliches. Die Bestimmung geringer, etwa gleich grosser Gehalte an Titan und Vanadin lässt sich nach H. Ginsberg dadurch vereinfachen, dass man den farbschwächenden Einfluss der Phosphorsäure auf die Titanfärbung ausnutzt. Dieser geht so weit, dass in einem bestimmten Spektralbereich die Absorption durch die Titanfärbung praktisch Null wird, während die Absorption durch die Vanadinfärbung noch hinreichend genau messbar ist. Eine zweite Messung in einem anderen Spektralbereich ergibt die additive Extinktion der Titan- und Vanadinfärbung.

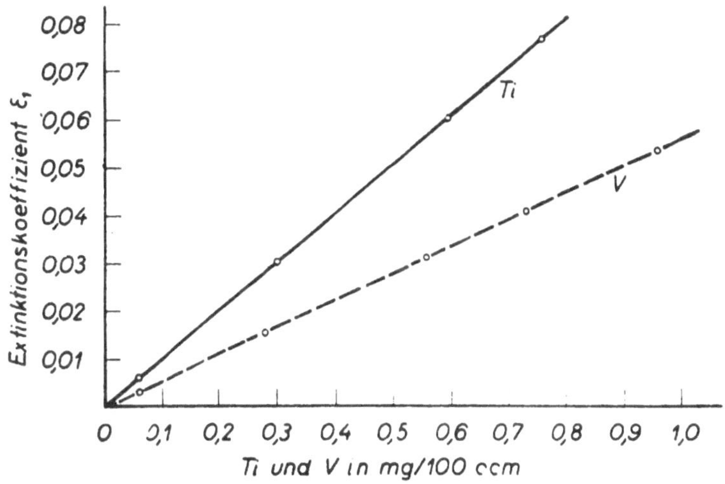

Abb. 12. Eichkurven zur Titan- und Vanadin-Bestimmung (nebeneinander) Messbereich bei 4360 Å

Für die Durchführung dieser Bestimmung ist die Verwendung des Pulfrichphotometers mit den Filtern Hg436 und Hg578 zu empfehlen. An die Stelle der Vergleichslösung tritt eine Blindlösung.

Auf die übliche max. Einwaage von 2—3 g Metall in 100 ccm Lösung bezogen lässt sich die Methode nur für Gehalte von 0,1 bis 0,003% Ti anwenden. Die Genauigkeit beträgt hierbei ± 10% des gefundenen Wertes.

Ausführung der Bestimmung. Auf 100 ccm Analysenlösung werden 10 ccm Phosphorsäure gegeben, ferner die S. 171 gleichen Zusätze wie unter »Titanbestimmung« angegeben. Zunächst wird im Spektralgebiet des Farbfilters 5780 Å gemessen. Der in diesem Gebiet für V gefundene Extinktionswert ε_2 entspricht dem Vanadingehalt. Dieser wird mit Hilfe der entsprechenden Eichkurve für V (Abb. 12) auf das Spektralgebiet des Filters 4360 Å übertragen und

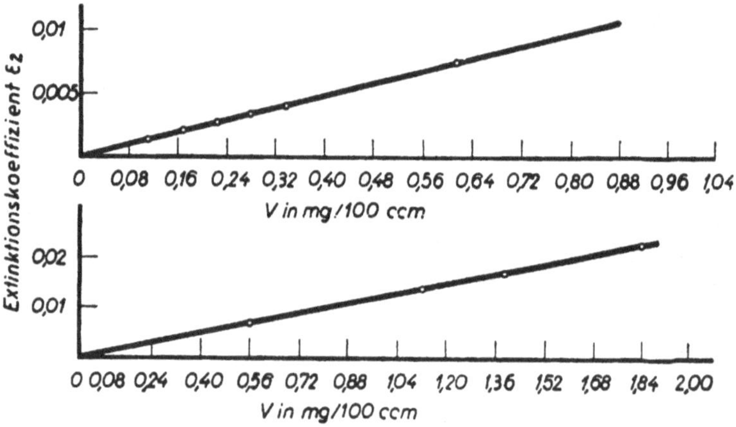

Abb. 13. Eichkurven zur Titan- und Vanadin-Bestimmung (nebeneinander) Messbereich Å 5780

die Extinktion ε_1 für V von der in diesem Gebiet durch eine zweite Messung erhaltenen Gesamtextinktion $\Sigma\varepsilon$ abgezogen. Die Differenz entspricht dem Titangehalt: $\Sigma\varepsilon - \varepsilon_V = \varepsilon_{Ti}$. Aus dem Diagramm ergibt sich dann der zu ε_{Ti} gehörige Titangehalt in mg/100 ccm. Der Analysengang ist damit denkbar einfach geworden. In einem Teil der Aufschlusslösung, in der das Eisen bestimmt ist, lassen sich nun im gleichen Arbeitsgang auch die Gehalte an Titan und Vanadin auffinden.

2. Ausführungsart

Grundsätzliches. Die oben angeführte Methode ist ausdrücklich beschränkt auf verhältnismässig kleine Gehalte an Titan und Vanadin, wobei ausserdem noch gefordert wird, dass beide Komponenten in annähernd gleicher Menge vorhanden sein sollen, was für reines und reinstes Metall im allgemeinen zutrifft. Dies ist erforderlich, weil die Messung mit dem Farbfilter 5780 Å selbst bei reinen Titanlösungen noch einen wenn auch sehr kleinen Messwert ergibt. Man erhält also bei der Messung von Vanadin und Titan nebeneinander immer einen etwas zu hohen Vanadinwert. Unter den oben gemachten Voraussetzungen spielt dieser Fehler keine Rolle, da er sich innerhalb der üblichen Messfehler hält.

Liegen jedoch sehr viel stärkere Lösungen vor, was in der Praxis hin und wieder vorkommt, oder sind die Mengen, in denen die einzelnen Komponenten vorhanden sind, sehr verschieden voneinander, so kann man die an sich sehr schöne Methode in der obigen Form nicht benutzen. Daher ist sie nach K. Steinhäuser für diesen Spezialfall wie folgt geändert worden, wobei die chemische Vorbehandlung der obigen Vorschrift völlig entspricht.

Man misst mit Filtern, die der Farbkurve nach einen möglichst grossen Ausschlag geben. Die Messungen werden mit dem Filter 4360 Å (Hg) und dem Filter S50, das seinen Schwerpunkt bei 5000 Å besitzt, ausgeführt. Da man im Anschluss an die Messungen die Gehalte für Vanadin und Titan rechnerisch an Hand der unten angegebenen Formeln erhält, müssen die Messungen sehr genau ausgeführt werden. Für das Filter S50 steht leider keine Quecksilberlinie zur Verfügung; man muss in diesem Falle zu Gunsten grösserer Empfindlichkeit die durch das Filter bedingte etwas grössere Ungenauigkeit in Kauf nehmen.

Man stellt zunächst in bekannter Weise die Eichkurve für die Filter Hg436 und S50 auf, und zwar für mg V_2O_5 und mg TiO_2. Die Eichkurve für TiO_2 (Hg436) erhält die

Bezeichnung t_1, die Eichkurve für TiO_2 (S50) die Bezeichnung t_2. Die entsprechenden Bezeichnungen für die V_2O_5-Kurven sind v_1 und v_2. Die Neigungen der Eichkurven gegenüber der Abszisse sind mathematisch ausgedrückt:

$$t_1 = \frac{\varepsilon_1}{(TiO_2)} \qquad t_2 = \frac{\varepsilon_2}{(V_2O_5)}$$

$$v_1 = \frac{\varepsilon'_1}{(V_2O_5)} \qquad v_2 = \frac{\varepsilon'_2}{(TiO_2)}$$

Misst man nun Mischungen von V_2O_5 und TiO_2, so erhält man die Extinktionskoeffizienten ε_τ für das Filter Hg436 und ε_π für das Filter S50. Daraus kann man in folgender Weise die Werte für TiO_2 und V_2O_5 in Milligramm errechnen:

1. $$\varepsilon_\tau = (TiO_2) \cdot t_1 + (V_2O_5) \cdot v_1$$
2. $$\varepsilon_\pi = (TiO_2) \cdot t_2 + (V_2O_5) \cdot v_2$$

Beide Seiten mit v_2 bzw. v_1 multipliziert ergeben:

3. $$\varepsilon_\tau \cdot v_2 = (TiO_2) \cdot t_1 \cdot v_2 + (V_2O_5) \cdot v_1 \cdot v_2$$
4. $$\varepsilon_\pi \cdot v_1 = (TiO_2) \cdot t_2 \cdot v_1 + (V_2O_5) \cdot v_2 \cdot v_1$$

Die Differenz der Gleichungen 3 und 4 ergibt:

5. $$(TiO_2) = \frac{\varepsilon_\tau \cdot v_2 - \varepsilon_\pi \cdot v_1}{t_1 \cdot v_2 - t_2 \cdot v_1}$$

Analog errechnet sich nach Multiplikation der Gleichungen 1 und 2 mit t_2 und t_1 und Differenzbildung:

6. $$(V_2O_5) = \frac{\varepsilon_\tau \cdot t_2 - \varepsilon_\pi \cdot t_1}{v_1 \cdot t_2 - v_2 \cdot t_1}$$

Bei der Aufstellung der Eichkurve ergaben sich z. B. folgende Zahlenwerte aus der Division der Extinktionswerte durch mg TiO_2 und durch mg V_2O_5:

$t_1 = 0{,}0681$ $\qquad$ $t_2 = 0{,}0176$

$v_1 = 0{,}030$ $\qquad$ $v_2 = 0{,}0263$

Setzt man diese Werte in die Formeln 5 und 6 ein, so erhält man

für $\quad mg\ TiO_2 = 20{,}82 \cdot \varepsilon_\tau - 23{,}75 \cdot \varepsilon_\pi$

und für $\quad mg\ V_2O_5 = 53{,}92 \cdot \varepsilon_\pi - 13{,}93 \cdot \varepsilon_\tau$

Man braucht jetzt nur noch in üblicher Weise die erhaltenen Milligramm auf Metall und die Ausgangssubstanz umzurechnen.

Zink-Bestimmung
(s. A III b) S. 194

---

b) Legierungen

1. Einzelbestimmungen

S. 352 Aluminium-Bestimmung (s. C II b)

S. 289 Antimon-Bestimmung (s. Anhang z. A)

S. 172 Chrom-Bestimmung (s. A III a)

Eisen-Bestimmung

Bei Gehalten unter 0,05% Fe kann eines der im ersten
S. 148 Teil dieses Abschnittes beschriebenen kolorimetrischen Verfahren dienen. Bei Gehalten über 0,05% Fe ist die Anwendung eines titrimetrischen Verfahrens, z. B. der
S. 102 Titantrichloridmethode, zu empfehlen.

Kupfer-Bestimmung [B 30]

Grundsätzliches. Die Bestimmung soll als ausgesprochene Schnellmethode mit dem Langeschen lichtelektrischen Kolorimeter ausgeführt werden. Die Arbeitsweise des Instrumentes und die Möglichkeiten mit ihm werden als bekannt vorausgesetzt und daher hier nicht besprochen (s. B. Lange [B 30]).

Man kann bei der Kolorimetrie, die auf der Bildung der blauen Kupferammoniakkomplexfärbung beruht, entweder eine Eichkurve aufstellen, die in diesem Fall den

Bereich von 0,3—6,5% Cu im Aluminium umfasst (Methode A), oder man kann die sogenannte Substitutionsmethode (B) anwenden, die z. B. eine Kupferbestimmung für Gehalte zwischen 0,1 und 2% gestattet.

Für Gehalte unter 0,05% Cu wendet man das im ersten Teil dieses Abschnitts beschriebene kolorimetrische Dithizonverfahren an. Gehalte von 0,01% Cu an aufwärts lassen sich auch elektrolytisch bestimmen. S. 155 S. 215

Nach der im folgenden beschriebenen Arbeitsweise wird Kupfer in Gegenwart aller durch Zitronensäure in Lösung gehaltenen Metalle als tiefblauer Tetraminkomplex bestimmt. Die Methode ist brauchbar für alle Legierungen, die keine grösseren Mengen an Kobalt und Nickel enthalten. Ihre Genauigkeit beträgt bei 4% Cu ± 2%, bei 0,5% Cu ± 4% des gefundenen Wertes.

Methode A (Eichkurve)

Ausführung der Bestimmung. Man löst 0,5 g der Legierung in einem 200ccm-Messkolben mit breitem Hals in 10 ccm 30%iger Natronlauge, kocht etwa 3 min auf, setzt der etwas abgekühlten Lösung 20 ccm Wasser, 15 ccm Zitronensäure (1 : 4) und 30 ccm Salpetersäure (1 : 1) zu und erhitzt so lange, bis die Lösung klar erscheint. Jetzt wird auf etwa 50° abgekühlt. Von evtl. ausflockender Kieselsäure muss abfiltriert werden. Man neutralisiert mit Ammoniak, gibt dann noch einen Überschuss von 30 ccm konz. Ammoniak hinzu, füllt bis zur Marke auf und mischt gut durch. Nach Einstellung des Kolorimeters auf die Grundempfindlichkeit gibt man 100 ccm der Lösung in eine Küvette, stellt nach Vorschalten eines Gelbfilters den Ausschlagswert fest und kann aus der Eichkurve sofort die zugehörige Konzentration entnehmen.

Zur Herstellung der Eichkurve setzt man einer Lösung, die genau dieselben Chemikalienmengen enthält wie die Analysenlösung, bekannte Kupfermengen in Form von Kupfernitrat hinzu und trägt die erhaltenen Messwerte in Beziehung zu der Konzentration auf.

Methode B (Substitution)

Ausführung der Bestimmung. Man löst 1 g der Legierung in einem 400ccm-Becherglas in 20 ccm Salzsäure (1 : 1) und 5 ccm konz. Salpetersäure, dampft bis zur Sirupdicke ein, verdünnt auf etwa das dreifache Volumen, filtriert von der Kieselsäure ab, gibt 10 ccm 50%ige Zitronensäure hinzu und neutralisiert mit Ammoniak (1 : 1). Darauf gibt man einen Überschuss an konz. Ammoniak hinzu, so dass auf 100 ccm Volumen 12 ccm Überschuss entfallen. Man füllt den Messkolben von z. B. 200 ccm Inhalt bis zur Marke auf und kolorimetriert. Beim Kolorimetrieren hält man zunächst die Messwerte der Analysenlösung gegen Wasser fest. Im Anschluss daran setzt man eine Küvette ein, die dieselben Chemikalienmengen wie die Analysenlösung enthält, und lässt aus einer Bürette solange Kupfernitratlösung zufliessen, bis man den gleichen Ausschlag wie bei der Analysenlösung erhält. Aus den verbrauchten Kubikzentimetern errechnet sich in bekannter Weise der Gehalt an Kupfer.

Zusätzliche Hinweise. Die Methode führt zu technisch brauchbaren Werten, wenn die Beleuchtungslampe (6 V, 30 W) mit einem Akkumulator von genügender Kapazität gespeist wird. Ein Akkumulator von 100 Ah bei 5 A Entladestrom dürfte ausreichend sein.

Kobalt- und Nickelgehalte über 0,5% geben Überwerte.

Magnesium-Bestimmung [56, 61, 62, 66]

Grundsätzliches. J. M. Kolthoff hat erstmalig vorgeschlagen, geringe Spuren Magnesium mit »Titangelb«, dem Natriumsalz der Dihydrothio-p-Toluidinsulfosäure, zu bestimmen. Titangelb oder auch Thiazolgelb bildet mit Magnesiumhydroxyd in alkalischer Lösung eine dunkelrot gefärbte Adsorptionsverbindung, die durch Zusatz eines Schutzkolloids kolloidal in Lösung gehalten wird.

Im vorliegenden Fall ist die Verwendung des Photometers (Pulfrichphotometer) zu empfehlen. Die Messung ist im Wellenbereich 5460 Å (Filter Hg546) durchzuführen.

Magnesiumgehalte von 0,1 bis 2% können nach dieser Methode mit einer Genauigkeit von ± 8% des gefundenen Wertes, bei Einhaltung der Temperatur von 20° noch genauer bestimmt werden.

Vergleichslösungen. Als Standardlösung dient eine 0,05%ige Titangelbdispersion mit Merckscher Stärke (10 ccm 1%ige Lösung) als Schutzkolloid. Zur Ermittlung der Eichkurve werden steigende Mengen genau analysierter Magnesiumsulfatlösung (etwa 50 mg $MgSO_4$/l) verwendet, denen je 15 ccm der 0,05%igen Titangelbdispersion zugesetzt werden (vgl. »Zusätzliche Hinweise«). Wird die Eich- S. 187
kurve mit einem Photometer aufgestellt, so wird am besten mit Schichtlängen von 15 cm gegen eine Blindlösung gemessen. Die Blindlösung enthält 5 ccm der Titangelbdispersion, 10 ccm 1%ige Stärkelösung, 8 ccm 2n-Natronlauge in 100 ccm*).

Eichkurven. Man stellt je eine Eichkurve für relative und für absolute Messungen auf.

Nach L. Koniakowsky[61], der neuerdings zu dieser Methode eingehende Untersuchungen angestellt hat, wird die Eichkurve folgendermassen gewonnen: Als Stammlösung wird eine Magnesiumsulfatlösung vorstehender Konzentration verwandt. 5 ccm dieser Lösung werden in einem 100ccm-Kolben mit 5 ccm Schwefelsäure (1 : 1) versetzt, mit 10n-Natronlauge neutralisiert, dann mit 2%iger Schwefelsäure eben angesäuert und auf ca. 20° abgekühlt. Nachdem alle folgenden Lösungen auf ca. 20° gebracht wurden, setzt man nacheinander 10 ccm 1%ige Stärkelösung, 20 ccm kaltgesättigte Calciumsulfatlösung, 5 ccm

*) Im Hinblick auf die hohe Farbintensität der Titangelbdispersion empfiehlt es sich, den niederen Konzentrationen 5 ccm, den mittleren 10 ccm und den höheren 15 ccm Titangelbdispersion zuzusetzen. Die Blindlösung ist dementsprechend zusammenzusetzen.

0,05%ige Titangelbdispersion und 8 ccm 2n-Natronlauge hinzu. Man füllt mit dest. Wasser von ca. 20° bis zur Marke auf und photometriert zuerst gegen eine Vergleichslösung, die in 2,5 ccm der Stammlösung rd. $2{,}5 \cdot 10^{-5}$ g Mg enthält und ganz wie die zu untersuchende Lösung behandelt wurde; dann misst man noch zur Kontrolle gegen destilliertes Wasser. Durch Steigerung der verwendeten Magnesiummenge um je 2,5 ccm auf 100 ccm Lösung er-
S. 183 hält man die weiteren Kurvenpunkte (vergl. Fussnote).

Werden die Extinktionswerte höher als 0,735 bzw. 1,02, so müssen die Magnesiumlösungen entsprechend verdünnt werden, weil im Gebiet der höheren Konzentrationen Streuwerte und Ableseschwierigkeiten auftreten.

Ausführung der Bestimmungen

1. Abtrennen der störenden Begleitelemente. 0,5 g Metall werden in 25 ccm 2n-Natronlauge gelöst. Den Rückstand filtriert man ab, wäscht ihn gut aus und löst ihn mit 10 ccm Schwefelsäure (1 : 3) unter Zusatz von etwas Wasserstoffperoxyd vom Filter. Falls der Kupfergehalt vermutlich über 0,5% liegt, wird die Lösung mit einem Strom von 1,5—2 A elektrolytisch von Kupfer befreit. Hierbei ist der Elektrolyt zu rühren. Kupfergehalte unter 0,5% stören nicht und brauchen deshalb nicht entfernt zu werden. Nach dem Entfernen des Kupfers wird der Elektrolyt in einem 500ccm-Kolben mit Ammoniak bis zur schwach sauren Reaktion abgestumpft (Flockenbildung soll nicht auftreten). Jetzt erhitzt man, versetzt mit 5 g Ammoniumsulfat und 3 g Ammoniumperoxydisulfat und kocht anschliessend 5 min lang. Hierbei fällt fast das gesamte Mangan als Oxydhydrat aus, ohne Magnesium mit einzuschliessen. Zur Sicherheit kann nochmals gelöst und gefällt werden. Die Filtrate werden vereinigt, ammoniakalisch gemacht und weiter 10 min gekocht; dadurch wird das restliche Mangan mit dem Eisen zusammen in leicht filtrierbarer Form ausgefällt. Man kühlt die Lösung ab, füllt zur Marke auf und filtriert durch ein trockenes Faltenfilter. 25 ccm des Filtrats werden nun in einem 100ccm-Kolben mit 0,8 g Natriumhydroxyd versetzt und bis zum vollständigen Austreiben des Ammoniaks erhitzt; hierbei trübt sich die Lösung durch ausgeschiedenes Magnesiumhydroxyd. Nun wird mit Schwefelsäure (1 : 3) neutralisiert, bis das ausgeschiedene Magnesiumhydroxyd wieder in Lösung geht*). Als Schutzkolloid werden nach Zulkowsky 10 ccm einer 1%igen Stärkelösung und zur Vertiefung der Färbung noch 20 ccm einer kaltgesättigten Calciumsulfatlösung hinzugefügt, dann wird mit 15 ccm einer 0,05%igen Titangelbdispersion versetzt. Durch weiteren Zusatz von 8 ccm 2n-Natronlauge in einem Guss wird das Magnesium als Hydroxyd kolloidal ausgeschieden. Durch das Schutzkolloid bleibt die Lösung klar, sie färbt sich himbeerrot. Jetzt wird aufgefüllt und gegen eine Blindlösung obiger Zusammensetzung photometriert.

2. **Unschädlichmachen der Begleitelemente (mit Ausnahme von Mangan) durch Kaliumcyanid nach L. Koniakowsky.**[61] 0,2 g feine Späne werden in einem kleinen Becherglas mit 3 g (ca. 25 Plätzchen) Natriumhydroxyd und 3 g Kaliumcyanid unter Zusatz von 15 ccm Wasser bei schwacher Flamme unter dem Abzug innerhalb 5 min gelöst und unmittelbar anschliessend durch ein kleines Blaubandfilter von 8 cm Ø filtriert. Der Niederschlag wird mit 2%iger Natronlauge einmal gewaschen, in das ursprüngliche Becherglas gebracht und mit 20 ccm heisser Schwefelsäure (1 : 1) versetzt (Abzug: (HCN)!), wodurch sich der Niederschlag löst und gleichzeitig das Filter unter Schwenken des Becherglases zerteilt wird. Nun überspült man den Inhalt des Becherglases in einen 100ccm-Messkolben, kühlt ab, füllt bis zur Marke auf, schüttelt und filtriert durch ein Faltenfilter in ein trockenes Becherglas, wobei die ersten Anteile des Filtrats verworfen werden. 50 ccm des Filtrats, entsprechend 0,1 g Einwaage, werden

*) Falls eine Trübung bestehen bleibt (SiO_2, $BaSO_4$ aus dem Glas), ist eine Filtration durch Hartfilter (Blauband) erforderlich.

abpipettiert und in ein kleines Becherglas überführt. Man versetzt das Filtrat mit ca. 20 ccm 10n-Natronlauge bis gerade zur Blaufärbung von Lackmuspapier, fügt 4 g Kaliumcyanid und weitere 10 ccm 10n-Natronlauge hinzu, erwärmt auf 80°, filtriert das Magnesiumhydroxyd wieder durch Blaubandfilter und wäscht den Niederschlag einmal mit 2%iger Natronlauge. Filter und Niederschlag werden wieder wie bei der ersten Fällung im gleichen Becherglas mit 20 ccm eben bereiteter heisser Schwefelsäure (1 : 1) gelöst (Abzug: (HCN)!), dann in einen 100ccm-Messkolben überführt, aufgefüllt und durch ein Faltenfilter in ein trockenes Becherglas abfiltriert.

25 ccm des Filtrates, entsprechend 0,025 g Einwaage, werden nun zur kolorimetrischen Bestimmung abpipettiert und in einen 100ccm-Kolben überführt. Mit ca. 10n-Natronlauge wird fast alkalische Reaktion erzeugt, dann wird ein kleines Stück rotes Lackmuspapier in den Kolben geworfen und nun tropfenweise 10n-Natronlauge bis gerade zur Blaufärbung des Lackmuspapiers hinzugefügt. Anschliessend wird tropfenweise mit 2%iger Schwefelsäure angesäuert.

Die so vorbereitete Probe wird auf ca. 20° abgekühlt. Nun fügt man der Reihe nach 10 ccm 1%ige Stärkelösung, 20 ccm kaltgesättigte Calciumsulfatlösung, 5 ccm 0,05%ige Titangelbdispersion und 8 ccm 2n-Natronlauge zur Lösung hinzu. Alle zugegebenen Flüssigkeiten müssen etwa 20° warm sein, was durch halbstündiges Stehenlassen der Flüssigkeiten in einem Wasserbad von etwa 20° Wärme erreicht wird. Ferner muss nach Zugabe jeder einzelnen Flüssigkeit der Kolben kräftig geschüttelt werden. Nun wird mit etwa 20° warmem dest. Wasser auf 100 ccm aufgefüllt, durchgeschüttelt und die Extinktion der Lösung in 5 cm Schichtdicke mit dem Filter Hg546 (Hagephotlampe) gemessen.

In den Vergleichsstrahlengang wird in eine gleiche Küvette zuerst eine Kompensationslösung, die 0,00002 g Magnesium der Stammlösung enthält und unter den gleichen Bedingungen wie die zu messende Probe behandelt wurde, gebracht und gemessen, dann wird an Stelle der Vergleichslösung mit der gleichen Küvette gegen destilliertes Wasser gemessen.

Der Magnesiumgehalt der Probe wird den Eichkurven für Relativ- bzw. Absolutmessungen entnommen, die den gleichen Wert ergeben müssen.

Ist der gegen die Stammlösung abgelesene Extinktionswert höher als 0,735 oder der gegen Wasser gemessene höher als 1,020, so wird in das 100ccm-Kölbchen statt 25 ccm = 0,025 g Einwaage entsprechend weniger Lösung eingefüllt. Es muss aber darauf geachtet werden, dass im 100ccm-Messkolben stets 5 ccm Schwefelsäure (1 : 1) vorhanden sind.

Zusätzliche Hinweise.

1. Bei einem Gehalt von 8 ccm 2n-Natronlauge auf 100 ccm Lösung wird das Maximum der Farbintensität erreicht. Weitere Alkalitätssteigerungen ergeben bei höheren Magnesiumgehalten als angegeben Überbefunde.

2. Bei der Durchführung der Messung und besonders bei der Aufstellung der Eichkurve ist darauf zu achten, dass die Farbintensität auf einem Gleichgewichtsverhältnis zwischen Farbstoff und sogenanntem Farblack beruht. Es muss dafür gesorgt werden, dass sich der Farbstoff gegenüber dem Farbträger, hier also Magnesium, stets im Überschuss befindet, was bei genauer Einhaltung der obigen Arbeitsvorschrift ohne weiteres der Fall ist.

3. Eine 0,05%ige Titangelbdispersion während 45 min auf 40° erwärmt und dann auf 20° wieder abgekühlt ergibt nach L. Koniakowsky den notwendigen Dispersitätsgrad für konstante Extinktionswerte.

4. Sulfathaltige Lösungen geben die höchsten Extinktionswerte. Chloride und Nitrate stören, Zink und Cadmium schwächen die Färbung; ebenso wirkt Aluminium, aber in geringerem Masse. Dagegen stören Zinn, Wismut, Kupfer und Eisen bis 1,5 mg/100 ccm nicht. Bei höheren Konzentrationen setzen sie die Extinktionswerte herab.

In Gegenwart von Mangan können durch Luftoxydation Mangan(IV)-oxydhydrate ausgeschieden werden und die Lösung bräunen. Die störenden Elemente müssen also durch den Gang der Analyse bzw. durch entsprechende Massnahmen beim Lösen der Probe ausgeschaltet werden.

5. Die Stärkelösung muss täglich frisch bereitet werden.
6. Die Temperaturverhältnisse müssen besonders genau beachtet werden.
7. Die Methode weist gewisse Unsicherheiten auf, weil ausreichende Erfahrungen bisher noch fehlen.

Mangan-Bestimmung

I. Wismutatmethode [B3c, 71]

Grundsätzliches. Das Verfahren beruht auf der Oxydation von Mangan(II)-salz in salpetersaurer Lösung mit Natriumwismutat zu Permanganat:

$$2\,Mn(NO_3)_2 + 5\,NaBiO_3 + 16\,HNO_3 \rightarrow$$
$$2\,HMnO_4 + 5\,Bi(NO_3)_3 + 5\,Na\,NO_3 + 7\,H_2O$$

Die erhaltene Färbung wird mit einer Permanganatlösung von bekanntem Gehalt verglichen.

Für die Durchführung der Bestimmung werden Nesslergläser oder einfache Kolorimeter empfohlen.

Das Verfahren wird vorzugsweise bei Gehalten unter 2% Mn in der Legierung angewandt. Man erreicht eine Genauigkeit von etwa ± 2% des gefundenen Wertes.

Ausführung der Bestimmung. Als Grundsubstanz dient ein auf Reinheit geprüftes Natriumwismutatsalz ($NaBiO_3$). Die Vergleichslösung ist mit den gleichen Chemikalienmengen zu versetzen wie die Analysenlösung.

2 g Metall einer Legierung mit weniger als 1% Si werden in einem 600ccm-Becherglas mit 30 ccm 20%iger Natronlauge gelöst, die Lösung wird mit 30 ccm Salpetersäure (d 1,4) angesäuert und bis zur ersten Kristallbildung

vorsichtig eingedampft. Man löst die entstandenen Salze, nachdem Deckglas und Wände des Lösegefässes vorsichtig mit dest. Wasser abgespritzt worden sind, durch Versetzen mit 30 ccm Salpetersäure (1 : 1) wieder, kühlt die Lösung auf 20° ab und versetzt mit 0,5 g Natriumwismutat, wenn der Mangangehalt unter 0,2% liegt; liegt er darüber, so gibt man 1 g Natriumwismutat hinzu. Jetzt schüttelt man um, lässt 1/4 Stunde stehen und filtriert durch eine Glasfilternutsche mit Asbestpolster in einen Saugkolben, wäscht zweimal mit Schwefelsäure (1 : 9), überspült in das Nesslerglas oder den Kolorimeterzylinder und füllt mit Wasser bis zur 100ccm-Marke auf. Die nach obiger Angabe bereitete Vergleichslösung (hier besser als Blindlösung bezeichnet) wird tropfenweise bis zur Farbgleichheit mit $^1/_{55}$n-Kaliumpermanganatlösung versetzt. Wird ihre Farbe zu intensiv, so bringt man die Lösung in einen Erlenmeyerkolben, gibt 10 ccm Schwefelsäure (1 : 1) hinzu, verdünnt auf 200 ccm, fügt bei etwa 60° einen Überschuss an $^1/_{10}$n-Natriumoxalatlösung hinzu und titriert mit $^1/_{10}$n-Permanganatlösung zurück. Für den ersten Arbeitsgang gilt der Faktor f = 0,0002/$^1/_{55}$n-ccm, für die Rücktitration f = 0,00110/$^1/_{10}$n-ccm.

Bei Legierungen mit mehr als 1% Si werden 2 g Späne mit 100 ccm 25%iger Natronlauge gelöst, und zwar bei Zimmertemperatur ohne zusätzliche Erwärmung. Man fügt 5 ccm Wasserstoffperoxyd hinzu, verdünnt mit heissem Wasser auf 300 ccm, lässt absitzen, filtriert und wäscht fünfmal mit heissem Wasser aus. Den Rückstand löst man in peroxydhaltiger Salpetersäure (10 ccm Salpetersäure (d 1,4), 5 ccm Wasserstoffperoxyd, 85 ccm Wasser), engt die Lösung bis zur Kristallbildung ein und verfährt weiter wie oben.

Zusätzliche Hinweise. Die beschriebene Methode eignet sich vorzugsweise für die Bestimmung geringer Mengen Mangan in Aluminium. Sobald der Vergleich der Analysenlösung infolge zu grosser Intensität Schwierigkeiten bereitet, geht man zu titrimetrischen Methoden über.

Metallisches Si muss vor dem Zusatz von Natriumwismutat abfiltriert werden.

Auf Abwesenheit aller Stoffe, die Kaliumpermanganat reduzieren, ist zu achten.

Bei Anwesenheit von Chrom muss eine Trennung durchgeführt werden.

2. Peroxydisulfatmethode

Grundsätzliches. Das Peroxydisulfatverfahren, das im
S. 130 Abschnitt II unter volumetrischen Methoden beschrieben ist, kann auch als kolorimetrisches Schnellverfahren mit befriedigender Genauigkeit angewendet werden.

Ausführung der Bestimmung. Man löst 1 g Späne nach Befeuchten mit Wasser in 20 ccm eines Säuregemisches, das 100 ccm konz. Salpetersäure, 100 ccm konz. Schwefelsäure und 50 ccm Wasser enthält, verkocht anschliessend die Stickoxyde und filtriert durch ein schnellaufendes Filter in ein 100ccm-Nesslerglas. Man wäscht 2—3mal mit heissem Wasser und versetzt mit 10 ccm einer Silbernitratlösung, die 1,7 g Silbernitrat im Liter enthält, und 11 ccm 50⁰/₀iger frisch bereiteter Ammoniumperoxydisulfatlösung. Man erwärmt im Wasserbad auf 60°, kühlt nach 5 min auf Zimmertemperatur und füllt zur Marke auf. Man kolorimetriert, indem man in ein zweites Nesslerglas, das dieselben Chemikalienmengen enthält, aus einer Bürette $^1/_{55}$n-Kaliumpermanganatlösung bis zur Farbgleichheit zufliessen lässt. Aus den verbrauchten Kubikzentimetern errechnet sich der Mangangehalt. Tritt bei der Einwirkung des Peroxydisulfats eine Trübung infolge Abscheidung von Mangan(IV)-hydraten ein, so ist die Bestimmung mit einer kleineren Einwaage zu wiederholen.

Zusätzliche Hinweise. Die angeführte Methode ist eine ausgesprochene Betriebsmethode, bei der es in der Hauptsache auf Schnelligkeit ankommt. Bei hinreichender Übung erhält man jedoch ganz zufriedenstellende Ergebnisse.

Nickel-Bestimmung *) [84, 87]

Grundsätzliches. Die Nickellösung wird mit einer alkoholischen Diacetyldioximlösung und zur Stabilisierung der kolloidalen Lösung mit einem Oxydationsmittel versetzt. Es entsteht eine Lösung von rotbrauner Farbe. Diese lässt sich gut photometrieren, da sie bei der in Frage kommenden Konzentration dem Beer'schen Gesetz gehorcht und auch gute Farbkonstanz zeigt.

Als Oxydationsmittel ist bisher meist Bromwasser benutzt worden; aber auch Bromid-Bromat und Natriumchlorit ($NaClO_2$) lassen sich verwenden. Die beiden letzten sind zu bevorzugen, da das Bromwasser — vor allen Dingen bei Reihenuntersuchungen — wegen des unangenehmen Bromgeruches sehr lästig ist.

Am geeignetsten für die Bestimmungen ist das Konzentrationsgebiet zwischen 1 und 5 γ Nickel/ccm, da in diesem das Beer'sche Gesetz exakt gültig ist.

Bei der photometrischen Bestimmung des Nickelgehaltes in Leichtmetallen kann man mit visueller oder photoelektrischer Apparatur arbeiten. Sehr gut eignet sich das Pulfrichphotometer mit Filter S53, das Polarisationsphotometer von Leitz »Leifometer« mit Grünfilter 530M sowie lichtelektrische Photometer mit Grünfilter.

Ausführung der Bestimmung. 0,5 g der Legierung werden in Mischsäure gelöst, mit Wasser verdünnt und filtriert S. 45; das Filtrat wird in einen Messkolben gefüllt. Man kann auch mit 25 ccm 10%iger Natronlauge bei Zimmertemperatur lösen, mit heissem Wasser verdünnen, abkühlen und filtrieren. Filter mit Rückstand werden in diesem Falle mit 12 ccm siedender Salpetersäure (1 : 1) behandelt und unter Zerteilen des Filters im Becherglas weiter erhitzt, mit etwa 50 ccm Wasser verdünnt, filtriert und ausgewaschen; das Filtrat wird in einen Messkolben gefüllt.

Der auf dem einen oder anderen Weg erhaltenen Lösung entnimmt man einen aliquoten Teil mit einer Pipette, gibt

*) Mitbearbeitet von A. Lundberg, Saudasjøen.

ihn in einen 100ccm-Messkolben, setzt 5—10 ccm 10%ige Zitronensäure zur Tarnung evtl. vorhandenen Mangans und dann 5 ccm gesättigtes Bromwasser bzw. 5 ccm Bromid-Bromatlösung hinzu. Einwaage, Verdünnung und Grösse des Messkolbens werden nach dem ungefähr bekannten oder geschätzten Nickelgehalt der Legierung berechnet. Auf 0,1 bis 0,5 mg Nickel sollen 100 ccm Lösung vorhanden sein.

Die mit dem Oxydationsmittel versetzte Analysenlösung, deren Temperatur 20° nicht übersteigen darf, macht man mit 5 ccm ca. 10%igem Ammoniak ammoniakalisch, fügt 1 bis 2 ccm einer 1%igen alkoholischen Diacetyldioximlösung hinzu und füllt das Ganze auf 100 ccm auf.

Nach etwa 5 min kann photometriert werden. Die Konzentration des Nickels wird an der mit Reinlösungen hergestellten Eichkurve abgelesen.

Anstelle des lästigen Bromwassers kann eine Lösung von Bromid und Bromat als Oxydationsmittel verwendet werden. Hierzu löst man 200 g Kaliumbromid und 60 g Kaliumbromat in 1 l Wasser. Auf 5 ccm dieser Lösung kommt 1 ccm Salpetersäure (1 : 1). Hierbei muss nach Gabiersch darauf geachtet werden, dass die Lösung zur Entwicklung der nötigen freien Brommenge genügend sauer ist. Bromdämpfe über der Lösung sind zu vermeiden.

Ferner hat sich noch Natriumchlorit als brauchbares Oxydationsmittel erwiesen. Die Nickellösung darf in diesem Fall nicht zu sauer sein (p_H-Wert nicht unter 3), weil andernfalls Gelbfärbung durch ClO_2-Entwicklung auftritt. Man nimmt 15 ccm gesättigte $NaClO_2$-Lösung und verfährt im übrigen wie oben angegeben.

Zusätzliche Hinweise. Enthält die Lösung keine Ionen mit Eigenfärbung, was bei Leichtmetall meistens der Fall ist, so photometriert man ohne Vergleichslösung.

Bei hohem Kieselsäuregehalt muss vorfiltriert werden. Die grösste Fehlerquelle bei Verwendung von Brom als Oxydationsmittel ist die leichte Spaltbarkeit des Hypobromits, das sich schon bei 30° und darunter in Sauerstoff und Bromwasserstoff zerlegt; dabei setzen sich an den benutzten Küvetten Gasblasen ab, die die abgelesenen Werte höher erscheinen lassen.

Vanadin stört die Reaktion nicht. Kupfer stört. Sein Einfluss kann nach Sinigaglia[84] mit einem Fehlerfaktor rechnerisch ausgeschaltet werden, oder man kompensiert den Kupfergehalt durch die Vergleichslösung, was in bestimmten Grenzen möglich ist und von Fall zu Fall ausprobiert werden muss.

Die beschriebene Methode ermöglicht eine exakte Bestimmung des Nickelgehaltes innerhalb 30 min. Reihenbestimmungen erfordern wesentlich kürzere Zeit.

Silicium-Bestimmung

Die kolorimetrische Methode ist im ersten Teil dieses S. 162 Abschnittes beschrieben; sie wird am besten nur bis zu Gehalten von 0,1% Si angewendet. Als weitere Methoden kommen in Frage die gravimetrischen Verfahren nach Regelsberger, Otis-Handy, nach Weiss und die sogenannte S. 43—48 Neuhausener Methode.

Titan-Bestimmung

Die kolorimetrische Titanbestimmung (siehe 1. Teil dieses Abschnittes) ist bis zu 2% Ti in der Legierung an- S. 169 wendbar. Für Gehalte von 0,1% Ti an aufwärts ist auch das titrimetrische Verfahren, das auf der Umsetzung zwischen Titan(III)-chlorid mit Eisen(III)-chlorid beruht, zu S. 134 empfehlen; endlich ist auch noch die Fällung mit Kupferron anwendbar. S. 77

Vanadin-Bestimmung S. 172, 174
(s. A III a)

Zink-Bestimmung

Grundsätzliches. Am meisten befriedigt die elektrolytische Bestimmung; sie versagt aber bei hohen Bleigehalten. Gute Werte gibt in der Hand eines geübten Analytikers die Dithizonmethode in der Ausarbeitung von H. Fischer und G. Leopoldi.[131]

Hiernach wird das Metall in Salzsäure (1 : 1) unter Zusatz von Kaliumchlorat gelöst. Silicium bleibt ungelöst zurück. Die Schwermetalle Kupfer und Blei werden mit Thiosulfat, Kobalt und Nickel mit Kaliumcyanid getarnt. Zur Beschleunigung der Extraktion wird zweckmässig mit dem Schüttelapparat gearbeitet. Der Überschuss an Dithizon in der Schwefelkohlenstofflösung (s.u.) wird nach deren Abtrennung mit verdünnter Natriumsulfidlösung
S. 147 beseitigt.

Schwermetallsulfide reagieren nicht mehr mit der Dithizonlösung.

Herstellung der Dithizonlösung. Man stellt eine Lösung von etwa 20 mg Dithizon in 100 ccm Tetrachlorkohlenstoff her, die zunächst noch von einem im handelsüblichen Dithizon enthaltenen, gelbgefärbten Oxydationsprodukt gereinigt werden muss. Dies geschieht durch Schütteln mit stark verdünnter Ammoniaklösung (1 Teil 25%iges Ammoniak verdünnt mit 200 Teilen Wasser). Beim Schütteln geht alles Dithizon in die wässrige Phase über, während das gelbe Oxydationsprodukt in der Tetrachlorkohlenstoffschicht zurückbleibt. Nach Abtrennung dieser Schicht wird die wässrige Lösung im Scheidetrichter mit reinem Tetrachlorkohlenstoff (z.B. 200 ccm) unterschichtet, mit verdünnter Salzsäure angesäuert und sogleich geschüttelt. Das Dithizon geht wieder in die Tetrachlorkohlenstoffschicht zurück. Die grüne Lösung wird abgetrennt und ein- bis zweimal mit dest. Wasser gewaschen. Sie kann unter einer Schicht von 1%iger Schwefelsäure in einer braunen Flasche am besten im Dunkeln aufbewahrt werden und ist so monatelang haltbar. Vor Gebrauch wird ein zur Analyse notwendiges Quantum abgetrennt, in eine trockene Flasche filtriert und auf das etwa 3 bis 4fache Volumen mit Tetrachlorkohlenstoff verdünnt.

Herstellung des Tarngemisches. In einen 500ccm-Scheidetrichter gibt man nacheinander, indem man nach jedem Zusatz gut umschüttelt:

15	Tropfen		Ammoniak (12,5%ig)
1,5	ccm	5%ige	Ammoniumoxalatlösung
15	ccm	5%ige	Kaliumcyanidlösung
[35	ccm	1n-	Salzsäure]*)
85	ccm	5%ige	Natriumacetatlösung
120	ccm	50%ige	Natrium-Thiosulfatlösung + 150 ccm Natriumacetatlösung.

Das Gemisch wird durch Schütteln mit Dithizonlösung in Tetrachlorkohlenstoff erschöpfend bis zur bleibenden Grünfärbung gereinigt; eine leichte Trübung (Schwefelabscheidung) stört nicht. Da die Reaktion sehr träge verläuft, ist es ratsam, in einer automatischen Schüttelvorrichtung etwa 10 min auszuschütteln. Der letzte grüne Auszug wird mit reinem Tetrachlorkohlenstoff herausgewaschen.

Ausführung der Bestimmung. 0,5 g Späne werden in einem 250ccm-Becherglas (hohe Form) unter dem Uhrglas mit 25 ccm Salzsäure (1 : 1) versetzt. Nach der ersten starken Entwicklung erhitzt man, oxydiert mit etwa 0,2 g Kaliumchlorat, kocht 5 min, kühlt ab und füllt in einem 250ccm-Messkolben bei 20° bis zur Marke auf. Man filtriert durch ein Schwarzbandfilter, verwirft die ersten Anteile und pipettiert aliquote Teile (1 bis 5 ccm) in einen etwa 100ccm-Scheidetrichter mit Glasschliffstopfen und kurzem Ablaufrohr.

*) Vorsicht-HCN!-Salzsäure zuletzt hinzugeben.

Zu dieser Lösung gibt man etwa 30 ccm des Tarngemisches, versetzt mit 10 ccm Dithizonlösung und lässt in der Schüttelvorrichtung extrahieren. Ist die grüne Dithizonlösung nach kurzer Zeit rot bis rotviolett gefärbt, so lässt man den Tetrachlorkohlenstoffextrakt in einen 25ccm-Schüttelzylinder mit eingeschliffenem Stopfen und eingeteilten Graden ab und versetzt erneut mit 5 ccm Dithizonlösung. Ist nach 5 min Schütteldauer der Extrakt noch dunkelviolett, so trennt man ab, gibt noch 1 ccm Dithizonlösung hinzu und schüttelt erneut 1 min. Der letzte Auszug muss grün bleiben. Man lässt auch diesen zu den vereinigten Auszügen in den Glaszylinder fliessen, überschichtet mit etwa 5 ccm Waschlösung (s.u.) und füllt mit Tetrachlorkohlenstoff auf 25 ccm auf. Wenn einige Flöckchen auf der Tetrachlorkohlenstoffschicht schwimmen, z. B. bei Anwendung von 10 mg Legierung, trennt man diese nicht mit ab, sondern wäscht den letzten Extrakt mit reinem Tetrachlorkohlenstoff heraus. Mit der Waschlösung (25 ccm einer 1%igen Natriumsulfidlösung auf 500 ccm verdünnt) wird mehrmals durchgeschüttelt und in einem etwa 30 bis 35ccm-Scheiderohr abgetrennt. Etwa 15 ccm werden 3 bis 4mal mit je etwa 5 ccm Waschlösung erneut gewaschen. Bei vollständigem Herauswaschen des überschüssigen Dithizons muss die Waschlösung farblos sein. Das in Tetrachlorkohlenstoff gelöste Zinkdithizonat wird von der Waschlösung abgetrennt und die Lösung durch ein kleines säurefreies Schwarzbandfilter gegeben, um wässrige Anteile zu entfernen. Sie kann so kolorimetriert werden.

Die Messung erfolgt gegen Tetrachlorkohlenstoff in der 10mm-Küvette im Pulfrich-Photometer mit der Quecksilberlampe Hg40 und vorgeschaltetem Grünfilter S53. Es ist zweckmässig, mit jedem neubereiteten Tarnungsgemisch einen Blindversuch anzusetzen. Das hierbei erhaltene Zinkdithizonat wird in der 50 mm-Küvette gemessen, auf den Extinktionswert umgerechnet und abgezogen. Der Extinktionswert soll nicht grösser sein als 0,10; in den meisten Fällen liegt er zwischen 0,04 und 0,09.

Die Differenz zwischen dem gefundenen Extinktionswert und dem Wert des Blindversuches, mit dem Faktor 0,018 multipliziert, liefert die gefundenen mg Zink.

In der Legierung darf der Kobaltgehalt nicht grösser sein als der Zinkgehalt; sonst entstehen beim Extrahieren violett gefärbte Flocken, die sich schlecht abtrennen lassen und beim Waschen mit Natriumsulfidlösung in den Zink-Dithizonextrakt gelangen. Aluminium bildet kein komplexes Dithizonat; dennoch sollen nicht über 10 mg angewendet werden, da etwa gebildetes Aluminiumhydroxyd sich bei der Extraktion infolge von Adsorption störend bemerkbar macht.

Zusätzliche Hinweise. In der 10mm-Küvette können 6 bis 27 γ Zink photometriert werden, für grössere Mengen bis 50 γ Zink ist die 5mm-Küvette anzuwenden und auf den Extinktionswert umzurechnen. Für Zinkgehalte von 0,10 bis 2,70% geht man von 0,5 g/250 ccm aus. Die aliquoten Teile sind mit der Vollpipette wie folgt zu entnehmen:

5 ccm = 10 mg für 0,10 bis 0,20% Zink
3 ccm = 6 mg für 0,20 bis 0,45% Zink
2 ccm = 4 mg für 0,30 bis 0,65% Zink
1 ccm = 2 mg für 0,60 bis 1,30% Zink

10 ccm auf das Zehnfache verdünnt, davon 5 ccm = 1 mg für 1,20 bis 2,70% Zink.

Bei vollkommen unbekanntem Zinkgehalt verwendet man am zweckmässigsten 1 ccm der aufgefüllten Lösung für eine Vorprüfung.

Ausser den Dithizonaten des Kobalts und Nickels ist gegenüber wässriger Natriumsulfidlösung nur Zinkdithizonat beständig, während die anderen Schwermetalldithizonate zerlegt werden.

2. Reihenbestimmungen

Bestimmung von Silicium, Eisen, Mangan, Kupfer [33, 34, 195, 197]

Grundsätzliches. Im folgenden wird eine Schnellmethode für die Bestimmung von Silicium, Eisen, Kupfer und Mangan in Aluminiumlegierungen beschrieben. Die Methode beruht im Prinzip auf den gleichen Unterlagen wie die Einzelbestimmungen, so dass hier auf diese nicht mehr eingegangen wird. Ganz allgemein ist zu bemerken, dass eine derartige Schnellmethode nur im Einzelfall ihren Zweck erfüllt, weil dabei der betreffende Bearbeiter die volle Zeit ohne Pause für die Ausführung der Bestimmung nötig hat. Werden dagegen Reihenuntersuchungen verlangt, so kommt man mit den normalen chemischen Methoden trotz längerer Dauer der einzelnen Bestimmung weiter, weil die Wartezeiten durch Einschieben von weiteren Bestimmungen ausgefüllt werden können. Die hier angeführte Methode ist in ausführlicher Form von Jordy [195] veröffentlicht worden.

Ausführung der Bestimmungen

Vorbereitung der Lösung. 0,5 g Metall werden im Nickeltiegel (Höhe 75 mm, oberer Durchmesser 80 mm) eingewogen, mit 6—8 g Natriumhydroxyd versetzt und zur Einleitung der Reaktion durch Spritzen mit einigen Kubikzentimetern Wasser versetzt. Man bedeckt den Tiegel sofort mit einem Deckel, um Spritzverluste zu vermeiden, und gibt solange Wasser nach, bis gegen Ende knapp 10 ccm vorhanden sind. Beim Lösungsvorgang ist darauf zu achten, dass die Lösung nicht abkühlt, weil sonst Aluminiumhydroxyd ausfällt, das unter Umständen nicht mehr gelöst werden kann. Zu Beginn und gegen Ende der Reaktion ist daher eine Heizplatte erforderlich. Gegen Ende der Reaktion setzt man 1 ccm 3%ige Wasserstoffperoxydlösung hinzu und erhitzt genau 4 min lang zur Zerstörung des Peroxyds.

Nach dem Lösen wird durch Zugabe von etwas kaltem Wasser (5 ccm) abgekühlt und 5 min gewartet. Danach gibt man die alkalische Lösung in langsamem Strahl in ein 600ccm-Becherglas, das 100 ccm Wasser und 30 ccm konz. Salpetersäure enthält. Es muss kräftig bis zur völligen Lösung der Hydroxyde (meist 5 min lang) gerührt werden. Bei Abwesenheit von Kupfer und Mangan schlägt dabei die Farbe von hellbraun über rosa nach farblos um. Enthält die Probe etwa 1% Si, so gibt man die Lösung in einen 250ccm-Messkolben, bei höherem Si-Gehalt in einen 500ccm-Kolben.

Siliciumbestimmung. Bei Gehalten bis zu 1% Si verwendet man die ganze Lösung, bei höheren Gehalten 50—100 ccm der auf 500 ccm aufgefüllten Lösung. Man füllt den 250ccm-Kolben bis zu einem Rest von etwa 30 ccm auf und erhitzt auf 80°, spritzt das verwendete Thermometer kalt ab, gibt 20 ccm frisch bereitete 10%ige Ammoniummolybdatlösung hinzu, schüttelt mehrmals um und *kühlt rasch* auf 20° ab. Zwischen dem Ansäuern der Lösung und dem Anfärben mit der Molybdatlösung sollen *genau* 30 min liegen. Man füllt zur Marke auf und misst im Pulfrich-Photometer mit dem Filter Hg436 und der Quecksilberlampe gegen dest. Wasser. In einer Blindlösung bestimmt man den Siliciumwert der Chemikalien. S. 162

Eisenbestimmung. Bei Gehalten bis 1% Si muss in der beschriebenen Weise eine zweite Einwaage gelöst werden. Bei höheren Siliciumgehalten verwendet man einen Teil der restlichen Lösung der Siliciumbestimmung. 50 ccm der Analysenlösung gibt man in ein 100ccm-Kölbchen, füllt bis auf 90 ccm auf, gibt bei stark sauren Lösungen

3 Ätznatronplätzchen hinzu, erwärmt auf genau 55° und gibt 10 ccm 10%ige Kaliumrhodanidlösung hinzu. Nimmt man die Analysenlösung aus dem 500ccm-Kolben, so ist ein Abstumpfen der Säure mit Ätznatron unnötig. Man schüttelt durch und kühlt schnell auf 20° ab. Man misst sofort im Pulfrich-Photometer mit dem Filter
S. 148 Hg578 und der Quecksilberlampe gegen dest. Wasser.

Manganbestimmung. Man gibt 50 ccm der Lösung in einen 100ccm-Kolben, gibt genau 5 ccm Silbernitratlösung hinzu (600 ccm konz. Salpetersäure, 400 ccm Wasser, 8,5 g Silbernitrat), erwärmt auf 80°, setzt 4 ccm einer frisch bereiteten 50%igen Ammoniumperoxydisulfatlösung hinzu, erhitzt bis zum Kochen und stellt ab. Wenn das Schäumen aufgehört hat, was durch starkes Schütteln beschleunigt wird, kühlt man auf 20° ab und füllt auf. Man misst im Pulfrich-Photometer mit der Quecksilberlampe und dem Filter Hg546 gegen dest. Wasser. Bei niedrigem Kupfergehalt braucht man auf diesen keine Rücksicht zu
S. 190 nehmen (s. Literatur).

Kupferbestimung. 100—150 ccm der Analysenlösung (Restlösung) werden im 250ccm-Messkolben mit 20 g festem Ammoniumchlorid versetzt, mit Ammoniak gerade alkalisch gemacht und mit einem Überschuss von 12 ccm konz. Ammoniak versetzt. Man erhitzt bis zum beginnenden Kochen, lässt 20 min absitzen, kühlt auf 20° ab und füllt auf. Man filtriert durch ein schnellaufendes Filter vom Hydroxydniederschlag ab und misst im Pulfrich-Photometer mit der Quecksilberlampe und dem Filter Hg
S. 180 578 gegen dest. Wasser.

Zusätzliche Hinweise. Die Siliciumbestimmung muss sofort ausgeführt werden, während die übrigen Bestimmungen nach Fertigstellung der Analysenlösung etwas länger Zeit haben. Der Blindwert bei der Siliciumbestimmung muss in derselben Art wie die Analyse ausgeführt werden, wobei die Alkali- und Säuremengen sinngemäss gegeneinander abzustimmen sind. Die gelbe Färbung hängt sehr wesentlich vom Säureüberschuss ab; deshalb soll bei Blindlösung und Analyse derselbe Überschuss vorhanden sein.

Bestimmung von Eisen und Kupfer [24]

R. Bauer und J. Eisen[24] haben eine photometrische Bestimmung von Eisen und Kupfer in Aluminiumlegierungen ausgearbeitet. Das Eisen wird mit Sulfosalicylsäure, das Kupfer nach der Ammoniakmethode bestimmt.

1. Eisen-Bestimmung

Grundsätzliches. Das Prinzip der kolorimetrischen Bestimmung des Eisens als Sulfosalicylat ist schon im vorhergehenden Abschnitt beschrieben. Es wird hier im sauren S. 153
Gebiet gearbeitet. Im Gebiet des empfindlicheren Gelbkomplexes zu messen, verbietet das fast immer anwesende Mangan, das bei höheren p_H-Werten in vierwertiger Form auftritt und durch Braunfärbung stört. Der Einfluss des p_H-Wertes auf den sauren Komplex der Farbverbindung ist am geringsten bei Verwendung von grünem Licht (5300 Å).

Apparatur. Für die Durchführung der Bestimmung kann das Photometer oder auch das lichtelektrische Kolorimeter von B. Lange empfohlen werden.

Das Verfahren gestattet die serienmässige Bestimmung des Eisens neben Al, Mg, Si, Mn, Zn, Pb, Cd, Cu, Cr, Ti, Ni in den in Aluminiumlegierungen nach DIN 1713 vorkommenden Gehalten.

Ausführung der Bestimmung. 100 g Sulfosalicylsäure werden in 300 ccm Wasser gelöst, mit 5 Tropfen Thymolblaulösung und bis zum Umschlag nach Gelb mit Ammoniak versetzt. Man prüft mit Mercks Universalindikatorpapier, ob der p_H-Wert 3,5 erreicht ist, und gibt gegebenenfalls Ammoniak bzw. verdünnte Schwefelsäure nach. Zum Schluss verdünnt man auf 500 ccm.

0,5 g Späne werden in einem 200ccm-Philippsbecher mit zweimal 10 ccm Brom-Salzsäure (Salzsäure (1 : 1) wird mit Brom gesättigt) gelöst, bis zur beginnenden Kristallisation eingedampft und auf einer mässig warmen Heizplatte eingetrocknet, bis die Kristallmasse nur noch feucht ist. Sie darf nicht ganz trocken werden, da sie sich dann nicht mehr in Wasser löst. Mit 20 ccm Wasser bringt man die Kristalle in Lösung und gibt zur Prüfung des p_H-Wertes 2 Tropfen Thymolblaulösung und Mercks Universalindikatorpapier hinzu. Falls der p_H-Wert nicht zwischen 3,5 und 4,0 liegt (bei einiger Übung im Eindampfen kommt dies ganz selten vor), stellt man mit einem Tropfen Ammoniak (1 : 5) oder Salzsäure (1 : 5) auf den richtigen p_H-Wert ein. Dann gibt man 2 ccm Wasserstoffperoxydlösung und 5 ccm Sulfosalicylsäurelösung hinzu, füllt bis zur Marke auf, schüttelt um, filtriert einen Teil der Lösung durch ein trockenes Filter (Schleicher u. Schüll Nr. 597) und photometriert. Die abgelesene Absorption wird an Hand einer Eichkurve ausgewertet.

Zur Aufstellung der Eichkurve werden je 4,5 g Aluminiumchloridhydrat ($AlCl_3 \cdot 6\,H_2O$) in einen 200ccm-Messkolben gebracht, mit wachsenden Mengen einer eingestellten Eisenchloridlösung und einigen Kubikzentimetern verdünnter Salzsäure versetzt und wie oben beschrieben eingedampft und angefärbt.

Zusätzliche Hinweise. Das Eindampfen zum Einstellen des erforderlichen p_H-Wertes der Aufschlusslösung dauert bei richtig abgestimmter Temperatur der Heizplatte 15—20 min. Die Befürchtung, Eisenchlorid sei mit der Salzsäure merklich flüchtig, hat sich als grundlos erwiesen. Bei Einzelbestimmungen lässt sich das Eindampfen durch Neutralisation mit Ammoniak und Salzsäure umgehen. Nach dem Wegdampfen des Broms kühlt man ab, lässt konz. Ammoniak gegen Thymolblau bis zum Umschlag nach gelb zutropfen, gibt Universalindikatorpapier hinzu und stellt mit Ammoniak (1 : 5) und mit Salzsäure (1 : 5) den p_H-Wert auf 3,5—4,0 ein.

2. Bestimmung des Kupfers.

Grundsätzliches. Die bekannte Färbung von Kupfer-Ammoniak-Komplexsalzlösungen rührt nach den Untersuchungen von R. Bauer und J. Eisen nicht von einem einheitlichen Komplex her, sondern wahrscheinlich von einem blauroten und einem rein blauen Ammoniakat. Mit steigender Ammoniakkonzentration wird das Verhältnis der beiden Anteile zugunsten des letzten verschoben. Hieraus folgt für verschiedene Wellenlängen eine wechselnde Abhängigkeit der Absorption von der Ammoniakkonzentration. Der Einfluss gleicher Konzentrationsänderungen wird mit steigendem Ammoniakgehalt geringer. Obwohl die Absorption von Licht verschiedener Wellenlänge durch Kupferammoniakatlösungen im roten Gebiet am grössten ist, bietet gelbes Licht den Vorteil, dass im gelben Gebiet eine geringere Abhängigkeit von der Ammoniakkonzentration besteht.

Bei Verwendung des lichtelektrischen Kolorimeters wird im roten Gebiet gearbeitet, weil dieses hier die grösste Messgenauigkeit aufweist.

Absorptionsänderungen durch andere in Aluminium vorkommende Metalle wurden bei farblosen Ionen nicht beobachtet. Die Herstellung von Kupferammoniakatlösungen für die photometrische Bestimmung erfordert die Beachtung folgender Richtlinien:

1. Die Lösung muss in 100 ccm mindestens 3 g Ammoniumchlorid enthalten.
2. Die Ammoniumkonzentration muss möglichst hoch und bei miteinander zu vergleichenden Proben gleichbleibend gewählt werden.
3. Andere Anionen als Cl^-, Br^- und NO_3^- dürfen nur in geringer Menge oder in stets gleicher Konzentration vorhanden sein.

Ausführung der Bestimmung.

a) Kupferbestimmungen, die eine vorherige Abtrennung des Kupfers notwendig machen, wie die Bestimmung des Kupfers als Verunreinigung in Aluminium und kupferfreien Aluminiumlegierungen, sind nach folgender Arbeitsweise sehr genau durchzuführen:

5 g Späne werden in einem 500ccm-Weithalskolben in 110 ccm 10%iger Natronlauge gelöst. Nach Aufhören der Gasentwicklung gibt man 10 ccm kaltgesättigte Natriumsulfidlösung hinzu, kocht auf und lässt absitzen. Durch ein doppeltes schnellaufendes Filter (12,5 cm und 11 cm) wird filtriert, dreimal mit heissem natriumsulfidhaltigem Wasser und viermal mit heisser schwefelwasserstoffgesättigter 10%iger Schwefelsäure ausgewaschen. Den Rückstand löst man mit Brom-Salzsäure in einem 200ccm-Erlenmeyerkolben, wäscht 4mal mit heissem Wasser nach und dampft dann die Lösung auf etwa 10 ccm ein, verdünnt mit heissem Wasser auf etwa 20 ccm, macht mit 20 ccm konz. Ammoniak ammoniakalisch, filtriert durch ein 11cm-Filter in einen 100ccm-Messkolben und wäscht mit wenig Wasser nach. Dann gibt man weitere 30 ccm Ammoniak und 10 ccm 25%ige Ammoniumchloridlösung hinzu, füllt bis zur Marke auf und schüttelt um. In einer 100ccm-Küvette wird durch Rotfilter photometriert. Die abgelesene Absorption wird an Hand einer Eichkurve ausgewertet.

b) Zur Bestimmung von Kupfer in Aluminiumlegierungen mit Gehalten von 0,5—6,5% Cu muss man entweder das gesamte Aluminium und Eisen als Hydroxyd ausfällen oder, was mehr zu empfehlen ist, das Aluminium durch Weinsäure komplex gebunden in Lösung halten.

5 g Späne werden in 100 ccm Salzsäure (1 : 1) in mehreren Anteilen gelöst und mit 20 ccm Brom-Salzsäure**) oxydiert. Man verkocht das Brom und achtet darauf, dass alles Kupfer gelöst ist, kühlt ab und spült in einen 250ccm-Messkolben über, füllt auf und mischt durch. Von dieser

**) Salzsäure (1 : 1) mit Brom gesättigt.

Lösung pipettiert man 25 ccm in einen 200ccm-Messkolben und gibt in folgender Reihenfolge 25 ccm schweflige Säure *), 25 ccm Tartratlösung (40%ige Kaliumnatriumtartratlösung) und 100 ccm Ammoniak (d 0,910) hinzu. Nach Zugabe jeder Lösung wird umgeschüttelt. Man füllt mit Wasser auf 200 ccm auf, mischt durch, filtriert durch ein 12,5cm-Filter und photometriert bei einer Schichtdicke von etwa 3 cm durch Rotfilter. Die abgelesene Absorption wird an Hand einer Eichkurve ausgewertet.

Zusätzliche Hinweise. Zur Aufstellung der Eichkurve kann man wieder von Eichlegierungen oder auch von synthetischen Lösungen ausgehen. Die Anwendung der schwefligen Säure verhindert Mangan(IV)-oxydhydrat-Ausscheidung aus der Lösung. Eine Reduktion des Kupfers wird dabei vermieden, wenn man die obigen Konzentrationsverhältnisse genau beachtet. Für 0,5 g Legierung müssen mindestens 4 g Weinsäure verwendet werden. Zur Herstellung reproduzierbarer Verhältnisse sind Weinsäure und Aluminiummenge annähernd gleich zu halten.

Die Genauigkeit beträgt etwa ± 1,5% des gefundenen Wertes. Kupfer und Eisen lassen sich aus einer Einwaage bestimmen.

---

*) 700 g Natriumsulfit (kristallisiert) auf 5 l lösen. 1 l dieser Lösung wird zum Gebrauch mit 190 ccm Schwefelsäure (1 : 1) versetzt und gut durchgemischt.

IV. Abschnitt. Elektrolytische Methoden

Vorbemerkungen

Von den elektrolytischen Methoden ist in der Leichtmetallanalyse die Kupferbestimmung am längsten eingeführt. In den letzten Jahren sind noch weitere elektrolytische Verfahren laufend angewendet worden.

Das Prinzip der elektrolytischen Verfahren ist allgemein bekannt. Es braucht daher hier nur auf die spezielle Fachliteratur verwiesen zu werden.

Bei Rein- und Reinstmetall werden elektrolytische Methoden infolge der äusserst geringen Gehalte an Fremdmetallen nicht angewendet, wohl aber zur Bestimmung von Legierungskomponenten.

a) und b) Untersuchung von Legierungen

Blei-Bestimmung [19]

Grundsätzliches. Die elektrolytische Abscheidung des Bleis erfolgt anodisch als PbO_2, da die kathodische Abscheidung infolge der leichten Oxydierbarkeit des Bleis meist zu Überbefunden führt. Die anodische Abscheidung wird in stark salpetersauer Lösung ausgeführt, um kathodische Abscheidung zu verhindern. Die auch dann evtl. noch mögliche kathodische Fällung des Bleis wird jedoch durch Zugabe von Kupfernitrat zum Elektrolyten sicher verhindert. Während der Elektrolyse entsteht leicht salpetrige Säure, die die quantitative Abscheidung des Blei(IV)-oxydes unmöglich macht; um das zu verhindern, setzt man Harnstoff hinzu und führt die Elektrolyse bei Zimmertemperatur aus.

L. Hertelendi [19] macht hierfür auf Grund eingehender Untersuchungen folgende Angaben:

Bei der Bestimmung des Bleis als Blei(IV)-oxyd kann der theoretische Faktor $Pb : PbO_2$ zur Ausrechnung nicht angewendet werden, sondern es muss mit empirischen Faktoren gerechnet werden, weil die Zusammensetzung des anodisch abgeschiedenen Blei(IV)-oxyds nicht vollkommen der Formel PbO_2 entspricht; es weist ein Mehrgewicht auf. Die Anwendung der empirischen Faktoren kann vermieden werden, wenn man nach W. C. May [B 33] das Blei(IV)-oxyd durch Glühen in Blei(II)-oxyd überführt und dieses wägt. Das Blei(IV)-oxyd kann jedoch nur dann ohne Gefahr eines Verlustes geglüht werden, wenn man als Anode eine Platinschale anwendet, weil das auf einem Netz abgeschiedene Blei(IV)-oxyd beim Glühen aufgelockert wird und abblättert. Bei der Analyse technisch wichtiger Legierungen aber werden zur gleichzeitigen Bestimmung des Kupfers und Bleis vielfach die Netzelektroden von A. Fischer[B33] angewendet, sodass in diesem Fall mit empirischen Faktoren gerechnet werden muss.

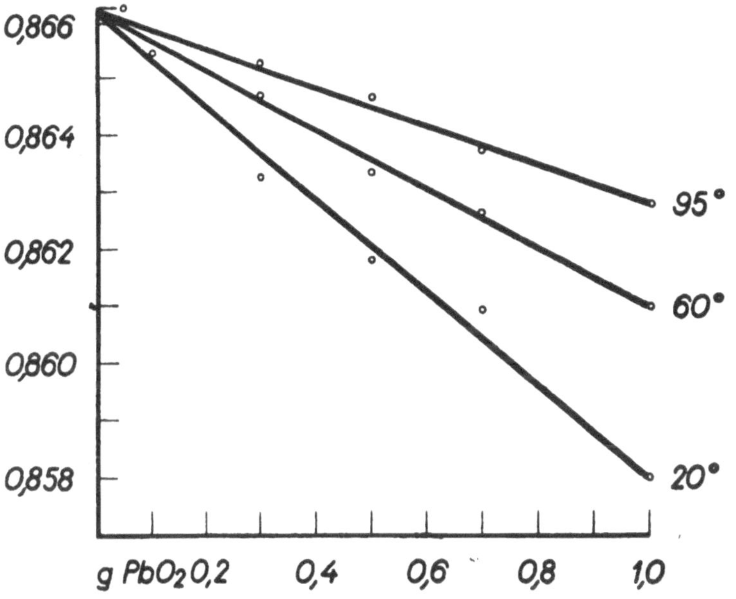

Abb. 14. Faktorenkurven zur Bleibestimmung

Der Faktor nimmt mit der Menge des abgeschiedenen Blei(IV)-oxyds ab, wächst jedoch mit der Abscheidungstemperatur. Der Faktor wird durch Stromstärke und Säurekonzentration innerhalb der Grenzwerte, die wegen der vollkommenen Abscheidung und der Entstehung gut haftender Niederschläge eingehalten werden müssen, kaum beeinflusst, obwohl er mit beiden etwas wächst.

Bei kleinen Niederschlagsmengen (bis zu 0,1 g) sind die Mehrgewichte infolge der Abscheidungsumstände kleiner als die Wägegenauigkeit (0,1 mg); daher ist für diese Mengen ohne Rücksicht auf die Bedingungen der Abscheidung und die Arten der Trocknung der theoretische Faktor anwendbar. Für grössere Mengen (über 0,1 g) müssen je nach der Menge des abgeschiedenen Blei(IV)-oxyds und der Abscheidungstemperatur die aus Abb. 14 ersichtlichen empirischen Faktoren angewendet werden. Sie sind für Niederschläge gültig, die bis 0,3 g während einer Stunde und zwischen 0,3 und 1,0 g während zwei Stunden an Netzelektroden nach A. Fischer abgeschieden und bei 220° getrocknet wurden.

Kleinere Mengen Blei (unter 1 mg) können elektrolytisch nicht mehr genau bestimmt werden. Mangan wird immer, auch wenn nur sehr wenig vorhanden ist, zum Teil anodisch mit abgeschieden, und zwar als Mangan(IV)-oxydhydrat. Grössere Mengen K, Na, Ca, Mg, Ag, Cd, Sb, Bi, As, Zn, Fe und P stören die Fällung, kleinere Mengen haben keinen Einfluss. Chlor-Ionen verzögern die Abscheidung des Blei(IV)-oxyds und verursachen eine geringere Haftfestigkeit an der Anode.

Ausführung der Bestimmung. Je nach dem Bleigehalt löst man 1—4 g der Legierung in 20—80 ccm Salzsäure (1 : 1), verdünnt auf 400 ccm und leitet in die etwa 70° heisse Lösung ½ Stunde lang Schwefelwasserstoff ein. Die Sulfide werden filtriert und, nachdem das Filter in das Becherglas zurückgegeben ist, mit 40 ccm Salpetersäure (1 : 1) gelöst. Man setzt der Lösung 2 g bleifreies Kupfernitrat hinzu, kühlt auf Zimmertemperatur ab, verdünnt auf 100 ccm, gibt 1 g Harnstoff zu und elektrolysiert unter Rühren. Als Elektroden benutzt man die Netzelektroden nach Fischer. Zunächst elektrolysiert man 2 min lang mit nur 0,5 A, erhöht im Verlaufe der nächsten Viertelstunde auf 2 A und elektrolysiert bei dieser Stromstärke zu Ende. Nach Beendigung der Elektrolyse (½ Stunde) entfernt man, ohne den Strom zu unterbrechen, das Elektrolysiergefäss, wobei man gleichzeitig die Elektroden gut abspült. Die Anode wird bei einer der angegebenen Temperaturen getrocknet, gewogen und mit dem entsprechenden Faktor auf Blei umgerechnet.

Enthält die Legierung keines der oben genannten Elemente in grösseren Mengen, so kann man das Metall auch in Salpetersäure (1 : 1) lösen, bis f a s t zur trockne eindampfen, dann mit 15 ccm konz. Salpetersäure und 250 ccm Wasser aufnehmen und nach Zusatz von 2 g Kupfernitrat direkt elektrolysieren.

Zusätzliche Hinweise. Die Abscheidung des Bleis erfolgt selbst bei längerem Elektrolysieren nicht quantitativ. Die Restlösung enthält immer noch etwa 0,1 mg Pb. Dies spielt jedoch bei der Analyse von Legierungen keine Rolle, wenn es sich um technische Analysen handelt.

Cadmium-Bestimmung

Grundsätzliches. Für die Bestimmung des Cadmiums in Aluminiumlegierungen hat sich die elektrolytische Abscheidung aus schwefelsaurer oder cyanalkalischer Lösung gut bewährt. Es wird deshalb auf die ebenfalls mögliche elektrolytische Abscheidung aus essigsaurer und salzsaurer Lösung hier nicht eingegangen.

Für die Abscheidung aus schwefelsaurer Lösung verwendet man verkupferte, für die Abscheidung aus cyanalkalischer Lösung versilberte Elektroden. Würde man im letzten Fall nur verkupferte Elektroden verwenden, so käme es leicht zu Gewichtsänderungen der Kathode infolge der Löslichkeit des Kupfers in Kaliumcyanidlösungen.

Ausführung der Bestimmung. Man löst 3 g der Legierung nach Otis-Handy und scheidet die Kieselsäure ab. S. 45
Zum Filtrat gibt man solange 30%ige Natronlauge, bis das ausgefallene Aluminiumhydroxyd eben wieder gelöst ist. Man setzt 10 g Kaliumcyanid hinzu, um Kupfer in Lösung zu halten, und 20 ccm 10%ige Natriumsulfidlösung. Nach

dem Aufkochen lässt man absitzen und filtriert den Niederschlag durch ein schnellaufendes Filter. Man wäscht mit Wasser aus, dem etwas Natriumsulfid und Natronlauge zugesetzt sind, gibt das Filter in den Fällungsbecher zurück und löst unter kurzem Erhitzen den Rückstand mit 20 ccm Schwefelsäure (1 : 1)*). Nach dem Lösen verdünnt man auf etwa 50 ccm, filtriert von Filterfasern ab und stumpft die schwefelsaure Lösung weitgehend mit Natronlauge ab, wobei jedoch noch kein Cadmiumhydroxyd ausfallen soll. Man setzt 6 g Natriumhydrogensulfat (kristallisiert) hinzu, verdünnt auf 200—300 ccm und kühlt auf Zimmertemperatur ab. Man elektrolysiert mit 3,8 V unter kräftigem Rühren 40 min lang. Nach Beendigung der Elektrolyse spült man die Elektrode kurz in Aceton ab, trocknet bei 105° und wägt. Das abgeschiedene Cadmium soll metallisch glänzend sein.

Will man aus cyanalkalischer Lösung abscheiden, so muss man wie im ersten Fall wieder von einer Lösung ausgehen, die frei von Chloriden und Nitraten ist. Man versetzt die schwefelsaure Lösung mit Phenolphthalein und solange mit Natronlauge oder Kalilauge, bis eine bleibende Rotfärbung auftritt. Das ausgefallene Cadmiumhydroxyd löst man wieder durch langsame Zugabe einer 10%igen Kaliumcyanidlösung. Der Überschuss an Kaliumcyanid darf nicht grösser als 0,3—0,5 g in 100 ccm sein. Man verdünnt die Lösung mit heissem Wasser auf annähernd 100 ccm und elektrolysiert zunächst 10 min bei einer Stromstärke von 1 A, weitere 10 min bei einer Stromstärke von 1,5 A und zum Schluss mit 2 A.

Zusätzliche Hinweise. Die bei der Abscheidung aus schwefelsaurer Lösung erhaltenen Werte fallen häufig etwas zu hoch aus, obwohl immer geringe Cadmiummengen bei der Elektrolyse verloren gehen (0,4—0,8 mg). Trotzdem erhält man gut reproduzierbare Werte.

*) Vorsicht beim Lösen und Weggiessen des ersten Filtrates — — HCN!

Enthält die Lösung mehr als 0,4% Mg, so empfiehlt es sich, das Kieselsäurefiltrat wegen des langsamen Filtrierens von Magnesiumhydroxyd weitgehend mit Natronlauge abzustumpfen und zunächst Cadmium mit Schwefelwasserstoff zu fällen. Den Rückstand löst man in Salpetersäure, raucht mit Schwefelsäure ab und arbeitet wie angegeben weiter.

Kobalt-Bestimmung

Grundsätzliches. Kobalt kommt nur in einigen Speziallegierungen vor. Es scheidet sich elektrolytisch in Gegenwart von Nickel leichter ab, als wenn es allein vorliegt. Daher setzt man häufig vor der Elektrolyse noch etwas Nickelsulfat hinzu und bestimmt nach dem Ablösen des Niederschlags von der Kathode das Nickel mit Diacetyldioxim. S. 71, 191

Ausführung der Bestimmung. Die elektrolytische Bestimmung des Kobalts wird wie die Nickelbestimmung ausgeführt. Da sich Kobalt sehr leicht schwammig abscheidet, S. 218 werden die Befunde durch Oxydation zu hoch; durch einen Zusatz von Hydrazinsulfat wird dies vermieden.

Da alle Elemente, die die Nickelfällung beeinflussen, auch die Kobaltbestimmung stören, kann hier von einer besonderen Arbeitsvorschrift abgesehen werden.

Kupfer-Bestimmung [B3c]

Grundsätzliches. Die Bestimmung des Kupfers in Aluminium bereitet keinerlei Schwierigkeiten. Es sei aber an dieser Stelle auf die unter »Allgemeines« angeführte S. 2 Probenahme (Seigerung) hingewiesen. Die elektrolytische Kupferbestimmung ist derart einfach auszuführen, dass sich ihr gegenüber kein rein gravimetrisches Verfahren hat behaupten können. Sie kann in schwefelsaurer und salpetersaurer Lösung ausgeführt werden; in manchen Fällen arbeitet man auch ammoniakalisch oder cyankalisch. — Arbeitet man in saurer Lösung, so dürfen Chlor-Ionen nicht anwesend sein. Salpetrige Säure, die unter Umständen auftritt, kann durch Zugabe von etwas Harnstoff unschädlich gemacht werden. Bei Aluminiumlegierungen ist die Elektrolyse in schwefelsaurer Lösung am zweckmässigsten, da in den meisten Fällen Silicium nach Otis-Handy bestimmt werden kann oder für die nachfolgende Analyse anderer Legierungsbestandteile nach dieser Methode entfernt werden muss.

Bei etwa 0,2% Cu nimmt man 3 g, bei 2—5% Cu 2 g, über 5% Cu 1 g Metall als Einwaage.

Ausführung der Bestimmungen.

1. In schwefelsaurer Lösung

S. 45 2 g Metall werden nach Otis-Handy gelöst und abgeraucht, das Filtrat der Kieselsäurebestimmung wird auf etwa 200 ccm eingeengt, auf 70° erhitzt und das Kupfer bei 2 V und etwa 2 A unter Rühren auf einer gewogenen Winklerschen Drahtnetzelektrode mit einer Oberfläche von etwa 50 cm^2 abgeschieden. Nach 20 min gibt man etwas heisses Wasser hinzu, um den Flüssigkeitspiegel zu heben und an einem noch nicht verkupferten Streifen der Elektrode beobachten zu können, ob das Kupfer quantitativ abgeschieden ist. Hat sich nach 5 min auf diesem Streifen noch kein Kupfer abgeschieden, so ist die Elektrolyse beendet. Man spült die Elektroden, ohne den Strom zu unterbrechen, mit Wasser ab, taucht die Elektrode dann kurz in Alkohol, trocknet sie im Trockenschrank bei 105° und wägt. Vielfach wird das Abspülen mit Wasser auch durch den Austausch des Elektrolysierbechers gegen einen anderen, der dest. Wasser enthält, umgangen. Man muss in allen Fällen sehr rasch arbeiten, um ein Ablösen des Kupfers von der Elektrode zu verhindern.

Kommt es auf eine ausgesprochene Schnellanalyse an, bei der nur das Kupfer ermittelt werden soll, so löst man z. B. 2 g der Legierung in 30 ccm 25%iger Natronlauge, versetzt mit 35 ccm Schwefelsäure (1 : 1), gibt 2 ccm Salpetersäure (d 1,4) hinzu und elektrolysiert bei etwa 3 V und 3 A 25 min lang bei 60—70°.

2. In salpetersaurer Lösung

Bei Kupfergehalten unter 0,05% liefert die Elektrolyse aus schwefelsaurer Lösung infolge der kleinen Auswaage nicht mehr ganz befriedigende Ergebnisse. Es empfiehlt sich in diesem Fall ein Anreicherungsverfahren und die Bestimmung aus salpetersaurer Lösung.

Man löst 10—20 g Metall in 25%iger Natronlauge, verdünnt auf etwa 700 ccm und fällt mit 30 ccm 10%iger Natriumsulfidlösung. Nach mehrstündigem Stehenlassen filtriert man durch ein schnellaufendes Filter und wäscht den Rückstand mit natriumsulfidhaltigem Wasser. Man gibt das Filter in ein Becherglas, übergiesst es mit 10 ccm Salpetersäure (1 : 1) und ca. 30 ccm Wasser und kocht, bis die Sulfide und Hydroxyde gelöst sind. Nun filtriert man von dem Filterbrei ab und wäscht ihn gut mit heissem Wasser aus. Zum Filtrat, das etwa 100 ccm betragen kann, gibt man 5 g Ammoniumnitrat, erhitzt auf ca. 70° und scheidet das Kupfer elektrolytisch ab. Bei der Elektrolyse aus salpetersaurer Lösung ist es zweckmässig, mit etwas höherer Spannung zu arbeiten als bei der Elektrolyse aus schwefelsaurer Lösung (2—3 V). Zur Entfernung von salpetriger Säure ist wieder die Zugabe von etwas Harnstoff zweckmässig.

Zusätzliche Hinweise. Bei der Elektrolyse aus saurer Lösung ist besonders die Anwesenheit von Chlor-Ionen gefährlich, da diese das Kupfer wieder lösen. Wenn geringe Mengen an Chloriden vorhanden sind, kann man durch Arbeiten in der Kälte und Zugeben von Harnstoff die Löslichkeit weitgehend herabsetzen, doch ist die Gefahr von Verlusten immer vorhanden.

Beim Arbeiten in Salpetersäure muss man besonders beim Abbrechen der Elektrolyse auf die grosse Löslichkeit des Kupfers achten. Nach O. Brunck gibt man daher zweckmässig dest. Wasser in den Elektrolysierbecher und hebert die Analysenlösung ab, ohne den Strom zu unterbrechen.

Bei zu hoher Stromstärke und zu geringer Salpetersäurekonzentration wird das Kupfer schwammig abgeschieden.

Die Elektrolyse wird durch Ag, Sb, Bi, As gestört, ebenso durch Pb, wenn viel Blei neben wenig Kupfer vorliegt.

Nach H. Epha [42] lässt sich salpetrige Säure durch einen kleinen Zusatz von Chlorsäure unschädlich machen, die sich unter Bildung von Salzsäure und Salpetersäure umsetzt. Eine gewisse Konzentration an Chlor-Ionen wird hiernach in Kauf genommen. Da Chlorsäure im Handel nicht analysenrein erhältlich ist, wird mit Kaliumchlorat gearbeitet. Zu der salpetersauren Lösung gibt man etwa 0,15 g Kaliumchlorat in Form einer verdünnten Lösung und füllt dann den Elektrolyten auf 150 ccm auf. Die Stromstärke soll bei dieser Arbeitsweise zwischen 1 und 5 A liegen. Bei 1 A dauert die Elektrolyse etwa 3 Std., bei 5 A etwa 20 min.

Nickel-Bestimmung [B7, 85]

Grundsätzliches. Die elektrolytische Abscheidung des Nickels erfolgt aus ammoniakalischer Lösung der Chloride oder Sulfate. Aus der nitrathaltigen Lösung lässt sich das Nickel unter Umständen auch abscheiden, aber nur, wenn ganz bestimmte Arbeitsbedingungen eingehalten werden; in diesem Fall muss die auftretende salpetrige Säure durch Verkochen oder durch Zugabe von Harnstoff unschädlich gemacht werden.[85] Es ist jedoch zweckmässiger, die Lösung mit Schwefelsäure abzurauchen. Die Elektrolyse wird als Schnellelektrolyse ausgeführt.

Ausführung der Bestimmung. 1—2 g Legierung werden nach Otis-Handy gelöst. Kupfer, Blei, Wismut, Cadmium S. 45 werden elektrolytisch oder auch mit Schwefelwasserstoff entfernt (s. gravimetrische Methode). Die Lösung (etwa S. 72, 92 200 ccm) wird anschliessend mit Natronlauge versetzt, bis das ausfallende Aluminiumhydroxyd gerade wieder in Lösung geht, und mit 10 ccm 3%iger Wasserstoffperoxydlösung unter Kochen oxydiert. Bei Anwesenheit von Chrom geht meistens nur ein Teil des Chroms als Chromat in Lösung, ein Rest findet sich immer in den Hydroxyden. Man löst diese daher noch einmal in einer Lösung, die 7 ccm konz. Salzsäure, 5 ccm 3%ige Wasserstoffperoxydlösung und 70 ccm heisses Wasser enthält, und wiederholt die Fällung. Nach kurzem Absitzen wird filtriert und der Rückstand in der oben angegebenen verdünnten Salzsäure gelöst. Aus dieser Lösung wird Magnesium abgeschieden.

Das ammoniakalische Filtrat wird bei einer Stromstärke von 4—5 A unter Rühren elektrolysiert. Als Kathode dient eine gewogene Winklersche Drahtnetzelektrode, als Anode eine Platinspirale. Das Nickel scheidet sich an der Kathode als hellgrauer festhaftender Beschlag ab, nach ¾ Stunden ist die Abscheidung beendet. Eine weitere Fortsetzung der Elektrolyse kann zu Überbefunden durch teilweise Abscheidung des anodisch gelösten Platins führen. Der Angriff auf die Anode erfolgt erst nach der vollständigen Fällung des Nickels. Solange der Elektrolyt noch Nickel-Ionen enthält, bildet sich auf der Anode ein Schutzüberzug von Nickelhydroxyd. Man nimmt, ohne den Strom zu unterbrechen, den Elektrolysierbecher weg, spült die Elektrode sofort mit heissem Wasser ab, taucht die Kathode kurz in Alkohol und trocknet bei 105°. Wenn die Legierung kein Kobalt enthielt, ergibt die Gewichtszunahme das gesamte Nickel.

Die von Nickel befreite Lösung prüft man mit Diacetyldioxim auf Vollständigkeit der Nickelfällung. Ist Kobalt in der Legierung vorhanden, so trennt man nach dem Ablösen des Niederschlags mit Salpetersäure (1 : 1) unter Kochen nach der gravimetrischen Methode (s. Biltz [B7] S. 375).

Zusätzliche Hinweise. Bei der Nickelelektrolyse erhält man leicht dadurch etwas zu hohe Werte, dass sich gegen Ende von der Anode Platin ablöst, das dann teilweise an der Kathode mit abgeschieden wird. Wenn zu wenig Ammoniak vorhanden ist, scheidet sich unter Umständen an der Anode Nickeloxyd oder Nickelhydroxyd ab. Andere Kationen, wie Cu, Ag, Bi, Hg, Cd, Zn, sind vor der Elektrolyse abzutrennen, da sie mit abgeschieden werden. Auch ist darauf zu achten, dass keine Acetate vorhanden sind, da diese lösend wirken, ebenso wie salpetrige Säure. Erste entfernt man durch Umfällen des Nickels mit Soda und Natronlauge, letzte am besten durch Abrauchen mit Schwefelsäure oder auch durch Verkochen unter Zusatz von Wasserstoffperoxyd.

Die Abscheidung des Nickels wird am besten nach der Magnesiumfällung ausgeführt. An sich kann Nickel ohne Bedenken auch vorher abgeschieden werden; dabei geht jedoch immer etwas Platin in Lösung, das dann bei der folgenden Magnesiumfällung mit ausfällt.

Zink-Bestimmung [B 33]

1. Ausführungsart

Grundsätzliches. Die elektrolytische Abscheidung des Zinks kann aus natronalkalischer Lösung erfolgen, wenn diese frei von Chloriden und Nitraten ist. Um metallischglänzende Niederschläge zu erhalten, muss sorgfältig von Eisen und Kupfer getrennt werden, da beide bei der Elektrolyse mit abgeschieden werden. Ausserdem sollen die abgeschiedenen Zinkmengen nicht grösser als 50 mg sein. Häufig wird die Fällung auch aus kalialkalischer Lösung vorgenommen. Dies bedeutet, dass bei der Elektrolyse ganz andere Leitfähigkeitsverhältnisse vorliegen als in natronalkalischer Lösung. Der Widerstand der Lösung ist unter sonst gleichen Bedingungen (Konzentration, Temperatur usw.) grösser, so dass mit geringerer Stromstärke elektrolysiert wird. Unter diesen Umständen können die abzuscheidenden Zinkmengen etwas grösser gehalten werden als bei der Abscheidung aus natronalkalischer Lösung.

Ausführung der Bestimmung. Man löst 1—2 g Metall nach Otis-Handy, raucht ab, filtriert die Kieselsäure und S. 45 bestimmt das Kupfer elektrolytisch, jedoch ohne Zusatz von Salpetersäure. Die von Kupfer befreite Lösung wird nun mit 25⁰/₀iger Natronlauge versetzt, bis das ausgefallene Aluminiumhydroxyd wieder in Lösung geht. Dann gibt man zur völligen Ausfällung des Eisens und Mangans einige Kubikzentimeter 3⁰/₀ige Wasserstoffperoxydlösung hinzu, kocht auf und lässt 4—5 Stunden absitzen.

Kupferfreie Legierungen kann man direkt mit 30 ccm 25⁰/₀iger Natronlauge lösen. Man verdünnt auf ca. 200 ccm, gibt einige Kubikzentimeter 3⁰/₀ige Wasserstoffperoxydlösung zur Abscheidung von Eisen und Mangan hinzu, kocht auf und lässt 4—5 Stunden absitzen.

Man filtriert nun durch ein schnellaufendes Filter und wäscht den Rückstand 3—4mal mit heissem Wasser aus. Der Hydroxydniederschlag schliesst immer, besonders wenn Mangan anwesend ist, infolge der Bildung von Zinkmanganiten Zink ein; er muss deswegen umgefällt werden, obwohl bei technischen Analysen darauf aus Zeitersparnis häufig verzichtet wird. Man spritzt den Rückstand in das Becherglas zurück und löst die Niederschlagsreste vom Filter mit einer Lösung, die 10 ccm Schwefelsäure, 5 ccm 3⁰/₀ige Wasserstoffperoxydlösung und etwa 85 ccm heisses Wasser enthält, in das Becherglas. Nach völligem Lösen des Rückstandes, das man durch Erhitzen beschleunigt, verdünnt man die Lösung auf etwa 200 ccm und fällt nochmals mit Natronlauge. Nach 2—3stündigem Abstehen filtriert man vom Rückstand, der jetzt praktisch zinkfrei ist, ab. Die beiden Filtrate vereinigt man, engt auf etwa 400 ccm ein, spült in einen 500ccm-Messkolben und füllt nach dem Abkühlen bis zur Marke auf.

Aus dem Kolben pipettiert man in ein 600ccm-Becherglas soviel ab, dass die Lösung 10—50 mg Zink enthält, gibt 4 g Natriumhydroxyd hinzu, verdünnt auf etwa 400 ccm und erhitzt auf 30—40°. Als Kathode verwendet man eine vorher gut verkupferte Platindrahtnetzelektrode. Ehe man die Elektroden in den Elektrolyten taucht, schaltet man den Strom ein. Unter Rühren wird nun bei 70° und 4—6 A 40 min lang elektrolysiert. Man spült die Kathode, ohne den Strom zu unterbrechen, rasch mit heissem Wasser ab, wäscht sie mit Alkohol nach und trocknet bei 70°.

Zusätzliche Hinweise. Der Zinkniederschlag enthält häufig Eisen, da das gesamte in alkalischer Lösung vorhandene Eisen mit abgeschieden wird. Daher kann die Abscheidung des Eisens und Mangans aus alkalischer Lösung nicht beliebig verkürzt werden. Wenn jedoch die Elektrolyse in nur mässig warmer Lösung vorgenommen wird, ist die Abscheidung des Eisens unvollkommen. Beim Trocknen der Elektrode ist zu beachten, dass das Zink sehr leicht oxydiert; die Temperatur von 70° soll daher nicht überschritten werden. Es wird vielfach vorgeschlagen, die betreffenden Aluminiumlegierungen direkt in Natronlauge oder Kalilauge zu lösen, wobei durch längeres Kochen das gesamte Zink aus dem Niederschlag herausgelöst werden soll. Nach eigenen Erfahrungen ist dies jedoch nicht möglich, sondern man muss, um zu genauen Werten zu kommen, auch in diesem Fall den Niederschlag wieder in Säure lösen und die Abtrennung durch Übersättigen mit Natronlauge noch ein zweitesmal vornehmen. Die Mengen Zink, die im Rückstand gefunden werden, sind in diesem Falle sogar noch grösser als beim Lösen der Späne in Säure und nachfolgendem Übersättigen mit Natronlauge.

2. **Ausführungsart** [140, 142]

Grundsätzliches. Von Sterner-Rainer[142] und Zartmann wurde in Anlehnung an die Vorschrift der von der Aluminium-Zentrale herausgegebenen Analysenblätter (Blatt Zn 1)[B3] eine Methode ausgearbeitet, nach der eine verkürzte Vorbehandlung der zu elektrolysierenden Probe möglich ist. Sie beruht auf Einwaage einer bestimmten Spangrösse der Metallprobe, Anwendung einer erhöhten Laugenkonzentration und Einfügung einer Filtration der durch Peroxyd ausgefällten Schwermetallhydroxyde. Die Elektrolyse wird, wie auch von Steinhäuser[140] vorgeschlagen, unter Zusatz von Weinsäure und Gelatine durchgeführt.

Ausführung der Bestimmung. Als Einwaage werden 1 g feine Bohr- oder Hobelspäne mit höchstens 0,2 mm Spandicke verwendet. Die Späne werden in einem 600ccm-Becherglas mit 75 ccm 30⁰/₀iger Kalilauge gelöst. Nach der Reaktion wird die Lösung auf etwa 150 ccm verdünnt, 15 min auf kleiner Flamme oder auf der Heizplatte von etwa 200° gekocht und sofort durch ein »mittleres« Filter von 12,5 cm filtriert. Der Rückstand wird 5—6mal mit heissem Wasser ausgewaschen. Zum Filtrat gibt man 20—25 Tropfen 3⁰/₀iges Wasserstoffperoxyd und etwas Filterschleim und kocht kurz auf. Nach 20 min Stehen werden die ausgefallenen Hydroxyde wieder durch ein Filter genannter Art abgetrennt. Der Niederschlag wird mit heissem Wasser 5—6mal ausgewaschen. Das Filtrat wird mit 50 ccm 20⁰/₀iger Natriumsulfatlösung, 3 ccm 25⁰/₀iger Weinsäurelösung und 3 ccm frisch bereiteter 1⁰/₀iger Gelatinelösung versetzt und sogleich bei Raumtemperatur, 3 A und 5—6 V zur elektrolytischen Ausfällung gebracht, die auf glänzend verkupferter Elektrode unter kräftigem Rühren in 45—60 min erfolgt. Der Kupferüberzug der Elektrode soll vom Elektrolyten völlig bedeckt sein. Die Elektrolyse wird ohne Abschaltung des Stromes beendet, indem die Analysenlösung in bekannter Weise durch dest. Wasser verdrängt oder einfacher, indem das bisher als Elektrolysiergefäss benutzte Becherglas samt Inhalt rasch durch ein wassergefülltes ersetzt wird. Dieser Handgriff wird bei laufendem Rührer nochmals wiederholt, dann wird die Elektrode abgenommen, mit dest. Wasser abgespült, in reinen säurefreien Alkohol getaucht und bei 70° 3 min lang getrocknet.

Fehlerquellen:

1. Zu grobe Späne (über 0,2 mm Spandicke) ergeben Unterbefunde durch Zinkverluste im ersten Rückstand; zu feine (staubfeine Säge- oder Feilspäne) ergeben bei hoch bleihaltigen Legierungen Überbefunde, weil sich merkliche Mengen von Blei lösen und auf der Kathode abscheiden.
2. Unvollständige Elektrolyse wird dadurch angezeigt, dass bei Zusatz von Natriumsulfidlösung Trübung eintritt.
3. Erfahrungsgemäss lassen sich auch feine bleihaltige Sägespäne (bis zu 1,5% Pb) mit gutem Ergebnis nach der geschilderten Methode auf ihren Zinkgehalt quantitativ prüfen, wenn bei der Zugabe der Lauge langsam und unter stetigem Kühlen verfahren, die Laugenkonzentration nur halb so stark, also 2,5 molar, gewählt und die Kochzeit der Vorschrift von 15 min auf 5 min gekürzt wird.
   Die Genauigkeit beträgt bei 0,2% Zn ± 10%, bei 1% Zn ± 5% und bei 5% Zn ± 2% des gefundenen Wertes.

Zinn-Bestimmung [B 33]

Grundsätzliches. Für die gravimetrische Bestimmung des Zinns in Aluminiumlegierungen ist die sonst übliche Fällung des Zinndioxyds aus salpetersaurer Lösung nicht geeignet, denn SnO_2 schliesst immer kleinere Mengen Kieselsäure, Eisenoxyd, Kupferoxyd oder Tonerde ein. Die Umfällung dieses unreinen Zinndioxyds bedingt in den meisten Fällen Zinnverluste und ist ausserdem sehr zeitraubend.

Einfacher und kürzer ist die elektrolytische Abscheidung, wobei nur die Abscheidung aus sulfammoniakalischer Lösung einerseits und aus oxalsaurer oder salzsaurer Lösung anderseits Bedeutung gewonnen haben.

Die elektrolytische Abscheidung nach Böttger[B33] erfolgt aus einer Ammoniumsulfidlösung bei 50—60° mit 1,7—2,6 A auf einer verkupferten und anschliessend noch in oxalsaurer Lösung verzinnten Elektrode. Eine Verzinnung ist erforderlich, um eine Kupfersulfidbildung und damit eine Gewichtsänderung der Elektrode zu verhindern. Die Lösung soll 16 ccm farbloses Ammoniumsulfid enthalten; sie wird aus einer konz. Ammoniaklösung, die mit Schwefelwasserstoff gesättigt und nochmals mit dem gleichen Volumen Ammoniak versetzt wurde, bereitet. Die nach dieser Methode erzielten Ergebnisse fallen immer etwas zu hoch aus, da das abgeschiedene Zinn meistens etwas Schwefel enthält.

Die elektrolytische Abscheidung aus salzsaurer Lösung erfolgt auf einer verkupferten Elektrode bei 1,5 A. Die Lösung, deren Volumen etwa 200 ccm betragen soll, wird während der Elektrolyse lebhaft bewegt und allmählich auf 70° erwärmt. Um die lösende Wirkung des dabei entwickelten Chlors zu verhindern, setzt man vor der Elektrolyse 1—2 g Hydroxylaminhydrochlorid hinzu.

Mit dieser letzten Bestimmungsmethode liegen sehr gute eigene Erfahrungen vor.

Ausführung der Bestimmung. Man löst 2 g der Legierung mit 40 ccm Salzsäure (1 : 1) und versetzt gegen Ende des Lösungsvorganges mit ca. 0,5 g Kaliumchlorat, um den ausgeschiedenen Metallschwamm (Kupfer) zu lösen. Man dampft bis zur beginnenden Kristallbildung ab, verdünnt auf etwa 400 ccm und leitet in die 80° heisse Lösung ½

Stunde lang Schwefelwasserstoff ein. Man filtriert die Sulfide durch ein schnellaufendes Filter, das mit Filterschleim gedichtet ist, oder durch eine mit Asbest präparierte Nutsche und wäscht den Rückstand mehrmals mit schwefelwasserstoffhaltigem Wasser aus.

Soll die Abscheidung aus sulfammoniakalischer Lösung erfolgen, so zieht man den Niederschlag durch portionsweise Zugabe von 16 ccm farbloser Schwefelammoniumlösung aus. Diese Lösung wird zuvor mit heissem Wasser auf etwa 60 ccm verdünnt. Man verdünnt den erhaltenen Auszug auf etwa das doppelte und elektrolysiert wie beschrieben.

Soll aus salzsaurer Lösung abgeschieden werden, so zieht man den Niederschlag durch portionsweise Zugabe von 50 ccm einer 1%igen heissen Natriumsulfidlösung aus, versetzt den Auszug mit 20 ccm Salzsäure (1 : 1) und einigen Tropfen 3%iger Wasserstoffperoxydlösung und löst das zunächst ausgefallene Zinnsulfid durch Erhitzen zum Sieden. Man filtriert vom verbleibenden Schwefel ab und verkocht das Wasserstoffperoxyd durch Einengen auf 10 ccm. Die Lösung wird auf 200 ccm verdünnt, mit 1 g Hydroxylaminhydrochlorid versetzt und elektrolysiert. Gegen Ende der Elektrolyse gibt man nochmals 1 g Hydroxylaminhydrochlorid hinzu. Das abgeschiedene Zinn soll metallisch glänzen und fest haften.

V. Abschnitt. Polarographische Methoden

Vorbemerkungen

Erst in den letzten Jahren haben die polarographischen Methoden mehr und mehr Eingang in die Praxis des analytischen Laboratoriums gefunden, besonders nachdem geeignete Messmethoden sowie leicht und sicher zu bedienende Geräte entwickelt waren. Mit Hilfe der Polarographie kann man eine grosse Anzahl von Stoffen ohne vorhergehende chemische Trennung nebeneinander bestimmen, wozu oft noch der Vorteil kommt, dass man nur sehr wenig Probegut benötigt, ohne dass die Genauigkeit darunter leidet.

Grundlagen. Die Grundlagen dieses von Heyrovsky ausgearbeiteten Verfahrens sind vielfach geschildert worden [B 34, B 35, 209, 217]. Sie beruhen auf der selbsttätigen Aufzeichnung der Stromspannungskurven, wobei die zu untersuchende Lösung sich zwischen einer grossflächigen Quecksilberanode und einer Quecksilbertropfkathode mit kleiner Oberfläche befindet, die durch Abtropfen ständig erneuert wird. Legt man an diese Elektroden eine von Null aus langsam steigende Spannung, so fliesst nach Erreichen des Abscheidungspotentials des in der Lösung vorhandenen edelsten Kations ein Strom, der bei weiterer Erhöhung der Spannung bald wieder konstant wird, und dessen Grösse abhängig ist von der Diffusionsgeschwindigkeit der reduzierten Kationen und damit von der Konzentration dieser Kationen in der Lösung selbst. Die übrigen die Diffusion beeinflussenden Faktoren, z. B. Salzkonzentration, Temperatur usw., müssen natürlich konstantgehalten werden. Wird bei weiterem Spannungsanstieg das Reduktionspotential des nächsten Kations erreicht, so erhält man wiederum eine Stromstufe und so fort. (Abb. 15.)

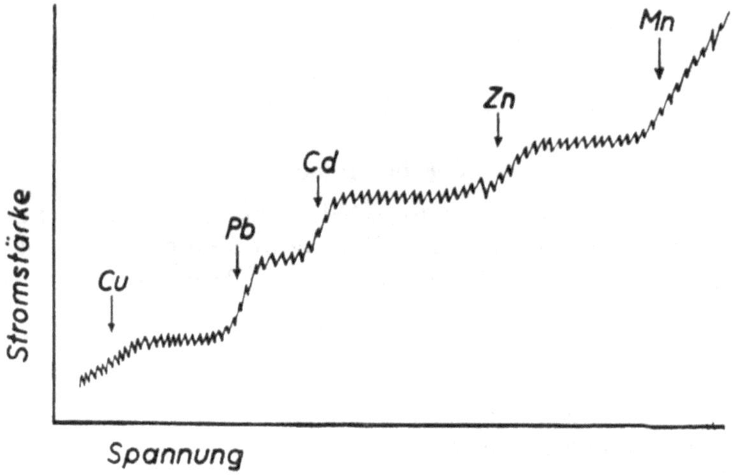

Abb. 15. Strom-Spannungskurve — »Polarogramm«

Aus der an sich bekannten Abscheidungsspannung ist die Art des reduzierten Kations ersichtlich (qualitative Auswertung), während der Stromanstieg ein Mass für die Menge der vorhandenen Kationen ist (quantitative Auswertung). Eine Bestimmung von zwei und mehr Kationen in einer Lösung ist nur dann möglich, wenn die Abscheidungspotentiale der nacheinander reduzierten Kationen genügend weit auseinander liegen, und zwar mindestens 150—200 mV. Wenn die Reduktionsspannungen näher beieinanderliegen, gehen die Stromanstiege ohne deutliche Trennung ineinander über, und eine Auswertung der Polarogramme ist dann nicht mehr möglich. In solchen Fällen versucht man, durch geeignete Behandlung der zu untersuchenden Lösungen zum Ziel zu kommen. Das wesentlichste Hilfsmittel dazu ist die Bildung geeigneter Komplexe, da diese andere Abscheidungspotentiale aufweisen als die freien Kationen; oft reicht auch schon eine Änderung des p_H-Wertes aus. Wenn die Lösung z. B. von einer sauren zur stark alkalischen Reaktion übergeht, verschieben sich die Abscheidungspotentiale der Ionen Pb^{++}, Sn^{++}, Zn^{++}, Cr^{+++} usw. zu denen der entstandenen Plumbite, Stannite, Zinkate usw. Die Zugabe eines Überschusses von Cyaniden oder Rhodaniden, die zu Komplexbildungen führt, bewirkt eine starke Verschiebung der Reduktionsspannungen der Ionen Cd^{++}, Ni^{++}, Co^{++}, In^{++}. Hierbei ist zu beachten, dass Kupfer-, Eisen(II)- und Zinksalzlösungen mit Überschuss von Cyanid-Ionen überhaupt keine Stufen mehr ergeben und somit völlig aus dem Polarogramm verschwinden. Die Zugabe von Ammoniak, Citraten, Tartraten oder Oxalaten bewirkt z. B. eine Verschiebung der Abscheidungsspannungen der Kationen von Kupfer, Zink, Cadmium und anderen. Die Entfernung des manchmal störenden Luftsauerstoffes gelingt in alkalischen Lösungen leicht durch Zugabe von Natriumsulfit, während man bei sauren Lösungen bis zur Entfernung des Luftsauerstoffes einen Strom von Wasserstoff oder Stickstoff durch die Lösungen leitet und noch während des Durchleitens das Polarogramm aufnimmt.

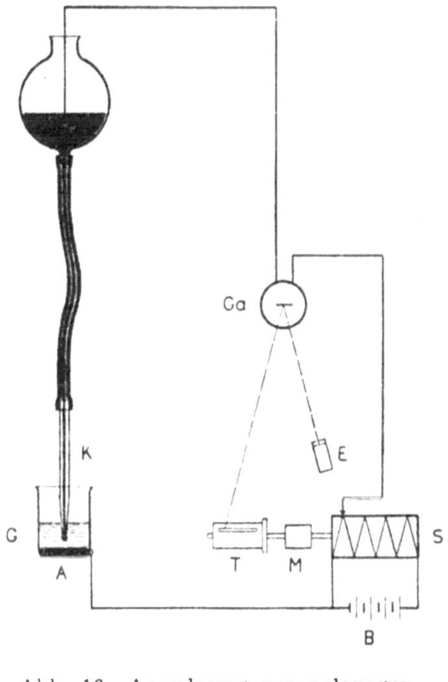

Abb. 16. Anordnung zur polarographischen Messung

Aufbau der Apparatur. Den Aufbau der gesamten polarographischen Apparatur zeigt Abb. 16. Die zu untersuchende Lösung L befindet sich in einem

Glasgefäss G, dessen Boden mit der Quecksilberanode A bedeckt ist. In die Lösung taucht die Tropfkapillare K, das austretende Quecksilber bildet die Kathode. Sie steht über ein Spiegelgalvanometer Ga in leitender Verbindung mit dem Spannungsteiler S. Durch einen hier nicht gezeichneten Umschalter hat man die Möglichkeit, die Empfindlichkeit des Galvanometers und damit die Grösse des Ausschlags in weiten Grenzen nach Bedarf zu wählen. An den Spannungsteiler ist ein Akkumulator B von 2 oder 4 V Spannung angeschlossen. Der Widerstandsdraht des Spannungsteilers ist auf eine Walze gewickelt, die durch einen Motor M in gleichmässige Umdrehung versetzt wird. Dadurch ist es möglich, Spannungen abzugreifen, die allmählich von 0—2 oder 4 V ansteigen. Die dabei auftretende Stromstärke wird durch den vom Galvanometerspiegel reflektierten Lichtstrahl der Lichtquelle E auf das photographische Papier der beweglichen Trommel T aufgezeichnet. Diese Trommel wird vom Motor des Spannungsteilers so angetrieben, dass sie genau eine Umdrehung vollendet hat, wenn der Spannungsteiler sämtliche Spannungen zwischen 0 und 2 bezw. 4 V abgegriffen hat. Dadurch wird erreicht, dass in der Längsrichtung des Papiers durch dessen Vorschub die Spannungskoordinate und senkrecht dazu durch den Ausschlag des Spiegelgalvanometers die Stromkoordinate aufgezeichnet wird. Diese Diagramme werden als Polarogramme bezeichnet. Sie bieten alle Vorteile einer automatischen Registrierung, namentlich die schnelle und dauernde Fixierung der Versuchsergebnisse.

Aufnahme und Auswertung der Polarogramme. Die zu polarographierende und nach einer der verschiedenen Vorschriften vorbereitete Lösung bringt man in das Elektrolysegefäss. Als solches kann z. B. ein 25- oder 50ccm-Becherglas dienen. Der Boden dieses Gefässes ist einige Millimeter hoch mit Quecksilber bedeckt, das die Anode bildet. Der Strom wird ihr durch einen in ein Glasrohr eingeschmolzenen Platindraht zugeführt, der 1—2 mm aus dem Glasrohr herausragt und völlig in das Bodenquecksilber eintaucht. Statt des Becherglases verwendet man mit Vorteil namentlich bei Serienanalysen eine Elektrolysezelle nach G. Maassen[212] (Abb. 17). Die zu untersuchende Lösung befindet sich hier in einem reagenzglasförmigen Einsatzgefäss von etwa 5 ccm Inhalt, in das seitlich eine Glasfritte als Diaphragma eingeschmolzen ist. Das Einsatzgefäss hängt in einem Kölbchen, in dem sich das Bodenquecksilber (Anode) und eine gesättigte Kaliumchloridlösung befinden. Für die Stromzuführung ist in das Kölbchen ein Platindraht eingeschmolzen.

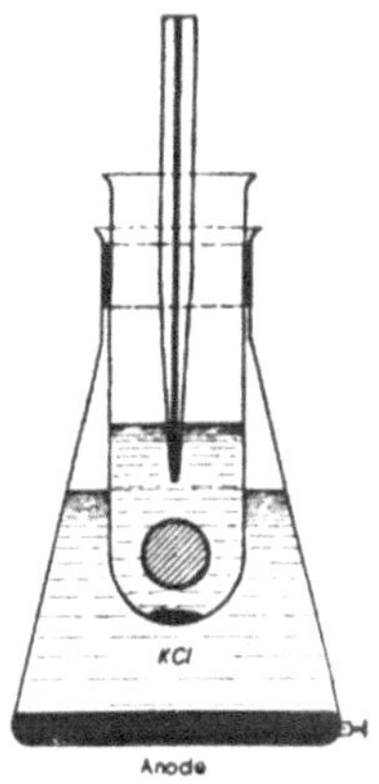

Abb. 17. Elektrolysezelle

Diese Einrichtung bietet besonders den Vorteil sparsamsten Quecksilberverbrauchs, da für jede Analyse immer nur die geringe, aus der Kapillare austretende Quecksilbermenge verbraucht wird, während das Bodenquecksilber nur gelegentlich erneuert werden muss. Es sei noch darauf hingewiesen, dass das für die Polarographie verwendete Quecksilber frei von Fremdmetallen sein muss; es wird am besten nach gewöhnlicher chemischer Reinigung zweimal im Vakuum destilliert. Die Tropfkapillare wird in die Lösung eingetaucht. Es ist darauf zu achten, dass der Abstand zwischen der Austrittsöffnung der Tropfkapillare und dem Quecksilberspiegel im Vorratsgefäss bei allen Aufnahmen der gleiche ist, damit die Tropfgeschwindigkeit genau konstant bleibt. Zweckmässigerweise benutzt man eine Vorrichtung, die den Quecksilberspiegel automatisch auf gleicher Höhe hält. Nachdem man den Akkumulatorstrom und die Beleuchtung des Galvanometers eingeschaltet hat, stellt man den Lichtzeiger des Galvanometers auf den Anfang des lichtempfindlichen Papiers. Für die Aufnahmen benutzt man ein lichtempfindliches Papier mit mm-Einteilung, um die spätere Auswertung der Polarogramme zu erleichtern. Man schaltet nun den Antriebsmotor des Polarographen ein und lässt die

Strom-Spannungskurve aufzeichnen. Die Empfindlichkeit des Galvanometers wählt man so, dass die Strom-Spannungskurve einen möglichst grossen Raum auf dem photographischen Papier einnimmt. Das photographische Papier wird dann entwickelt, fixiert und getrocknet.

Für das Ausmessen der Stufenhöhe der Polarogramme haben sich folgende Verfahren bewährt (Abb. 18):

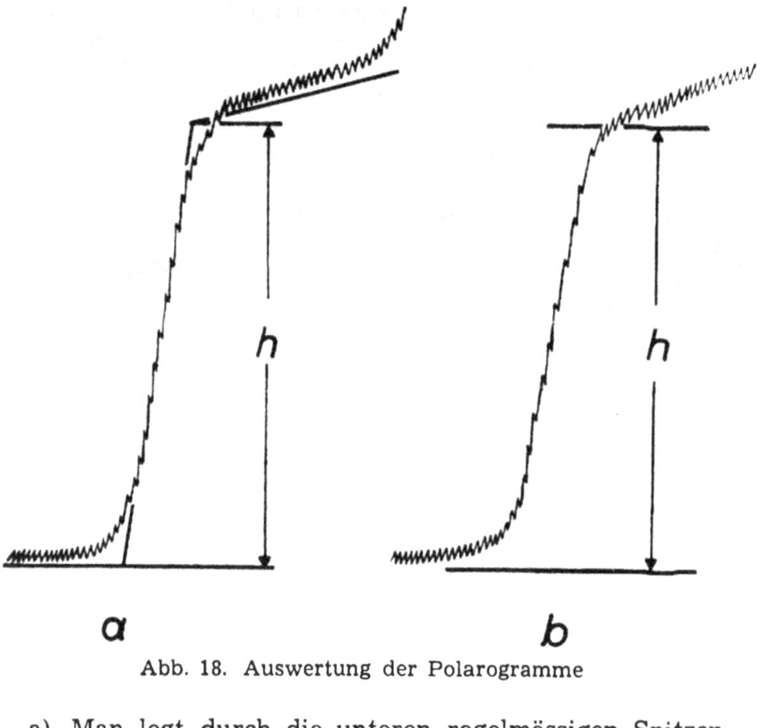

Abb. 18. Auswertung der Polarogramme

a) Man legt durch die unteren regelmässigen Spitzen des Anfangsstromes sowie durch die unteren regelmässigen Spitzen des Sättigungsstromes je eine Gerade. Dann zieht man eine Gerade durch den linearen Teil des Stromanstieges und verlängert diese bis zum Schnittpunkt mit den beiden vorher gezogenen Geraden. Der senkrechte Abstand zwischen diesen Punkten ist die Höhe h des Stromanstieges, die leicht mit einer Genauigkeit von $\pm$ 0,2 mm festzustellen ist.

b) Aus den abgebildeten Polarogrammen kann man leicht entnehmen, dass bei Beginn des Anstiegs die Abstände der Zacken sich vergrössern und nach Erreichen des Sättigungsstromes wieder gleichmässig werden. Man legt nun durch die letzte untere und erste obere Zacke des regelmässigen Bereichs je eine Waagerechte. Der Abstand der beiden Waagerechten voneinander gibt die Stufenhöhe h an.

Welches dieser beiden Verfahren man für die Ausmessung der Stufenhöhe verwendet, ist weniger wichtig, als dass man bei dem einmal gewählten Verfahren bleiben muss, um für alle Kurven eine gleichmässige Auswertung zu erhalten.

Für die Berechnung des gesuchten Gehaltes ist die Aufstellung einer Eichkurve weniger zu empfehlen als das Arbeiten mit Eichzusatz (s. u.), da man im letzten Falle unabhängiger ist von zufällig anwesenden Verunreinigungen und von der Temperatur. Beim Arbeiten mit Eichzusatz muss man nur dafür sorgen, dass die Temperatur während der Aufnahme einer Serie genau konstant bleibt, da eine Schwankung um 1° einen Fehler von 1—3% verursachen kann. Temperaturschwankungen von einer Serie zur anderen hingegen werden von selbst eliminiert.

Beispiel für die Berechnung der Analysen mit Eichzusatz. Die zu untersuchende Probe wird doppelt angesetzt. Nach Auflösung der Spänc fügt man einer der Lösungen eine bekannte Menge des gesuchten Elementes hinzu und füllt dann beide Lösungen in Messkolben auf das gleiche Endvolumen auf. Die Polarogramme werden aufgenommen, die Stufenhöhe wird wie oben beschrieben ermittelt. Bezeichnet man die Stufenhöhe der Analysenlösung + Eichzusatz mit a und die der Analysenlösung allein mit b, so erhält man die Stufenhöhe des Eichzusatzes als Differenz a — b. Daraus lässt sich der Gehalt der Analysenlösung am gesuchten Bestandteil und damit der Gehalt der Probe leicht ermitteln, z. B.:

Einwaage:	1,00 g	Messvolumen:	50,0 ccm
Temperatur:	23,2°	Spannungsbereich:	0—0,6 V

	Empfindlichkeit	Stufenhöhe mm	Eichzusatz mg Pb/50 ccm
a) Analysenlösung 1 + Eichzusatz . . .	1/1	27	0.50
b) Analysenlösung 1 allein	1/1	13	—
Eichzusatz allein (a—b)	—	14	—

1 mg Pb/50 ccm entspricht daher 28 mm Stufenhöhe.

Analysenlösung	Empfindlichkeit	Stufenhöhe mm	Entsprechend mg Pb/50 ccm	% Pb bei 1 g Einwaage
1	1/1	13.0	0.46	0.046
2	1/1	33.0	1.18	0.118
3	1/1	19.5	0.70	0.070
4	1/1	31.0	1.11	0.110
5	1/1	39.5	1.41	0.140

Bestimmung von Blei und Cadmium[20, 208]

Grundsätzliches. Die Bestimmung von Blei und Cadmium nebeneinander erfolgt in natron-alkalischer Lösung in Gegenwart von Kaliumcyanid, wodurch der störende Einfluss von Cu, Sn, Zn, Mg und Mn beseitigt wird. Die Methode gestattet die Bestimmung von Blei- und Cadmiumgehalten über 0,02%.

Benötigte Reagenzien.

1. Salzsäure (d 1,19)
2. Salpetersäure (d 1,4)
3. 10n-Natronlauge
4. 5n-Kaliumcyanidlösung in ½n-Natronlauge
5. 1%ige Gelatinelösung in ½n-Salpetersäure
6. 20%ige Natriumsulfitlösung
7. Eichlösungen mit genau bekanntem Gehalt an Blei und Cadmium.

a) Bleilösung:

1,350 g $PbCl_2$ p.a. werden in wenig heissem dest. Wasser gelöst, in einen 1000ccm-Messkolben überspült und mit dest. Wasser bis zur Marke aufgefüllt. 1 ccm = 1 mg Pb. (Kontrolle durch chemische Analyse erforderlich.)

b) Cadmiumlösung:

2,37 g Cadmiumacetat ($Cd(CH_3COO)_2 \cdot 2H_2O$) werden in wenig Wasser unter Zusatz von einigen Tropfen Essigsäure gelöst und dann im Messkolben auf 1000 ccm aufgefüllt. 1 ccm = 1 mg Cd (Kontrolle durch chemische Analyse).

Ausführung der Bestimmung. Je 0,5 g möglichst feine Späne wägt man in zwei 50ccm-Messkolben ein. Nach Zusatz von einigen Kubikzentimetern dest. Wasser löst man die Späne durch sehr vorsichtige Zugabe von 6—8 ccm konz. Salzsäure. Wenn die Reaktion zu stürmisch verläuft, muss man das Kölbchen durch Eintauchen in Wasser kühlen. Nachdem die Hauptreaktion vorbei ist, erwärmt man auf der Heizplatte bis zum Aufhören der Wasserstoffentwicklung und fügt zur Auflösung des Kupferschwammes 0,5 bis 1 ccm konz. Salpetersäure aus einer Stechpipette hinzu. Nach vollständiger Auflösung der Probe kocht man die Lösung im Messkölbchen bis auf etwa 10—15 ccm Volumen ein und gibt in ein Kölbchen eine bekannte Blei- und Cadmiummenge als Eichzusatz. Der

Eichzusatz soll dem vorhandenen Blei- und Cadmiumgehalt entsprechen. Dann gibt man in jedes Kölbchen 15 ccm 10n-Natronlauge, schüttelt gut durch, fügt aus der Bürette 1 ccm Kaliumcyanidlösung hinzu und nach Umschütteln 1 ccm Gelatinelösung. Nachdem die Kölbchen auf Zimmertemperatur abgekühlt sind, werden sie mit Natriumsulfitlösung bis zur Marke aufgefüllt und gut durchgemischt. Man lässt den entstandenen Niederschlag von Eisen- und Manganhydrat absitzen und polarographiert die überstehende klare Lösung in einem 25ccm-Becherglas bei einer Spannung von 0 bis 0,6 V. Auf dem Polarogramm erscheint zunächst die Stufe des Bleis und anschliessend die des Cadmiums. Die Auswertung und Berechnung erfolgt wie üblich.

Zusätzliche Hinweise.

1. Bei einem Kupfergehalt der Legierungen unter 1% genügt der Zusatz von 0,5 ccm Kaliumcyanidlösung; der Überschuss an Kaliumcyanid ist in bestimmten Grenzen zu halten, damit die Strom-Spannungskurven gut ausgebildet werden.

2. Will man nur Cadmium bestimmen, so wählt man zur Aufnahme des Diagrammes eine Vorspannung von 0,2 V.

3. Die Verwendung der Elektrolysezelle mit Einsatzgefässen ist hier nicht möglich, da das Potential der gesättigten Kalomelelektrode bereits höher liegt als die Abscheidungsspannung des Bleis.

4. Bei einem Bleigehalt der Legierungen unter 0,05% muss man 1 g Einwaage anwenden und den Zusatz an 10n-Natronlauge auf 20 ccm erhöhen. Der Aufschluss der Probe muss dann mindestens auf 20 ccm eingeengt werden, damit zum Schluss genügend Natriumsulfit zur Entfernung des Luftsauerstoffs zugesetzt werden kann.

5. Übersteigt das Verhältnis Blei : Cadmium den Wert 10 : 1, so ist die Cadmiumstufe schwierig auszuwerten, da die Oszillationen sehr gross werden. Ist umgekehrt die

vorhandene Bleimenge kleiner als $^{1}/_{10}$ des Cadmiumgehaltes, so wird die Bleistufe undeutlich, da durch den grösseren Raumbedarf der Cadmiumstufe der Beginn des Anstiegs verschoben und so unter Umständen die Bleistufe verdeckt wird.

Zink-Bestimmung [130, 133, 134, 208]

Grundsätzliches. Die nachstehend beschriebene Zinkbestimmung ist für kupferfreie und kupferhaltige Legierungen geeignet. Durch die Auflösung der Metallspäne in Natronlauge wird der grösste Teil des Kupfers als Kupferschwamm abgeschieden; die unvermeidlich gelösten geringen Kupfermengen stören die Bestimmung nicht mehr.

Erforderliche Reagenzien:

1. Natronlauge 30%ig
2. Schwefelsäure 30%ig
3. Zitronensäure 40%ig
4. Konz. Ammoniak (d 0,91)
5. Grundlösung:
   800 ccm Gelatinelösung 1%ig
   100 ccm Ammoniak (d 0,91)
   100 g Ammoniumchlorid
   100 g Natriumsulfit.
   Das Natriumsulfit wird kurz vor Gebrauch zugesetzt, der Tagesbedarf an Grundlösung ist jeweils frisch herzustellen.
6. Eichlösungen mit genau bekanntem Zinkgehalt:
   1 g Zink p. a. (99,99%) wird in Salzsäure gelöst, mit 50 ccm Ammoniak (d 0,91) versetzt und mit dest. Wasser auf 1000 ccm aufgefüllt. 1 ccm = 1,00 mg Zn. 100 ccm dieser Ausgangslösung werden abpipettiert und im Messkolben mit dest. Wasser auf 1000 ccm aufgefüllt. 1 ccm entspricht dann 0,10 mg Zn.

Ausführung der Bestimmung. 1 g Metall (möglichst feine Späne) werden mit 20 ccm 30%iger Natronlauge in einem bedeckten 150ccm-Becherglas gelöst. Die Lauge muss vorsichtig zugesetzt werden, da die Reaktion unter Umständen sehr stürmisch verläuft. Nach Abspülen von Uhrglas und Wandung des Becherglases mit wenig heissem dest. Wasser wird die noch heisse Lauge vorsichtig in ein mit 40 ccm heisser Schwefelsäure beschicktes Becherglas gegossen und kräftig gerührt bis zur Lösung des zunächst entstehenden Aluminiumhydroxyd-Niederschlags. Die Lösung wird dann aufgekocht, in einen 100ccm-Messkolben überspült, auf Zimmertemperatur abgekühlt und bis zur Marke aufgefüllt. Nach kräftigem Durchmischen gibt man die Lösung durch ein trockenes weiches Filter in ein trockenes Becherglas und pipettiert 50 ccm (= 0,5 g Einwaage) in einen 100ccm-Messkolben, der mit 10 ccm 40%iger Zitronensäure beschickt ist. Nach Durchmischen gibt man 25 ccm konz. Ammoniak (d 0,91) hinzu, füllt zur Marke auf und schüttelt gut durch. Von dieser Analysenlösung werden je 20 ccm (= 0,1 g Einwaage) in zwei 50ccm-Messkolben gegeben und je 20 ccm Grundlösung hinzugefügt. Eines der Kölbchen erhält ausserdem die erforderliche Menge Eichlösungszusatz. Dann werden beide Kölbchen mit dest. Wasser aufgefüllt und gut durchgeschüttelt. Der Eichlösungszusatz beträgt z. B. bei vorstehenden Einwaagen und Volumen 1 mg Zink für einen Zinkgehalt von 0,1—3%; bei höheren Zinkgehalten ist der Eichzusatz entsprechend zu erhöhen.

Die so vorbereiteten Lösungen werden in ein Einsatzgefäss der Elektrolysezelle gefüllt und nacheinander bei genau konstanten Arbeitsbedingungen innerhalb eines Spannungsbereiches von 1,2—1,6 V polarographiert. Besonders ist auf gleiche Temperatur der Lösungen zu achten und wegen der Konstanz der Kathodenoberfläche die gleiche Tropfkapillare zu benutzen. Die erhaltenen Polarogramme werden ausgewertet wie in den Vorbemerkungen beschrieben.

Zusätzliche Hinweise.

1. Bei Serienanalysen des gleichen Legierungstyps ist es nicht erforderlich, jede Probe mit und ohne Eichzusatz aufzunehmen; es genügt vielmehr, wenn man eine Probe mit Eichzusatz aufnimmt und diesen auf sämtliche anderen Analysen der Serie bezieht. Konstanz der Arbeitsbedingungen ist wieder vorausgesetzt.

2. Der Zeitbedarf einer Einzelbestimmung beträgt etwa 1 Stunde, bei Serienanalysen sind 15—20 Bestimmungen in 8 Stunden ausführbar.

VI. Abschnitt. Spektralanalytische Methoden

Vorbemerkungen

Allgemeines

Erst in den beiden letzten Jahrzehnten hat die Spektralanalyse angefangen, den Platz in der Praxis einzunehmen, der ihr gebührt. Obwohl die Grundlagen schon seit Bunsen bekannt waren, kam man über eine gelegentliche qualitative Anwendung der Spektralanalyse nicht hinaus. Die Ursache ist in den zahlreichen Schwierigkeiten zu suchen, die darin bestanden, dass man für quantitative Untersuchungen die photographischen Bedingungen sowie die der Probenahme und der Aufnahme konstant halten muss. Auch heute bietet die Spektrographie noch zahlreiche Schwierigkeiten, und es treten oft, man kann sagen rätselhafte, Fehlermöglichkeiten auf. Auf diesem Gebiet ist noch eine Fülle von Forschungsarbeit zu leisten, und es ist heute nicht immer möglich, eine ganz eindeutige Arbeitsvorschrift zu geben, nach der man in jedem Falle zu einwandfreien Ergebnissen kommt. Jeder, der sich mit der Spektralanalyse befasst, muss erst eine ganze Reihe von persönlichen Erfahrungen sammeln, ehe er zu befriedigenden Ergebnissen kommt. Trotzdem hat die Spektrographie schon in vielen Fällen schwierige chemische Analysenmethoden abgelöst. Aus diesem Grund und weil die Bedeutung der Spektrographie sowie überhaupt der physikalischen Methoden zur Kontrolle der chemischen Analyse und der Werkstoffe in Zukunft noch stark zunehmen wird, sind die jetzt schon für die Leichtmetallanalyse brauchbaren Methoden auch in diesem Buche zusammengefasst worden.

Für quantitative Bestimmungen im Funken sind bisher drei Verfahren in der Praxis verwendet worden.

Bei dem wohl am häufigsten verwendeten Verfahren wird der zu bestimmende Bestandteil (z. B. Magnesium in Aluminium) gleichzeitig mit einigen Proben bekannten Gehaltes auf dieselbe Platte aufgenommen. Nach dem Entwickeln der Platte und Photometrieren der Linien (z. B. Mg-Linie 2791 und Al-Linie 3050) wird aus dem Schwärzungswert der Zusatzsubstanz und der Grundsubstanz das Transparenzverhältnis errechnet. Auf doppeltlogarithmischem Papier trägt man die Konzentration der Eichlegierung gegen die berechneten Transparenzverhältnisse auf. Man erhält so eine Gerade und kann den Wert der unbekannten Probe graphisch aus der Eichgeraden entnehmen. Die grundlegenden Untersuchungen für dieses Verfahren stammen von Gerlach [B22] und Mitarbeitern. Bei Betriebsanalysen macht man die nicht immer zutreffende Voraussetzung, dass die Entladungsbedingungen völlig konstant gehalten und auch alle Fehler aus dem Plattenmaterial durch sehr gleichmässiges Arbeiten ausgeschlossen werden könnten.

Sehr gut bewährt hat sich in der Praxis auch das recht wenig bekannte Dreilinienverfahren (Zweilinienverfahren) von Scheibe und Schnettler [176]. Es beruht darauf, dass sich beim exakten Einhalten bestimmter Arbeitsbedingungen die Differenz der Schwärzung je einer Linie des Grund- und des Zusatzmetalles linear mit der Konzentration vermindert. Es wird also erreicht, dass in *einem* Spektrum die Analysenlinien und zwei Intensitätsmarken aufgenommen werden. Geht man nun noch einen Schritt weiter und versieht die gesamte Apparatur wie z. B. beim Arbeiten mit einem Kolorimeter mit einer Eichkurve, indem man also zunächst nur eine Reihe von Testlegierungen aufnimmt, so hat man das Mitaufnehmen von Eichlegierungen bei der eigentlichen Analyse gar nicht mehr nötig, sondern man kann direkt nach dem Photometrieren die dazugehörige Konzentration graphisch aus S. 263 der Eichkurve entnehmen.

Bei dem dritten Verfahren, das zuerst von Scheibe und Rivas [175, 177] angewendet wurde, wird im Prinzip auch immer nach einem der beiden vorerwähnten Verfahren gearbeitet. Der Unterschied gegenüber diesen Verfahren liegt lediglich darin, dass man wegen der Schwierigkeit, einwandfreie, d. h. völlig homogene Elektroden aus den zu untersuchenden Legierungen herzustellen, die Metallprobe in Säure löst und diese Lösung auf Kohleelektroden genau so wie Metallelektroden abfunkt. Die Ergebnisse sind sehr gleichmässig, und die Geschwindigkeit in der Ausführung ist bei geschickter Organisation wohl dieselbe wie bei den oben erwähnten Verfahren.

Vor ausführlicher Beschreibung der eigentlichen Aufnahmeverfahren sollen erst einige Punkte behandelt werden, die für alle Verfahren in gleicher Weise gelten.

Herstellung von geeigneten Proben[186]

So wenig die chemische Analyse einwandfreie Werte liefern kann, wenn die Proben nicht exakt genug entnommen werden, so wenig kann man auch bei der spektrographischen Analyse mit einwandfreien Werten rechnen, wenn die Proben ungleichmässig zusammengesetzt sind. Hier wiegt sogar ein Fehler in der Probe (Seigerung, Lunker) noch schwerer, da beim Abfunken von Metallelektroden ja nur eine Punkt-Analyse ausgeführt wird, im Gegensatz zu der chemischen Analyse, die demgegenüber eine »Durchschnittsanalyse« ist. Als Grundlage für das ganze Verfahren benötigt man sogenannte Eichproben, die auch chemisch sehr genau durchanalysiert sein müssen. Durch Wahl geeigneter Giesskokillen kann man zu ziemlich gleichmässigen Proben kommen; noch günstiger ist jedoch unter Umständen das Auswalzen einer grösseren Metallprobe und das Verwalzen zu einem Draht bestimmter Stärke.

Weit schwieriger als die Herstellung von Eichproben ist es jedoch, dem Betrieb für die laufenden Untersuchungen seiner Chargen ein Verfahren an die Hand zu geben, nach dem ohne besonderen Arbeitsaufwand ebenfalls immer völlig gleichmässig zusammengesetzte Probestifte hergestellt werden können. Ein Giessverfahren hat der Herstellung von Drahtproben gegenüber natürlich immer den Nachteil, dass bei Änderung der Kokillentemperatur leicht die zuletzt hergestellten Stifte eine andere Art der Kristallisation und der Ausseigerung zeigen als die zuerst hergestellten. Dagegen ist das Ziehen von Drähten nur für die Herstellung von Stan-

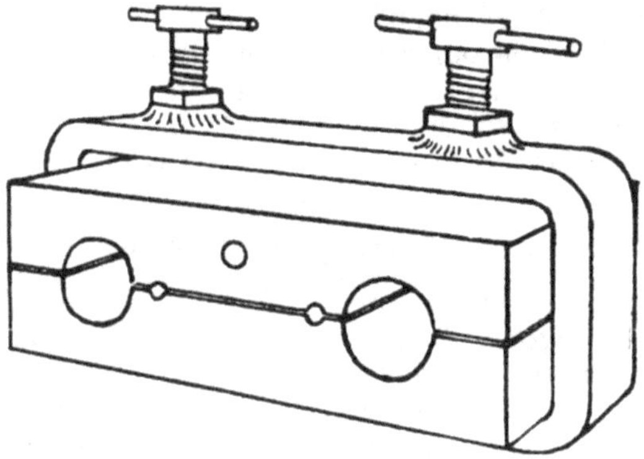

Abb. 19. Kokille zum Giessen von Metallstiften für die Spektralanalyse

dardproben möglich, da es für laufende Untersuchungen viel zu zeitraubend ist.

Bei dem Herstellen von Gussproben ist zunächst nur die eine Forderung aufzustellen, dass die Stifte jedesmal genau so hergestellt werden wie die Standardproben. Ob die chemische Zusammensetzung dabei völlig identisch ist mit dem theoretischen Sollwert, ist weniger wichtig. Unter dieser Voraussetzung, die allerdings schwer einzuhalten ist, wird immer der gleiche Fehler gemacht und dadurch doch immer dasselbe richtige Ergebnis erhalten. Soll jedoch die Gussprobe zur Untersuchung von Drähten oder Blechen dienen, dann muss sogar die noch schwerer zu erfüllende Forderung gestellt werden, dass auch die Gussstifte keinerlei Seigerungen und Ungleichmässigkeiten aufweisen. Auf diese Frage wird in dem Abschnitt über die Form der Elektroden noch eingegangen werden. Im Lautawerk hat sich das Giessen der Stifte im steigenden Ast einer Kokille als die beste Methode erwiesen (Abb. 19 u. 20). Die Stifte sollen dabei so erstar-

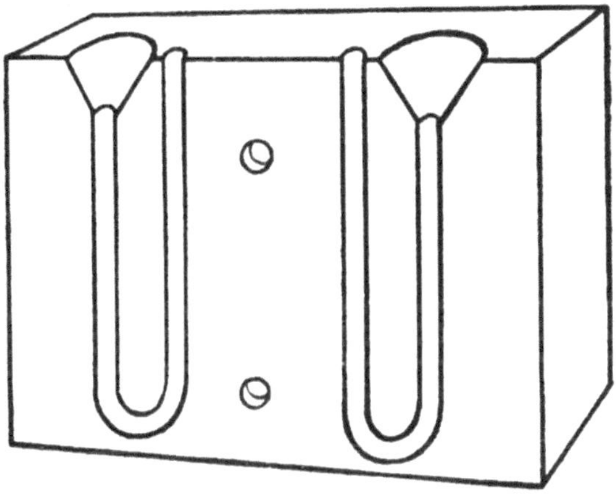

Abb. 20. Kokille zum Giessen von Metallstiften für die Spektralanalyse (Kokille geöffnet)

ren, dass man nach dem Erkalten eine schöne, gleichmässig halbrunde Kuppe erhält. Ist die Kuppe durch Nachsacken des Metalles abgeflacht, so weiss der Bearbeiter sofort, dass die Probe zu heiss gegossen wurde; evtl. war auch die Kokillentemperatur zu hoch. Noch ungünstiger sind Stifte, die sogar noch einen äusserlich sichtbaren Lunker aufweisen. Einwandfreies Giessen verlangt natürlich vom Giesser viel Fingerspitzengefühl, da jede neue Legierung wieder bei etwas anderer Temperatur vergossen werden muss und ausserdem scharf auf die Temperatur der Kokille zu achten ist. Vielfach werden die Proben auch in Formen gegossen, bei denen nicht nur ein steigender Ast, sondern 4—5 steigende Äste vorhanden sind.

Um zu günstigeren Ergebnissen bei der Herstellung von Gussproben zu kommen, hat man vielfach versucht, die Formen aus Kupfer herzustellen, um eine bessere Wärmeableitung und damit eine raschere Erstarrung zu erzielen. Wolbank[186] hat eine Eisenkokille mit einer Einlage aus Kupfer versehen und stellt die Elektroden bei horizontaler Lage der Kokille her. Die von Moritz entwickelte Mansfeld-Kokille besteht aus einem Kupferblock; die Elektroden hängen unten an einem flachen Probekörper. Man kann in diesem Fall jedoch keine Angaben über evtl. Seigerungen machen, wenn das Metall oder die Kokille eine zu hohe Temperatur gehabt hat; diese Feststellung kann man nachträglich nur bei Proben machen, die in steigendem Guss hergestellt wurden.

Ganz einwandfrei gelöst ist das Problem bisher noch nicht.

Da es so schwierig ist, einwandfreie Gussstifte herzustellen, geht man mancherorts auch dazu über, die Probe wie bei der chemischen Analyse aus einem Probeblöckchen herauszubohren, die Späne in Säure zu lösen und dann eine ganz bestimmte Menge auf spektralreine Kohlen auftropfen zu lassen. Dieses Verfahren ist wie schon erwähnt erstmalig von Scheibe und Rivas[177] durchgeführt worden; es hat aber den Nachteil, dass man sehr viel spektralreine Kohlen verbraucht. Nach einer Mitteilung von Bauer[50] gelingt es, durch Abschleifen der abgefunkten Enden der Kohlen und 2—3maliges Auskochen der Elektroden mit Salzsäure (1 : 1) die Kohlen wieder gebrauchsfähig zu machen; auf diese Weise ist eine drei- bis viermalige Benutzung möglich. Im allgemeinen wird es eine Frage der Organisation sein, ob und wieweit man die eine oder andere Methode vorzieht.

Probenformen

Bei der Spektralanalyse werden die verschiedenartigsten Probenformen verwendet. Im allgemeinen haben die Metallstifte einen Durchmesser von 5—6 mm, gelegentlich aber auch nur 3 mm. Wichtig ist, dass Durchmesser und Form der Elektroden bei der Aufnahme sowohl der Eichproben als auch der Analysenproben völlig gleichgehalten werden. Während man bei der Untersuchung von einzelnen Metallproben aus dem gelieferten Metall zwei Elektroden herstellt, die man gegeneinander abfunkt, verwendet man bei Reihenanalysen möglichst zwei Stifte von verschiedenen, zeitlich etwas auseinanderliegenden Güssen, um auch damit über Ungleichmässigkeiten bei der Herstellung der Stifte zu mitteln. Erhält man nur sehr wenig Metall zur Herstellung von Stiften, so funkt man den Analysenstift gegen reinstes Grundmetall ab.

Folgende verschiedene Formen werden heute verwendet:

a) zylindrische Stäbchen mit geraden Endflächen, wobei die Kanten leicht gebrochen werden,

b) zylindrische Stäbchen mit halbkugelförmigen Kuppen, die auf der Drehbank mit einem Spezialstahl geformt werden,

c) zylindrische Stäbchen mit einem Kegelstumpf.

Lediglich die Einfachheit der Formung hat zu dieser letztgenannten Form geführt. Man kann nämlich die Stäbchen in einer einfachen Bleistiftspitzmaschine anspitzen und ihre Spitze in einem Feilkloben mit einer Öffnung von 1, 2 oder 3 mm leicht mit einer Feile immer auf dieselbe Funkfläche abstumpfen; auch in diesem Fall werden danach noch die Kanten gebrochen.

d) Stäbchen, die mit dachförmigen Schneiden versehen werden, wobei der First eine Breite von etwa 1 mm und eine Länge von ca. 5 mm haben kann.

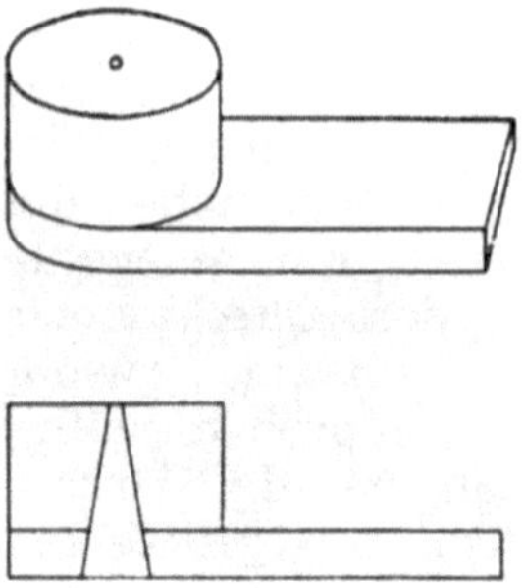
Abb. 21
Feilkloben zur Herstellung von Spektrographenstiften

Beim Abfunken werden die Stäbchen entweder über Kreuz oder auch parallel in Richtung der optischen Achse eingespannt.

Bei der Verwendung von Stäbchen mit einem Kegelstumpf von nur 1 mm Spitzendurchmesser und bei der Verwendung von Stäbchen mit dachförmigen gekreuzten Schneiden können ganz besonders leicht Fehler entstehen. Wenn bei der Herstellung der Elektroden Seigerungen auftreten, so wird sich der Kern dieser Proben anders zusammensetzen als der Durchschnitt. Man erhält dadurch unter Umständen absolut betrachtet zu hohe oder auch zu niedrige Werte, selbst wenn die Wiederholung der Aufnahme völlig gleiche Ergebnisse liefert. Tritt dieser Fehler auf, so kann man sich im einen Fall in der Weise helfen, dass man die dachförmigen Elektroden nicht gekreuzt, sondern parallel zur optischen Achse einspannt, und im anderen Falle dadurch, dass man statt eines Durchmessers von 1 mm einen solchen von 2—3 mm wählt. In beiden Fällen erhält man dann eine einwandfreie Mittelung über den wahren Gehalt der Proben.

Sind Bleche oder Drähte zu untersuchen, so biegt man sie über einem Dorn auf den Radius der Standardproben und funkt sie bei gekreuzter Stellung ab. Man kann mit diesen Proben auch gegen die normalen Eichelektroden quantitative Untersuchungen ausführen.

Anlaufeffekt[159, 175, 186]

Schon vor der eigentlichen Aufnahme soll die Oberfläche der Elektroden vom Funken sehr weitgehend durchgearbeitet werden, damit in der Zeiteinheit immer dieselbe Metallmenge verdampft und im Funken angeregt wird; ausserdem soll der Metalldampf immer die gleiche

Konzentration haben. Da sich bei Leichtmetall auf der Oberfläche immer Schmelzperlen bilden und Oxydhäute auftreten, wird der Metalldampf bei der eigentlichen Aufnahme zweifellos nicht mehr der wirklichen Metallzusammensetzung entsprechen. Dies ist jedoch gleichgültig, wenn es möglich ist, ganz bestimmte Arbeitsbedingungen einzuhalten und damit immer die gleichen Verhältnisse zu erreichen.

Die Geschwindigkeit, mit der sich ein Gleichgewichtszustand einstellt, hängt wesentlich von der Metallzusammensetzung, von der Form der Elektroden und vor allem auch von der Kapazität [186] ab, mit der der Funken betrieben wird. Die Wirkung dieser Erscheinungen, zu denen noch einige andere hinzukommen, fasst man unter dem Begriff des Abfunkeffektes zusammen, besser bezeichnet man ihn jedoch nach einem Vorschlag von Mäder und Pötzelberger [162] als Anlaufeffekt. Der Effekt selbst äussert sich darin, dass sich das Schwärzungsverhältnis der Zusatzlinie zu einer Linie der Grundsubstanz bis zur Einstellung eines Gleichgewichtes ändert. In manchen Fällen hat die Kurve einen fallenden, in anderen wieder einen steigenden Verlauf. Wie Mäder und Pötzelberger nachweisen, hängt dies wesentlich mit den verschiedenen Siedepunkten der Zusatzmetalle im Verhältnis zu dem des Grundmetalles zusammen. Metalle mit niedrigem Siedepunkt gegenüber dem Grundmetall zeigen bei kurzen Vorfunkzeiten zunächst zu hohe Werte und Metalle mit höherem Siedepunkt das umgekehrte Verhalten. Erst wenn der Gleichgewichtszustand erreicht ist, kann eine einwandfreie quantitative Aufnahme ausgeführt werden. Man muss daher für jede Gruppe von Legierungen zunächst einmal die Dauer der Vorfunkzeit unter den gewählten Arbeitsbedingungen genau festlegen, bevor zur Aufstellung von Eichkurven bzw. zur Ausführung quantitativer Bestimmungen geschritten werden kann.

Je grösser die Oberfläche der Elektroden gewählt wird, desto mehr Zeit vergeht bis zur Einstellung des Gleichgewichtes. Durch Erhöhen der Kapazität kann man in manchen Fällen jedoch die Vorfunkzeit wieder abkürzen. Ausserdem ist es durchaus möglich, dass man bei dem einen Linienpaar eine sehr ungünstige Vorfunkzeit erhält, während man bei einem anderen Paar in viel kürzerer Zeit zu dem gewünschten Gleichgewicht kommt.

Plattenwahl

An die photographischen Platten, die für quantitative Zwecke verwendet werden sollen, müssen bestimmte Anforderungen gestellt werden. Die Platten sollen zunächst nicht allzu empfindlich sein. Die Belichtungszeit soll nämlich zwischen 1 und 2 min liegen, damit während des Abfunkens nicht zu wenig Elektrodenmaterial verbraucht wird. Dadurch wird eine bessere Mittelung über den wahren Gehalt der Elektroden erreicht, als wenn die Belichtungszeit nur beispielsweise 10 s betragen würde. Das Korn der Plattenschicht soll möglichst fein sein, da bei gröberem Korn unter Umständen Fehler bei der Auswertung im Photometer auftreten könnten.

Die Schwärzungskurve der photographischen Platten soll einen möglichst langen geraden Teil ($S = 0{,}2$ bis 2) besitzen und möglichst steil verlaufen. Die Steilheit der Schwärzungskurve kann durch die Art des gewählten Entwicklers und die Dauer des Entwickelns beeinflusst werden. Bei längerer Entwicklungszeit wird die Kurve steiler als bei kürzerer. Da die Steilheit der Schwärzungskurve und auch die Länge des geraden Teiles bei der gleichen Plattensorte von Emulsion zu Emulsion schwankt, ist es zweckmässig, bei jeder neuen Sendung den Verlauf der Schwärzungskurve für den Messbereich, in dem gearbeitet werden soll, festzustellen. Dies wird leicht durch Aufnahme der Analysenlinien mit Hilfe eines sechsstufigen Platinfilters erreicht, was günstiger und leichter auszuführen ist als die wiederholte Aufnahme mit wechselnder Belichtungszeit. Bei gleichzeitiger Variation der Belichtungszeit (z. B. 30, 60, 90 oder 120 s) kann man aus den auf doppeltlogarithmischem Papier aufgezeichneten Schwärzungskurven sofort ersehen, ob man sich noch im geraden Teil der Kurve befindet oder ob man die Belichtungszeit entsprechend der neuen Emulsion etwas abändern muss.

Vom Plattenmaterial muss weiter gefordert werden, dass bei seiner Herstellung jede Verstaubung vermieden wird und dass auch beim Einlegen der Platten nicht einmal trocken über die Schichtseite gewischt wird. Beides gibt Anlass zu beträchtlichen Fehlern. Photographische Platten weisen durch das Ablaufen der Gelatine etwas verdickte Randpartien auf. Diese verdickten Randpartien geben völlig andere Ergebnisse als die dünnere Mitte. Man sollte daher für spektrographische Zwecke Platten verwenden, die aus der Mitte grösserer Platten herausgeschnitten wurden, und die Randpartien verwerfen.

Mancherorts werden Kollodiumplatten verwendet, weil diese ein besonders feines Korn aufweisen. Die früher im Handel erhältlichen photographischen Platten (Mimosa) panchromatisch A und B wurden in ausserordentlicher Gleichmässigkeit geliefert. Bewährt haben sich weiter Agfa-Kontrastplatten und Autolithplatten; am meisten verwendet werden wohl Silber-Eosinplatten. Mit dieser Aufstellung sollen nicht etwa alle brauchbaren Platten genannt sein, sondern es soll eine erste Angabe gemacht werden, welche Art von Platten überhaupt in Frage kommt.

Plattenbehandlung nach der Aufnahme

Die Platten werden am zweckmässigsten immer bei derselben Temperatur (20°) entwickelt. Man wählt am besten eine Temperatur, die der mittleren Raumtemperatur in der betreffenden Dunkelkammer entspricht, damit während der Entwicklung keine Änderungen in der Temperatur des Entwicklers vorkommen. Änderungen in der Temperatur verschieben häufig das Schwärzungsverhältnis der Linien zueinander. Ein brauchbarer Entwickler ist z. B. folgender (Agfa):

Wasser	1000 ccm	Der Entwickler ist unverdünnt zu benutzen, Entwicklungszeit 5 min.
Metol	5 g	
Natriumsulfit	40 g	
Kaliumkarbonat	40 g	
Kaliumbromid	3 g	

Für die Herstellung eines sehr feinen Korns hat sich folgender Entwickler bewährt (Zeiss):

Wasser	130 ccm
Lösung A	30 »
Lösung B	30 »

Lösung A:		Lösung B:	
Rhodol	20 g	Natriumkarbonat ..	100 g/l
Hydrochinon	50 g		
Kaliumhydrogensulfit	150 g		
Kaliumbromid	10 g		
mit dest. Wasser auf	5000 ccm		

Ein anderer Entwickler nach DIN 4512 hat folgende Zusammensetzung:

Lösung A:		Lösung B:	
Metol	4 g	Kaliumkarbonat	100 g
Hydrochinon	10 g	mit dest. Wasser aufgefüllt auf	1000 ccm.
Kaliumhydrogensulfit	30 g		
Kaliumbromid	2 g		
mit dest. Wasser aufgefüllt auf	1000 ccm.		

Zum Gebrauch wird ein Teil A mit einem Teil B und zwei Teilen Wasser gemischt. Nach dem Entwickeln wird die Platte für kurze Zeit in einem Fixierbad (15% Kaliumhydrogensulfit) fixiert. Man wässert ½ Stunde und trocknet in einem Trockenschrank, der einen Umlauf für warme Luft besitzt. Das Trocknen muss vor allen Dingen völlig staubfrei durchgeführt werden, da man sonst zu viele Fehler auf der Platte erhält.

Soll aus besonderen Gründen sehr rasch gearbeitet werden, so verwendet man zweckmässig einen Schnellentwickler und wäscht nach dem Fixieren unter stark fliessendem Wasser 5 min aus. Man trocknet die Platten wieder mit heisser Luft. Es ist nicht richtig, die Platte durch ein Alkoholbad zu ziehen, um die Hauptmenge des Wassers zu entfernen, da dies häufig zur Bildung von Schleiern Anlass gibt.

Anregung des Funkens

Die Spektralanalyse beruht auf der Zerlegung des Lichtes, wobei jedes Element nur ganz charakteristische Linien liefert. Die einfachste Anregungsart ist die altbekannte Flammenanregung, bei welcher der zu untersuchende Stoff in einer Gasflamme zerstäubt und durch die Flamme bis zur eigenen Lichtaussendung erhitzt wird. Darauf wird im Abschnitt Flammenspektralanalyse noch S. 270 näher eingegangen werden. Für den Nachweis der Schwermetalle verwendet man entweder die Lichtbogenanregung oder den Funkenüberschlag. Über diese letzte Anregungsart sollen hier zunächst einige Erläuterungen folgen.

Bei den drei anfangs erwähnten Aufnahmeverfahren wird entweder der Feussnersche Funkenerzeuger oder die Resonanzschaltung nach Scheibe verwendet. Auf den Aufbau der einzelnen Funkenerzeuger wird nicht näher eingegangen, sondern auf die einschlägige Literatur verwiesen. Hier soll nur eine kurze Charakteristik gegeben werden.

Im Feussnerschen Funkenerzeuger ist ein rotierender Unterbrecher in den Sekundärkreis eingebaut, der mit dem erregenden Wechselstrom synchron läuft. Dadurch soll erreicht werden, dass die Entladung immer bei der gleichen Phasenlage der Spannungskurve einsetzt und dann wieder unterbrochen wird. Dazu ist nötig, dass die

Kontaktstifte am Unterbrecher nicht oder nur wenig oxydieren und dass der ganze Apparat stets staubfrei gehalten wird. Bei der Resonanzschaltung nach Scheibe dagegen wird der Hochspannungskreis so abgestimmt, dass er in Resonanz mit dem primären Wechselstrom schwingt. Um den Unterschied zwischen den beiden Anregungsarten einmal etwas primitiver auszudrücken: bei dem Feussnerschen Funkenerzeuger wird die Zeit gesteuert, in der der Funken überschlagen kann; bei der Resonanzschaltung dagegen wird die Aufladungszeit für die Kondensatoren gesteuert, so dass ebenfalls ein Überschlag nur beim Maximum oder Minimum der Spannungskurve auftreten kann. Bei Anwendung der Resonanzschaltung kann man sehr leicht beobachten, ob man mit Resonanz arbeitet oder nicht, indem man nach Schöntag[B26a] und Scheibe einen rotierenden Spiegel schräg auf eine Achse setzt und das Funkenbild im Spiegel beobachtet. Wenn Resonanz vorhanden ist, erhält man ein ganz ruhiges Bild eines einfachen, zweifachen oder dreifachen Funkens usw. Man erkennt dabei weiter, dass man den Strom im Primärkreis mindestens um 0,8 bis 1,2 A verändern muss, bevor der Funken unruhig wird. Man kann die Stromstärke im Primärkreis also immer mit Hilfe eines Widerstandes auf einen mittleren Wert einregulieren.

Während man für Leichtmetall ohne weiteres mit der sehr einfachen und damit sehr billigen Resonanzeinrichtung auskommt, ist es für Schwermetalle (als Grundmetall) zweckmässig, auch mit dem Feussnerschen Funkenerzeuger arbeiten zu können.

Auf die Anregung bei Verwendung des Abreissbogens wird weiter unten eingegangen werden.

Stative für die Elektroden

Für das Einspannen von Metallstiften verwendet man Stative, wie sie z. B. von den Firmen Zeiss und Fuess hergestellt werden. Das Zeiss'sche Gerät hat den

Vorteil der leichten Auswechselbarkeit der Stifte und der grossen Verstellmöglichkeiten für sich. Das Stativ von Fuess dagegen hat den Vorteil, dass der Funken mit einer Linse noch einmal nach rückwärts auf ein Kreuz abgebildet wird. Man kann also auf besonders einfache Weise selbst während des Abfunkens beobachten, ob sich der Funken noch genau in der optischen Achse befindet oder nicht und danach die Einstellung korrigieren. Die Firma Fuess hat ein weiter verbessertes Modell herausgebracht.

Spektralapparate

Für die Untersuchung von Leichtmetall kommt man mit einem UV-Spektrographen aus, da die wichtigsten Linien im Gebiet von 2200—4000 Ångström liegen. Ein Glasspektrograph ist also nur für die Lösung von Sonderaufgaben erforderlich. Da die Leichtmetalle sehr linienarm sind, genügt auch für die meisten Zwecke ein kleinerer Spektrograph, z. B. der für Chemiker von Zeiss oder der von einer mittleren Dispersion von Fuess. Für Spezialzwecke und auch für qualitative Analysen aller Art sind die Spektrographen höherer Dispersion, wie sie von Zeiss, Fuess oder Steinheil geliefert werden, sehr brauchbar.

Über den Aufbau dieser Apparate gibt die einschlägige Literatur Auskunft. Bei der Verwendung der Apparate ist darauf zu achten, dass die vorgesetzten Linsen eine volle Ausleuchtung des Spektrographenspaltes gewährleisten, so dass die Linien auf der photographischen Platte in ihrer ganzen Länge gleichmässig geschwärzt werden. Die aus diesem Grund in manchen Arbeitsvorschriften geforderte Zwischenabbildung ist jedoch nicht immer erforderlich. Im übrigen ist sehr wichtig, dass der Spektrographenspalt immer sauber ist, da auch kleinste Staubteilchen am Spalt die Auswertung der Spektren unmöglich machen können.

Auswertung der photographischen Platten

Die Linien auf den photographischen Platten können mit dem Spektrallinien-Photometer von Zeiss oder mit dem entsprechenden Apparat von Fuess ausgewertet werden. Das Zeiss'sche Instrument benutzt eine lichtelektrische Zelle, während im Fuess'schen Apparat ein geschwärztes Thermoelement belichtet wird. Mit beiden Instrumenten erhält man praktisch gleich gute Ergebnisse.

In beiden Fällen muss man die Photometerlampe vor Beginn der Messung etwa ¼ Stunde lang brennen lassen, bis die Lampenhelligkeit konstant geworden ist. Die Lampen werden am zweckmässigsten an Akkumulatoren mit 100 Ah bei 5 A Entladestrom angeschlossen. Die Breite der abgebildeten Linien soll um etwa die Hälfte grösser sein als die Breite des Spaltes vor dem Thermoelement oder der lichtelektrischen Zelle. Der Ausschlag soll so gross sein, dass man bei Messung des Untergrundes der photographischen Platte einen Ausschlag auf der Messskala von etwa 800 mm erzielt. Die Lage des Nullpunktes muss selbstverständlich vor und nach dem Messen immer wieder kontrolliert werden. Ebenso wichtig ist es, dass die Linien auf der photographischen Platte frei von Fehlern aller Art sind.

Beschreibung der ausgearbeiteten quantitativen Verfahren

1. Delta-S-Verfahren [B 27, B 28]

S. 246 Bei dem zuerst erwähnten Verfahren, für das Gerlach die grundlegenden Untersuchungen ausgeführt hat, wird in der Praxis gewöhnlich ein Feussnerscher Funkenerzeuger mit einem Quarzspektrographen verwendet. Die Firma Zeiss hat zu diesen Apparaten eine ganze Anzahl von Arbeitsvorschriften zusammengestellt, mit denen recht gute Ergebnisse erzielt werden; sie sind hier im allgemeinen etwas abgewandelt worden. Es kann daher auf diese Druckschriften verwiesen werden.[B 28] Um aber einen Einblick in den Gang einer derartigen Analyse zu geben, sollen als Beispiel die Arbeitsbedingungen für die Bestimmung von Magnesium in Aluminiumlegierungen angeführt werden:

Magnesium-Bestimmung

Elektroden: Metallstifte mit 3 mm Ø, gerader Endfläche und leicht gebrochenen Kanten. Abstand der Elektroden 2 mm. Abstand der ersten Linse (F = 80 mm) von der Lichtquelle 95 mm, Abstand der zweiten Linse (F = 160 mm) von der ersten einerseits und vom Spektrographenspalt anderseits 300 mm. Zwischenblende voll ausgeleuchtet. Spaltbreite 0,04 mm. Feussnerscher Funkenerzeuger »Stellung 4«, volle Kapazität und $^1/_{10}$ Induktion. Vorfunkzeit fällt wegen des hohen Magnesiumgehaltes (in diesem Beispiel) fort. Belichtungszeit 1—2 min. Vorschrift für einen Konzentrationsbereich von 1—12% Mg gültig. Linien: Aluminium 2816,2 und Magnesium 2790,8.

Im übrigen gelten die schon weiter oben angeführten Bedingungen. Das Verfahren wird heute für die Bestimmung von Magnesium, Mangan, Silicium, Eisen, Kupfer, Kobalt, Nickel, Titan mit gutem Erfolg angewendet; selbstverständlich sind für die Bestimmung der einzelnen Elemente die Bedingungen sinngemäss abzuändern (s. auch die angeführten Vorschriften von Zeiss).

---

2. Zwei-Linien-Verfahren nach Scheibe und Schöntag [B 27, 160, 176]

Bei diesem Verfahren wird in der Praxis bisher nur die S. 246, 257
Resonanzschaltung verwendet. Zunächst nimmt man von einer Reihe von Standardstiften mit wechselndem Gehalt

an dem betreffenden Legierungsbestandteil die Schwärzungswerte auf und konstruiert daraus auf doppeltlogarithmischem oder besser noch auf einfachlogarithmischem Papier mit Hilfe der chemischen Werte eine Eichkurve. Auf diese Eichkurve bezieht man anschliessend die Schwärzungswerte der zu analysierenden Proben. Auch dieses Verfahren sei an einigen Beispielen erläutert:

a) Titan-Bestimmung in Leit-Aluminium

In einer Arbeit »Über die Anwendung des Zwei-Linien-Verfahrens auf die Titan-Bestimmung in Aluminium und die gegenseitige Beeinflussung der Elemente« [111] werden von K. Steinhäuser in ausführlicher Form die Grundlagen des Zwei-Linien-Verfahrens und die Art der Auswertung beschrieben. Es sollen deshalb hier nicht Einzelheiten der Auswertung, sondern nur kurz die Anregungs- und Arbeitsbedingungen angeführt werden.

Es wurde ein Resonanzfunkenerzeuger verwendet und der grosse Spektrograph von Zeiss »Qu 24«. Weitere Bedingungen waren: Blende 12. Bestrahlung der Funkenstrecke mit einer Quarzlampe. Elektrodenabstand 4,7 mm. Elektrodenform: Spitze auf 2 mm Ø gekappt, Kanten gebrochen. Zwischenblende 5 mm. Spaltbreite 0,06 mm. Dämpfungsspule im Sekundärkreis unmittelbar vor der Funkenstrecke 5 Ω; Anregung: C = 0,026 m.F. L = 55 000 cm. Stromstärke primärseitig 5,5 A. Spannung sekundärseitig etwa 5 000 V. Funkenart 1, 1, 1, 1, . . . Vorfunkzeit ½ min. Belichtungszeit 1 min. Analysenlinien: Al 3050, Ti 3349.

Die erreichbare Genauigkeit entspricht der bei kolorimetrischen Bestimmungen möglichen, d. h. die Schwankungen liegen normalerweise nicht über 10% des gefundenen Wertes.

b) Magnesium-Bestimmung in Aluminiumlegierungen

Etwas ausführlicher sei die Arbeitsweise an dem Beispiel der Bestimmung des Magnesiums in Aluminiumlegierungen erläutert, da hierfür zweifellos mehr Interesse vorliegt als für das 1. Beispiel.

Als Elektrodenform wird der Kegelstumpf mit 1 mm Ø gewählt, der Abstand der Elektrode beträgt 4,5 mm. Pro Halbperiode (Wechselstrom) schlägt ein einzelner Funken über. Dies wird bei einer Stromstärke von 2 A im Primärkreis erreicht. Die Kapazität beträgt 8000 cm, die Induktion 0; der Dämpfungswiderstand (Drahtspule) im Sekundärkreis unmittelbar vor der Funkenstrecke beträgt 5,2 Ω. Die Spaltbreite beträgt 0,06 mm, die Spalthöhe 7 mm, da mit Hilfe eines einfachen Platinstufenfilters, das nur etwa 25% des Lichts durchlässt, die eine Hälfte des Spektrums in Höhe von 3,5 mm geschwächt wird. Die Vorfunkzeit beträgt 3 min, die Belichtungszeit 2 min. Verwendet werden die Linien Magnesium 2852 gegen Aluminium 2652, oder Magnesium 2790,8 gegen Aluminium 3050.

Nach dem Entwickeln und Trocknen der Platte wird die Aluminiumlinie im geschwächten und ungeschwächten Spektrum gemessen, die Magnesiumlinie nur im geschwächten Teil. Zur graphischen Auswertung überträgt man die Messwerte auf doppelt- oder einfachlogarithmisches Papier. Zunächst zeichnet man bei den Marken 25 und 100 zwei Senkrechte auf die Abszisse. Diese Linien entsprechen ungefähr dem Schwärzungsunterschied, den die Platinstufe hervorruft. Überträgt man den Messwert für die geschwächte Linie auf die Senkrechte 25, den Messwert für die ungeschwächte Aluminiumlinie auf die Senkrechte 100 und verbindet die Endpunkte, so erhält man die Neigung des geraden Teils der Schwärzungskurve der photographischen Platte für diese Linie*). Trägt man

*) Genau genommen stimmt dies zwar nur dann, wenn die beiden Marken 25 und 100 dem Schwärzungsunterschied des Stufenfilters wirklich entsprechen; doch spielt es bei der Auswertung an sich keine Rolle, ob die angegebenen Punkte nur Annahmen darstellen oder wirklich stimmen.

anschliessend den Messwert der Magnesiumlinie auf die Senkrechte 100 und greift die Entfernung gegen die schräge Verbindungslinie der beiden Messwerte für die Aluminiumlinie ab, so erhält man die Differenz der Schwärzung der Magnesiumlinie gegenüber der Aluminiumlinie, die sich nach den Untersuchungen von Scheibe linear mit der Konzentration ändert. Man hat also nur noch nötig, die Schwärzungsdifferenz in Millimetern gegen die Konzentration auf doppelt- oder einfachlogarithmischem Papier aufzutragen und besitzt damit die Eichkurve. Diese Eichkurve gilt für die gesamte Anordnung und ist für die Bestimmung brauchbar, falls es möglich ist, die elektrischen und photographischen Bedingungen in allen Fällen genügend konstant zu halten. Ist letztes der Fall, so hat man die Mitaufnahme von Standardlegierungen nicht mehr nötig, sondern man nimmt nur noch die Analysenproben auf, ermittelt in der geschilderten Weise die Schwärzungsdifferenz der Magnesiumlinie gegenüber den Aluminiumlinien und kann aus der Eichkurve direkt die Konzentration entnehmen.

Da es jedoch nicht möglich ist, die photographischen Bedingungen genügend konstant zu halten, so ändert sich die Neigung des geraden Teils der Schwärzungskurve, und es treten ausserdem Parallelverschiebungen auf. Infolgedessen nimmt man auf die Platte eine Probe bekannten Gehaltes mit auf und gleicht die Verschiebungen durch Korrektur aus. Man korrigiert den erhaltenen Konzentrationswert nach der Gleichung

$$a_g : a_r = x_g : x_r$$

wobei a der Wert der bekannten Probe und x der Wert der Analysenprobe ist. Die Indizes r und g bedeuten richtiger Gehalt und gefundener Gehalt. Man kann also die gefundenen Werte entweder mit einem Faktor multiplizieren oder auch rein graphisch korrigieren.

Während früher die Meinung vertreten wurde, dass die Konzentration des Zusatzmetalles, z. B. Magnesium, auf den wahren Gehalt der Legierung an Aluminium (z. B.

92% oder 94% usw.) bezogen werden muss, hat sich in der Zwischenzeit herausgestellt, dass dies n i c h t erforderlich ist, sondern dass man tatsächlich direkt die wirklichen Prozentgehalte erhalten kann.

Die gewonnene Eichkurve gilt im übrigen aber für alle Arten von Aluminiumlegierungen, unabhängig von der Art der Begleitelemente.

Nach dieser Art arbeitet man, wenn erst einmal die Eichkurve aufgestellt ist, viel rascher als nach dem zuerst geschilderten Verfahren. Auch dieses Verfahren lässt sich auf sämtliche Legierungsbestandteile im Aluminium anwenden und hat stets sehr gute und zuverlässige Werte ergeben.

---

c) Natrium-Bestimmung in hochsiliciumhaltigen Legierungen

Besondere Bedeutung hat in letzter Zeit die spektrographische Bestimmung von Natrium in Aluminium und seinen Legierungen gewonnen, vor allem in solchen mit hohem Siliciumgehalt. Die Natrium-Bestimmung auf nasschemischem Wege birgt ausserordentliche Fehlerquellen in sich, weil bei kleinen Prozentgehalten*) länger dauernde Anreicherungsverfahren notwendig sind und es sehr schwer ist, in diesem Fall den Blindwert niedrig genug zu halten (s. auch Ausführungen im Abschnitt »Lösen der Metallproben«). S. 29 Wenn dagegen das Natrium spektrographisch bestimmt werden kann, so wird dadurch viel Zeit gespart, und es werden auch die unvermeidlichen Fehlerquellen des nass-chemischen Verfahrens vermieden.

Zur spektralanalytischen Bestimmung verwendet man die Al-Linie 3944 und die Na-Linie 5890. Man arbeitet also im sichtbaren Gebiet und mit einem Glasspektrographen.

Wegen der raschen Verdampfbarkeit des Natriums wird eine sehr kurze Vorfunkzeit von nur 10 s und eine mög-

*) In der Grössenordnung von 0,001—0,01%.

lichst kurze Belichtungszeit verwendet. Die beiden zur Ausmessung verwendeten Linien Al 3944 und Na 5890 weisen einen starken Schwärzungsunterschied auf, so dass man selbst bei Verwendung eines 3-Stufen-Filters die Natriumlinie nicht mit der Aluminiumlinie vergleichen kann. Man hat diese Schwierigkeit dadurch überwunden, dass man unmittelbar vor die Kassette ein kleines Gelbfilter (G4 von Schott und Gen.) setzt und damit die Aluminiumlinie so schwächt, dass sie praktisch dieselbe Schwärzung aufweist wie die Natriumlinie bei Anwesenheit von etwa 0,01% Na. Die Grundlagen dieses Verfahrens stammen von F. Wolbank.[186]

Folgende Arbeitsbedingungen haben sich bewährt:

Feussnerscher Funkenerzeuger, Stufe 1. Kapazität 3000 cm. Induktion ca. 1 200 000 cm. Widerstand im Primärkreis ca. 80 Ω bei 220 V. Elektrodenabstand 25 mm. Elektrodenform: zwei halbrunde Kuppen mit einem Krümmungsradius von 2,5 mm. Spaltbreite 0,06 mm. Plattenmaterial: Agfa Spektral-Rot-Rapid. Vorfunkzeit 10 s, Belichtungszeit 90 s. Analysenlinien Al 3944, Na 5890.

Zusätzliche Hinweise. Bei der Vorbereitung der Proben ist vor allen Dingen darauf zu achten, dass die mit einem Stahl oder einem Fräser angesetzte Kuppe der Elektrodenstifte nicht durch Berührung mit der Hand oder irgendwelchen Gegenständen Natrium aufnimmt. Die fertiggestellten Kuppen werden deshalb umgekehrt in einen Lochständer eingesetzt, dessen Boden immer wieder mit einem neuen Stück Filtrierpapier ausgelegt wird. Zur Aufstellung der Eichkurve werden auf besondere Weise hergestellte Eichelektroden verwendet.*)

3. Lösungsspektralanalyse nach Scheibe-Rivas[175, 177]

Wie schon erwähnt, kann bei diesem Verfahren im Prin-
S. 260, 261 zip nach beiden vorstehenden Methoden gearbeitet werden;

*) Beziehbar durch die Metallgesellschaft Frankfurt/Main, F. Wolbank.

der Unterschied bezieht sich nur auf die Vorbehandlung der Proben. Die Verwendung von Lösungen hat den Vorteil, dass man immer ebenso wie bei der chemischen Analyse eine Durchschnittsanalyse erhält, da man nach dem in üblicher Weise erfolgten Anbohren der Metallproben eine grössere Einwaage verarbeiten kann. Eine bestimmte Menge der Lösung lässt man auf die vorerhitzte Elektrode auftropfen. Dabei verdampft die Lösung, und man funkt ebenfalls wie bei den anderen Verfahren feste Elektroden ab. Verschiedene Lösungsmengen wandern verschieden tief in die Elektrode hinein, so dass selbst dann, wenn etwas ungenau abgemessen wird, keine Schwärzungsunterschiede bei derselben Konzentration auftreten können.

Um die Elektroden mehrmals verwenden zu können, werden sie nach der Benutzung etwas abgeschliffen, 1 Stunde in Salzsäure (1 : 1) gekocht, mehrere Stunden in fliessendem Wasser ausgewaschen und dann getrocknet. Vor Beginn der eigentlichen Analyse, d.h. vor dem Auftropfen der neuen Analysenlösung, werden die Kohlestifte noch einmal durch Belastung mit der vollen Stromstärke durchgeglüht (Dauerbogen). Unter diesen Umständen kann man die Elektroden 4—5mal benutzen.

In der Praxis hat sich folgende Arbeitsweise bewährt:
1 g Späne werden in 25 ccm Brom-Salzsäure (1 : 1) gelöst. S. 204
Die Lösung wird bis zur Kristallisation der Chloride eingedampft. Man nimmt mit Wasser auf, gibt in einen 50ccm-Messkolben und füllt auf. Von dieser Lösung gibt man mit einer Platindrahtöse (Durchmesser ungefähr 3—4 mm) 2—3 Tropfen auf die heissen Kohlestifte und lässt die Lösung verdampfen. Arbeitet man dann nach Vorschrift 1 weiter, so werden die nötigen Salzlösungen der S. 260
entsprechenden Konzentration mit aufgenommen. Arbeitet man nach 2, so kann man direkt auf die Eichkurve be- S. 261
ziehen.

4. Quantitative Bestimmung im Abreissbogen nach Pfeilsticker[156, 173]

Die einfachste Anregung für die spektrographische Untersuchung überhaupt ist die im Lichtbogen. Er wird mit 60—200 V Gleichstrom direkt zwischen den zu untersuchenden Stiften betrieben. Brennt dieser Dauerbogen längere Zeit, so tritt z. B. bei Metallstiften ein Schmelzen der Proben ein. Infolge der gleichzeitig auftretenden starken Überhitzung findet ausserdem eine sehr weitgehende fraktionierte Destillation der Bestandteile statt. Diese Destillation ist umso grösser, je mehr sich die Siedepunkte der einzelnen Bestandteile von denen des Grundmetalles unterscheiden. Auf der photographischen Platte wirkt sich der Dauerbogen ebenfalls ungünstig aus, weil er eine starke Untergrundschwärzung verursacht. Unterbricht man jedoch einen solchen Dauerbogen periodisch und zündet ihn wieder mechanisch (nach Gerlach) oder elektrisch (nach Pfeilsticker), so erhält man den sogenannten Abreissbogen. Bei der Pfeilstickerschen Anordnung wird der Bogen durch einen überlagerten Hochfrequenzstrom (Tesla-Strom) gezündet und mit einem Unterbrecher immer wieder unterbrochen. Sehr wesentlich ist dabei noch, dass dieser Bogen auch mit Wechselstrom betrieben werden kann, also die in vielen Fällen umständliche Beschaffung von Gleichstrom entfällt. Einzelheiten über die Wirkungsweise dieser Anregungsart sind aus der Literatur zu entnehmen.

Zink-Bestimmung

Mit Hilfe vorbeschriebener Einrichtung lässt sich Zink in Aluminium und Aluminiumlegierungen bestimmen, einerlei ob es als Legierungsbestandteil oder nur als Verunreinigung vorliegt. In der Praxis hat sich hierbei auch wieder die Anwendung des Zweilinienverfahrens von Scheibe bestens bewährt; die Art der Durchführung ent-
S. 263 spricht also ganz der oben unter 2. beschriebenen. Es ist

jedoch auch schon die unter 1. beschriebene Methode mit S. 260 Erfolg angewendet worden. Auf diese Weise können Zinkgehalte von 0,001—10% mit Sicherheit ermittelt werden.

Brauchbare Analysenlinien

Für Aluminium als Grundmetall werden meistens folgende Linienpaare benutzt:

Magnesium	2790,8	Aluminium	2660,4
	2790,8		2816,2
	2928,6		3050,1
	2936,7		3057,2
Mangan	2593,7	Aluminium	2660,4
	2949,2		2816,2
	2949,2		3050,1
	2949,2		3057,2
	2949,2		3082,2
Silicium	2516,1	Aluminium	2568,0
	2881,6		2816,2
	2881,6		3050,1
	2881,6		3082,2
Eisen	2383,2	Aluminium	2367,6
(für grössere Gehalte)			
	2599,4		3568,0
	2749,3		2652,4
	2756,7		2652,4
(für kleinere Gehalte)			
Kupfer	2369,9	Aluminium	2367,1
	2961,2		2816,2
	3247,5		3064,0
	3247,5		3082,2

Welches Linienpaar im Einzelfall am geeignetsten ist, hängt weitgehend von den gewählten Anregungsbedingungen und von der Konzentration der zu bestimmenden Elemente ab; deshalb sind hier viele Möglichkeiten angeführt worden.

Flammenspektralanalyse [B24, B30, 184]

Das älteste Hilfsmittel für den Chemiker, der spektroskopisch Elemente definieren wollte, war die Flamme. Bei rein qualitativen Untersuchungen kam es noch nicht darauf an, eine konstant brennende Flamme zu besitzen; daher verwendete man anfangs die verschiedenartigsten Methoden, um das Element in der Gasflamme zum Leuchten zu bringen. Man brachte z. B. das Salz auf einer Platindrahtöse oder einem Magnesiastäbchen in die Flamme oder zerstäubte es in Form einer Lösung in der Flamme. Die Zahl der Elemente, die auf diese Weise nachgewiesen werden kann, ist beschränkt, da die Nachweisempfindlichkeit stark von der Hitze der Flamme abhängt. Um eine grössere Zahl von Elementen nachweisen zu können, ging man daher später dazu über, statt der einfachen Gasflamme die Acetylensauerstoff-Flamme zu benutzen, mit der sehr viel höhere Temperaturen erreicht werden. Ursprünglich beschränkte sich die Flammenspektralanalyse auf das sichtbare Gebiet, wobei mit Hilfe eines Spektroskopes die Linien der Elemente ermittelt wurden. Verwendet man zur Untersuchung der Substanzen dagegen einen Quarzspektrographen und eine photographische Platte, so kann man auch Elemente feststellen, die ihre wichtigsten, die sogenannten letzten Linien im Ultraviolettgebiet haben. Lundegårdh[B24] hat sich wohl am intensivsten mit dem Problem befasst, die Flammenspektralanalyse zu einer brauchbaren quantitativen Methode auszubilden. Die wichtigste Frage dabei ist die, wie man die Flamme immer völlig gleichmässig brennen lassen und wie man ausserdem die Konzentration der zerstäubten Analysenflüssigkeit in der Flamme selbst immer konstant halten kann. Lundegårdh hat zu diesem Zweck einen besonderen Zerstäuber konstruiert. Auch andere, darunter vor allem Thanheiser und Heyes[184], haben sich eingehend mit der Entwicklung zuverlässiger Zerstäuber befasst.

Solange die Flammenspektralanalyse ebenso wie die Methoden der Anregung im kondensierten Funken oder im

Bogen mit der photographischen Platte arbeiten musste, um aus der Intensität der Linien Rückschlüsse auf die Konzentration des betreffenden Elementes zu ziehen, konnte sie den beiden anderen Anregungsarten gegenüber nicht wesentlich an Boden gewinnen. In dem Augenblick jedoch, da es gelang, mit einem Spektroskop zu arbeiten und die Intensität der Linien auf eine lichtelektrische Zelle arbeiten zu lassen, gewann diese Methode ausserordentlich an Bedeutung.

Die von Thanheiser und Heyes entwickelte Methode arbeitet in folgender Weise: In einem gut durchgearbeiteten Zerstäuber wird die Analysenlösung in eine Acetylensauerstoff-Flamme gebracht. Das Licht der betreffenden Linien, z. B. Natrium, wirkt auf eine Caesopresszelle. Die lichtelektrische Zelle ist mit einem Lindemann-Elektrometer verbunden. Es wird nun die Zeit gemessen, die nötig ist, um das Elektrometer aufzuladen. Die Zeit ist der Konzentration des betreffenden Elementes in der Flamme proportional. Nähere Einzelheiten über die Wirkungsweise dieser Anordnung sind aus der Literatur zu entnehmen.

Natrium-Bestimmung

Hier wird obige Methode angeführt, weil sie sich in der Praxis bei der Bestimmung des Natriums in Aluminium und Aluminiumlegierungen bestens bewährt hat. Die Empfindlichkeit der Methode ist so gross, dass man mit Einwaagen von 10 g auskommt, wenn es sich um die Bestimmung von etwa $^1/_{1000}$% Na handelt. Sind dagegen hundertstel Prozente zu erwarten, was vor allem bei Oberflächenuntersuchungen der Fall ist, so genügt eine Einwaage von 1 g. Wendet man 10 g Späne an, so wird die salzsaure Lösung der Späne einmal mit Salzsäuregas ausgesalzen und die Lösung vom S. 9, 30
Aluminiumchlorid abfiltriert, um eine zu hohe Viskosität

der Salzlösung zu vermeiden. Man gibt die Lösung in ein 50ccm-Kölbchen und verwendet zur Spektralanalyse etwa 10 ccm davon. Da die Glasgefässe, in denen die Vorbereitung durchgeführt wird, Natrium enthalten, ist es erforderlich, sie vor Beginn mit Salzsäuregas auszudämpfen; diese Vorbereitung ist jedoch nur vor dem ersten Gebrauch nötig. Bei der chemischen Analyse benötigt man in dem gleichen Fall Einwaagen von 10—50 g, je nach der verwendeten Methode und Legierung. Wesentlich ist vor allem der Zeitgewinn, den man bei der spektralanalytischen Methode hat, vorausgesetzt, dass die lichtelektrische Zelle keine allzu grossen Schwankungen infolge irgendwelcher Störungen aufweist. Man kann jetzt 10 Bestimmungen und mehr an einem Tage ausführen, während man bei der chemischen Bestimmung mit dem Aussalzverfahren u. U. mehrere Tage für eine Bestimmung nötig hat.

Zur Durchführung der Bestimmung sind natürlich einige Vorarbeiten erforderlich. Zunächst stellt man sich Eichlösungen her, die einen Natriumgehalt besitzen, wie er bei der Bestimmung selbst zu erwarten ist; den Lösungen setzt man auch ungefähr die gleichen Mengen Aluminiumchlorid und Salzsäure zu, wie sie normalerweise bei der Analyse auftreten. Man gibt 10 ccm der Eichlösung in den Zerstäuber und misst die Aufladezeit des Elektrometers. Die erhaltenen Werte zusammen mit den dazugehörigen Konzentrationen ergeben die Eichkurve. Sie ist täglich aufs neue zu kontrollieren, da alle lichtelektrischen Zellen einen gewissen Gang aufweisen und ausserdem stark von Witterungsänderungen beeinflusst werden. Wahrscheinlich beruht dies auf der Stärkenänderung der Feuchtigkeitshäute auf der Zelle und auf den Zuleitungsdrähten; damit ändern sich die Kriechströme, die immer einen gewissen Verlust mit sich bringen.

Die Flammenspektralanalyse in der jetzt vorliegenden Form lässt sich zweifellos auch noch für die Bestimmung anderer Elemente im Aluminium abwandeln. Der Vorteil liegt in der ausserordentlichen Geschwindigkeit, mit der die einzelne Bestimmung ausgeführt werden kann, wenn die nötigen Vorarbeiten erst einmal geleistet sind. Gegenüber den anderen oben erwähnten Methoden hat sie natürlich den Nachteil, dass man keine photographische Platte besitzt, auf der man die erhaltenen Werte auch nach Wochen noch kontrollieren kann.

Qualitative Analyse [B 20, B 23, B 26, B 27]

Die qualitative spektrographische Analyse ist heute schon von ausserordentlicher Bedeutung; sie bildet für das chemische Laboratorium ein Hilfsmittel von unschätzbarem Wert. Nicht nur, dass die Aufnahme der chemisch zu untersuchenden Proben (Metalle, Erze, Salze, Lösungen) dem Chemiker sofort Hinweise gibt, welcher Analysengang am zweckmässigsten eingeschlagen wird, sondern sie ermöglicht auch, die auf chemischem Wege erhaltenen Niederschläge auf Reinheit zu prüfen. Falls Fehlanalysen vorkommen, kann man ferner durch Untersuchung der Zwischenfällungen oder Filtrate die Ursache der Fehler feststellen.

Die Proben werden entweder im Funken oder im Abreissbogen grundsätzlich in gleicher Weise aufgenommen, wie in den vorhergehenden Abschnitten bei den quantitativen Bestimmungen beschrieben. Man arbeitet also ebenfalls mit einem Funkenerzeuger oder in Resonanzschaltung, mit der Abreissbogen-Einrichtung, mit Kohle- oder auch Metallelektroden aus reinstem Metall, z. B. Aluminium, usw. Bei der Aufnahme selbst verwendet man einen engeren Spalt als bei der quantitativen Bestimmung (meistens 0,01 mm) und eine Lochblende, mit der man 5—7 Spektren untereinander aufnehmen kann, o h n e die Kassette verschieben zu müssen. Als Bezugsspektrum nimmt man entweder die Wellenlängenskala mit auf (bei den Zeiss-Apparaten eingebaut), oder man photographiert das Eisenspektrum mit. Letztes hat den Vorteil, dass man bei unbekannten Linien durch Vergleich mit den zunächst liegenden Eisenlinien sehr scharf auf die richtige Wellenlänge interpolieren kann. Zu diesem Zweck sind von Scheibe und Mitarbeitern Tabellen des Eisenspektrums herausgebracht worden[B25, B26]. Bei Mitaufnahme der Wellenlängenskala dagegen hat man immer mit geringen Verschiebungen gegen den Absolutwert zu rechnen. Sucht man bestimmte Verunreinigungen oder Elemente, so nimmt man zweckmässigerweise eine Probe mit auf, die die gesuchten Elemente enthält. Hält man ausserdem noch bestimmte Belichtungsbedingungen und bestimmte Elektrodenformen ein, oder lässt man eine bestimmte Anzahl Tropfen der Analysenlösung auf die Kohleelektroden auftropfen, so kann man auch sehr leicht halb-quantitative Angaben machen. Damit erhält der Chemiker oder auch der Metallhüttenmann schon wichtige Hinweise auf die Grössenordnung, in der die einzelnen Elemente vorkommen.

Zur Auswertung qualitativer Aufnahmen stehen der Messprojektor der Firma Fuess oder der Spektrenprojektor der Firma Zeiss zur Verfügung. Der erstgenannte Apparat hat den Vorteil, dass man die Vergrösserung in gewissen Grenzen ändern kann. Die von Scheibe entwickelten Tabellen der Eisenlinien enthalten Kopien mit bestimmten Vergrösserungen. Diese Kopien schiebt man auf dem Projektorschirm zweckmässig unter die mitaufgenommenen Eisenlinien und verändert die Vergrösserung solange, bis beide sich decken. Auf diese Weise kann man sehr schön genaue Wellenlängenbestimmungen der unbekannten Elemente durchführen. Da die Kopien wegen der wechselnden Dispersion des Gesamtspektrums eine etwas verschiedene Vergrösserung besitzen, ist es praktisch, wenn man die Änderung der Vergrösserung im Messprojektor etwas korrigieren kann. Demgegenüber hat der Apparat von Zeiss den Vorteil, dass man in sehr einfacher Weise die Platte über das ganze Spektrum verschieben kann und infolgedessen rasch einen Überblick über den Gesamtbereich erhält. Neuerdings sind von Gössler *) Spektraltafeln herausgebracht worden, die in der Vergrösserung an den Spektrenprojektor von Zeiss angeglichen sind. Sie sind auch dadurch besonders wertvoll, dass sie nicht nur die Eisenlinien enthalten, sondern gleichzeitig die wichtigsten Analysenlinien der anderen Elemente. Man kann sich also mit Hilfe der Tafeln sofort überzeugen, ob man es mit letzten Linien eines Elementes oder nicht interessierenden Nebenlinien des Grundelementes zu tun hat. Verwendet man nicht die Tafeln von Gössler, sondern die älteren von Scheibe, so sucht man die gefundenen Linien in einem Atlas [B20, B23] auf und kann daraus das betreffende Element entnehmen. Hat man auf diese Weise ein Element ermittelt, so sucht man noch einmal nach den letzten Linien, da diese ja unter allen Umständen vorhanden sein müssen (s. Tabellen von Gerlach) [B20]. Dies ist deshalb erforderlich, weil häufig schwächere Linien des Grundmetalles mit den letzten Linien des gesuchten Elementes zusammenfallen und man zu Fehlschlüssen käme, wenn man nicht noch die letzten Linien des fraglichen Elementes aufsuchte.

*) Verlag G. Fischer, Jena 1942.

VII. Abschnitt. Gasanalytische Methoden [115, 117, 119, 120]

Vorbemerkungen. Die Gasbestimmung im Aluminium hat dieselbe Bedeutung wie bei anderen Metallen, da die technischen Eigenschaften aller Metalle von dem Gasgehalt in den verschiedensten Richtungen beeinflusst werden. Um diese Wirkung des Gases beurteilen zu können, muss über die Art der möglichen Gase und über die Formen, in denen diese im Aluminium vorkommen können, Klarheit gewonnen werden.

Das Gas, das bisher weitaus am stärksten im Aluminium gefunden wurde, meistens bis 90% der Gesamtgasmenge, ist der Wasserstoff; man kann sich daher im allgemeinen mit der Bestimmung des Wasserstoffes begnügen. Neben Wasserstoff treten N_2, CO, CO_2, CH_4 und NH_3 auf. Diese Gase dürften jedoch immer aus Sekundärreaktionen stammen, d. h. vornehmlich aus der Umsetzung von Wasser (Feuchtigkeit) mit irgendwelchen Verunreinigungen des Aluminiums (z. B. mit Nitriden, Carbiden usw.). Bei diesen Überlegungen drängt sich ausserdem noch die Frage auf, welches Gas im reinen Aluminium wirklich löslich und welches im Gegensatz dazu an sogenannte Gasträger gebunden ist. Als Gasträger in diesem Sinne hat nicht nur Al_2O_3 zu gelten, das ein grösseres Aufnahmevermögen für Feuchtigkeit und Gase aller Art besitzt, sofern es nicht über 1100° erhitzt wurde, sondern auch eine Anzahl von Verunreinigungen, wie z. B. Natrium.

Bekanntlich kann der W a s s e r s t o f f, auf den wir uns hier beschränken wollen, in drei Formen in Metallen vorkommen:

a) adsorbiert,

b) als echte Lösung,

c) als chemische Verbindung.

Bei der Adsorption findet sich das Gas an der Trennungsfläche zwischen der Gasphase und der festen oder flüssigen Phase, wobei auch die Möglichkeit einer Adsorption an der inneren Oberfläche vorhanden ist. Bei der echten Lösung liegen die Gase als freie Protonen und Elektronen vor, ohne einen nennenswerten Einfluss auf die Gitterstruktur des betreffenden Grundmetalles auszuüben. Bei dem Auftreten einer chemischen Verbindung schliesslich kann einmal der metallische Charakter des Grundmetalles erhalten bleiben; es tritt dann nur eine Aufweitung des Gitters ein. Es können jedoch auch salzartige, halbmetallische und auch flüchtige Verbindungen entstehen; diese haben dann eine vom Grundmetall verschiedene Gitterstruktur. Über die Formen, in denen die Hydride vorkommen können, hat Hüttig[119] eine ausführliche Zusammenstellung gegeben.

Selbst wenn man sich bei der Bestimmung des Gases im Aluminium auf den Wasserstoff als das wichtigste Gas beschränkt, so ergibt sich aus dem bisher Gesagten, dass mit Gleichgewichtsbestimmungen zwischen Wasserstoff und Aluminium allein, wie sie z. B. von Czochralski[117], Röntgen und Möller[120], Baukloh und Oesterlen[115] ausgeführt wurden, kein einwandfreies Bild über die Menge Wasserstoff, die im technischen Aluminium vorkommen kann, gewonnen wird.

Die oben erwähnten Verunreinigungen, die im Aluminium in stark wechselnden Mengen enthalten sind, verschieben nämlich das Bild, das man mit reinen Gleichgewichtsbestimmungen erhält, ganz wesentlich. Dazu kommt weiter, dass bei Blechen durch den Walzvorgang und ebenso beim Drahtziehen durch den Ziehvorgang Öle und Fette in die Oberfläche des Aluminiums hineingearbeitet werden. Bei der Bestimmung des Gasgehaltes in derartigen Proben kann daher mit ausserordentlichen Gehalten gerechnet werden. Alle diese Möglichkeiten sind bei der Durchführung von Gasanalysen zu beachten und je nach der Vorgeschichte des Metalles die entsprechenden Schlüsse zu ziehen.

Gasanalytische Verfahren [116, 119]

Bei der Bestimmung von Gasen im Aluminium sind zwei Verfahren möglich, das Heissextraktionsverfahren nach Oberhoffer und Hessenbruch sowie das Lösungsverfahren nach Chrétien, Nipper und Piwowarsky [116]. Das Lösungsverfahren ist in der angeführten Literatur ausführlich behandelt. Diese enthält ein umfassendes Schrifttumverzeichnis allgemeiner Art, so dass hier auf eine nochmalige Anführung verzichtet werden kann. Während das Lösungsverfahren speziell für die Bestimmung von Wasserstoff gedacht ist, kann man nach dem Heissextraktionsverfahren naturgemäss alle Gase (H_2, CO_2, CO, N_2, CH_4, NH_3 usw.) bestimmen, wenn der Gasanalysator die entsprechenden Absorptionsgefässe und sonstigen Vorrichtungen besitzt.

a) Heissextraktionsverfahren [118, 121, 122, 123]

Das Heissextraktionsverfahren ist das am meisten angewendete Verfahren zur Bestimmung von Wasserstoff im Aluminium. Das Verfahren ist zuerst für die Eisenindustrie entwickelt und dann nach einigen Änderungen bei der Bestimmung der Gase im Aluminium angewendet worden.

Die Apparatur zur Ausführung der Bestimmung besteht aus folgenden Teilen:

In einem Heizofen mit elektrischer Rührvorrichtung (Hochfrequenz-Induktionsofen oder Silitstabofen mit Induktionsrührer), befindet sich ein Quarzrohr. In das Quarzrohr wird ein Tiegel aus Sintertonerde eingesetzt, der nach Beendigung des Blindversuches die Analysenprobe aufnehmen soll. Das Quarzrohr ist durch einen Metallkühler mit der Einfüllvorrichtung verbunden, die Einfüllvorrichtung ihrerseits wieder mit einer Quecksilberdampfstrahlpumpe. An diese ist eine Quecksilbertropfpumpe zum Sammeln des entwickelten Gases und dann der Gasanalysator angeschlossen. Für alle Schliffe, die mit Fett abgedichtet werden müssen, wird zweckmässig Apiezonfett *) verwendet, da dieses den geringsten Dampfdruck aufweist. Eine Beschreibung bis ins einzelne ist in der Dissertation von Diergarden[118] und in der Abhandlung von Steinhäuser[121] enthalten, so dass auf das Schrifttum verwiesen werden kann.

Bei der Ausführung der Analyse ist folgendes zu beachten:

1. Zunächst ist ein Blindversuch durchzuführen, der nur noch 0,10 ccm Gesamtgasmenge in der Zeit liefern darf, in der normalerweise die Analyse durchgeführt wird. Während des Blindversuches soll das Quarzrohr mit dem Tiegel, der nachher das Aluminium aufnehmen soll, um 100—200° über die Arbeitstemperatur (850°) erhitzt werden. Dann ist man sicher, dass diese Teile bei der Gasbestimmung selbst kein Gas mehr abgeben können.

2. Die Probe wird vor Beginn des Blindversuches an einem dünnen Eisendraht in der Einfüllvorrichtung aufgehängt. Da beim Aluminium meistens nur mit kleinen Gasmengen, nämlich 1—4 ccm pro 100 g Aluminium zu rechnen ist, wählt man die Einwaage möglichst gross, etwa 100 g. Bei feinkristallinem Metall liegt der Gasgehalt häufig bei 1,5—2 ccm.

Die Probe, die eine glatte Oberfläche haben soll, muss vor Beginn des Versuches sorgfältig gereinigt werden. Ein zweckmässiges Reinigungsverfahren ist folgendes: Man wäscht die Probe mit einem Gemisch von reinstem Benzol und Alkohol ab und erhitzt anschliessend auf etwa 350°. Die aussen evtl. noch anhaftenden letzten Reste von Fett werden damit beseitigt. Ein nachträgliches Berühren der Probe mit den Fingern muss vermieden werden. Man setzt die Probe zweckmässig noch heiss in die Apparatur ein und entgast sofort, um die Bildung einer Feuchtigkeitsschicht auf der Probe zu unterbinden. Einfaches

*) Lief. Fa. E. Leybold, Köln.

Berühren mit den Fingern oder auch die Bildung einer Feuchtigkeitsschicht führt zu Überbefunden.

3. Bei der Bestimmung selbst ist auf äusserste Sauberkeit zu achten. In diesem Zusammenhang sei noch besonders auf die Arbeit von Thanheiser und Ploum[122] hingewiesen, in der eine neue Art des Gasanalysators beschrieben wurde. Die Fehlermöglichkeiten, die bei der Bestimmung auftreten können, sind darin sehr ausführlich behandelt.

b) Lösungsverfahren

Dieses Verfahren von Chrétien, Nipper und Piwowarsky[116] stellt eine neuere Arbeitsweise dar, bei der die Fehler des Heissextraktionsverfahrens vermieden werden können. Es ist zu erwarten, dass dieses Verfahren noch sehr an Bedeutung gewinnt. Im Folgenden halten wir uns weitgehend an die Ausführungen der genannten Autoren.

Das Prinzip des Verfahrens beruht darauf, dass Aluminiumfeilspäne in Schwefelkohlenstoff durch Zugabe von Brom gelöst werden. Dabei wird sowohl der im Metall adsorbierte als auch der gelöste Wasserstoff frei, während die vorhandenen Hydride Bromwasserstoff liefern. Das entweichende Gas wird zunächst durch eine Silbernitratlösung geleitet, um das Brom des Bromwasserstoffs in Silberbromid überzuführen. Anschliessend verbrennt man den Wasserstoff über Kupferoxyd und wägt das gebildete Wasser.

Die Apparatur besteht aus folgenden Einzelteilen: An eine Stickstoffbombe werden zwei Waschflaschen mit alkalischer Pyrogallollösung angeschlossen, ferner eine Flasche mit konz. Schwefelsäure, ein Quecksilberdruckregler, ein Chlorcalciumtrockenturm und ein Trockenröhrchen mit Phosphorpentoxyd. Der auf diese Weise gereinigte und getrocknete Stickstoff wird dann in den Reaktionskolben geleitet, der auf einem Wasserbad erhitzt

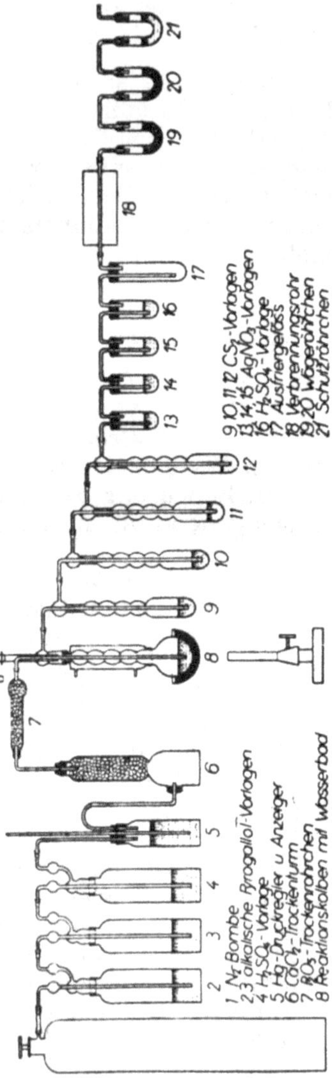

Abb. 22. Apparatur zur Durchführung der Gasanalyse nach dem Lösungsverfahren (schematisch)

werden kann. An den Reaktionskolben schliessen sich vier Waschflaschen mit Schwefelkohlenstoff an, drei mit Silbernitratlösung, eine mit konz. Schwefelsäure und ein Ausfriergefäss, das mit Äther-Kohlensäure gekühlt wird. Das Restgas passiert dann ein Verbrennungsrohr mit Kupferoxyd, um den Wasserstoff zu Wasser zu verbrennen. Der Wasserdampf wird in Phosphorpentoxyd-Röhrchen aufgefangen und seine Menge durch Wägung ermittelt.

Der wichtigste Teil ist der Reaktionskolben, in den Stickstoff eingeleitet wird. Der Kolben trägt einen Tropftrichter mit Brom. Das Bromzuleitungsrohr darf nicht in die Lösung eintauchen, da sonst feste Reaktionsprodukte entstehen, die eine Verstopfung herbeiführen. Glasstopfen und Verbindungsschliffe dürfen nicht gefettet sein, sie müssen daher sehr gut eingeschliffen und sehr sorgfältig behandelt werden.

Ausführung der Bestimmung. 10 g Feilspäne werden in den Lösungskolben gebracht, ebenso 50 ccm Schwefelkohlenstoff. Die Schwefelkohlenstoffvorlagen enthalten je 25 ccm Schwefelkohlenstoff, die Silbernitratvorlagen je 6 ccm Silbernitratlösung (15 g Silbernitrat, 15 ccm konz. Salpetersäure und 200 ccm Wasser). Nach dem Zusammensetzen der Einzelteile wird der Tropftrichter mit 35 ccm Brom gefüllt. Man lässt nun solange Stickstoff (150 Blasen in der Minute) durch die Apparatur strömen, bis die Wägeröhrchen am Ende der Apparatur Gewichtskonstanz zeigen. Man stellt den Stickstoffstrom ab, lässt langsam Brom zutropfen und hält damit den Schwefelkohlenstoff in schwachem Sieden; evtl. erhitzt man auf dem Wasserbad etwas nach.

Sobald die Gesamtmenge Brom zugegeben ist, wird mit dem Wasserbad erwärmt und gleichzeitig wieder Stickstoff durchgeleitet. Die entweichenden Gase verlieren in den Schwefelkohlenstoffvorlagen überschüssiges Brom, in den Silbernitratvorlagen den Bromwasserstoff und im Ausfriergefäss überschüssigen Schwefelkohlenstoff sowie Feuchtigkeit. Der Wasserstoff wird anschliessend im

Kupferoxydrohr verbrannt und das gebildete Wasser im bekannter Weise im Phosphorpentoxydröhrchen aufgefangen.

0,001 g AgBr enspricht 0,05967 ccm Wasserstoff,
0,001 g H_2O entspricht 1,25 ccm Wasserstoff.

Zusätzliche Hinweise. Die Methode kann in ihrer Entwicklung noch nicht als abgeschlossen angesehen werden.

Anhang zum Teil A

1) Schnellmethoden

Vorbemerkungen. Bei den nachfolgenden Methoden handelt es sich um Kurz- und Schnellmethoden, wobei der Begriff «Schnellmethode» von Fall zu Fall relativ zu verstehen ist. Hier sind nur Arbeitsweisen beschrieben, die nicht die Genauigkeit der in den Hauptabschnitten behandelten aufweisen. Auf Schnellmethoden, die gute Genauigkeiten erreichen lassen und daher in den Hauptabschnitten stehen, ist verwiesen.

Die Beschränkung dieses Kapitels weist auf eine gesunde Entwicklung in der Leichtmetallanalytik hin. Es darf nicht das Ziel sein, schnelle und weniger genaue Methoden zu erarbeiten, sondern es sind schnell durchführbare Methoden von möglichst hoher Genauigkeit anzustreben. Ihre Anzahl ist im ständigen Wachsen. Den grössten Beitrag lieferte die Kolorimetrie, dann folgen Spektralanalyse und Polarographie. Hier haben wir zum Teil schon Methoden, die auf den Ablauf eines Produktionsganges abgestimmt sind, so dass korrigierende Eingriffe bereits während des laufenden Prozesses vorgenommen werden können.

Antimon-Bestimmung

Grundsätzliches. Die kolorimetrische Bestimmung des Antimons ist eine ausgesprochene Schnellmethode von geringerer Genauigkeit und nur anwendbar, wenn ausser Zinn keine anderen in saurer Lösung mit Schwefelwasserstoff fällbaren Metalle anwesend sind. Die Methode beruht auf einem Farbvergleich kolloidaler

Sb_2S_5-Lösungen. Legierungen mit einem Antimongehalt von mehr als 0,3% können nach dieser Methode nicht analysiert werden. Da Antimonsulfid zum Ausflocken neigt, können nur verhältnismässig dünne Lösungen miteinander verglichen werden; bei grösserer Konzentration muss die Verdünnung sehr gross gewählt werden, so dass der unvermeidliche Messfehler infolge der Umrechnung stark ins Gewicht fällt.

Antimon-Standardlösung. Man benötigt eine Antimon-Standardlösung, von der 1 ccm 0,05 mg Antimon entspricht. Man löst 0,1 g gepulvertes Antimon in Königswasser, verkocht die Salpetersäure durch wiederholte Zugabe von Salzsäure und füllt die Lösung unter Zusatz von Salzsäure auf 2 l auf. Tritt eine Trübung der Lösung beim Verdünnen auf, so muss noch etwas Salzsäure nachgegeben werden.

Ausführung der Bestimmung. Man löst 2 g der Legierung mit 50 ccm Salzsäure (1 : 1) und 10 ccm konz. Salpetersäure. Um die nitrosen Gase zu vertreiben, dampft man bis zur Kristallbildung ab, nimmt mit Wasser auf, spült die Lösung in einen 200ccm-Messkolben und gibt etwas Filterschleim hinzu. Nach dem Auffüllen filtriert man Silicium, Kieselsäure und Metazinnsäure durch ein trockenes Faltenfilter ab. 50 ccm der Lösung, die 0,5 g Einwaage entsprechen, gibt man in einen Philippsbecher, setzt 5 ccm Salzsäure (1 : 1) zu und verdünnt auf 175 ccm. Gleichzeitig entnimmt man der Antimon-Standardlösung 10, 20 und 30 ccm, entsprechend 0,1, 0,2 und 0,3% Antimon bei 0,5 g Einwaage, versetzt sie mit 10 ccm Salzsäure (1 : 1) und verdünnt ebenfalls auf 175 ccm. Zu sämtlichen Lösungen gibt man in einem Guss unter Umschwenken 25 ccm frisch bereitetes Schwefelwasserstoffwasser und vergleicht die auftretende orangerote Färbung. Auf diese Weise stellt man zunächst den ungefähren Antimongehalt fest. Darauf entnimmt man dem Kolben wieder 50 ccm Analysenlösung und aufs neue bestimmte Mengen der Antimonvergleichslösung, wobei jetzt die Abstufungen nur

0,01 mg Antimon betragen sollen. Ergab z. B. die Vorprobe einen ungefähren Gehalt von 0,25% Sb, so entnimmt man der Standardlösung 22, 24, 26 und 28 ccm, versetzt wie zuvor mit 10 ccm Salzsäure (1 : 1), verdünnt auf 175 ccm und versetzt in der gleichen Weise die Analysenlösung und die Vergleichsproben mit Schwefelwasserstoffwasser.

Zusätzliche Hinweise. Wegen der bald einsetzenden Ausflockungen des kolloidal gelösten Antimonsulfids muss in jedem Fall r a s c h verglichen werden. Es ist zu beachten, dass die physikalischen Bedingungen wie Temperatur, Art der Zugabe der Lösung, d. h. in dünnem oder dickem Strahl, Intensität des Umschwenkens oder Rührens usw. beim Anfärben eine wesentliche Rolle spielen. Die Stärke der Farbe ist von diesen Bedingungen und der Geschwindigkeit des Ausflockens abhängig; sie sind deshalb bei der Analyse und den Vergleichslösungen möglichst gleich zu halten.

Unter Berücksichtigung der angeführten Einschränkungen erzielt man recht befriedigende Werte.

Eisen-Bestimmung

1. **Permanganatmethode** (s. A II a) S. 101, 121
2. **Sulfidmethode** (s. A III a) S. 151

Kupfer-Bestimmung (s. A III b und IV b) S. 180, 215

Magnesium in Hydronalium [53]

Grundsätzliches. Die Methode ist als eine rein technische zu betrachten, nach der N ä h e r u n g s w e r t e erreicht werden können. Diese Schnellmethode soll dem Betrieb möglichst rasch Anhaltspunkte für die weitere Herstellung der Legierung geben.

Das Magnesium wird in Anwesenheit geringer Mengen S. 64 Kieselsäure nach der Methode B l u m e n t h a l[63] in Gegenwart des gesamten Eisens, Mangans und restlichen Aluminiums gefällt. Der Mangangehalt im Phosphatniederschlag wird jedoch nicht bestimmt, sondern nur ein theoretischer Wert abgezogen. Bei dem hohen Magnesiumgehalt der Hydronaliumlegierungen (3—12%) kann man annehmen, dass immer die gesamten Manganmengen im Phosphatniederschlag enthalten sind. Man zieht daher von der Auswaage die dem tatsächlichen Mangangehalt entsprechende Menge an $Mn_2P_2O_7$ (Erfahrungswert) ab. Die Richtigkeit dieses Abzuges muss jedoch von Zeit zu Zeit immer wieder einmal durch eine exakte Bestimmung von Mangan und Magnesium nachgeprüft werden. Bei genügender Übung und entsprechender Organisation lässt sich die Bestimmung in etwa 2 Stunden durchführen.

Ausführung der Bestimmung. Man löst 1 g Späne in 15 ccm 25%iger Natronlauge, verdünnt auf 150—200 ccm, kocht auf und lässt kurz absitzen. Man filtriert den Niederschlag durch ein schnellaufendes Filter ab, wäscht zweimal mit heissem Wasser und spült den Niederschlag in das Becherglas zurück. Die Reste aus dem Filter sowie den Niederschlag löst man mit einer 70° heissen Lösung, die 10 ccm konz. Salzsäure, 5 ccm 3%ige Wasserstoffperoxydlösung und 85 ccm Wasser enthält. Man kocht die Lösung klar, spült in einen 250ccm-Messkolben und füllt auf. 50 ccm der Lösung gibt man in ein 400ccm-Becherglas, setzt 20 ccm Weinsäurelösung (1 : 1), 20 ccm 10%ige Ammoniumphosphatlösung und 20 ccm 25%ige Ammoniumchloridlösung hinzu. Man verdünnt auf etwa 150 ccm, erhitzt auf 70°, giesst die heisse Lösung in 50 ccm 10%igen Ammoniak, spült nach und gibt $^1/_5$ des Volumens konz. Ammoniak hinzu. Man rührt mit einem Rührwerk 10 min, wobei das Becherglas zweckmässig gekühlt wird. Das ausgefallene Phosphat filtriert man durch ein schnelllaufendes, gedichtetes Filter, wäscht mit kaltem Wasser nach, das etwas Ammoniak enthält, verascht, glüht und wägt. Von der Auswaage wird der angenommene Mangangehalt als $Mn_2P_2O_7$ abgezogen.

Zusätzliche Hinweise. Die Auswaage an Phosphat soll 0,1 g nicht überschreiten. Obige Vorschrift gilt also für einen Magnesiumgehalt bis zu 9%; bei höheren Gehalten sind entsprechend kleinere Mengen aus dem Messkolben zu entnehmen. Bei der Phosphatfällung ist der Säureüberschuss so gering gehalten, dass das sonst übliche Abstumpfen wegfallen kann.

Kobalt- und Nickelgehalte über 0,5% geben Überwerte.

Magnesium-Bestimmung (Oxinmethode)

Grundsätzliches. Die im Abschnitt «Volumetrische Methoden» in der 1. Auflage beschriebene Oxinmethode hat sich in der Praxis nicht sehr bewährt. Es hat sich gezeigt, dass sie nur beschränkt angewendet werden kann. R. Bauer und J. Eisen[51] haben eine Überarbeitung vorgenommen, so dass die Methode nun bei befriedigender Genauigkeit und geringem Zeitaufwand eine verhältnismässig grosse Anwendbarkeit besitzt und deshalb als Schnellmethode gelten kann.

Hiernach wird die Probe alkalisch aufgeschlossen, der Filterrückstand mit Schwefelsäure extrahiert und die Lösung mit Natronlauge neutralisiert. In dieser Lösung werden Eisen und restliches Aluminium mit Zinkoxyd, ferner Mangan mit Permanganat gefällt und abfiltriert. In dem so erhaltenen Filtrat werden aus essigsaurer, mit Ammoniumacetat gepufferter Lösung mit Oxin das Zink, ferner Reste von Kupfer und Nickel entfernt; dann wird Magnesium durch Zusatz von Ammoniak als Oxinat gefällt und bromometrisch bestimmt.

Ausführung der Bestimmung. 2 g Späne werden in einem 500ccm-Erlenmeyerkolben mit 70 ccm $10^{0}/_{0}$iger Natronlauge gelöst, mit 70 ccm Wasser verdünnt, über ein doppeltes Filter filtriert und mit heissem Wasser dreimal ausgewaschen. Den Filterrückstand behandelt man tropfenweise mit 25 ccm heisser $10^{0}/_{0}$iger Schwefelsäure und wäscht mit heissem Wasser nach. Die so erhaltene schwefelsaure Lösung wird mit $10^{0}/_{0}$iger Natronlauge neutralisiert bis zum Erscheinen eines Niederschlages. Dieser wird mit einigen Tropfen $10^{0}/_{0}$iger Schwefelsäure wieder zum Verschwinden gebracht. Jetzt verdünnt man auf 150 ccm, erhitzt bis zum Sieden und versetzt mit einem geringen Überschuss an Zinkoxydaufschlämmung. Mit $^{1}/_{10}$n-Permanganatlösung wird Mangan gefällt, der Überschuss an Permanganatlösung mit einigen Tropfen Äthylalkohol verkocht, darauf filtriert und wieder mit heissem Wasser ausgewaschen. Das Filtrat wird etwa $1^{0}/_{0}$ig an Essigsäure und etwa $2^{0}/_{0}$ig an Ammoniumacetat gemacht, auf 60° erhitzt und dann, während man weiter erhitzt, mit
S. 317 Oxinlösung solange versetzt, bis die über dem Niederschlag stehende Flüssigkeit schwach gelb gefärbt ist. Darauf fügt man noch so viele Kubikzentimeter Oxinlösung hinzu, wie man Zehntel Prozent Magnesium erwartet. Bei beginnendem Sieden nimmt man von der Heizplatte, kühlt unter wiederholtem Aufrühren ab, filtriert und wäscht mit kaltem Wasser.

Das Filtrat, bei Magnesiumgehalten von über $1{,}5^{0}/_{0}$ ein Teil des Filtrates, wird nun erhitzt und bei beginnendem Sieden durch tropfenweisen Zusatz von Ammoniak alkalisch gemacht. Den kristallinen Niederschlag von Magnesiumoxinat rührt man einigemale kräftig auf, um Übersättigungserscheinungen auszulösen, dann wird er filtriert und gründlich mit heissem ammoniakalischem Wasser gewaschen. Den Niederschlag löst man in 50 ccm Salzsäure (1 : 1), verdünnt auf 200 ccm und titriert bromometrisch durch langsames Zugeben der Bromat-Bromid-Lösung zur kalten Lösung unter starkem Schütteln, bis ein Überschuss an freiem Brom auftritt. Dann gibt man etwa 1 g Kaliumjodid hinzu und titriert mit Thiosulfatlösung das ausgeschiedene Jod unter Verwendung von Stärke als Indikator.

1 ccm $^{1}/_{10}$n-Bromat-Bromid-Lösung = 0,000304 g Mg.

Zusätzliche Hinweise. Diese Arbeitsweise ist verwendbar für Legierungen der Gattungen Al-Cu-Mg, Al-Cu-Ni, Al-Mg-Si, Al-Mg, Al-Mg-Mn und ferner für die Gusslegierungen Al-Cu-Ni, Al-Mg, Al-Mg-Mn, Al-Mg-Si. Wenn bei Automaten- und Umschmelzlegierungen Blei vorkommt, so müssen die restlichen Bleimengen vor der Zinkoxydfällung mit Schwefelwasserstoff entfernt werden.

Die Methode hat sich bisher gut bewährt und ist von verschiedenen Seiten nachgeprüft worden.

Magnesium-Bestimmung
volum. Phosphatmethode (s. A II b) S. 123

Mangan-Bestimmung
1. Peroxydisulfatmethode (s. A III b) S. 190
2. Gekürzte Volhard-Wolff-Methode (s. A II b) S. 129
3. Wismutatmethode (s. A III b) S. 188

Natrium-Bestimmung

Ausschmelzverfahren [75]

Ausführung der Bestimmung. 100 g der Metallprobe werden in einen Eisentiegel gegeben, der zweckmässig einen wassergekühlten Deckel besitzt. Der Tiegel wird in einen Heizofen gesetzt, und zwar so, dass nur der untere Teil (2/3) der Hitze ausgesetzt ist. Sobald das Metall geschmolzen ist, hält man es 15 min auf Temperatur, kühlt dann die Probe ab und gibt sie in ein 250ccm-Becherglas. Das Innere des Tiegels sowie die untere Seite des Deckels spült man gut mit heissem Wasser ab und gibt das Waschwasser in das Becherglas. Man füllt dieses so weit, dass die Probe gut mit Wasser bedeckt ist, und erhitzt auf ca. 90° im Wasserbad. Man nimmt die Metallprobe aus dem Becherglas heraus, färbt die Lösung mit Methylrot an und titriert mit $^1/_{100}$n-Schwefelsäure auf rot (schwacher Überschuss), erhitzt zum Sieden und titriert mit $^1/_{100}$n-Natronlauge zurück.

Man wiederholt das Einschmelzen und Titrieren, bis das Metall keine wesentlichen Mengen Alkali (weniger als 0,5 ccm $^1/_{100}$n-Schwefelsäure) mehr enthält.

1 ccm $^1/_{100}$n-Schwefelsäure entspricht 0,00023 g Na.

S. 218 Nickel-Bestimmung (s. A IV b)

Silicium-Bestimmung in Silumin

Grundsätzliches. Im Gegensatz zu den übrigen Bestimmungsmethoden wird das Silicium hier als Si bestimmt. Man löst die Probe in Salzsäure; dabei treten in gewissem Umfang Siliciumverluste durch Entweichen von Silicium-
S. 42 wasserstoffen auf (s. gravimetrische Methoden). Gleichzeitig wird ein Teil des Siliciumwasserstoffes zu SiO_2 oxydiert, während das metallische Silicium in der Hauptsache unangegriffen bleibt. Beim folgenden Filtrieren geht ein Teil der Kieselsäure im Filtrat verloren, da die Kieselsäure vorher nicht unlöslich gemacht wurde. Der gesamte Rückstand (Gemisch von Si und SiO_2) wird dann als Si ausgewogen; damit sind die Differenzen ausgeglichen.

Zur Sicherheit ist es empfehlenswert, die Ergebnisse
S. 46 alle Vierteljahre nach der Regelsberger-Methode zu kontrollieren. Erhält man zu stark abweichende Ergebnisse, so kann man leicht durch Änderung der physikalischen Bedingungen (Temperatur, Zeit usw.) die Ergebnisse so variieren, dass man wieder eine befriedigende Übereinstimmung erhält.

Ausführung der Bestimmung. Man löst 3 g Späne durch portionsweise Zugabe von 60 ccm Salzsäure (2 : 1), verdünnt auf 120 ccm (Marke am Becherglas), erhitzt das nicht bedeckte Becherglas auf einer etwa 300° heissen Heizplatte eine halbe Stunde lang und filtriert durch eine gewogene und mit Asbest präparierte Nutsche oder durch einen Glassintertiegel. Man wäscht dreimal mit heissem Wasser, das 50 ccm Salzsäure im Liter enthält, anschliessend dreimal mit reinem Wasser. Man saugt die Nutsche möglichst lufttrocken und trocknet bei 180°, lässt eine Stunde abkühlen und wägt.

Zusätzliche Hinweise. Im Filtrat kann nach Zugabe von 20 ccm Mangansulfatlösung, die 680 g krist. Mangansulfat, 1300 ccm konz. Schwefelsäure und 1400 ccm konz. Phosphorsäure auf 5 Liter Gesamtflüssigkeit enthält, das Eisen mit Kaliumpermanganat in bekannter Weise titriert werden. S. 101, 121

Bei kupferhaltigen Legierungen scheidet sich der Kupferschwamm mit dem Silicium aus. In diesem Falle filtriert man ihn mit dem Silicium ab und löst ihn nachträglich mit verdünnter heisser Salpetersäure heraus, indem man dreimal je 20 ccm Salpetersäure (1 : 2) hinzugibt. Anschliessend wird wieder mit Wasser nachgewaschen. Soll in diesem Fall das Eisen im Filtrat bestimmt werden, so muss das Filtrat vor dem Lösen des Kupfers mit Salpetersäure in ein anderes Gefäss gegeben werden.

Silicium-Bestimmung nach Weiss (s. A I b) S. 48

Silicium-Bestimmung (kolorim.) (s. A III a u. b) S. 167, 193

Bestimmung von Silicium, Eisen, Mangan und Kupfer nebeneinander (s. A III b) S. 198

Zink-Bestimmung (s. A III b) S. 194

2) Kurzprüfungen für Aluminiumlegierungen [153]

Vorbemerkungen. Bei der Verarbeitung von Leichtmetallwerkstoffen steht man häufig vor der Aufgabe, angeben zu müssen, zu welcher Legierungsgattung ein beliebiges Blech- oder Profilstück zu zählen ist. Nach dem Äusseren des Werkstückes ist nur selten zu entscheiden, welche Legierungsbestandteile es aufweist. Um hier einfach und schnell zum Ziel zu kommen, haben sich Tüpfelmethoden als Kurzprüfungen seit langem bestens bewährt. Diese Kurzprüfungen sind von A. von Zeerleder und E. Zurbrügg[153] in eine systematische Form gebracht worden. In der Praxis hat sich jedoch ergeben, dass es vorteilhaft ist, einen Teil der Prüfungen zur Sicherheit nebeneinander auszuführen, weshalb im folgenden eine Kürzung und Vereinfachung des Prüfungsschemas dargestellt ist. Im Unterricht hat sich gezeigt, dass die Methoden selbst vom Unerfahrenen schnell zu erlernen und mit Erfolg anzuwenden sind.

---

a) Tüpfelreaktionen

Grundsätzliches. Die Kurzprüfverfahren beruhen im wesentlichen auf der Feststellung der einzelnen Legierungsbestandteile durch einfache Tüpfelreaktionen. Es lassen sich folgende Elemente nebeneinander nachweisen:

1. Eisen nur als Verunreinigung,
2. Kupfer bis herab zu 0,1%,
3. Magnesium als Legierungsbestandteil,
4. Mangan als Legierungsbestandteil,
5. Nickel als Legierungsbestandteil,

6. Silicium von etwa 2% an aufwärts,
7. Titan als Legierungsbestandteil und als Verunreinigung,
8. Zink als Legierungsbestandteil, nicht als Verunreinigung.

Eisen lässt sich als Berliner Blau nachweisen. Dieses Metall spielt als Legierungsbestandteil kaum eine Rolle.

Kupfer wird durch die blaue Farbe des Kupferamminkomplexes, Spuren von Kupfer werden mit Kaliumcyanoferrat(II) kenntlich gemacht.

Magnesium wird mit 1, 2, 5, 8-Tetraoxyanthrachinon (Chinalizarin) nachgewiesen; mit diesem Reagens bildet sich ein kornblumenblauer Farblack. Setzt man gleichzeitig mit dem Reagens etwas Aluminiumgriess hinzu, so dass nach Zugabe von Natronlauge Wasserstoff entwickelt wird, so wird verhindert, dass das möglicherweise durch die Natronlauge gefällte farblose Mangan(II)-hydroxyd zu Mangan(IV)-oxydhydrat oxydiert wird. Auf diese Weise stört Mangan die Reaktion nicht. Beryllium gibt einen ähnlichen Farblack. S. 316

Mangan wird bei gewöhnlicher Temperatur mit Natriumwismutat zu weinrotem Permanganat oxydiert.

Nickel wird in rotes Nickeldimethylglyoxim überführt. Bei diesem Nachweis ist darauf zu achten, dass das stets vorhandene Eisen in die dreiwertige Form überführt und nicht wieder reduziert wird. Zweiwertiges Eisen gibt mit dem Reagens ebenfalls eine Rotfärbung.

Liegt **Silicium** als einziger Legierungsbestandteil und dann in der Hauptsache in graphitischer Form vor, und zwar von etwa 2% an aufwärts, so bleibt beim Betüpfeln der mit Natronlauge behandelten Stelle mit einem verdünnten Salzsäure-Salpetersäure-Gemisch ein grauschwarzer Niederschlag von ausgeschiedenem Silicium zurück, während die übrigen metallischen Ausscheidungen gelöst werden.

Bei der **Titan**probe muss man von der Tüpfelreaktion abgehen, indem man eine Probe des Metalls in Schwefelsäure löst und die Lösung mit Peroxyd in der bekannten Weise anfärbt. Löst man 10 mg Feilspäne in 5 ccm verdünnter Schwefelsäure (1 : 1), so tritt bei Gehalten von 0,1—0,3% eine deutliche Gelbfärbung, bei geringeren Mengen an Titan nur eine schwach grünlichgelbe Verfärbung der Lösung auf.

Zinkhaltige Legierungen schwärzen sich beim Betüpfeln mit Natronlauge, ebenso kupfer- und nickelhaltige Legierungen. Diese letzten weisen aber gegenüber Reinmetall ein edleres Potential auf, so dass Zink auf Grund seines unedleren Potentials mit einer Cadmiumsalzlösung festgestellt werden kann, indem schwammiges Cadmium ausgeschieden wird.

Ausführung der Proben. Die Proben können je nach Bedarf einzeln oder nach einem gewissen Plan, wie er nachfolgend für Guss- und Knetlegierungen aufgestellt ist, durchgeführt werden.

1. Natronlaugeprobe (Silicium, Kupfer, Nickel und Zink)

Auf die blanke Metalloberfläche bringt man einige Tropfen 20%ige Natronlauge und lässt diese 5—10 min lang einwirken. Nach dem Ablaufenlassen zeigen die Legierungen, die Kupfer, Nickel und Zink allein oder nebeneinander enthalten, eine deutliche Schwärzung der mit Lauge benetzt gewesenen Stellen. Legierungen mit über 2% Silicium weisen eine Graubraunfärbung auf, die um so deutlicher wird, je höher der Siliciumgehalt ist. Die übrigen Aluminiumlegierungen und Reinaluminium werden durch die Lauge weiss gebeizt. Reinmagnesium und Magnesiumlegierungen werden durch die Natronlauge nicht angegriffen.

2. Säureprobe (Zink, Kupfer, Nickel, Silicium)

Zur weiteren Unterscheidung betupft man die mit Lauge gebeizten Stellen mit einigen Tropfen 5%iger Salzsäure. Hierdurch verschwindet die durch das Zink verursachte Schwärzung. Die Schwärzung durch Kupfer, Nickel und Silicium hingegen bleibt bestehen.

Betupft man mit konz. Salpetersäure, so verschwindet die Schwärzung augenblicklich, wenn sie von Kupfer, Nickel oder Zink herrührte. Sie bleibt bestehen, wenn eine siliciumreiche Legierung vorliegt.

3. Ammoniakprobe und Kaliumcyanoferrat(II)-Probe (Kupfer)

a) Den nach 2. mit Salpetersäure benetzten Fleck macht man mit 1—2 Tropfen konz. Ammoniak alkalisch und lässt die Flüssigkeit am Ende eines aufgelegten leicht geneigten Glasstäbchens mit der Prüflösung zusammenlaufen. Eine Blaufärbung zeigt Kupfer (ev. Nickel) an.

b) Im Zweifelsfall bringt man den ammoniakalischen Tropfen auf Kaliumcyanoferrat(II)-papier. Bei Anwesenheit geringer Spuren von Kupfer trocknet der Tropfen zu einem rosaroten Fleck ein. — Entsteht beim Aufbringen des Flüssigkeitstropfens auf das Papier ein blauer Fleck, so war die Flüssigkeit nicht alkalisch, und die Probe muss wiederholt werden.

4. Dimethylglyoximprobe (Diacetyldioxim) (Nickel)

Ergab die Probe 1 eine Schwärzung, die nach Probe 2 zum Verschwinden gebracht werden konnte, so kann das Metall Nickel enthalten. Zur Prüfung auf Nickel wiederholt man die Proben 1 und 2, nimmt den salpetersauren Tropfen mit Nickelreagenzpapier auf und betüpfelt dieses an der benetzten Stelle mit konz. Ammoniak. Ist Nickel vorhanden, so tritt eine Rötung auf.

5. Natriumwismutatprobe (Mangan)

Zur Prüfung auf Mangan betupft man die Metalloberfläche wie bei Probe 1 mit Natronlauge. Nach erfolgter Einwirkung tropft man, ohne die Lauge vorher abzuspülen, so viel konz. Salpetersäure hinzu, bis ein entstandener Niederschlag sich zur Hauptsache wieder gelöst hat. Die Prüfung mit blauem Lackmuspapier muss jetzt eine saure Reaktion anzeigen.

Nun überstreut man die Tüpfelstellen mit einigen Körnchen Natriumwismutat und verrührt dieses mit der Salpetersäure mit einem Glasstab. Bei Anwesenheit von Mangan färbt sich die Flüssigkeit infolge Oxydation des Mangans zu Permanganat weinrot.

6. Cadmiumsulfatprobe (Zink)

Die blanke Metallstelle wird mit einer Lösung betupft, die 5% Cadmiumsulfat, 5% Salzsäure (1 : 1) und 3% Kochsalz enthält. Auf Legierungen, die unedler sind als Cadmium, bildet sich dabei an den betupften Stellen sofort ein grauschwarzer Belag von schwammigem Cadmium. Es kann in diesem Fall eine Legierung der folgenden Gattungen vorliegen: Al-Zn, Al-Zn-Mg, Al-Zn-Cu, Al-Mg. Auch Magnesium und seine Legierungen sind unedler als Cadmium.

Die edleren Legierungen werden von diesem Reagens nicht angegriffen. Es sind dies die Legierungsgattungen Al-Cu, Al-Cu-Mg und Al-Cu-Ni.

7. Tetraoxyanthrachinonprobe (Magnesium)

Von der auf Magnesium zu prüfenden Metallprobe hebt man mit einer sauberen Feile 2—3 mg Metallspänchen ab. Diese löst man in einem Reagenzglas mit etwa 5 Tropfen konz. Salzsäure vollständig auf und verdünnt die klare Lösung mit 1—2 ccm dest. Wasser. Kupferhaltige Legierungen werden in verdünnter Salzsäure (1 : 1) gelöst und die durch ungelöstes schwammiges Kupfer getrübten Flüssigkeiten durch ein kleines Filter filtriert und dann ebenfalls mit dest. Wasser verdünnt.

Zu der verdünnten Salzsäurelösung gibt man 2—3 Tropfen einer etwa 1%igen Natronlaugelösung des Reagenzes und einige Körnchen Aluminiumgriess. Darauf setzt man soviel 20%ige Natronlauge hinzu, bis die saure, durch das Reagens rötlich gefärbte Lösung in blauviolett umschlägt. Bei Anwesenheit von Magnesium bildet sich hierbei ein kornblumenblauer Niederschlag. Enthält die Legierung nur wenig Magnesium, so entsteht dieser Niederschlag erst nach Erwärmung der Lösung.

Wichtig für ein sicheres Gelingen dieser Probe ist, dass man nicht zuviel dieses intensiv färbenden Reagenzes zusetzt. Bei richtiger Bemessung wird der Farbstoff für die Bildung des blauen Farblackes aufgebraucht, so dass bei Anwesenheit von Magnesium die Flüssigkeit beim Erwärmen nahezu farblos wird und nur der flockige Niederschlag blau gefärbt ist. Ist die Legierung magnesiumfrei, so bleibt stets eine durchsichtige blauviolette Färbung der Lösung bestehen. Bei der Gattung Al-Mn ist nach Zugabe der Natronlauge und Erwärmung ein Niederschlag in der blauvioletten Lösung vorhanden. Man kann aber bei Durchsicht gegen einen weissen Hintergrund deutlich erkennen, dass er nicht blau gefärbt ist.

8. Löslichkeitsprobe (Silicium)

In etwa 3 ccm eines verdünnten Salzsäure-Salpetersäure-Gemisches gibt man in kleinen Mengen eine Taschenmesserspitze voll Feilspäne der zu prüfenden Legierung. Enthält die Legierung weniger als 1% Silicium, so lösen sich die Späne in der Säure rückstandslos auf; die Säure bleibt klar. Von einem Si-Gehalt von etwa 2% an tritt eine dunkelgraue Trübung auf, die sich mit zunehmendem Si-Gehalt vertieft. Bei hohem Si-Gehalt, wie er z. B. im Silumin vorliegt, bleibt ein grauschwarzer Niederschlag zurück.

9. Kaliumcyanoferrat(II)-Probe (Eisen)

a) Die blanke Metalloberfläche wird mit einigen Tropfen konz. Salzsäure betupft, die nach deutlich eingetretener Reaktion mit wenig Wasser in ein kleines Reagenzglas gespült werden. Die Lösung wird mit einigen Tropfen konz. Salpetersäure zur trockne eingedampft und mit wenig Wasser und einigen Tropfen verdünnter Salzsäure (1 : 1) aufgenommen. Danach bringt man 1 Tropfen der Probelösung und 1 Tropfen Kaliumcyanoferrat(II)-lösung auf der Tüpfelplatte zusammen. Wenn Eisen zugegen ist, tritt eine Blaufärbung ein.

b) Die blanke Metalloberfläche wird mit einigen Tropfen konz. Salzsäure betupft, die nach deutlich eingetretener Reaktion mit wenig Wasser in ein kleines Reagenzglas gespült wird. Man bringt dann einen Tropfen der Probelösung auf Kaliumcyanoferrat(II)-papier und tüpfelt mit 1 Tropfen Kaliumjodidlösung und darauf mit 1 Tropfen Thiosulfatlösung bis zur Entfärbung. Bei Gegenwart von Eisen bildet sich ein blaugrüner Ring.

10. Wasserstoffperoxydprobe (Titan)

Man löst 10 mg Feilspäne in einem Reagenzglas in 3 ccm verdünnter Schwefelsäure (1 : 1), füllt die Lösung auf 5 ccm auf, kühlt und fügt 10 Tropfen 3%ige Wasserstoffperoxydlösung hinzu. Bei einem Titangehalt von 0,1—0,3% tritt eine deutliche Gelbfärbung auf. Liegt Titan nur als Verunreinigung vor, so erhält man bei Gehalten von 0,01 bis 0,03% eine schwach grünliche Verfärbung der Lösung.

Zusätzliche Hinweise. Das für die Probe erforderliche Natriumwismutat wird aus Sparsamkeit praktischerweise mit Tonerde im Verhältnis 1 : 10 verrieben.

Die Lösung von Tetraoxyanthrachinon in Natronlauge ist nur wenige Tage haltbar. Sie wird daher vor jedem

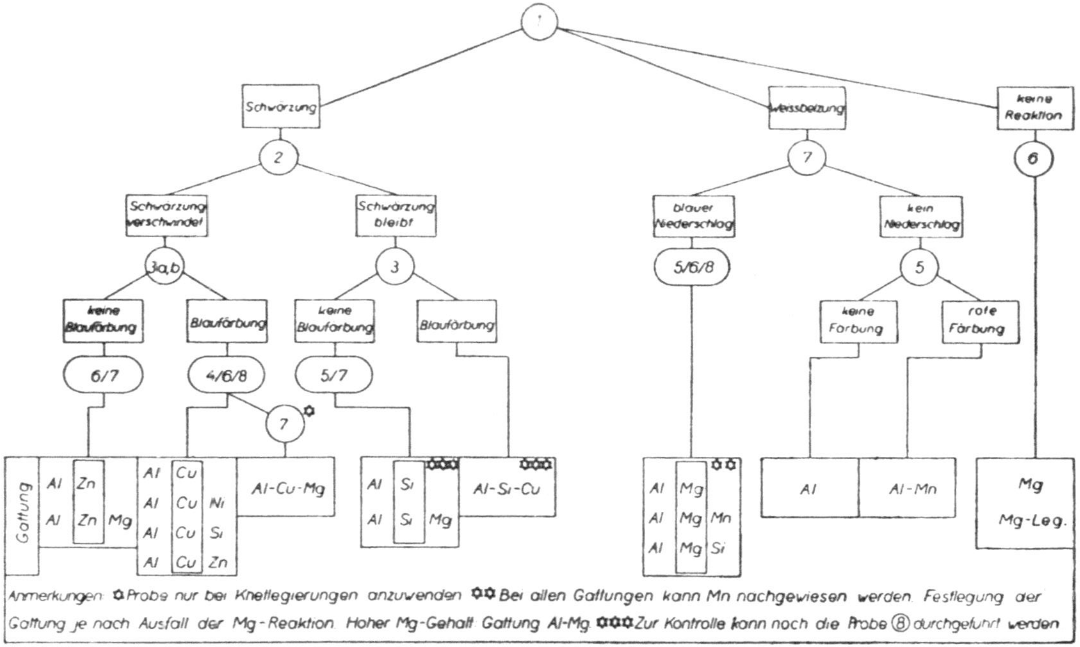

Abb. 23. Prüfplan für Aluminium-Knet- und -Guss-Legierungen
(1) Natronlaugeprobe (Si, Cu, Ni, Zn); (2) Säureprobe (Cu, Ni, Zn, Si); (3)a Ammoniakprobe (Cu); (3) b Kaliumcyanoferrat(II)-Probe (Cu); (4) Dimethylglyoximprobe (Ni); (5) Natriumwismutatprobe (Mn); (6) Kadmiumsulfatprobe (Zn); (7) Tetraoxyanthrachinonprobe (Mg); (8) Löslichkeitsprobe (Si)

Versuch frisch zubereitet. Man gibt zu diesem Zweck einige Kubikzentimeter 20%ige Natronlauge in ein Reagenzglas, bringt an der Spitze eines dünnen Glasstabes ein wenig roten Farbstoff in die Lauge, schüttelt gut durch und verdünnt. Damit ist die Lösung gebrauchsfertig.

---

b) Lötrohrprobe

Grundsätzliches. Neben dem beschriebenen nassen Verfahren ist nach Vorschlägen von A. Buckeley[54] bei der Magnesiumbestimmung in kupferfreien Aluminiumknetlegierungen auch die Lötrohrprobe möglich. Sie gestattet, z. B. Legierungen der Gattungen Al-Mg und Al-Mg-Mn von den übrigen magnesium- und kupferhaltigen Aluminiumknetlegierungen zu unterscheiden.

Legierungen mit höherem Magnesiumgehalt zeigen beim Überhitzen an der Luft infolge Bildung von Magnesiumnitriden Schwärzungen. Die Schwärzung tritt vor dem Lötrohr ein, wenn man kleine Pröbchen dieser Legierungen auf Holzkohle schnell schmilzt und mit möglichst heisser Flamme sauber oxydierend anbläst. Man führt die Spitze des Lötrohrs an die Flamme, bläst stark und hält die Spitze des inneren blauen Flammenkerns dicht vor die Probe. Die Schwärzung erfolgt um so schneller, je höher der Magnesiumgehalt der Probe ist. Sie ist durch ihr mattes rauhes Aussehen deutlich zu unterscheiden von der zwar auch dunkeln, aber glatten und glänzenden Haut auf Legierungen der Gattung Al-Mg-Si. Proben der Gattung Al-Mn bleiben fast weiss.

Die Erhitzung muss möglichst schnell erfolgen, weil das Metall sich bei langsamer Erhitzung mit einer dicken Oxydhaut überzieht, die die Nitridbildung verlangsamt. Man nimmt Metallschnitzel von 10 mm Länge oder auch dicke Bohr- oder Frässpäne.

In kalter Reduktionsflamme lässt sich bei vorsichtigem Blasen der Magnesiumgehalt abschätzen. Man hält die

Spitze des Lötrohrs ausserhalb der Flamme und bläst diese mit einem schwachen Luftstrom über die Probe, so dass das Metall auf eben beginnender Rotglut gehalten wird. Die Probe färbt sich dabei um so dunkler, je höher der Magnesiumgehalt ist.

Ausführung der Bestimmung. Man bläst eine Probe der mit Natronlauge als kupferfrei erkannten Legierung mit starker Oxydationsflamme an. Die Legierung der Gattung Al-Mn bleibt dabei hell, die Legierung der Gattung Al-Mg-Si wird bräunlich. Die Gattungen Al-Mg-Mn und Al-Mg bedecken sich mit einer matten schwarzen Haut. Handelt es sich hiernach um Al-Mg-Mn und Al-Mg, so lässt sich der Magnesiumgehalt — wenn auch nur recht roh — abschätzen, wenn man wie erwähnt eine neue Probe vor die schwache Reduktionsflamme nimmt. Zur Abschätzung werden am besten Vergleichsproben mit bekanntem Magnesiumgehalt angefertigt.

Spektroskopische Kurzprüfungen S. 273

(s. A VI)

B. Beryllium

Abschnitt: Gravimetrische und andere Methoden

Vorbemerkungen

Das jüngste Leichtmetall, B e r y l l i u m, hat durch den Krieg sehr an Bedeutung gewonnen. Flugzeugbau und Elektroindustrie haben einen ständig wachsenden Bedarf an Beryllium.

Das reine Beryllium bekommt der Leichtmetallanalytiker normalerweise nur selten in die Hände. Zumeist wird Beryllium in Form von Legierungen verwendet. Am bekanntesten sind die Berylliumlegierungen mit Kupfer, Nickel und Eisen, seltener mit Aluminium. In zweiter Linie kommt Beryllium als Legierungsbestandteil in Stählen, in Legierungen von Kupfer-Titan und Kupfer-Zirkonium vor.

Bei den im folgenden beschriebenen Arbeitsweisen liegen noch nicht die vielseitigen Erfahrungen vor wie bei den Methoden der Teile »Aluminium« und »Magnesium«. In einigen Laboratorien der Aluminiumhütten bzw. -giessereien wurde die Berylliumbestimmung in Be-Al-Legierungen überarbeitet. Hier interessiert besonders die Abtrennung des Berylliums von den übrigen Metallen. Aus diesem Grunde sind auch die Verfahren zur Untersuchung der berylliumarmen Schwermetall-Legierungen in die »Leichtmetallanalyse« aufgenommen worden.

a) Untersuchung von Reinmetall

Grundsätzliches. Bei der Untersuchung des Reinmetalls werden im allgemeinen der in verdünnter Säure unlösliche Rückstand, Aluminium, Eisen und Kieselsäure bestimmt. Andere Metalle wie Chrom, Kupfer, Nickel, Titan usw. kommen in Reinberyllium nur in so kleinen Mengen vor, dass sie für die normale technische Analyse ohne Interesse sind.

Das reine Beryllium liegt gewöhnlich als regulinisches Metall in Form von kleinen Barren, Stäben, Brocken oder Flittern vor.

Vom regulinischen Metall zerkleinert man eine angemessene Menge in einer Reibschale aus Sintertonerde. Um einen guten Durchschnitt zu bekommen, ist es zweckmässig, etwa 100 g in drei Siebfraktionen zu zerlegen und aus diesen anteilmässig eine Gesamteinwaage von 5 g zu nehmen.

1. Bestimmung des in verdünnten Säuren unlöslichen Rückstandes.

($BeO + Al_2O_3 + SiO_2$)

Ausführung der Bestimmung. Zu dem eingewogenen Metall werden in einem 500ccm-Erlenmeyerkolben 100—200 ccm Wasser und langsam Salzsäure (d 1,19) hinzugefügt. Sobald die Gasentwicklung restlos beendet ist, filtriert man die Lösung durch einen Glasfiltertiegel, wäscht den Rückstand mit Wasser aus, trocknet ihn bei 150° und wägt. Im Rückstand befinden sich dann Berylliumoxyd,

Aluminiumoxyd und Kieselsäure, unter Umständen auch Berylliumcarbid und Graphit. Das Filtrat wird zur Oxydation des Eisens mit Wasserstoffperoxyd versetzt und in einem Messkolben auf 500 ccm aufgefüllt.

---

2. Aluminium-Bestimmung [B5]

Ausführung der Bestimmung. In einem aliquoten Teil, etwa 100 ccm, des unter a) 1 (s. vorstehend) erhaltenen Filtrates werden Aluminium und Eisen als Oxinate nach der Vorschrift b) 1 abgetrennt und bestimmt. Man erhält S. 316 dadurch die Summe von $Al_2O_3 + Fe_2O_3$. Der nach Vorschrift a) 4 gefundene Eisengehalt wird abgezogen und S. 315 Al_2O_3 auf Al umgerechnet (f = 0,5291).

Zusätzliche Hinweise. 1. Ein grosser Überschuss an Oxin trübt die Lösung durch auskristallisierendes Oxin.

2. Bei grossem Überschuss an Aluminium gegenüber Beryllium entfernt man die Hauptmenge des Aluminiums zweckmässig mit Salzsäuregas aus ätherischwässriger Lö- S. 9 sung. Das Filtrat wird dann nach der vorbeschriebenen Trennungsmethode weiterbehandelt.

3. Enthält das Metall erhebliche Mengen Silicium und/oder Magnesium, so werden die Ergebnisse nach diesem Verfahren zu ungenau. Man trennt dann in einem aliquoten Teil von etwa 200 ccm der nach a) 1 erhaltenen Lösung die Kieselsäure nach a) 5 ab. Eventuelle Reste nach S. 315 dem Abrauchen der Kieselsäure werden mit wenig Hydrogensulfat aufgeschlossen und mit dem Filtrat vereinigt. Hierin wird nun mit Ammoniak gefällt, abfiltriert und mit verdünnter Salzsäure wieder in Lösung gebracht. Die weitere Trennung wird wie oben beschrieben durchgeführt.

---

3. Beryllium-Bestimmung

Ausführung der Bestimmung. Im Filtrat der Aluminium- und Eisenfällung (nach 2) wird Beryllium mit Ammoniak oder Ammoniumkarbonat gefällt, wobei ein p_H-Bereich von 5,7—6,5 (Bromkresolpurpur) [221] einzuhalten ist. Hierbei stört das in der Lösung vorhandene Oxin nicht. Das erwähnte Filtrat wird mit Salzsäure schwach angesäuert. Dann stumpft man die freie Säure mit Ammoniak ab, verdünnt die Lösung auf etwa 50 mg BeO je 100 ccm und gibt in der Kälte so viel kalt gesättigte Ammoniumkarbonatlösung (5 bis 10 ccm) hinzu, bis eine kräftige Trübung entsteht; man erhitzt zum Sieden, setzt weitere 10 bis 15 ccm des Fällungsmittels hinzu und kocht so lange, bis der Niederschlag dicht geworden und nur noch ein schwacher Ammoniakgeruch wahrnehmbar ist. Dann wird heiss abfiltriert und mit schwach ammoniakalischem, etwas Ammoniumnitrat enthaltendem Wasser ausgewaschen. Man dampft das Filtrat ein und raucht die Ammoniumsalze teilweise ab. Der Rückstand wird mit wenig Säure und Wasser wieder aufgenommen und die Berylliumfällung in der beschriebenen Weise wiederholt. Der gesammelte Niederschlag wird getrocknet, die Temperatur vorsichtig weiter gesteigert und schliesslich bei etwa 1200° geglüht. Auswaage: BeO. Man kontrolliert durch Abrauchen mit Fluss- und Schwefelsäure, ob SiO_2-frei.

Zusätzliche Hinweise. Die Fällung des Berylliums kann ohne Rücksicht auf den Gehalt des Filtrats an Oxin vorgenommen werden. Etwa vorhandenes Magnesium fällt zusammen mit dem Berylliumniederschlag aus. Die geglühten Oxyde müssen dann in Sulfate überführt und durch Fällung mit Ammoniumchlorid getrennt werden. Im allgemeinen aber kommt Magnesium nur in geringen Mengen vor, so dass es vernachlässigt werden kann. Man kann auch, wie unter a) 2 beschrieben ist, das Magnesium durch vorhergehende Ammoniakfällung abtrennen.

4. Eisen-Bestimmung [B 9]

Ausführung der Bestimmung. In einem Teil des unter a) 1 erhaltenen Filtrats wird das Eisen nach Zimmermann-Reinhardt *) oder mit Titantrichlorid, bei sehr S. 102, 121
geringen Eisengehalten kolorimetrisch mit Sulfosalicylsäure oder mit Rhodanid bestimmt. Dazu raucht man S. 148, 152
einen aliquoten Teil des Filtrates mit wenig Schwefelsäure ab, löst den Rückstand in etwa 5%iger Schwefelsäure, filtriert und oxydiert mit Salpetersäure.

---

5. Silicium-Bestimmung

Ausführung der Bestimmung. Zur Bestimmung der Kieselsäure bzw. des Siliciums, das beim Behandeln der Probe nach 1 in Lösung gegangen ist, wird ein abgemessenes Volumen des unter 1 erhaltenen Filtrates mit Schwefelsäure abgeraucht und in dem Rückstand die Kieselsäure nach Herauslösen der säurelöslichen Bestandteile gravimetrisch bestimmt. Kontrolle durch Abrauchen!

*) s. B. 7, S. 215

---

b) Untersuchung von Legierungen

Vorbemerkungen

In der Regel enthalten die Legierungen nur geringe Anteile von Beryllium. In diesen Fällen ist zunächst der Hauptbestandteil der Legierung zu entfernen und das Beryllium in Lösung so weit anzureichern, dass die erforderlichen Trennungsverfahren durchgeführt werden können. Eine Identifikationsreaktion für Beryllium ist von H. Fischer[223] angegeben worden. Dieser liegt die Bildung eines blauen Farblacks von Berylliumhydroxyd mit Chinalizarin (1, 2, 5, 8-Tetra-Oxyanthrachinon) in alkalischer Lösung zugrunde. Magnesium bildet den gleichen Farblack, der aber unbeständig gegen Brom ist.

Die folgenden Trennungsverfahren sind ausprobiert und zum Teil von H. Ipavic[B9] im Auftrage des Chemiker-Fachausschusses der Gesellschaft »Metall und Erz« zusammengestellt; sie sind mit nur wenigen Änderungen
S. 311 übernommen worden (vgl. Vorbem. zu a)).

---

1. Trennung des Berylliums von Aluminium, Eisen und Titan

Grundsätzliches. Bei den in diesem Abschnitt beschriebenen Verfahren wird das Beryllium durch Vortrennungen zusammen mit Aluminium, Eisen und Titan abgeschieden. Die weitere Trennung wird nach der Methode von Kolthoff und Sandell[224] mit Oxin in essigsaurer Lösung durchgeführt.

Ausführung der Bestimmung. Die Lösung, die nur Eisen, Aluminium und eventuell Titan neben Beryllium enthalten darf, wird auf etwa 50 mg, bezogen auf die Oxyde je 100 ccm Lösung, verdünnt, mit Salzsäure und Ammoniak so eingestellt, dass evtl. ausgefallene Hydroxyde mit Salzsäure gerade wieder gelöst sind, und auf 50 bis 60° erhitzt.

Jetzt werden mit essigsaurer Oxinlösung *) und Ammoniumacetatlösung **) das Aluminium, Eisen und Titan als Oxinate gefällt. Die Menge der Oxinlösung und der Ammoniumacetatlösung richtet sich nach dem vorhandenen Aluminium- und Eisengehalt. Für ein Millimol Eisen oder Aluminium benötigt man 10 ccm der Oxinlösung. Für einen Überschuss an Fällungsmittel muss gesorgt werden; dieser ist an der Gelbfärbung der Flüssigkeit nach dem Absitzen des Niederschlages erkennbar. S. 332

Die Fällung mit Oxin wird derart vorgenommen, dass man die 50—60° warme Lösung zuerst mit der überschlagsweise berechneten Menge Oxinlösung in einem Schuss versetzt und hierauf etwa 50 ccm Ammoniumacetatlösung tropfenweise und unter ständigem Umrühren hinzufügt. Nach einer Wartezeit von 1 bis 2 Stunden wird der Oxinatniederschlag filtriert, mit warmem Wasser gut gewaschen, das Filter vorsichtig verascht und vorerst bei 800° geglüht und gewogen.

Beträgt der Niederschlag jetzt mehr als etwa 20 mg, wird er durch Schmelzen mit Kaliumhydrogensulfat wieder aufgeschlossen und in Wasser gelöst. In dieser Lösung fällt man die Hydroxyde in der Kälte mit Ammoniak unter Verwendung von Bromkresolpurpur als Indikator. Nach einigen Stunden wird filtriert, mit ammoniumchloridhaltigem Wasser gewaschen, der Niederschlag mit wenig Salzsäure (1 : 1) gelöst und die Oxin-

---

*) Oxinlösung: 50 g o-Oxychinolin werden in 150 ccm Eisessig gelöst und mit Wasser auf 1000 ccm aufgefüllt.

**) Ammoniumacetatlösung: 137 g krist. Ammoniumacetat werden in Wasser gelöst, ammoniakalisch gemacht, gegen Lackmus mit Essigsäure neutralisiert und auf 1000 ccm aufgefüllt.

trennung wie oben beschrieben wiederholt. Das Filtrat, in dem sich kleine Mengen mitgerissenen Berylliums befinden, wird mit dem Hauptfiltrat vereinigt und die Be-
S. 314 rylliumbestimmung nach Vorschrift a) 3 durchgeführt.

Zusätzliche Hinweise. Man kann den Oxinatniederschlag für die Bestimmung von Aluminium, Eisen und Titan verwenden, sofern diese Metalle nur als Verunreinigungen in der zu untersuchenden Legierung vorliegen. Dazu verglüht man den Niederschlag zuerst vorsichtig, evtl. unter Zusatz von etwas fester Oxalsäure, und steigert dann die Temperatur auf 1200°. Auswaage: $Al_2O_3 + Fe_2O_3 + TiO_2$. Die weitere Bestimmung des Eisens und Titans kann in Sondereinwaagen erfolgen oder man schliesst den Niederschlag erneut mit Hydrogensulfat auf und bestimmt in aliquoten Teilen Eisen titrimetrisch und Titan kolorimetrisch in bekannter Weise.

---

2. Eisen-Beryllium-Legierungen

Grundsätzliches. Die grossen Mengen Eisen werden durch Ausäthern nach Rothe[225] abgetrennt.

Ausführung der Bestimmung. 1 bis 5 g Späne je nach dem Berylliumgehalt werden in Salzsäure (d 1,19) gelöst. Darauf oxydiert man die Lösung mit Salpetersäure, macht die Kieselsäure durch Eindampfen und Trocknen bei 120° unlöslich und filtriert. Das Filtrat der Kieselsäure engt man ein, versetzt mit Salzsäure und dampft noch einmal auf dem Wasserbad ein. Nun wird mit wenig Salzsäure (1 : 1) aufgenommen und das Eisen durch Ausäthern nach Rothe vom Beryllium getrennt. In der wässrigen Phase befinden sich das gesamte Beryllium, Mangan und wenig restliches Eisen neben etwa vorhandenem Aluminium. Hat man den Ätherrest *) auf dem Wasserbad

*) Explosionsgefahr!

verdampft, so fügt man der Lösung 10 bis 15 ccm Schwefelsäure (1 : 1) hinzu, erhitzt auf dem Sandbad bis zum Entweichen von Schwefelsäuredämpfen, löst ausgeschiedene Sulfate wieder mit Wasser und stumpft die überschüssige Säure mit Ammoniak ab, versetzt zur Abscheidung des Mangans mit 2 g Ammoniumperoxydisulfat und kocht eine halbe Stunde. Das ausgeschiedene Mangan(IV)-oxydhydrat wird abfiltriert, im Filtrat wird Beryllium gemeinsam mit kleinen Mengen von etwa vorhandenem Aluminium und Eisen mit Ammoniak als Hydroxyd gefällt. Aluminium und die beim Ausäthern in der wässrigen Phase gebliebenen geringen Mengen Eisen werden mit Oxin wie unter b) 1 beschrieben abgetrennt. S. 316

Zusätzliche Hinweise. Statt durch Ausäthern kann das Eisen auch in schwach saurer Lösung an einer Quecksilberkathode unter gleichen Bedingungen wie unter b) 4 S. 321 abgeschieden werden. Das schliesslich erhaltene Berylliumoxyd wird mit Flussäure-Schwefelsäure abgeraucht, um etwa mitgerissene Kieselsäure zu entfernen, und hierauf bei 1200° geglüht.

Ist in der Eisen-Beryllium-Legierung noch Phosphor vorhanden, so muss das bei 1200° geglühte Berylliumoxyd mit Kaliumhydrogensulfat aufgeschlossen, die Schmelze mit Wasser ausgelaugt, dann der Phosphor mit Ammoniummolybdatlösung bestimmt und als Phosphorpentoxyd vom Berylliumoxyd abgezogen werden.

---

3. Kupfer-Beryllium-Legierungen

Grundsätzliches. Das Kupfer, der Hauptbestandteil der Legierung, wird zunächst durch Elektrolyse abgeschieden. Aus dem entkupferten Filtrat werden Beryllium, Eisen und Aluminium als Hydrate gefällt. Die Abtrennung der beiden letzten von Beryllium erfolgt als Oxinate, nachdem man die Hydroxyde wieder gelöst hat. Im Filtrat der Hydroxyde wird Nickel bestimmt.

Einwaage der Probe. Bei einer Kupfer-Beryllium-Vorlegierung mit 10% Beryllium wählt man eine Einwaage von 1 g, unterteilt nach der Oxintrennung das Filtrat und verwendet etwa zwei Fünftel davon für die Fällung des Berylliumhydroxyds. Bei einem Berylliumgehalt von 2 bis 4% wird ebenfalls 1 g eingewogen, bei 0,5 bis 1% Beryllium beträgt die Einwaage 2 g, und bei weniger als 0,5% wird eine solche von 5 bis 10 g gewählt. Für die Berylliumbestimmung wird dann das gesamte Filtrat der Oxinfällung verwendet.

Ausführung der Bestimmung. Man löst 1 g Späne in 5 ccm Salpetersäure (d 1,4) und 5 ccm Wasser, fügt 10 ccm Schwefelsäure (1 : 1) hinzu und erhitzt auf dem Sandbad bis zum Entweichen von Schwefelsäuredämpfen. Die ausgeschiedenen Sulfate löst man wieder mit etwa 150 ccm Wasser, filtriert von der abgeschiedenen Kieselsäure und bestimmt diese. Das Kupfer wird durch Elektrolyse an
S. 215 einer Platinkathode abgeschieden. Den entkupferten Elektrolyten bringt man zum Sieden, versetzt mit 2 ccm Salpetersäure (d 1,4) und kocht weitere 3 min, um das bei der Elektrolyse teilweise reduzierte Eisen wieder zu oxydieren. Hierauf wird abgekühlt und schwach ammoniakalisch gemacht. Eisen, Beryllium und Aluminium fallen als Hydroxyde aus. Zur vollständigen Ausfällung und besseren Zusammenballung des Niederschlages ist es zweckmässig, die Fällung einige Stunden stehen zu lassen. Hierauf wird filtriert und mit Wasser, das auf je 100 ccm 1 g Ammoniumchlorid und 1 ccm Ammoniak enthält, ausgewaschen. Ist mehr als 0,3% Nickel vorhanden, so muss die Fällung wiederholt werden.

Im Filtrat fällt man das Nickel mit Diacetyldioxim und bestimmt es durch Auswägen des bei 110° getrockneten Niederschlages oder, falls nur wenig Nickel vorhanden ist, durch Verglühen des Niederschlages zu NiO.

Der Hydroxydniederschlag von Beryllium, Aluminium und Eisen wird mit wenig Salzsäure (1 : 1) sorgfältig vom
S. 316 Filter gelöst und nach Vorschrift b) 1 weiterbehandelt.

Die Eisenbestimmung wird in einer Sondereinwaage vorgenommen. Hierzu löst man 2 g Späne in Salpetersäure, raucht mit Schwefelsäure ab, scheidet das Kupfer durch Elektrolyse ab und oxydiert den kupferfreien Elektrolyten mit Salpetersäure in der Wärme. Dann werden die Hydroxyde mit Ammoniak gefällt, wie vorbeschrieben gewaschen, abfiltriert und in Salzsäure gelöst; in der Lösung wird das Eisen mit $^1/_{10}$n- oder $^1/_{100}$n-Kaliumpermanganatlösung nach Zimmermann-Reinhardt[B7] titriert. S. 121
Die daraus berechnete Menge an Eisenoxyd wird von der Auswaage $Al_2O_3 + Fe_2O_3$ abgesetzt; der Rest ergibt Tonerde bzw. Aluminium.

4. Nickel-Beryllium-Legierungen

Grundsätzliches. Nach dem Abtrennen der Kieselsäure aus schwefelsaurer Lösung wird aus dem Filtrat das Nickel an einer Quecksilberkathode abgeschieden. Danach werden mit Ammoniak in Gegenwart von Ammoniumchlorid die Hydroxyde gefällt. Enthält die Legierung mehr als 0,1% Mangan, so wird wieder gelöst und das Mangan als Mangan(IV)-oxydhydrat abgeschieden, dann werden nochmals die Hydroxyde gefällt (Berylliumhydroxyd mit kleinen Mengen Aluminium). Die Trennung erfolgt mit Oxin.

Ausführung der Bestimmung. Für die Einwaage gilt das unter b) 3 Gesagte, jedoch werden bei Gehalten von we- S. 319
niger als 0,5% Beryllium nicht mehr als 5 g als Einwaage genommen, da sonst die elektrolytische Abscheidung so grosser Mengen Nickel zu viel Quecksilber und zu lange Zeit (etwa 8 Stunden) benötigen würde.

Die Metallspäne werden mit Salpetersäure (1 : 1) gelöst, mit 10—15 ccm Schwefelsäure (1 : 1) versetzt und im Sandbad bis zum Entweichen von Schwefelsäuredämpfen erhitzt. Die Sulfate löst man mit Wasser in der Wärme und filtriert von der Kieselsäure ab. Danach wird die über-

schüssige Schwefelsäure mit Natronlauge abgestumpft und aus der ungefähr 400 ccm betragenden, nun schwach schwefelsauren Lösung das Nickel an einer Quecksilberkathode durch einen Strom von 4 A bei 40 cm^2 Quecksilberoberfläche und bei einer Spannung von etwa 13 V abgeschieden. Nachdem der Elektrolyt farblos geworden ist, wird abgehebert, Ammoniumchlorid hinzugefügt und mit Ammoniak das Beryllium- und Aluminiumhydroxyd ausgefällt. Ist in der Legierung mehr als 0,1 bis 0,2% Mangan vorhanden, so wird der Niederschlag mit Schwefelsäure (1 : 4) vom Filter gelöst, die überschüssige Säure mit Ammoniak fast neutralisiert, die Lösung auf 200 ccm verdünnt, mit 5 g Ammoniumperoxydisulfat versetzt und ½ Stunde gekocht. Das Mangan fällt als Mangan(IV)-oxydhydrat aus und wird abfiltriert. Ist weniger Mangan vorhanden, so unterbleibt die Abscheidung mit Ammoniumperoxydisulfat. Im Filtrat fällt man das Beryllium und Aluminium mit Ammoniak unter Zusatz von Ammoniumchlorid in der Kälte (Bromkresolpurpur als Indikator). Nach einigen Stunden wird filtriert, der Niederschlag mit wenig Salzsäure (1 : 1) gelöst und die Oxintrennung durch-
S. 316 geführt wie unter b) 1 beschrieben.

---

5. Verschiedene Beryllium-Legierungen

Die Ausführung der einzelnen Bestimmungen entnimmt man leicht den vorstehenden Abschnitten, sofern die folgenden grundsätzlichen Bedingungen beachtet werden.

a) Aluminiumfreies Ferroberyllium[222]

Grundsätzliches. Voraussetzung ist die Abwesenheit von Aluminium. Geringe Mengen von Aluminium (weniger als 0,2%) können vernachlässigt werden.

Aus der salzsauren Lösung werden Eisen und Beryllium zusammen mit Ammoniak gefällt. Die geglühten Oxyde werden gewogen. Das Eisen wird mit Salzsäure herausgelöst und massanalytisch bestimmt.

$$(BeO + Fe_2O_3) - Fe_2O_3 = BeO.$$

Ausführung der Bestimmung. 1 g Ferroberyllium wird in einem weiten Becherglas mit 100 ccm Wasser übergossen und dann in 20 ccm Salzsäure (d 1,12) und einigen Kubikzentimetern Salpetersäure (d 1,4) vorsichtig gelöst. Die klare Lösung wird in einer Porzellanschale eingedampft. Der Rückstand wird zur Abscheidung der Kieselsäure zweimal mit Salzsäure angefeuchtet und zur trockne verdampft. Man nimmt mit 40 ccm Salzsäure (d 1,19) auf, kocht, verdünnt mit Wasser und filtriert von etwa ausgeschiedener Kieselsäure in einen 500ccm-Messkolben ab. Nach dem Auswaschen mit salzsäurehaltigem Wasser wird der Filterrückstand verascht, nochmals mit 10 ccm Salzsäure (d 1,19) in der Wärme behandelt und die Lösung ebenfalls in den 500ccm-Messkolben filtriert. Nach dem Auffüllen bis zur Marke werden 100 ccm entnommen, mit Ammoniak in geringem Überschuss versetzt (Bromkresolpurpur als Indikator) und aufgekocht. Das Gemisch der Hydroxyde von Eisen und Beryllium wird abfiltriert, mit siedend heissem ammoniakalischem Wasser ausgewaschen, verascht, einige Zeit vor dem Gebläse bis zum konstanten Gewicht geglüht und gewogen. Auswaage: $Fe_2O_3 + BeO$.

Danach werden die Oxyde in heisser Salzsäure (d 1,19) gelöst und die Lösung zur Eisenbestimmung weiterbehandelt. S. 101, 121

b) Beryllium in Beryllium-Aluminium-Legierungen

Grundsätzliches. Bei Legierungen, in denen Aluminium vorherrscht, ist zunächst die Hauptmenge des Aluminiums abzutrennen. Dies geschieht am besten wie im Teil A beschrieben durch Einleiten von trockenem Chlorwasserstoff in die gekühlte Salzsäurelösung. Das Filtrat enthält S. 9

das gesamte Beryllium neben kleinen Mengen Aluminium. Diese werden dann mittels Oxin nach Kolthoff und Sandell [224] wie unter b) 1 beschrieben abgetrennt.
S. 316

c) Beryllium-Sonderstähle

Grundsätzliches. In schwach schwefelsauren Lösungen werden alle Metalle, die edler als Mangan sind, wie Chrom, Nickel, Eisen, Kobalt und Molybdän, an der Quecksilberkathode abgeschieden (Mangan nur zum Teil). Aluminium, Beryllium, Titan, Zirkonium, Thorium, Vanadin, Magnesium, Cer und Calcium bleiben in Lösung.

Ausführung der Bestimmung. Je nach Berylliumgehalt löst man 1 bis 5 g Späne in Königswasser, versetzt die Lösung mit 15 bis 30 ccm Schwefelsäure (1 : 1) und erhitzt sie auf dem Sandbad bis zum Entweichen von Schwefelsäuredämpfen. Die Sulfate werden mit Wasser wieder gelöst. Nachdem man die Kieselsäure abfiltriert hat, wird die überschüssige Schwefelsäure im Filtrat mit Kali- oder Natronlauge so weit abgestumpft, bis sich die Lösung durch basisches Eisen(III)-sulfat braun zu färben beginnt. Nun fügt man noch 2 ccm Schwefelsäure (1 : 1) hinzu, verdünnt auf 400 ccm und elektrolysiert mit einem Strom von 4 A bei einer Quecksilberkathodenoberfläche von 40 cm^2. Als Anode verwendet man eine Platinspirale. Die erforderliche Spannung beträgt etwa 13 V und hängt vom Badwiderstand ab. Für eine hinreichende Menge Quecksilber muss gesorgt werden, da sonst die Kathode infolge der Amalgambildung nicht genügend freies Quecksilber aufweist und dadurch die vollständige Abscheidung der genannten Metalle stark verzögert würde. Bei einer Einwaage von 2 g und einer Kathodenoberfläche von 40 cm^2 genügen 50 ccm Quecksilber. Bei einer grösseren Einwaage wird das Quecksilber entsprechend oft erneuert.

Nachdem der Elektrolyt farblos geworden ist, was nach etwa 3 bis 10 Stunden der Fall ist (je nach Grösse der Einwaage), wird die Lösung abgehebert und mit etwas

Ammoniumchlorid versetzt. Aus ihr fällt man mit Ammoniak (Bromkresolpurpur als Indikator) Beryllium, Aluminium, kleine Mengen nicht abgeschiedenen Chroms und Mangans. Die abfiltrierten Hydroxyde werden mit Schwefelsäure (1 : 4) gelöst, der Überschuss an Säure wird mit Ammoniak abgestumpft. Dann versetzt man mit 2 g Ammoniumperoxydisulfat, kocht und filtriert die ausgefallenen Mangan(IV)-hydrate ab. Im Filtrat werden Beryllium und Aluminium mit Ammoniak unter Zusatz von Ammoniumchlorid und Bromkresolpurpur als Indikator gefällt. Man filtriert nach einigen Stunden, löst mit wenig Salzsäure (1 : 1) und führt in der Lösung die Trennung mit Oxin durch wie unter b) 1 beschrieben. S. 316

d) Kupfer-Beryllium-Titan-Legierungen

Grundsätzliches. Man löst in Salpetersäure (1 : 1) und darauf mit etwa 20 ccm Schwefelsäure (1 : 1), raucht bis zum Entweichen von Schwefelsäuredämpfen ab, kühlt, versetzt mit Wasser und filtriert von der Kieselsäure ab. Im Filtrat wird das Kupfer elektrolytisch abgeschieden. Danach werden die Hydroxyde mit Ammoniak unter Zusatz von Ammoniumchlorid und Bromkresolpurpur als Indikator in der Kälte (um die evtl. Bildung von Metatitansäure zu verhindern) gefällt. Das Beryllium wird nach der Lösung der Hydroxyde in Salzsäure wieder mit Oxin abgetrennt wie unter b) 1 beschrieben. Der geglühte Oxinat- S. 316
niederschlag besteht aus $TiO_2 + Al_2O_3 + Fe_2O_3$, dessen einzelne Komponenten nach der vorbeschriebenen Weise bestimmt werden.

e) Kupfer-Beryllium-Zirkonium-Legierungen

Grundsätzliches. Gelöst wird wie unter d). Im Filtrat der Kieselsäure wird das Kupfer elektrolytisch abgeschie- S. 215
den, der Elektrolyt durch Bromwasser oxydiert und das überschüssige Brom durch Kochen entfernt. Nach Ab-

kühlen werden die Hydroxyde gefällt, auf dem Filter ausgewaschen und mit 60 ccm Salzsäure (1 : 1) vom Filter gelöst. Die Lösung wird auf 300 ccm verdünnt und mit einer wässrigen Lösung von 0,3 g Phenylarsinsäure zum Fällen des Zirkoniums versetzt, zum Sieden erhitzt und danach 10 min gekocht. Nach ½-stündigem Absitzen über kleiner Flamme wird filtriert, der Niederschlag mit 1%iger warmer Salzsäure gewaschen, vorsichtig verascht (Abzug) und schliesslich bei 1100° geglüht. Auswaage: ZrO_2.

Im Filtrat werden die übrigen Bestandteile wie Beryl-
S. 316 lium, Aluminium und Eisen wie unter b) 1 beschrieben getrennt und bestimmt.

C. Magnesium

I. Abschnitt. Gravimetrische Methoden

Vorbemerkungen [B4]

Das im Handel erhältliche Reinmagnesium stellt den Analytiker vor eine verhältnismässig einfache Aufgabe, wenn von ihm nur die Bestimmung der Hauptbeimengungen verlangt wird. Denn das aus der Schmelzflusselektrolyse gewonnene und nochmals umgeschmolzene Reinmagnesium hat bereits einen sehr hohen Reinheitsgrad. Das Metall ist meist 99,8 und 99,9%ig. An Beimengungen enthält es nur geringe Mengen an Aluminium, Eisen, Mangan, Silicium und Kupfer. Ausserdem können noch vorkommen Calcium, Phosphor und oxydische Einschlüsse, Chlor und Natrium.

Im Hinblick auf eine richtige Probenahme folgen kurz einige Angaben über die Art des Vorkommens der Verunreinigungen im Metall und wie diese im Gefügebild erkennbar sind.

Das Aluminium ist im Magnesium verhältnismässig gut löslich; es ist daher als besonderer Bestandteil im Gefügebild nicht erkenntlich. Eisen löst sich im Magnesium praktisch kaum. Im Reinmetall beträgt der Gehalt höchstens 0,05%. Auch Mangan findet sich im Reinmagnesium nur in geringen Mengen; es tritt ebenfalls nicht als besonderer Gefügebestandteil in Erscheinung. Silicium ist bei sehr geringen Gehalten in Form der Verbindung Mg_2Si im Schliffbild sichtbar, und zwar bevorzugt entlang den Korngrenzen. Calcium ist bis rd. 0,8% im Magnesium löslich; es reichert sich gewöhnlich auch entlang den Korngrenzen an.

Die Anwesenheit von Oxydhäuten erkennt man bereits im ungeätzten Zustand. Die Oxydhäute liegen entlang den Korngrenzen, die dann unsauber und nicht mehr als glatte Linien erscheinen. Teilweise sind die Oxydhäute auch an einzelnen Stellen zusammengeballt.

G. Siebel[B4] hat die Arbeitsweisen zur Untersuchung von Magnesium zusammengestellt. Auf diese ist mit seinem Einverständnis im folgenden vielfach Bezug genommen. Grundsätzlich ist zu bemerken, dass die Methoden für Aluminium auch weitgehend für die Untersuchung von Magnesium angewandt werden können.

a) Untersuchung von Reinmetall

Aluminium- und Eisen-Bestimmung

Grundsätzliches. Zur Bestimmung von Aluminium und Eisen kann man von dem Filtrat der Siliciumbestimmung ausgehen, nachdem vorher Kupfer mit Schwefelwasserstoff abgeschieden ist. Die schwefelsaure Lösung muss dann durch Auskochen unter Zugabe von Wasserstoffperoxyd vom Schwefelwasserstoff befreit werden.

Die Hydroxyde von Aluminium und Eisen werden in Gegenwart von Ammoniumchlorid mit verdünntem Ammoniak gefällt und gemeinsam verglüht und gewogen. Das Eisen wird am besten kolorimetrisch bestimmt; die Differenz ergibt Aluminiumoxyd bzw. Aluminium.

Ausführung der Bestimmungen.

1. Ausführungsart

Das wie beschrieben behandelte Filtrat der Silicium- S. 333, 335
und Kupferbestimmung, ausgegangen von 10 g Einwaage, wird zur Fällung der Hydroxyde mit 1—2 g Ammoniumchlorid und verdünntem Ammoniak (1 : 15) bis zur deutlichen alkalischen Reaktion versetzt (Methylrot als Indikator). Der entstandene Niederschlag wird abfiltriert und in 10 ccm Salzsäure (1 : 1) gelöst, um geringe Mengen von Magnesiumhydroxyd zu entfernen. Die Fällung wird wie beschrieben mit Ammoniak unter Zusatz von 1—2 g Ammoniumchlorid wiederholt. Jetzt wird der Niederschlag auf dem Filter mit heissem ammoniumnitrathaltigem Wasser gut ausgewaschen und geglüht; die Oxyde werden gewogen. Der Glührückstand besteht in der Hauptsache aus

Aluminiumoxyd, das mit wenig Eisenoxyd verunreinigt ist. Um letztes zu bestimmen, schliesst man die Oxyde mit wenig Kaliumhydrogensulfat im Platintiegel auf und löst in Wasser. In der Lösung bestimmt man das Eisen nach einer der im Abschnitt Aluminium beschriebenen
S. 148 kolorimetrischen Arbeitsweisen, z. B. nach der Rhodanidmethode. Der dabei gefundene Eisengehalt wird auf Oxyd umgerechnet, von der Summe der hier gefundenen Oxyde abgezogen und aus dieser Differenz der Aluminiumgehalt berechnet.

---

2. Ausführungsart

Soll Aluminium direkt bestimmt werden, so löst man den bei der ersten Fällung mit Ammoniak erhaltenen Niederschlag mit wenig Salzsäure vom Filter in ein 200ccm-Becherglas und fällt nach Zugabe von 5 g Ammoniumchlorid noch einmal in der Hitze mit Ammoniak. Der mit heissem Wasser gewaschene Niederschlag wird wieder in möglichst wenig Salzsäure gelöst, die Lösung mit Natriumkarbonat fast neutralisiert und dann zu 50 ccm frisch bereiteter, siedender etwa $1^{0}/_{0}$iger Natriumhydroxydlösung gegeben. Man hält etwa 2 min im Sieden und filtriert nach 5 bis 6 Stunden vom ausgefallenen Niederschlag ab. Nach dem Auswaschen mit wenig heissem Wasser wird dieser in Salzsäure gelöst und das Eisen entweder mit Titantrichlorid titriert oder kolorimetrisch bestimmt.

Das aluminiumhaltige Filtrat säuert man mit Essigsäure an und fällt das Aluminium mit essigsaurer o-Oxychinolinlösung. Das Fällungsreagens, eine 3—$4^{0}/_{0}$ige Oxy-
S. 317 chinolinlösung, wird nach R. Berg [B5] bereitet, indem man 3 bis 4 g Oxychinolin in möglichst wenig Eisessig löst, mit Wasser auf 100 ccm verdünnt und dann tropfenweise mit Ammoniak bis zur beginnenden Trübung versetzt, worauf man die Lösung mit verdünnter Essigsäure wieder klärt.

Zur Ausfällung des Aluminiums erwärmt man die schwach essigsaure Aluminiumlösung auf etwa 60°, gibt 2—3 ccm der Oxinacetatlösung hinzu und nach dem Erhitzen zum Sieden 10 ccm 20%ige Natriumacetatlösung. Der gebildete Niederschlag wird in der Hitze in einem Glasfiltertiegel 1G4 abfiltriert und zuerst mit wenig heissem, dann mit kaltem Wasser bis zur Farblosigkeit des Filtrates gewaschen. Nach dem Trocknen bei 120—130° ergibt die mit 0,0587 multiplizierte Auswaage an Aluminiumoxinat die Menge des Aluminiums.

Kupfer-Bestimmung

Grundsätzliches. Das Kupfer wird aus dem schwefelsauren Filtrat der Siliciumbestimmung mit Schwefelwasserstoff als Sulfid in der Wärme ausgefällt und als Oxyd gewogen. S. 335

Ausführung der Bestimmung. Man leitet Schwefelwasserstoffgas in einem Strom von 3—4 Blasen/s eine halbe Stunde lang in die etwa 80° heisse Lösung von 300—500 ccm Volumen ein, setzt 0,01 g Quecksilber(II)-chlorid in wenig Wasser gelöst unter kräftigem Rühren hinzu, lässt den Niederschlag absitzen, filtriert und wäscht mit heissem, schwach schwefelsaurem Schwefelwasserstoffwasser aus. Filter und Niederschlag werden wegen der geringen Mengen zusammen getrocknet und verascht. Das Sulfid wird in einem glasierten Porzellantiegel unter dem Abzug zunächst über ganz kleiner Flamme erhitzt; allmählich wird die Temperatur gesteigert, schliesslich wird vor dem Gebläse geglüht. Man wägt als CuO ($f = 0{,}7989$). S. 80, 111

Zusätzliche Hinweise. Das erhaltene Kupferoxyd enthält meist ein wenig Kupfersulfat, so dass das Ergebnis zu hoch ausfällt. Immerhin ist die Methode brauchbar, wenn man sie bei Kupfergehalten unter 0,1% anwendet.

Die kolorimetrische Bestimmung des Kupfers ist jedoch dieser gravimetrischen Methode vorzuziehen (s. Teil
S. 180 A III b).

S. 359 **Mangan-Bestimmung (s. C II b)**

Natrium-Bestimmung

Grundsätzliches. Die Bestimmung wird im Prinzip ge-
S. 30 nau wie im Teil A beschrieben ausgeführt. Auch die dort angeführten Vorsichtsmassnahmen sind hier zu beachten.

Die Bestimmung beruht auf der Ausfällung des Natriums als Natriummagnesiumuranylacetat mit einer wässrig-alkoholischen Lösung von Magnesiumuranylacetat.

Das Fällungsreagens wird hergestellt, indem man 10 g krist. Uranylacetat sowie 33 g wasserfreies Magnesiumacetat nach Zusatz von 12 g Eisessig in 200 ccm Wasser löst und die wässrige Lösung dann mit dem gleichen Volumen 96%igen Alkohols vermischt. Da das käufliche Magnesiumacetat nie völlig natriumfrei ist, bildet sich immer etwas Niederschlag, von dem nach mehrstündiger Wartezeit abfiltriert wird.

Ausführung der Bestimmung. Man löst 4 g Metall nach Anfeuchten mit Wasser mit etwa 60 ccm Salzsäure (1 : 1), engt die Lösung in einer Porzellanschale bis zur beginnenden Kristallisation ein, versetzt mit annähernd 100 ccm Alkohol und dampft auf dem Wasserbad zur trockne ein. Der Eindampfrückstand wird mit 2 ccm konz. Essigsäure angefeuchtet und mit 100 ccm Fällungsreagens zur Fällung des Natriums versetzt. Man zerdrückt den Rückstand mit einem Glasstab und löst das Magnesiumchlorid durch Rühren. Man lässt einige Stunden stehen und filtriert durch einen Glasfiltertiegel, wäscht mit max. 40

ccm 96%igem Alkohol nach und trocknet eine Stunde bei 110—120°. Der Niederschlag hat die Zusammensetzung:

$$3UO_2(CH_3COO)_2 \cdot Mg(CH_3COO)_2 \cdot Na(CH_3COO) \cdot 8H_2O.$$

Daraus errechnet sich der Faktor für Na zu 0,0150 *).

Zusätzliche Hinweise. Zur Sicherheit wird ein Blindversuch ausgeführt, der am besten zur gleichen Zeit wie die Analyse selbst angesetzt wird. Hat man noch keine mehrmals gebrauchten Gläser zur Verfügung, so ist es zweckmässig, diese vor Beginn der Analyse im Salzsäuredampfstrom auszudampfen.

Silicium-Bestimmung

Grundsätzliches. Das Silicium liegt im Magnesium als Silicid vor. Beim Lösen mit Säure entstehen leicht flüchtige Siliciumwasserstoffe, die Unterbefunde bei der Siliciumbestimmung verursachen können. Durch stark oxydierende Säuren wie z. B. Salpetersäure werden diese Unterbefunde weitgehend verringert, jedoch nicht ganz aufgehoben.

Die Kieselsäure wird aus schwefelsaurer Lösung abgeschieden, filtriert und gewogen.

Ausführung der Bestimmung. Man feuchtet 10 g Metallspäne in einem 600ccm-Becherglas mit Wasser an, bedeckt den Becher mit einem Uhrglas und löst die Späne durch langsames Zugeben von 100 ccm konz. Salpetersäure. Während des Lösungsvorganges sollen immer braune Stickoxyddämpfe über der Flüssigkeit stehen. Das Uhrglas wird beim Zugeben neuer Säuremengen nur wenig beiseite geschoben, um ein Entweichen der nitrosen Gase möglichst zu verhindern. Bleibt nach dem Auflösen ein dunkel gefärbter Rückstand übrig (meist Eisen- oder Man-

*) Im Küster-Thiel, Logarithm. Rechentafeln B 14 a, werden nur $6H_2O$ und der Faktor 0,01536 angegeben.

gansilicide), so filtriert man durch ein schnellaufendes Filter, wäscht mehrmals mit heissem Wasser nach, verascht im Platintiegel und schliesst den Rückstand mit wenig Soda-Salpeter-Gemisch auf. Nach dem Erkalten löst man den Aufschluss mit Wasser, säuert vorsichtig an und gibt die Lösung in das mittlerweile in einer Porzellanschale eingeengte Filtrat. Man versetzt mit 60 ccm Schwefelsäure (1 : 1) und dampft bis zum kräftigen Entweichen von SO_3-Dämpfen ab. Nach dem Erkalten nimmt man den Sulfatbrei mit etwa 400 ccm heissem Wasser auf und löst. Die Lösung wird durch ein gehärtetes Filter filtriert, mit heissem Wasser etwa 10mal gewaschen, im Platintiegel verascht, geglüht und gewogen. Durch Abrauchen mit Flussäure ermittelt man das Gewicht der Kieselsäure, das man auf Si umrechnet.

Der Umrechnungsfaktor ist 0,4672.

b) Untersuchung von Legierungen

Die technischen Magnesiumlegierungen enthalten in der Hauptsache

Aluminium
Blei
Cadmium
Calcium
Cer
Eisen
Kupfer
Mangan
Silber
Silicium
Zink
Zinn
Zirkonium.

Aluminium-Bestimmung

Grundsätzliches. Aluminium fällt und bestimmt man nach dem Verfahren von Wöhler und Chancel[B17] und Abänderungen nach Grewe[8] aus essigsaurer Lösung als Phosphat oder man wendet die Oxinmethode an.

1. Phosphatmethode

Ausführung der Bestimmung. Wie im Teil A I b ange- S. 52
geben.

2. Oxinmethode

Ausführung der Bestimmung. Nachdem das Zink aus S. 343
der schwach essigsauren Lösung mit Schwefelwasserstoff ausgefällt und abfiltriert ist, wird das Aluminium im Filtrat bei 60° mit einer 4%igen Oxinacetatlösung gefällt. S. 332
Die Lösung wird zum Sieden erhitzt und darauf ein Über-

schuss einer 2n-Ammoniumacetatlösung hinzugegeben. Es entsteht ein kristalliner Niederschlag, der heiss abfiltriert und zunächst mit wenig heissem, dann mit kaltem Wasser bis zur Farblosigkeit gewaschen wird. Der Niederschlag wird bei 130° getrocknet und gewogen. Der Umrechnungs-
S. 332 faktor auf Metall ist 0,0587 (s. Teil C I a).

Blei-Bestimmung

Grundsätzliches. Blei wird in Magnesiumlegierungen als Sulfat bestimmt. Bei siliciumarmen Legierungen (weniger als 0,1% Si) kann das Blei direkt als Sulfat abgeschieden und durch Ausziehen mit Ammoniumacetat bestimmt werden. In siliciumreichen Legierungen ist eine vorherige Trennung des Bleis von der Kieselsäure erforderlich. Zu diesem Zweck löst man das mit der Kieselsäure als Sulfat abgeschiedene Blei mit Ammoniumacetat und fällt in dieser Lösung das Blei nochmals durch Abrauchen mit Schwefelsäure. Man kann auch das Blei aus der salzsauren Lösung des Metalls mit Schwefelwasserstoff ausfällen, das Sulfid in Salpetersäure lösen und mit Schwefelsäure abrauchen.

Ausführung der Bestimmungen.

1. In siliciumarmen Legierungen

Man löst 5 g der Legierung mit 50 ccm konz. Salpetersäure und raucht mit 30 ccm Schwefelsäure (1 : 1) ab. Den erkalteten Sulfatbrei löst man mit soviel Wasser (ca. 100 ccm), dass sich auch nach dem Erkalten keine Magnesiumsulfatkristalle ausscheiden. Zu dieser erkalteten Lösung gibt man ein gleiches Volumen Alkohol und lässt einige Stunden absitzen. Man filtriert Bleisulfat und die ausgeschiedene Kieselsäure durch einen Porzellanfiltertiegel und wäscht zunächst mit einer Lösung, die 100 ccm Wasser, 100 ccm Alkohol und 4 ccm Schwefelsäure enthält.

Danach wäscht man noch einigemal mit 50%igem Alkohol nach. Der Tiegel wird bei 105° getrocknet und gewogen. Man extrahiert den Rückstand mit Ammoniumacetat, trocknet und wägt wieder (siehe weiteres unter Bleibestimmung in Aluminiumlegierungen). f = 0,6833. S. 57, 95

2. In siliciumreichen Legierungen

Das Blei wird in der unter 1 beschriebenen Weise abgeschieden, zusammen mit der Kieselsäure durch ein gehärtetes Filter filtriert und wie unter 1 angegeben gewaschen. Man löst das Blei mit 50 ccm 10%iger Ammoniumacetatlösung in einem 200ccm-Becherglas, gibt 10 ccm Schwefelsäure (1 : 1) hinzu und raucht ab. Den Rückstand nimmt man mit 20 ccm Wasser auf, erhitzt kurz und lässt abkühlen. Die erkaltete Lösung versetzt man mit dem gleichen Volumen Alkohol, filtriert nach mehrstündigem Abstehen durch einen Porzellanfiltertiegel und arbeitet nach der unter 1 angegebenen Vorschrift weiter.

3. Ausführung bei gleichzeitiger Anwesenheit von Calcium

Man löst 5 g Metall mit 100 ccm Salzsäure (1 : 1), verdünnt auf etwa 400 ccm und kocht auf. Die heisse Lösung filtriert man durch ein schnellaufendes Filter von der ausgeschiedenen Kieselsäure ab. In das heisse Filtrat leitet man ½ Stunde lang Schwefelwasserstoff ein und filtriert die ausgeschiedenen Sulfide durch ein schnellaufendes, mit Filterschleim beschicktes Filter. Den Rückstand wäscht man mit salzsäure- und schwefelwasserstoffhaltigem Wasser aus und löst ihn mit heisser verdünnter Salpetersäure. Die Lösung raucht man mit 10 ccm Schwefelsäure (1 : 1) ab, nimmt mit Wasser und Alkohol auf, filtriert durch einen Porzellanfiltertiegel, trocknet und wägt. Den Tiegelinhalt laugt man mit Ammoniumacetatlösung, trocknet und wägt wieder. Genaueres siehe Ausführung unter 1.

Cadmium-Bestimmung

Grundsätzliches. Das Cadmium wird nach G. Siebel[B4] als Sulfid gefällt und als Cadmiumsulfat bestimmt.

Ausführung der Bestimmung. Bei Gegenwart von Cadmium wird aus dem Filtrat der Siliciumbestimmung Cadmium mit Schwefelwasserstoff als Cadmiumsulfid ausgefällt. Der Niederschlag wird abfiltriert und Cadmiumsulfid durch Übergiessen mit heisser verdünnter Schwefelsäure herausgelöst; mitgefälltes Kupfersulfid wird dabei nicht gelöst. Aus der schwach schwefelsauren Lösung oder aus einem aliquoten Teil davon wird das Cadmium mit Schwefelwasserstoff nochmals ausgefällt. Der Niederschlag wird durch ein möglichst kleines Filter abfiltriert, ausgewaschen und dann entweder mit wenig heisser, verdünnter Salpetersäure oder mit Salzsäure (1 : 3) durch das Filter in einen gewogenen Tiegel gelöst. Die Lösung wird vorsichtig eingeengt und mit einem geringen Überschuss an Schwefelsäure ebenfalls vorsichtig eingedampft. Der Rückstand wird mässig geglüht. Er muss rein weiss sein.

Der Umrechnungsfaktor auf Cd ist 0,5392.

Zusätzliche Hinweise. Die Methode gibt bei dem beschriebenen Arbeitsgang genaue Resultate.

Zu empfehlen ist auch die elektrolytische Bestimmung
S. 213 von Cadmium.

Calcium-Bestimmung

Grundsätzliches. Das Calcium wird in alkoholischer Lösung zusammen mit Kieselsäure und Blei als Sulfat ausgeschieden. Durch Behandeln mit Salzsäure wird Calciumsulfat gelöst, das Calcium aus dieser Lösung als Oxalat gefällt und wie üblich als Oxalat gewogen.

Ausführung der Bestimmung. 3—5 g Metallspäne werden mit 18—30 ccm Schwefelsäure (1 : 1) gelöst und die Lösung bis zur »feuchttrockne« eingedampft. Jetzt löst man den Rückstand in soviel Wasser (80—100 ccm), dass sich auch nach dem Erkalten keine Kristalle ausscheiden, und gibt das vierfache Volumen Methyl- oder Äthylalkohol hinzu. Kieselsäure, Blei- und Calciumsulfat scheiden sich aus; sie werden nach längerem Stehen abfiltriert und mit Methyl- oder Äthylalkohol gewaschen. Das Filter bringt man in das Becherglas zurück und löst das Calcium unter Erhitzen mit 50 ccm Salzsäure (1 : 5). Man filtriert die Lösung durch ein mit Filterschleim gedichtetes Filter und gibt zum Filtrat 2 ccm Eisessig. Man stumpft die Mineralsäure mit Ammoniumacetat ab, wobei die Farbe des Kongopapiers von blau nach rot umschlagen soll, und fällt Calcium mit einer 5%igen Ammoniumoxalatlösung, filtriert und trocknet bei 110°. Man wägt als $CaC_2O_4 \cdot H_2O$. Weitere Angaben siehe Teil A Ia u. IIb. S. 25, 115

Cer-Bestimmung

Grundsätzliches. Cer wird mit Aluminium zusammen als Hydroxyd gefällt, der Niederschlag gelöst, aus der Lösung das Cer als Oxalat gefällt und durch Glühen in Cer(IV)-oxyd übergeführt.

Ausführung der Bestimmung. Je nach dem Cergehalt werden 0,5—2 g Metallspäne in 20 ccm Salzsäure (1 : 1) unter Zugabe von 1—5 ccm 3%igem Wasserstoffperoxyd gelöst. Aus dieser Lösung werden Cer und Aluminium zusammen mit Ammoniak (1 : 5) in der Hitze als Hydroxyd ausgefällt. Der Niederschlag wird in verdünnter Salzsäure gelöst und zur trockne eingedampft. Man nimmt den Rückstand mit 25 ccm ½n-Salzsäure auf, erhitzt zum Sieden und fällt das Cer mit 40 ccm einer kochenden 15%igen Oxalsäurelösung. Es ist wichtig, dass an dieser

Stelle die Säurekonzentration nicht grösser als ½-normal und die Lösung beim Abkühlen nahezu mit Oxalsäure gesättigt ist. Nach längerem Stehen (am besten über Nacht) wird filtriert, gewaschen, zum Oxyd verglüht und dieses gewogen. Der Umrechnungsfaktor auf Cer ist 0,8141.

Zusätzliche Hinweise. Andere seltene Erden fallen bei dieser Methode mit aus.

Bestimmung von eingeschlossenen Chloriden

Grundsätzliches. Chloride, die von eingeschlossenen Elektrolytsalzen oder eingeschlossenen Resten von Abdecksalzen herrühren, werden nach Lösen der Metallprobe mit Silberchlorid gefällt und bestimmt.

Ausführung der Bestimmung. 1—2 g Metallspäne werden in chlorfreier Salpetersäure gelöst. Diese Lösung wird mit 0,5%iger Silbernitratlösung versetzt und das ausfallende Silberchlorid gravimetrisch bestimmt. Bei kleinen Mengen kann man die Bestimmung auch nephelometrisch
S. 349 vornehmen.

Silber-Bestimmung

Grundsätzliches. Das Silber wird als Chlorid gefällt und bestimmt.

Ausführung der Bestimmung. 1 g Metallspäne werden in 20 ccm Salpetersäure (1 : 1) gelöst, wobei wegen eines
S. 335 evtl. Rückstandes die Vorschrift im Abschnitt Reinmagnesium unter Siliciumbestimmung zu befolgen ist. Die Lösung wird vom unlöslichen Rückstand abfiltriert und das Silber im Filtrat mit verdünnter Salzsäure in der Hitze als Chlorid ausgefällt. Bei der Fällung ist zu beachten, dass gut gerührt werden muss, um den Niederschlag zum

Zusammenballen zu bringen, und dass der Niederschlag während der Fällung und beim Absitzen vor hellem Tageslicht zu schützen ist. Nach dem Abkühlen und Absitzen filtriert man durch einen gewogenen Filtertiegel, wäscht mit einigen Kubikzentimetern wenige Tropfen Salpetersäure enthaltendem Wasser aus, dann noch einmal mit reinem Wasser nach und trocknet bei 130—150°. Man wägt und rechnet mit dem Faktor 0,7526 auf Silber um.

Silicium-Bestimmung

Grundsätzliches. Siehe unter Reinmagnesium. S. 335

Ausführung der Bestimmung. 2—5 g Metall werden wie im Abschnitt Reinmagnesium beschrieben in Salpetersäure gelöst und dann mit Schwefelsäure abgeraucht. Ist Blei vorhanden, so befindet sich in dem Kieselsäureniederschlag Bleisulfat, das durch 3—4maliges Waschen mit einer h e i s s e n 5%igen Ammoniumacetatlösung herausgelöst wird. Nun wäscht man noch mehrmals mit heissem Wasser nach.

Bei Anwesenheit von Zinn fällt beim Lösen mit Salpetersäure die Zinnsäure mit der Kieselsäure aus. In diesem Fall ist vor dem Abrauchen der Kieselsäure mit Flussäure g u t zu glühen, um das Zinndioxyd totzubrennen. Man raucht dann mit Flussäure und Schwefelsäure ab und errechnet den SiO_2-Wert aus der Differenz.

Zink-Bestimmung

Grundsätzliches. Man fällt Zink aus schwach schwefelsaurer Lösung als Zinksulfid und wägt es als Zinkoxyd.

Ausführung der Bestimmung. Zur gewichtsanalytischen Bestimmung löst man 2—4 g Metallspäne in 10 bis 20 ccm Schwefelsäure (1 : 1), fügt einige Tropfen Salpetersäure hinzu und dampft bis zum beginnenden Rauchen ein. Nun wird mit Wasser aufgenommen, zur Ausfällung des Kupfers Schwefelwasserstoff eingeleitet und filtriert. Im Filtrat verkocht man den Schwefelwasserstoff und neutralisiert die etwa 200 ccm betragende Lösung mit Ammoniak bis zum Umschlag von Methylorange nach orangegelb. Dann wird mit etwa 2 ccm n-Schwefelsäure wieder angesäuert und in die Lösung, deren Wasserstoffionenkonzentration zwischen 2,5 und 3,5 liegen soll (Prüfung mit Lyphanpapier), 30 bis 45 min lang Schwefelwasserstoff eingeleitet. Man lässt absitzen, filtriert durch einen Porzellanfiltertiegel und glüht den mit schwefelwasserstoffhaltigem Wasser gewaschenen Niederschlag im elektrischen Ofen bei 900—950° bis zur Gewichtskonstanz (Prüfung des Zinkoxyds auf Reinheit). f = 0,8034.

Zinn-Bestimmung [B4]

Grundsätzliches. Die Abscheidung erfolgt nach G. Siebel zusammen mit Kieselsäure. Zinn wird aus dem Oxydgemisch verflüchtigt und aus der Differenz bestimmt.

Ausführung der Bestimmung. Die Metallprobe wird wie
S. 335 bei der Siliciumbestimmung beschrieben gelöst, Zinnsäure und Kieselsäure werden gemeinsam abgeschieden und gewogen. Darauf wird das Zinn durch wiederholtes Glühen
S. 343 mit Ammoniumchlorid als Tetrachlorid verflüchtigt. Die Differenz ergibt den SnO_2-Gehalt, der auf Sn umgerechnet wird. f = 0,7877.

Zirkonium-Bestimmung

Grundsätzliches. Zirkonium wird als Phosphat abgeschieden oder mit Phenylarsinsäure gefällt und als Oxyd gewogen.

1. Phosphatmethode

Ausführung der Bestimmung. Bei Zirkoniumgehalten bis zu 2% werden 1—2 g Metallspäne in 10—20 ccm Schwefelsäure (1 : 1) gelöst. Verbleibt hierbei ein durch Eisen dunkel gefärbter Rückstand, so kann dieser noch Zirkonium enthalten. Er wird deshalb abfiltriert und mit wenig Kaliumhydrogensulfat im Platintiegel aufgeschlossen. Der Aufschluss wird in heissem Wasser gelöst und dem Filtrat zugegeben. Man raucht ab und filtriert die Kieselsäure nach dem Lösen in Wasser ab. Aus dem Filtrat werden mit einem geringen Überschuss an Ammoniak in Anwesenheit von 2 g Ammoniumchlorid die Hydroxyde von Aluminium und Zirkonium gefällt. Man filtriert den Niederschlag, wäscht ihn mit heissem Wasser aus, löst in 10 ccm Schwefelsäure (1 : 1) und fällt Zirkonium als Phosphat wie im Teil Aluminium angegeben. S. 83

2. Phenylarsinsäuremethode

Ausführung der Bestimmung. Man löst 0,5—1 g Metallspäne in 20 ccm Salzsäure (1 : 1) und setzt 50 ccm konz. Salzsäure und etwas 3%iges Wasserstoffperoxyd hinzu. Die Lösung wird mit Wasser auf 500 ccm verdünnt und in ihr die Fällung mit einer 2,5%igen Phenylarsinsäurelösung S. 75 vorgenommen. Nun erhitzt man zum Sieden, kocht 1 min lang und prüft nach dem Absitzen des Niederschlages auf Vollständigkeit der Fällung durch nochmalige Zugabe von etwas Fällungsmittel. Der Niederschlag wird heiss filtriert und mit verdünnter Salzsäure gewaschen. Man glüht unter dem Abzug etwa 2 Stunden lang an der Luft und dann 1 Stunde lang im Wasserstoffstrom (Rosetiegel mit Quarzrohr), um die letzten Reste von Arsen zu verflüchtigen. Das beim Glühen erhaltene Oxyd wird gewogen. Der Umrechnungsfaktor von ZrO_2 auf Zirkonium ist 0,7403.

II. Abschnitt.

Wolumetrische und physikalisch-chemische Methoden

Vorbemerkungen

Im folgenden Abschnitt sind die volumetrischen und physikalisch-chemischen Methoden zusammen behandelt. Eine Unterteilung wie im Teil A. Aluminium erscheint hier bei der wesentlich geringeren Stoffmenge nicht zweckmässig, weil in vielen Fällen auf die vorhergehenden Teile des Buches verwiesen werden kann.

---

a) Untersuchung von Reinmetall

Aluminium-Bestimmung (s. C II b) S. 352

Chlor-Bestimmung

Grundsätzliches. Chlor kann aus der Schmelze in das Metall hineingeraten, und zwar in Form von Alkali- und Magnesiumchlorid. Die vorkommenden Mengen sind jedoch sehr gering. Daher führt man die Bestimmung im allgemeinen nephelometrisch durch.

Ausführung der Bestimmung. Man löst 4 g Späne in 30 ccm chlorfreier Schwefelsäure (1 : 1), filtriert in einen 100ccm-Messkolben und füllt zur Marke auf. 50 ccm gibt man in ein Nesslerglas und versetzt mit 5 ccm $^1/_{100}$n-Silbernitratlösung. Man lässt die Lösung 20 min im Dunkeln stehen und vergleicht anschliessend die Trübung mit jener, die unter sonst gleichen Bedingungen bei Lösungen von bekanntem Gehalt auftritt. Die Vergleichslösung wird in der Weise hergestellt, dass man 40 g Reinmagnesium in 300 ccm Schwefelsäure (1:1) löst und die Lösung anschliessend mit 50 ccm $^{1}/_{100}$n-Silbernitratlösung versetzt. Nach längerem Stehenlassen filtriert man ab, gibt in einen Literkolben und füllt auf. In Nesslergläser gibt man steigende Mengen einer Natriumchloridlösung (0,2 mg NaCl/ccm), z. B. 0,2, 0,4, 0,6 ccm usw. Darauf fügt man 50 ccm der silberhaltigen Magnesiumsulfatlösung hinzu und lässt die Vergleichslösungen ebensolange stehen wie die Analysenlösung.

Eisen-Bestimmung

Grundsätzliches. Soll das Eisen nach der Rhodanidmethode bestimmt werden, so werden aus dem Filtrat der Kupferbestimmung nach Austreiben des Schwefelwasserstoffs in Gegenwart von Ammoniumchlorid die Hydroxyde von Aluminium und Eisen mit Ammoniak gefällt, zu
S. 331 Oxyden verglüht und gewogen ($Al_2O_3 + Fe_2O_3$). Die geglühten Oxyde werden mit Kaliumhydrogensulfat aufgeschlossen, und in der wässrigen Aufschlusslösung wird das Eisen k o l o r i m e t r i s c h bestimmt.

Soll das Eisen mit Sulfosalicylsäure bestimmt werden, so kann man das Metall direkt in Salzsäure lösen und nach dem Aufoxydieren mit Peroxyd und Neutralisieren mit Ammoniak mit Sulfosalicylsäure kolorimetrieren.

Ausführung der Bestimmung. Die Rhodanidmethode wie auch die Bestimmung mit Sulfosalicylsäure sind aus-
S. 148, 153 führlich im Teil A III a beschrieben.

Zu beachten ist vor allem, dass die Vergleichslösungen, mit denen die Eichkurven aufgestellt werden oder gegen die direkt verglichen wird, unter allen Umständen gleiche Mengen an Chemikalien und Säuren enthalten wie die Analysenlösungen selbst. Dies gilt noch mehr für die Sulfosalicylsäuremethode als für die Rhodanidmethode, da letzte ein Ausschüttelverfahren darstellt.

Kupfer-Bestimmung

Grundsätzliches. Das Kupfer wird bei Gehalten über 0,1% als Sulfid ausgefällt, wieder gelöst und in salpetersaurer Lösung elektrolytisch bestimmt.

Ausführung der Bestimmung. Das aus dem schwefelsauren Filtrat der Siliciumbestimmung mit Schwefelwasserstoff in der Wärme ausgefällte Kupfersulfid (Teil C S. 333
Abschnitt »Gravimetrische Methoden«) wird in 5 ccm Salpetersäure (1 : 1) unter Hinzufügen von 10 ccm 50%iger Ammoniumnitratlösung gelöst, die Lösung auf 100 ccm verdünnt und elektrolysiert (s. A IV). S. 217

Mangan-Bestimmung

Grundsätzliches. Mangan kommt ebenfalls nur in geringen Mengen als Verunreinigung vor. Es wird kolorimetrisch als Permanganat bestimmt, wenn der Gehalt weniger als 0,1% beträgt.

Ausführung der Bestimmung. 1 g Metallspäne wird mit 10 ccm Schwefelsäure (1 : 1) gelöst. Die Lösung wird mit 0,5 g Ammoniumperoxydisulfat, 1—2 ccm $^1/_{10}$n-Silbernitratlösung und 1—2 ccm Salpetersäure versetzt, in einem Nesslerglas auf 75 ccm gebracht und in 80° heisses Wasser gestellt. Bei der erhöhten Temperatur oxydiert das Mangan zu Permanganat. Die erkaltete rotviolette Lösung wird mit einer Kaliumpermanganatlösung von bekanntem Gehalt verglichen und durch »Eingabeln« der endgültige Wert festgelegt. Zur Herstellung der Standard-Kaliumpermanganatlösung werden 0,1438 g Kaliumpermanganat in 1 l Wasser gelöst. 1 ccm dieser Lösung entspricht 0,05 mg Mangan. Die Lösung ist nur begrenzt haltbar.

---

b) Untersuchung von Legierungen

Aluminium-Bestimmung [10, 231]

1. Eriochromcyanin-Methode

Grundsätzliches. Aluminium wird photometrisch mit Eriochromcyanin bestimmt, einem Derivat der Triphenylmethan-Farbstoffreihe*), das mit Aluminium einen violetten Farblack bildet. Kupfer darf nicht vorhanden sein. Eisen stört bis zu 0,001% nicht. Sind grössere Mengen Eisen bis zu 0,01% vorhanden, so kompensiert man, indem man der Farbstoffblindlösung gleiche Eisenmengen zusetzt.

Die Genauigkeit beträgt bei 50 γ Al etwa ± 1%, bei 0,5 γ Al etwa ± 10% des gefundenen Wertes.

Ausführung der Bestimmung. Man löst 1 g der Legierung mit Salzsäure (1 : 1) oder entnimmt der Lösung einer grösseren Einwaage einen entsprechenden Anteil, dampft zur trockne ein, nimmt mit Wasser auf und spült in ein 100ccm-Messkölbchen.

Die zu untersuchende Lösung soll möglichst nicht mehr als 500 γ und nicht weniger als 0,5 γ Aluminium enthalten. Sie wird unter Zusatz von 2 Tropfen Phenolphthalein mit 5%iger Natronlauge bis zur schwachen Rötung der Lösung neutralisiert. Dann werden 0,2 ccm n-Salzsäure hinzugegeben und anschliessend 15 ccm einer 0,1%igen wässrigen Eriochromcyanin-R-Lösung. Nach 20 min gibt man 20 ccm einer Acetat-Pufferlösung**) von $p_H = 6{,}0$ hinzu, füllt die Mischung im Messkolben auf 100

*) $C_{23}H_{15}O_9SNa_3$; Mol.-Gew. 536,17.

**) Acetat-Puffergemisch: 274 g Ammoniumacetat, 109 g Natriumacetat und 6 ccm Eisessig auf 1000 ccm Wasser aufgefüllt.

ccm auf und bestimmt kolorimetrisch gegen den ebenso hergestellten Blindversuch aus aluminiumfreiem Magnesium. Man schätzt zwischen 2 und 50 γ entsprechend 0,0002—0,005% mit ausreichender Genauigkeit.

Nach O. Werner[10] kann bei Aluminiumgehalten von 10—500 γ die Messung in der 0,5cm-Küvette des Pulfrichphotometers erfolgen. Bei Aluminiumgehalten bis etwa 100 γ verwendet man dabei das Filter Hg546, sofern man mit der Hagephot-Lampe arbeitet, bei der normalen Glühlampe das Filter S53. Sofort nach dem Auffüllen der Lösung auf 100 ccm kann gemessen werden.

Bei Aluminiumgehalten über 100 γ kann man mit der gleichen Küvette arbeiten, jedoch mit dem Filter Hg578 bzw. S57. In diesem Fall muss bis zum Beginn der Messung nochmals eine Wartezeit von etwa 20 min eingelegt werden, um die in diesem Wellenlängengebiet sichtbar werdenden Veränderungen der Lösung ablaufen zu lassen.

Zusätzliche Hinweise. Der Farbstoff ist das Natriumsalz einer schwachen Säure.

Das Absorptionsmaximum des Farblacks liegt bei 5280 Å. Die Messungen erfolgen in der Nähe dieses Punktes. Bei Konzentrationen bis etwa 100 γ Aluminium ist die Extinktionskurve gradlinig. Oberhalb einer Konzentration von 100 γ Aluminium bis 500 γ Aluminium ist die Eichkurve leicht gekrümmt, aber praktisch brauchbar.

Die Pufferlösung erniedrigt die H-Ionenkonzentration und verlagert das Absorptionsmaximum des Farbstoffes zu kürzeren Wellenlängen.

Die Extinktion der Lösungen beträgt bei Verwendung von Hg578 nur etwa ¼ der Extinktion bei Hg546. S. 354

Bei Aluminiumgehalten unter 10 γ arbeitet man zweckmässig mit einem Gesamtvolumen von nur 25 ccm.

Diese konz. Stammlösung wird zum Gebrauch im Verhältnis 1 : 5 mit Wasser verdünnt. Hierbei stellt sich ein p_H-Wert von annähernd 6 ein; die genaue Einstellung des p_H-Wertes auf 6,0 erfolgt durch Zugabe von etwas Eisessig oder 50%iger Natronlauge, je nachdem der gefundene Wert über oder unter 6,0 liegt.

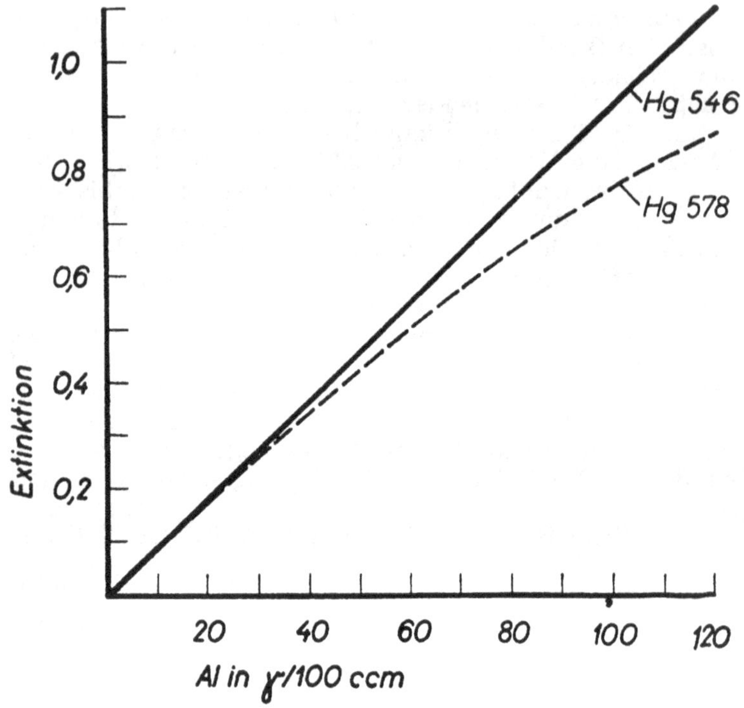

Abb. 24. Eichkurven zur Aluminiumbestimmung mit Eriochromcyanin*)

2. Fluorid-Methode

Grundsätzliches. Die von W. D. T r e a d w e l l[9] und E. B e r n a s c o n i angegebene elektrometrische Titration des Aluminium-Ions in Gegenwart von Magnesium-Ionen gemäss der Reaktionsgleichung

$$AlCl_3 + 6NaF = Na_3(AlF_6) + 3NaCl$$

ist von W. M a n n c h e n[228] zu einer brauchbaren

*) Auf der Ordinate sind die gemessenen Extinktionen aufgetragen, und zwar erhalten mit der ½cm-Küvette (Hg 546) und 2cm-Küvette (Hg 578).

Arbeitsweise für die Bestimmung von Aluminium in Magnesiumlegierungen ausgearbeitet worden. Mit einem Röhrenvoltmeter wird die Potentialänderung festgelegt, die sprunghaft entsteht, wenn alles Aluminium im Kryolithkomplex gebunden ist und nunmehr überschüssiges NaF das Fe^{III} aus dem zur Indikation hinzugesetzten System Fe^{III}/Fe^{II} ebenfalls zum Kryolithkomplex bindet. Als Indikatorelektrode dient blankes Platinblech, als Bezugselektrode eine Kalomelelektrode. Die Umsetzung erfordert eine gewisse Zeit, so dass jedesmal nach Zusatz der Titerlösung einige Minuten bis zum Einstellen des Gleichgewichtes gewartet werden muss. Um einen scharfen Schnittpunkt der Titrationskurve zu erhalten, ist die Einhaltung eines bestimmten p_H-Bereiches erforderlich. Der günstigste p_H-Bereich liegt bei etwa 3,8.

Ausführung der Bestimmung. Man löst 0,25 g Späne in 14 ccm 2n-Salzsäure, neutralisiert die überschüssige Säure unter Zusatz von Methylorange mit $^1/_5$n-Natronlauge bis zur Gelbfärbung und gibt tropfenweise so lange n-Salzsäure hinzu, bis der Indikator nach kräftig rot umgeschlagen ist. Man füllt auf 100 ccm auf, überführt 50 ccm davon in das Titrationsgefäss, sättigt mit Natriumchlorid und gibt einige Tropfen Eisen(II)-eisen(III)-chloridlösung und 50 ccm Methanol hinzu. Unter Rühren und Durchleiten von Kohlensäure wird mit ½n-Natriumfluorid titriert. Nach jedem Zugeben von 0,1 ccm wird 2 bis 3 min bis zum Einstellen des Gleichgewichtes gewartet. Die Eisen(II)-eisen(III)-salzlösung wird hergestellt, indem man 20 g $FeCl_2 \cdot 4H_2O$ und 0,1 g $FeCl_3 \cdot 6H_2O$ unter Ansäuern mit 3 Tropfen $^1/_{10}$n-Salzsäure in 100 ccm Wasser löst.

Zusätzliche Hinweise. Die Anwesenheit von Magnesium stört bei der Titration nicht. Auch Zink (bis etwa 8%) und Mangan (bis etwa 1%) haben in den Gehalten, wie sie bei den Elektronlegierungen vorkommen, keinen nachteiligen Einfluss.

Die Arbeitsweise kann als Schnellmethode gelten.

Cadmium-Bestimmung

Grundsätzliches. In dem schwefelsauren Auszug der im Abschnitt »Gravimetrische Methoden« beschriebenen
S. 340 Kupfersulfid-Cadmiumsulfid-Fällung wird das Cadmium elektrolytisch abgeschieden.

Ausführung der Bestimmungen.

1. Normale Elektrolyse

Die schwachsaure Lösung wird mit reiner Kalilauge (1 : 3) sorgfältig neutralisiert. Das gebildete Hydroxyd wird mit einer 10%igen Kaliumcyanidlösung gelöst und die auf etwa 150 ccm verdünnte Lösung noch mit einem geringen Überschuss an Kaliumcyanid versetzt. Die Elektrolyse erfolgt bei 50° mit 0,5 A. Nach 2—3 Stunden ist die Elektrolyse beendet. Das abgeschiedene Metall muss dicht und silberweiss aussehen. Es wird bei 100° getrocknet und danach gewogen.

2. Schnellelektrolyse

Die schwachsaure Lösung kann auch mit Natronlauge abgestumpft, das etwa ausgeschiedene Hydroxyd durch Zusatz von Kaliumhydrogensulfat gelöst und die Lösung mit 6 g Kaliumhydrogensulfat im Überschuss versetzt werden. Die Elektrolyse wird in diesem Fall bei gewöhnlicher Temperatur mit einem Strom von 2,5 A und 3,5 bis 4,0 V bei bewegtem Elektrolyten und mit Doppelnetzelektroden ausgeführt. Die Abscheidungsdauer beträgt für je 0,2 g Cadmium nur ungefähr ¾ Stunden.

Zusätzliche Hinweise. Zu 1. Färbt sich bei der Elektrolyse der Elektrolyt bräunlich, so muss ein geringer Überschuss an verdünnter Schwefelsäure hinzugegeben werden (unter dem Abzug — HCN!). Nach Beendigung der Elektrolyse wird mit Schwefelwasserstoff auf Cadmiumfreiheit geprüft. Hierbei darf keine Gelbfärbung von kolloidalem

Cadmiumsulfid eintreten. Ein Nachteil dieser Methode ist die nicht zu vermeidende Gewichtsabnahme beider Elektroden.

Zu 2. Der Vorteil dieser Methode besteht darin, dass eine direkte Prüfung des Elektrolyten auf Cadmiumfreiheit zum Schluss der Elektrolyse und eine Prüfung der Elektroden auf Gewichtskonstanz möglich ist.

Bei geringen Cadmiummengen ist es zweckmässig, die Kathode vor der Elektrolyse mit Kupfer oder Cadmium zu überziehen.

Calcium-Bestimmung

Grundsätzliches. Zur Bestimmung von Calcium in calciumhaltigen Mg-Mn-Legierungen ist von A. Beerwald[226] eine spektralanalytische Methode ausgearbeitet worden, die sich bei der Untersuchung von Legierungen mit 0,05 bis 0,35% Ca-Gehalt bewährt hat.

Ausführung der Bestimmung. Zur Methodik der Spektralanalyse vergleiche den Abschnitt »Spektralanalytische Methoden« im Teil Aluminium bzw. angeführte umfangreiche Literatur. S. 243

Aus der Mg-Legierung wird ein 5mm-Rundstab mit kuppenförmiger Anfunkfläche gefertigt; als Gegenelektrode dient ein 3mm-Kupferrundstab gleichartiger Anfunkfläche. Der Elektrodenabstand soll 3 mm betragen.

Zur Anregung wird der Funkenerzeuger nach O. Feussner ohne Unterbrecher bei voller Kapazität, voller Selbstinduktion und Transformatorstufe 2 verwendet. Die Funkenstrecke wird mit ultraviolettem Licht bestrahlt.

Aufnahme mit dem Zeiss-Spektrograph »Qu24« mit Zwischenabbildung, aber ohne Zwischenblende, unter Verwendung des Dreistufenfilters mit 100%, 20% und 4% Durchlässigkeit. Belichtungszeit 45 s nach einer Vorfunkzeit von 2 min. Perutz-Silbereosinplatten, die mit Metholhydrochinon entwickelt werden. Linien Ca 4226,7 bei Filterstufe 20% und Cu 5105,5 bei Filterstufe 100% mit dem Zeiss-Spektrallinienphotometer vergleichen.

Nach Beerwald beträgt der mittlere Fehler aus 25 Aufnahmen ± 4%.

Zusätzliche Hinweise. Das Verfahren eignet sich nur für aluminiumfreie Legierungen, weil ein Aluminiumgehalt das Intensitätsverhältnis der Linien beeinflusst. Will man diesen Einfluss ausschalten, so ist eine Testlegierung mit einem entsprechenden Aluminiumgehalt anzuwenden.

Kupfer-Bestimmung

Grundsätzliches. Kupfer wird elektrolytisch aus schwefelsaurer Lösung abgeschieden.

Ausführung der Bestimmung. Bei Kupfergehalten über 1% wird das schwefelsaure Filtrat der Siliciumbestimmung mit 2 V Spannung elektrolysiert. Die Lösung soll auf 100 ccm ungefähr 10 ccm 10%ige freie Schwefelsäure enthalten. Ein höherer Gehalt an Schwefelsäure muss durch Abrauchen oder Neutralisieren entfernt werden. 0,25 g Kupfer scheiden sich bei Zimmertemperatur in 8 Stunden, bei 70—80° in 20—30 min (Schnellelektrolyse) ab. Bei der Fällung aus heisser Lösung hebere man, wenn man ohne Stromunterbrechung nicht auswaschen kann, den Elektrolyten sehr schnell ab, da Kupfer in Berührung mit Luft von warmer Schwefelsäure schnell angegriffen wird.

Zusätzliche Hinweise. Die Klemmenspannung soll bei ruhender Flüssigkeit höchstens 2 V betragen. Unter diesen Bedingungen erhält man eine gut kristalline festhaftende Kupferabscheidung.

Übersteigt die Spannung 2 V, so wird die Abscheidung infolge starker Wasserstoffentladung an der Kathode schwammig. Bei bewegtem Elektrolyten können Spannungen bis 3 V angewendet werden.

Kupfergehalte unter 0,1 % werden am besten kolorimetrisch, über 0,1% gravimetrisch, besser elektrolytisch bestimmt. S. 180, 215

Mangan-Bestimmung

Grundsätzliches. Bei Gehalten von mehr als 1% wird das Mangan als Mangan(II)-salz durch Titration mit Permanganat nach Volhard-Wolff bestimmt. Rascher und einfacher ist, die Manganbestimmung mit Natriumwismutat auszuführen (s. A II b).

Ausführung der Bestimmungen.

1. Nach Volhard-Wolff S. 128

1 g Metall wird in 20 ccm Salpetersäure (1 : 1) gelöst. Hierbei sind wegen eines evtl. Rückstandes die Vorsichtsmassregeln zu beachten, die im Abschnitt »Gravimetrische Methoden« unter Siliciumbestimmung angegeben sind. Nach Lösung der Probe fällt man das Mangan mit Ammoniak und Brom (s. unter Magnesium-Bestimmung im Teil AIb), filtriert, löst mit Salzsäure und überführt in einen 250ccm-Messkolben. Hieraus nimmt man eine Probe von 50 ccm und setzt unter ständigem Umschütteln in kleinen Portionen in Wasser aufgeschlämmtes Zinkoxyd hinzu, bis alles Eisen ausgefällt ist. Dies ist am Zusammenballen des Niederschlags zu erkennen. Ist die Lösung bräunlich gefärbt, so fügt man weiter Zinkoxyd hinzu, bis ein kleiner Überschuss an ungelöstem Zinkoxyd vorhanden ist. Man verdünnt auf 200 ccm, erhitzt zum Sieden und lässt bei völlig unbekanntem Mangangehalt je 2 ccm einer eingestellten

S. 335 S. 87

Permanganatlösung in Abständen zufliessen, bis nach dem Umschütteln eine deutliche Rosafärbung bestehen bleibt. Beispielsweise hat man hierzu 19 ccm verbraucht. Jetzt nimmt man eine zweite Probe, setzt auf einmal 17 ccm und dann langsam je 0,5 ccm hinzu, bis wieder die Rosafärbung nach dem Kochen bestehen bleibt. Den letzten Wert kontrolliert man noch einmal durch eine dritte Titration.

In vielen Fällen genügt auch ein vereinfachtes Lösen wie folgt: Man löst 1 g Späne in 10 ccm Schwefelsäure (1 : 1), wobei man zum Schluss einige Zeit zum Sieden erhitzt. Ein geringer Rückstand (meistens Kupfer) stört nicht, man kann direkt davon abfiltrieren. Im Filtrat oxydiert man das Eisen mit etwas Salpetersäure, stumpft die überschüssige Säure mit Natriumkarbonat ab und neutralisiert mit Zinkoxyd. Im übrigen verfährt man weiter wie angegeben.

2. Mit Natriumwismutat [230]

1 g Metall wird in 20 ccm Salpetersäure (1 : 1) gelöst, wie bei der Siliciumbestimmung im vorhergehenden Ab-
S. 335 schnitt angegeben. Nach dem Lösen dampft man vorsichtig bis zur beginnenden Kristallisation ein, lässt erkalten, spritzt Deckglas und Wände mit dest. Wasser ab und versetzt mit 30 ccm Salpetersäure (1 : 1). Nun kann man direkt mit Natriumwismutat oxydieren; Näheres siehe
S. 126, 188 im Teil A II b bzw. III b.

Zusätzliche Hinweise. Gehalte unter 0,1% werden kolorimetrisch bestimmt. Mit den Reagenzien muss ein Blindversuch durchgeführt werden. Der dabei gefundene Wert muss als Korrektur berücksichtigt werden. — Bei
S. 359 der Bestimmung nach 1 wird etwa vorhandenes Cer mittitriert.

Bestimmung von Nitriden [B6]

Grundsätzliches. Die Nitride werden zu Ammoniak reduziert, dieser wird mit Natronlauge in eine Schwefelsäurevorlage übergetrieben und der Gehalt an Ammoniak durch Rücktitration der Schwefelsäure ermittelt.

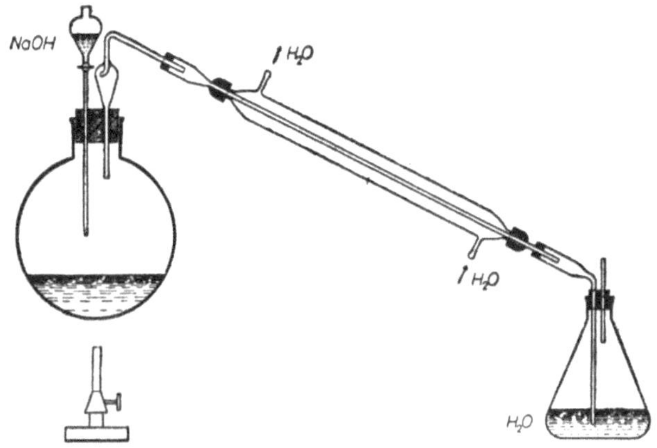

Abb. 25. Apparatur für die Bestimmung von Nitriden

Apparatur. Ein 3 l-Rundkolben wird mit einem doppelt durchbohrten Stopfen verschlossen. Durch die eine Bohrung führt ein Tropftrichter, durch die andere ein gebogenes Glasrohr, das mit einem Destillationshelm versehen ist und in einen Kühler mündet. Vom Kühler leitet ein Vorstoss die frei werdenden Gase in eine Vorlage.

Ausführung der Bestimmung. Zur Nitridbestimmung werden 20 g Metall in einem 3 l-Kolben (Abb. 25) in 300 ccm 25%iger Schwefelsäure gelöst; zur Vorsicht wird die Vorlage noch mit verdünnter Schwefelsäure beschickt. Nach vollständigem Lösen werden Tropftrichter, Liebigkühler, Schlauch und Vorlage ausgespült, die Flüssigkeit spült man in den Kolben zurück. An Stelle der Vorlage wird ein 500ccm-Erlenmeyerkolben gesetzt, der mit 25 ccm $^1/_{10}$n-Schwefelsäure beschickt ist und mit kaltem Wasser gekühlt wird. Die Lösung wird stark verdünnt und zum Kochen erhitzt. Aus dem Tropftrichter lässt man vorsichtig Natronlauge (1 : 3) zufliessen, bis die Lösung alkalisch reagiert. Nach ½-stündigem Kochen titriert man die in dem Erlenmeyerkolben enthaltene Lösung unter Verwendung von Methylrot oder Jodeosin als Indikator mit $^1/_{10}$n-Lauge.

Zink-Bestimmung

Grundsätzliches. Zink wird in schwefelsaurer Lösung mit Kaliumcyanoferrat(II) unter Verwendung von Ammoniummolybdat als Indikator titriert. Die Methode stammt von Galetti[B6].

Titerstellung der Cyanoferrat(II)-lösung. Ca. 25 g chemisch reines Kaliumcyanoferrat(II) werden mit 7 g Natriumsulfat in 1 l Wasser gelöst (1 ccm entspricht ungefähr 0,005 g Zink). Zur genauen Titereinstellung werden 6,2237 g frisch geglühtes Zinkoxyd in 60 ccm heisser 30%iger Essigsäure gelöst und kalt auf 1 l verdünnt (1 ccm Lösung entspricht 0,005 g Zink). 10 oder 20 ccm Zinkacetatlösung werden auf ungefähr 100 ccm verdünnt und 4 ccm konz. Schwefelsäure hinzugegeben. Diese Lösung wird mit Kaliumcyanoferrat(II) wie im folgenden beschrieben titriert und so der genaue Titer der Kaliumcyanoferrat(II)-lösung bestimmt.

Ausführung der Bestimmung. 2 g Metall werden mit 100 ccm Wasser übergossen und unter tropfenweiser Zugabe von 10 ccm konz. Schwefelsäure gelöst. Das sich ausscheidende Kupfer und ein geringer Mangangehalt stören den Gang der Analyse nicht. Da im allgemeinen der ungefähre Zinkgehalt der zu untersuchenden Legierung bekannt ist, gibt man zu der Lösung unter Umrühren in der Kälte soviel Kaliumcyanoferrat(II)-lösung hinzu, bis fast alles Zink ausgefällt ist. Nach 10 min wird die Lösung auf einer weissen Porzellanplatte mit 1%iger Ammoniummolybdatlösung getüpfelt und nacheinander je 0,5 ccm Kaliumcyanoferrat(II)-lösung solange zugegeben, bis nach jeweils 10 min die Farbe des Indikators nach rotbraun umschlägt und das Ende der Titration anzeigt. Wenn die Bedingungen genau eingehalten werden, bekommt man Werte, die mit den aus Zinksulfid nach der gravimetrischen Methode gefundenen gut übereinstimmen.

Zusätzliche Hinweise. Verwendet man zur Auflösung der Späne statt Schwefelsäure Salzsäure, so gehen grössere Mengen von Kupfer in Lösung und stören den Umschlagspunkt bei der Tüpfelprobe.

D. Schmelzmittel, Roh- und Hilfsstoffe

Vorbemerkungen

Dieser Teil behandelt die analytische Untersuchung einiger Schmelzmittel, Roh- und Hilfsstoffe, die der Leichtmetallanalytiker hie und da mituntersuchen muss. Im Rahmen des vorliegenden Buches kann an dieser Stelle nur das Wichtigste berücksichtigt werden und zwar im allgemeinen nur in der Form technischer Kurzmethoden.

Aluminatlauge

zur Absorption von fluorhaltigen Gasen*)

(Untersuchung auf Gehalt an Tonerde)

Grundsätzliches. Die Aluminatlauge wird durch Zusatz von Salzsäure in eine Aluminiumchloridlösung umgewandelt. In dieser wird der Tonerdegehalt durch Ermittlung der an Aluminium gebundenen Säure bestimmt, die man als Differenz aus der Titration der freien Säure und der Gesamtsäure erhält. Die freie Säure wird mit Natronlauge titriert, nachdem das Aluminium durch Zugabe von Natriumoxalat getarnt ist. Zur Bestimmung der Gesamtsäure wird das Aluminium als Aluminiumoxychinolat ausgefällt, dann wird gleichfalls mit Natronlauge titriert.

Ausführung der Bestimmung. Man versetzt ein bestimmtes Volumen der Aluminatlauge, das etwa 0,2 g Al_2O_3 enthält, im 500ccm-Messkolben mit konz. Salzsäure, bis das primär gefällte Aluminiumhydroxyd wieder gelöst ist, und

---

*) Bearbeitet von Elfriede Knobbe, Oslo.

kocht 15 min lang zur Vertreibung der Kohlensäure. Die Lösung wird abgekühlt und bis zur Marke aufgefüllt. Man pipettiert je 50 ccm in zwei 300ccm-Erlenmeyerkolben.

Indikatorlösung I: 2,5 g Phenolrot werden in 250 ccm Methanol gelöst und mit Wasser auf 2 l aufgefüllt.

Indikatorlösung II: 160 g Natriumoxalat werden in 5 l Wasser gelöst und mit 0,25 g Phenolrot, die in 25 ccm Methanol gelöst sind, versetzt.

Oxinlösung: 50 g o-Oxychinolin werden in 1000 ccm Methanol gelöst.

Freie Säure: Die Probe 1 wird mit 30 ccm Indikatorlösung II versetzt und mit $^1/_5$-Natronlauge bis zum Umschlag von gelb nach rot titriert.

Gesamtsäure: Die Probe 2 wird mit 10 ccm Oxinlösung versetzt. Nach Zugabe der vermutlich nötigen Menge $^1/_5$n-Natronlauge setzt man 30 ccm Indikatorlösung I hinzu und titriert weiter bis zum Umschlag von gelb nach weinrot.

Gebundene Säure: Die Differenz beider Titrationen ergibt die an Aluminium gebundene Säure. Sie wird mit dem Faktor 0,00340 multipliziert, durch die angewandte Aluminatlaugemenge dividiert und auf 1 l berechnet. Man erhält g Al_2O_3/l.

Zusätzliche Hinweise. Die Methode eignet sich für reine Aluminatlaugen. Ein Chromatgehalt beeinflusst die Genauigkeit nicht. Titriert werden Flüssigkeitsmengen entsprechend je etwa 0,02 g Al_2O_3. Die Genauigkeit beträgt $\pm$ 3% des gefundenen Wertes.

(Kieselsäure-Bestimmung)

Grundsätzliches. Die Lauge wird mit Salzsäure angesäuert, mit Kaliumpermanganat oxydiert, zur Bildung des gelben Silikomolybdänsäurekomplexes mit Ammoniummolybdat versetzt und gegen eine Standardlösung von Pikrinsäure kolorimetriert.

Ausführung der Bestimmung. Nach Ermittlung des Tonerde- und Sodagehaltes der Lauge pipettiert man eine etwa 0,3—0,5 mg SiO_2 enthaltende Laugenmenge (etwa 50 ccm) in ein 400ccm-Becherglas, erwärmt auf 60°, setzt 5—10 Tropfen $^1/_{10}$n-Kaliumpermanganatlösung hinzu, versetzt mit der zur Neutralisation notwendigen Menge 6n-Salzsäure und 10 ccm im Überschuss, rührt mit einem Hartgummistab und erhitzt die Lösung bis zum Klarwerden. Dann kocht man kurz auf, kühlt ab, füllt auf einen 250ccm-Messkolben und pipettiert 25 ccm ab. Diese werden auf 60° erwärmt, mit $^1/_{10}$n-Kaliumpermanganatlösung bis zur Rosafärbung versetzt, mit $^1/_{10}$n-Natriumoxalatlösung entfärbt und mit 1,25 ccm 10%iger Ammoniummolybdatlösung versetzt. Nach 10 min kolorimetriert man die gelbe Lösung gegen die Pikrinsäurelösung (Näheres s. Teil A III). S. 167

Aluminiumfluorid, Flussspat und Kryolith [234, 237, 239]

(Fluorbestimmung)

Grundsätzliches. Die Bestimmung des Fluors beruht nach der Methode von Stark-Hawley[B6] auf einem Schmelzaufschluss mit einem Gemisch von Natriumkaliumkarbonat und Kieselsäure unter bestimmten Bedingungen und in der Fällung des nunmehr in Wasser löslichen Fluor-Ions als Bleichlorofluorid. Dieses wird in Salpetersäure gelöst, das Chlor-Ion mit Silbernitratlösung titriert und auf Fluor umgerechnet.

Ausführung der Bestimmung. 0,5 g Substanz werden mit 5 g Kalium-Natriumkarbonat und 1,25 g Quarz innig vermischt und im bedeckten Platintiegel über einem guten Bunsen- oder Teklubrenner aufgeschlossen. Zunächst lässt man die Masse am Rande zusammensintern, dann bringt man sie von aussen nach innen zum Schmelzen; auch bei stärkerer Flamme darf nicht über 700° erhitzt werden. Der Aufschluss ist beendet, wenn die Schmelze ruhig fliesst. Die Schmelze wird abgeschreckt und in ein Jenaer 500ccm-Becherglas überführt, auf einem Wasserbad gelöst und dabei mit einem abgeplatteten Glasstab zerteilt. Nach vollständigem Zerfall der Schmelze, was nach etwa 2—3 Stunden der Fall ist, wird der gesamte Inhalt des Bechers in einen 500ccm-Messkolben gebracht und dieser bis zur Marke aufgefüllt. Zur weiteren Bestimmung giesst man durch ein Faltenfilter aliquote Teile dieser Lösung ab. Zu einem solchen Teil der Fluorlösung (mit 10—130 mg Fluor), der sich in einem weithalsigen 750ccm-Erlenmeyerkolben befindet, gibt man 10 Tropfen Methylorange und verdünnt die Lösung auf 200 ccm. Bei Aufschlusslösungen titriert man mit n-Salzsäure auf deutlich rot und gibt noch 0,5 ccm n-Salzsäure im Überschuss hinzu. Neutrale Fluorlösungen versetzt man mit 1,7 g Natriumhydroxyd, titriert auf deutlich rot und gibt wieder 0,5 ccm n-Salzsäure im Überschuss hinzu. Die saure Lösung soll bei nachfolgender Fällung mit Bleichloridlösung die Bildung von Oxyverbindungen verhindern. Dann wird sowohl die Fällungslösung als auch das Fällungsmittel (250 ccm kaltgesättigte $PbCl_2$-Lösung) auf 55° erwärmt, damit ein grosskristallines Bleichlorofluorid erhalten wird.

Die warme Bleichloridlösung wird in einen Tropftrichter eingefüllt, dessen Auslauf zu einer Spitze ausgezogen ist. Man lässt die Fällungslösung in einem sehr dünnen Strahl unter lebhaftem Schwenken des Erlenmeyerkolbens in die Analysenlösung laufen. Der grobkristalline Niederschlag setzt sich sehr schnell zu Boden. Der Indikator zeigt eine Vertiefung der roten Farbe, die auf eine Erhöhung der Wasserstoffionenkonzentration gemäss $2\,PbCl^+ + (HF_2)^- \rightarrow 2\,PbClF + H^+$ hinweist[232/237]. Da das gebildete Bleichlorofluorid in dem ziemlich sauren Medium löslich ist, muss man mit $^1/_5$n-Natronlauge die tiefrote Lösung zurücktitrieren, bis e b e n die gelbe Farbe (p_H 4,5—4,7) auftritt. Das Zurücktitrieren mit Natronlauge darf nur tropfenweise und unter lebhaftem Schwenken des Kolbens geschehen, damit auf keinen Fall durch unvorsichtiges Zurücktitrieren Bleioxychlorid entsteht. Wird die warme Lösung nach einigem Stehen wieder orangerot, so muss vorsichtig mit einigen Tropfen $^1/_5$n-Natronlauge wieder bis knapp an die gelbe Farbe titriert werden. Die Titration mit Natronlauge ist richtig ausgeführt, wenn sich bei Beendigung der Titration der Niederschlag sehr schnell absetzt und die überstehende Lösung vollkommen klar wird.

Man lässt das Bleichlorofluorid über Nacht stehen, wobei sich die Lösung u. U. wieder orange färbt, was aber vernachlässigt werden kann. Nun filtriert man in einen Goochtiegel, in dem sich 2 Scheibchen Filtrierpapier befinden, lässt die Lösung sehr sorgfältig ablaufen, damit nicht beim nachfolgenden Waschen mit Waschwasser, das gegenüber Bleichlorofluorid gesättigt ist *), eine zusätzliche Fällung durch das an den Kristallen haftende Bleichlorid entsteht. Nachdem man auch den Kolben mit Bleichlorofluoridwaschwasser ausgespült hat, wird durch Blasen auf den Boden des umgekehrten Goochtiegels, der sich dabei im Hals des Fällungskolbens befindet, ferner durch Abspritzen mit reinem Wasser und nachfolgendem Abspülen mit Salpetersäure (1 : 1) das Bleichlorofluorid samt Filter leicht quantitativ aus dem Tiegel entfernt. Man löst den Niederschlag durch Zugabe von 20 ccm Salpetersäure (1 : 1) evtl. durch schwaches Erwärmen, überführt die Lösung in einen Messkolben, fällt mit $^1/_{10}$n-Silbernitratlösung das Chlor-Ion, füllt bis zur Marke auf, titriert einen aliquoten Teil der filtrierten Lösung mit $^1/_{10}$n-Ammoniumrhodanidlösung zurück und rechnet auf Fluor um.

Berechnung: Werden beispielsweise 30 ccm $^1/_{10}$n-Sil-

*) Zur Herstellung des Waschwassers löst man 0,22 g Natriumfluorid und 2 g Natriumkaliumkarbonat in 100 ccm Wasser. Aus dieser Lösung wird Bleichlorofluorid wie vorgeschrieben ausgefällt, jedoch ohne mit Natronlauge zurückzutitrieren. Man lässt über Nacht stehen und filtriert. Das auf diese Weise erhaltene Bleichlorofluorid bringt man in einen 1l-Kolben, schüttelt mehrere Stunden lang gut durch und filtriert.

bernitratlösung vorgelegt und 2,5 ccm $^1/_{10}$n-Rhodanidlösung bis zum Umschlag verbraucht, alles berechnet auf die Ausgangslösung, so entspricht dies:

$$27{,}5 \cdot 0{,}0019 = 0{,}05225 \text{ g F.}$$

Kryolith, Aluminiumfluorid [B9] und Badschmelzen.

(Aluminium-Bestimmung)

Man schliesst 1 g Kryolith bzw. Aluminiumfluorid mit 40 g Kaliumhydrogensulfat auf, löst die Schmelze mit Wasser, füllt auf 500 ccm auf und fällt aus 200 ccm dieser Lösung mit Ammoniak das Aluminium zusammen mit Eisen aus. Die Fällung wird wiederholt, der Niederschlag scharf geglüht (1200°) und gewogen. Vom Gewicht ist der in einer besonderen Probe der Lösung bestimmte Gehalt an Eisenoxyd abzusetzen.

(Fluor-Bestimmung)[240]

Von der feingeriebenen Probe werden 0,2 g mit 1 g Soda geschmolzen, in etwa 30 ccm Wasser gelöst und in einen 125ccm-Kolben überführt. Jetzt setzt man 15 ccm 70%ige Perchlorsäure hinzu. Aus dieser Lösung werden bei 135° durch Einleiten von überhitztem Dampf etwa 23 ccm überdestilliert. Vom Destillat, das auf 250 ccm aufgefüllt ist, nimmt man 50 ccm, entsprechend 0,04 g der Einwaage, versetzt diese mit 10 Tropfen einer Lösung von alizarinsulfosaurem Natrium und gibt erst einen kleinen Überschuss an ½n-Natronlauge hinzu, lässt etwa 2 min stehen und stellt dann mit $^1/_5$n-Salzsäure auf schwach sauer ein; man fügt 2 ccm Monochloressigsäure-Pufferlösung*) hinzu

*) Die Pufferlösung wird durch Auflösen von 9,5 g Monochloressigsäure und 2 g Natriumhydroxyd in 100 ccm dest. Wasser hergestellt.

und titriert mit $^1/_{10}$n-Thoriumnitratlösung, die gegen eine Lösung mit bekanntem Fluorgehalt eingestellt ist.

1 ccm Thoriumnitratlösung entspricht 0,0019 g F.

(Kieselsäure-Bestimmung)

In einem Platintiegel schmilzt man 0,05 g der Probe mit Soda-Borax (1 : 1) und hält die klare Schmelze 3 bis 4 min im Fluss, kühlt ab, löst im Platintiegel mit Wasser und überführt die Lösung in einen 100ccm-Messkolben. In dieser Lösung wird die Kieselsäure kolorimetrisch mit Ammoniummolybdat wie in der Aluminatlauge bestimmt. S. 367

(Natrium-Bestimmung)[B9]

Man raucht in einer Platinschale 1 g der Substanz mit Schwefelsäure bis zur trockne ab, wiederholt das Abrauchen, nimmt dann mit Wasser und möglichst wenig Schwefelsäure auf und spült das Ganze in einen 500ccm-Messkolben über. Zur Fällung des Eisens und des Aluminiums versetzt man die Lösung mit Ammoniak und fügt noch 10 ccm Ammoniumkarbonatlösung (1 : 9) hinzu, um auch etwa vorhandenes Calcium mit abzuscheiden. Nun füllt man auf 500 ccm auf, filtriert 250 ccm ab und dampft diese Lösung in einer Platinschale ein. Nach dem Eindampfen verjagt man die Ammoniumsalze durch Erhitzen, glüht den Rückstand auf dem Gebläse, löst ihn mit einigen Tropfen Schwefelsäure und Wasser wieder auf und wiederholt die Fällung mit Ammoniak und einigen Tropfen Ammoniumkarbonatlösung. Nach dem Abfiltrieren dampft man in einer gewogenen Platinschale wiederum ein und wägt, nachdem die Ammoniumsalze verjagt sind, den Rückstand nach dem Glühen. Diese Operation muss nötigenfalls mehrfach wiederholt werden. Das so gefundene Natriumsulfat wird auf Natrium umgerechnet.

Flussspat [B6]

Grundsätzliches. Hier handelt es sich um die Untersuchung von hochreinem Flussspat. Er darf nur wenig Kieselsäure enthalten. Zu bestimmen ist Kieselsäure, Eisen, Tonerde, Calcium, Fluor und geringe Mengen von Schwerspat.

Die Fluorbestimmung ist vorher beschrieben.

(Kieselsäure-Bestimmung)

1 g des feinstgepulverten und bei 105° getrockneten Materials wird in einem Platintiegel mit reinster, vollkommen rückstandsfreier Flussäure übergossen, die Flusssäure auf dem Wasserbade abgeraucht, der Flussäurezusatz wiederholt und nochmals abgeraucht. Dann erhitzt man zunächst mit kleiner Flamme und glüht schliesslich noch etwa 5 min lang. In gleicher Weise glüht man 1 g des Materials in einem zweiten Platintiegel ohne Flussäure. Aus der Gewichtsdifferenz berechnet man die Kieselsäure. Sollte beim Glühen ohne Flussäurezusatz gleichfalls eine Gewichtsabnahme stattfinden, so muss man diese bei der Berechnung der Kieselsäure berücksichtigen.

(Bestimmung von Eisen und Tonerde, Calcium- und Bariumsulfat)

1 g des feinstgepulverten Materials wird in einer geräumigen Platinschale nach Anfeuchten mit Wasser mit etwa 5 ccm reinster Flussäure und 3 ccm konz. Schwefelsäure übergossen. Dann dampft man zunächst auf dem Wasserbade ein, bis alle Flussäure vertrieben ist, und raucht darauf die Schwefelsäure vorsichtig ab. Die Schwefelsäure muss vollkommen entfernt sein. Nach dem Erkalten übergiesst man den aus Gips bestehenden Rückstand mit 20 ccm Salzsäure (1 : 1) und verdünnt mit siedend heissem Wasser, bis die Schale vollkommen ge-

füllt ist. Darauf erhitzt man auf dem Wasserbad, indem man den Rückstand von Zeit zu Zeit mit einem abgeplatteten Glasstab zerdrückt. Nach einiger Zeit löst sich der Gips vollkommen. Sollte die Lösung nur langsam vor sich gehen, so giesst man die überstehende klare Flüssigkeit durch ein quantitatives Filter und übergiesst den Rückstand von neuem mit heissem Wasser, dem man etwas verdünnte Salzsäure zusetzt. Schliesslich gibt man den ganzen Rest auf das Filter und wäscht reichlich mit siedendheissem Wasser aus. Das Filter wird verascht. Zeigt sich jetzt, dass ein unlöslicher Rückstand geblieben ist, so muss dieser genau untersucht werden. Er kann aus Bariumsulfat, aber auch aus Quarz bestehen. Aus diesem Grunde raucht man noch ein- oder zweimal mit Flussäure ab. Bleibt jetzt ein Rückstand, so ist es Bariumsulfat, das man nach Aufschliessen mit Kaliumnatriumkarbonat identifizieren kann.

Das Filtrat wird bei Siedehitze mit Ammoniak in geringem Überschuss versetzt. Dabei fallen Eisenoxyd- und Tonerdehydrat aus. Man filtriert und fängt das Filtrat in einem 1000ccm-Kolben auf. Zweckmässig löst man den Niederschlag auf dem Filter in heisser, verdünnter Salzsäure auf und wiederholt die Ammoniakfällung.

Das zweite Filtrat lässt man zu dem ersten laufen. Der aus Eisenoxyd- und Tonerdehydrat bestehende Niederschlag wird in bekannter Weise verascht.

Zur Bestimmung des Calciums wird ein aliquoter Teil des Filtrates in bekannter Weise mit Ammoniumoxalat gefällt. Den aus Calciumoxalat bestehenden Niederschlag kann man nun entweder durch Glühen in Calciumoxyd überführen oder mit $^{1}/_{10}$n-Permanganatlösung titrieren. S. 115

Handelt es sich um eine rasche Calciumbestimmung, so braucht man Eisenoxyd- und Tonerdehydrat nicht zu fällen. Man füllt vielmehr, nachdem man den Gips in Lösung gebracht hat, zu einem Liter auf, fällt in einem aliquoten Teil, etwa 250 ccm, das Calcium mit Ammoniak und Ammoniumoxalat ohne Rücksicht auf Eisen und Tonerde und titriert das Calciumoxalat, indem man es mitsamt dem Filter in das zur Calciumoxalatfällung benutzte Becherglas gibt, mit heissem Wasser und 20%iger Schwefelsäure übergiesst, auf etwa 70° erwärmt und eingestellte Permanganatlösung bis zur Entfärbung zugibt.

Beryll [B9]

(Beryllium-Bestimmung)

Grundsätzliches. Die Gesamtanalyse des Berylls kommt für den Metallanalytiker selten in Frage; dagegen ist eine schnelle Orientierung über den Berylliumgehalt im Erz schon häufiger von Interesse. Die folgende, vom Chemiker-Fachausschuss angegebene Methode hat sich gut bewährt und gibt befriedigende Resultate.

Ausführung der Bestimmung. 1 g des feingepulverten Berylls wird in der Platinschale mit 6 g Kaliumhydrogenfluorid (auf Blei prüfen!) geschmolzen. Ein Bunsenbrenner und eine Schmelzdauer von wenigen Minuten genügen, um einen völlig wasserklaren Fluss zu erzielen. Durch Schwenken der Schale verteilt man die Schmelze während des Erstarrens möglichst gleichmässig über den Schalenboden, übergiesst dann mit konz. Schwefelsäure und erhitzt langsam auf dem Sandbad. Dabei tritt eine ruhige und gleichmässige Gasentwicklung ein, sämtliche Kieselsäure verflüchtigt sich mit dem überschüssigen Fluor, und es verbleibt ein fluor- und kieselsäurefreies Gemisch der Sulfate. Man nimmt mit Wasser auf, setzt einige Tropfen Wasserstoffperoxyd hinzu und erwärmt längere Zeit, da sich die wasserfreien Sulfate nur langsam lösen. In der klaren Lösung stumpft man die überschüssige Säure mit Ammoniak ab, setzt 5 g Ammoniumchlorid hinzu und fällt in der Siedehitze mit Ammoniak die Hydroxyde von Eisen, Aluminium und Beryllium. Diese werden abfiltriert, ausgewaschen und in möglichst wenig Salzsäure gelöst. In diesem Filtrat wird das Beryllium nach der unter B b 1 gegebenen Vorschrift von Eisen und Aluminium getrennt. S. 316

Magnesiumchlorid

Grundsätzliches. Hier interessiert das wasserfreie Magnesiumchlorid. Sein Chlorgehalt wird nach Volhard bestimmt.

Ausführung der Bestimmung. In einem Kolben werden 0,5 g des Salzes in Wasser gelöst und auf 500 ccm aufgefüllt. 50 ccm dieser Lösung werden mit Salpetersäure (1 : 1) angesäuert und mit 20—25 ccm $^1/_{10}$n-Silbernitratlösung versetzt. Der Überschuss des Silbernitrates wird nach Zusatz von 5 ccm Eisen(III)-Ammoniumsulfatlösung als Indikator mit $^1/_{10}$n-Ammoniumrhodanidlösung zurücktitriert.

Tonerde [B 6]

Grundsätzliches. Die Gehalte an Kieselsäure und Eisenoxyd sind bei einer guten Tonerde meist so niedrig, dass man am zweckmässigsten mit kolorimetrischen Verfahren arbeitet; auf die Reinheit der Reagenzien ist besonders zu achten, insbesondere auf die der Aufschlussmittel Soda-Borax und Natriumhydrogensulfat.

(Kieselsäure-Bestimmung)

Ausführung der Bestimmung. Im folgenden werden das kolorimetrische und das gewichtsanalytische Verfahren angeführt. Das letzte wurde früher allgemein angewandt, ist jedoch wegen der grossen Einwaage infolge des geringen Kieselsäuregehalts und wegen der dafür erforderlichen grossen Mengen an Aufschlussmitteln wenig zu empfehlen.

a) kolorimetrisch: 1,25 g Tonerde werden mit 2,6 g wasserfreier Soda und 2,5 g Borax (Borax gebrannt) innig gemischt und im bedeckten Platintiegel zum Schmelzen gebracht. Um ein zu starkes Aufblähen der Mischung und damit Verluste zu vermeiden, erhitzt man zweckmässig zunächst eine Seite des Tiegelrandes unter allmählicher Steigerung der Temperatur. Wenn die Mischung geschmolzen ist, wird stärker erhitzt, bis die Schmelze klar und blasenfrei ist. Dauer etwa 20 min. Unter Umschwenken des Tiegels wird nunmehr die Schmelze an der Tiegelwand verteilt und dadurch schwach abgekühlt. Dann schreckt man den Tiegel in kaltem Wasser ab, wobei die Schmelze glasartig erstarrt. Sie wird in heissem Wasser unmittelbar im Tiegel gelöst und die Lösung in ein 250ccm-Becherglas übergespült. Um die letzten Reste der Schmelze zu lösen, füllt man den Tiegel mit 3n-Salzsäure und erwärmt einige Zeit. Die Lösung des Aufschlusses wird darauf angesäuert, wozu im ganzen 50 ccm 3n-Salzsäure verwendet werden sollen. Dann ist bei Einhaltung der angegebenen Verhältnisse die Endlösung $^1/_{10}$n-salzsauer. Nun werden etwa 10 Tropfen 3%iges Wasserstoffperoxyd hinzugegeben, worauf man einige Zeit kocht, um den Überschuss des Peroxydes zu beseitigen. Dann spült man in einen 250ccm-Kolben über und füllt nach dem Erkalten auf. Je nach dem Gehalt an Kieselsäure werden nun 50, 40 oder 20 ccm dieser Lösung in einen 100ccm-Nesslerzylinder gebracht, mit 2,5 ccm 10%iger Ammoniummolybdatlösung versetzt, bis zur Marke verdünnt und gut umgeschüttelt. Nach 10 min wird mit Lösungen in gleich grossen Nesslergläsern verglichen, die mit verschiedenen, aber genau gemessenen Mengen einer Pikrinsäurelösung angefärbt sind und deren Färbung einer bestimmten Menge Kieselsäure entspricht.
S. 167 (Näheres s. Teil A III).

b) *gewichtsanalytisch*: 5 g Tonerde werden in einer starkwandigen Platinschale von 10 cm Ø mit 80 g Natriumhydrogensulfat aufgeschlossen. Dabei steigert man die Hitze allmählich mit einem Gebläse, bis eine klare goldgelbe Schmelze entstanden ist.

Nach dem Erkalten bringt man sie in eine flache Porzellanschale von etwa 15 cm Ø und löst mit heissem Wasser auf, wobei man 50 ccm Schwefelsäure (1 : 1) hinzugibt. Ist alles gelöst, wird bis zum starken Rauchen der Schwefelsäure eingedampft. Nach dem Erkalten wird der Schaleninhalt mit heissem Wasser aufgenommen und die Lösung von der abgeschiedenen Kieselsäure durch Filtrieren befreit. Diese wird nach dem Veraschen geglüht und gewogen. Durch Abrauchen mit Flussäure und einigen Tropfen konz. Schwefelsäure ist sie auf Reinheit zu prüfen.

(*Eisen-Bestimmung*)

Hierfür werden 50 ccm der Aufschlusslösung in einem 100ccm-Messkolben mit 5 ccm 50%iger Kaliumrhodanidlösung versetzt, auf 100 ccm aufgefüllt und in einem Eintauchkolorimeter mit einer Lösung verglichen, die 50 ccm der Lösung eines Aufschlusses ohne Tonerde, 3 Tropfen 30%iger Wasserstoffperoxydlösung, 5 ccm Kaliumrhodanidlösung und so viel einer eingestellten Eisenlösung enthält, dass ihre Färbung annähernd gleich der der Analysenlösung ist.

Für die Eisenstammlösung werden 0,100 g Fe_2O_3 nach Brandt mit Salzsäure gelöst und zu 1 l aufgefüllt.

Bei sehr genauen Analysen ist das Ausschütteln mit S. 148 Alkohol-Äther zu empfehlen.

(*Glühverlust*) Zu seiner Ermittlung werden 2 g der kalz. Tonerde in einem gewogenen Platintiegel mit Deckel im elektrisch beheizten Ofen 1 Stunde lang bei etwa 1200° geglüht. Den bedeckten Tiegel lässt man im Exsikkator ½ Stunde lang abkühlen und wägt ihn dann.

(Alkalien-Bestimmung)[76]

(sogen. Allianzmethode)

10 g einer durch ein 10 000-Maschensieb getriebenen Tonerde werden in einer Porzellanschale mit 30 ccm konz. Salpetersäure übergossen; dann wird auf dem Luftbad vorsichtig bis zur trockne eingedampft und kurze Zeit auf einem Brenner nachgeglüht, um die Salpetersäure vollständig auszutreiben. Man zerreibt den trockenen Rückstand mit einem Pistill, nimmt mit 100 ccm heissem Wasser auf, fügt 10 ccm konz. Ammoniak und 15 ccm einer 10%igen Ammoniumkarbonatlösung hinzu und kocht etwa 15 min. Die Lösung muss dann noch deutlich ammoniakalisch sein. Nun wird filtriert und mit heissem Wasser gut ausgewaschen. Filtrat und Waschwasser werden eingeengt, in eine gewogene Platinschale gespült und mit 2 ccm Schwefelsäure (1 : 1) versetzt. Man dampft zur trockne ein, verjagt die Ammoniumsalze und erhitzt den Rückstand bis zur Rotglut. Er wird als Natriumsulfat ausgewogen und auf Natriumoxyd oder Natriumkarbonat umgerechnet. Um das Ergebnis nachzuprüfen, löst man das bereits gewogene Natriumsulfat mit 15 bis 20 ccm heissem Wasser, versetzt es mit wenigen Kubikzentimetern Ammoniak und Ammoniumkarbonat, filtriert wieder, engt ein, glüht und wägt nochmals. Wenn das zuletzt festgestellte Gewicht niedriger ist als das erste, so war die Fällung das erste Mal nicht ganz frei von Tonerde.

Umrechnungsfaktor auf Na_2O : 0,44, auf Na_2CO_3 : 0,75.

(Calcium-Bestimmung)

Zu seiner Bestimmung verwendet man die Reste der Aufschlusslösungen der kolorimetrischen Silicium- und Eisenbestimmung, und zwar von mehreren Aufschlüssen, so dass man schliesslich über eine Menge verfügt, die einer Einwaage von 5,0 g Tonerde entspricht. Man engt die

Lösung auf 300 bis 400 ccm ein, macht mit Natronlauge alkalisch und gibt hierbei zur sicheren Fällung des Calciums eine kleine Menge festes Natriumoxalat (0,1 g) hinzu. Nach kurzer Zeit kocht man auf und lässt mehrere Stunden absitzen. Dann wird abfiltriert und der Niederschlag, der neben Eisenhydroxyd das gesamte Calcium und Titan enthält, in wenig verdünnter Salpetersäure gelöst, damit etwa vorhandene Oxalsäure zerstört wird. Die saure Lösung versetzt man in Gegenwart von Ammoniumsalzen nach dem Verdünnen auf etwa 200 ccm mit kohlensäurefreiem Ammoniak und fällt Eisen und Titan als Hydroxyde aus. Im Filtrat wird Calcium mit Ammoniumoxalat gefällt und als Oxalat bestimmt, das man dann auf S. 25 Calciumoxyd umrechnet.

(Titan-Bestimmung)

Man löst den bei der Bestimmung des Calciumoxydes S. 169 anfallenden Eisen-Titanniederschlag in Schwefelsäure und bestimmt Titan kolorimetrisch.

Koks und Pech

1) Untersuchung von Elektrodenkoks[B4a]

G r u n d s ä t z l i c h e s. Zur schnellen Orientierung über die Beschaffenheit eines Kokses ist nur die Bestimmung des anhaftenden Wassers, des Aschegehaltes und der flüchtigen Bestandteile erforderlich. Ausserdem ist in vielen Fällen noch die elektrische Leitfähigkeit zu bestimmen. Es werden hier nur t e c h n i s c h e K u r z m e t h o d e n beschrieben.

Bestimmung des Wassergehaltes

(Hygroskopische Feuchtigkeit)

Etwa 1 g einer lufttrockenen Probe von unter 2 mm Körnung wird in einem ausgewogenen offenen Wägegläschen im elektrisch beheizten Trockenschrank bei 105° bis zur Gewichtskonstanz getrocknet. Nach dem Erkalten im Exsikkator wird zurückgewogen.

Nach einer anderen Vorschrift wird über eine gemahlene Durchschnittsprobe von 1 g eine Stunde lang in geschlossener Apparatur bei 105° ein trockener Luftstrom geleitet und hernach der Gewichtsverlust ermittelt.

Bestimmung des Aschegehaltes

1 g einer lufttrockenen Probe von unter 0,2 mm Körnung wird in einer Porzellan- oder Quarzschale im elektrischen Muffelofen bei 750° bis zur Gewichtskonstanz verascht. Nach dem Erkalten im Exsikkator wird zurückgewogen.

Verkokungsprobe (Koksrückstand und flüchtige Bestandteile)[233]

Eine 2g-Probe von unter 0,5 mm Körnung wird im Trockenschrank vorgetrocknet und im gasdicht verschliessbaren elektrischen Ofen oder im elektrisch aufgeheizten Porzellanrohr unter einem Stickstoffstrom (200 ccm/min) 5 min lang auf 875° erhitzt und nach dem Erkalten im Exsikkator zurückgewogen.

Elektrische Leitfähigkeit

10 g einer staubfreien Probe von 0,09—0,06 mm Körnung werden eingewogen und in ein Röhrchen von 10 mm Ø eingefüllt. Die Füllhöhe beträgt dann etwa 30 mm, die Messhöhe 25 mm bei einem Pressdruck von 300 kg/cm². Unter genauer Einhaltung des angegebenen Pressdruckes wird die Widerstandsmessung durchgeführt, indem die Leitfähigkeit aus der Spannungs- und Stromstärkemessung eines durch Widerstand regulierbaren Stromes bestimmt wird. Der Widerstand der Probe wird in Ohm je mm² und m ausgedrückt.

---

2) Untersuchung von Pech

Grundsätzliches. Im Rahmen des vorliegenden Buches können nur wenige allgemein technische Methoden angeführt werden. Die Qualität des zu verwendenden Pechs ist durch folgende Vorschriften festgelegt:

1. der Aschegehalt soll nicht über 0,3% betragen,
2. der Erweichungspunkt nach Kraemer und Sarnow soll zwischen 60° u. 80° liegen,
3. der pyridinunlösliche Rückstand soll maximal 65%, der anthracenölunlösliche Rückstand maximal 50% des benzolunlöslichen Rückstandes sein,
4. der Verkokungsrückstand soll zwischen 45 und 55% liegen,
5. bei der fraktionierten Destillation soll das Fraktionsprodukt unter 270° nicht mehr als 1% ausmachen.

Erweichungspunkt nach Kraemer-Sarnow[BG, 238]

Etwa 100 g der Durchschnittsprobe werden in einem mit Ausguss versehenen Gefäss auf max. 40° über den zu erwartenden Erweichungspunkt erhitzt. Dann wird gut durchgerührt und die erforderliche Menge Pech mit einem Glasstab in drei an beiden Seiten abgeschliffene Glasröhrchen von 5 mm Höhe und 6 mm l.W., sogenannte Bartaröhrchen, eingetropft. Die Glasröhrchen sind auf ein eingefettetes, erwärmtes Blech oder eine eingefettete, erwärmte Glasplatte aufgesetzt. Nach dem Erkalten werden die überstehenden Kuppen mit einem erwärmten Messer glatt abgeschnitten und das an den Seiten anhaftende Pech entfernt. Die so vorbereiteten Röhrchen werden dann mit passenden Schlauchstücken an je ein etwa 100 mm langes Glasrohr von gleichem Durchmesser derart befestigt, dass Glas an Glas stösst. Auf das Pech werden 5 g Quecksilber gegeben. Das so vorbereitete Probe-

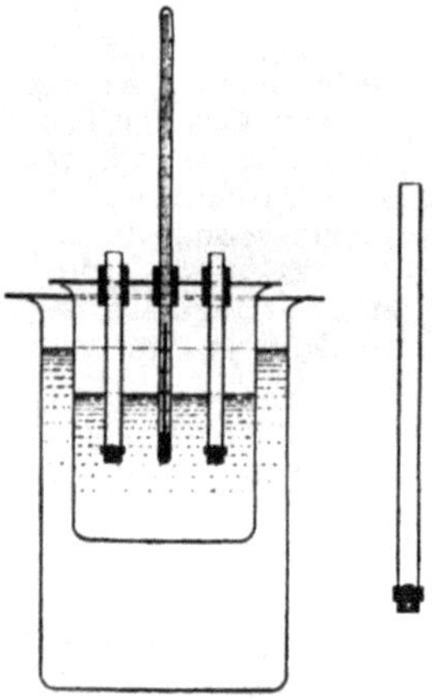

Abb. 26. Apparatur zur Bestimmung des Erweichungspunktes

rohr wird in einen Kork eingezogen und in ein Wasserbad (Abb. 26) eingehängt. Das Thermometer selbst hängt in der Mitte zwischen den drei Proberöhren, so dass die Quecksilberkugel des Thermometers sich in gleicher Höhe mit den Pechpropfen befindet. Das Wasserbad wird so erwärmt, dass die Temperatur um 1°/min zunimmt, sobald die Temperatur etwa 20° unter dem zu erwartenden Erweichungspunkt liegt.

Als Erweichungspunkt wird die Temperatur angegeben, bei der das Quecksilber durch das Pech durchsickert. Das Mittel von mindestens 3 Proben gilt als Erweichungspunkt des Peches. Die Abweichungen der Einzelwerte vom Mittelwert dürfen nur ± 1% betragen.

Benzolunlöslicher Rückstand

Aus der Durchschnittsprobe werden 2 g entnommen und in einem 300ccm-Erlenmeyerkolben mit 100 ccm reinem Benzol am Rückflusskühler 1/2 Stunde lang gekocht. Dann wird unter ständigem Umschütteln der Lösung filtriert und der Rückstand solange mit heissem Benzol nachgewaschen, bis das Filtrat nahezu farblos abläuft. Zur Filtration können verwendet werden:

1. A2-Porzellantiegel mit einer Porenweite von 7 my. Unter Absaugen nach der Filtration wird der Tiegel 1 Stunde lang bei 105° getrocknet und nach ½-stündigem Erkalten im Exsikkator gewogen. Der A2-Tiegel wird nach ca. 20 Bestimmungen mit konz. Salpetersäure ausgekocht, mit dest. Wasser gewaschen und bei 800° ausgeglüht.

2. Weissbandfilter 597 von Schleicher & Schüll. Es werden 2 Weissbandfilter 597 verwendet; sie liegen in einem Schnellfiltergerät und werden vorher in einem offenen Wägegläschen kalt gewogen. Bei der Filtration und der Auswaschung des Rückstandes muss vorsichtig gesaugt werden. Filter und Rückstand werden 1 Stunde lang bei 105° getrocknet und nach dem Abkühlen im Exsikkator zurückgewogen.

3. 1G4-Glasfiltertiegel. Es wird bei starkem Vakuum abgesaugt und der Tiegel nach jeder Untersuchung mit heisser Chromschwefelsäure ausgekocht.

Pyridinunlöslicher Rückstand

2 g der Durchschnittsprobe werden in einem 300ccm-Erlenmeyerkolben mit 100 ccm wasserfreiem Pyridin am Rückflusskühler ½ Stunde lang gekocht. Die Lösung wird anschliessend heiss durch 2 ineinandergelegte Weissbandfilter, die vorher bei 105° bis zur Gewichtskonstanz getrocknet worden sind, filtriert und der Rückstand solange mit heissem Pyridin ausgewaschen, bis das Filtrat fast farblos abläuft. Zur Entfernung des Pyridins wird mit heissem Benzol nachgewaschen und Filter und Rückstand bei 105° getrocknet und ausgewogen.

Anthrazenölunlöslicher Rückstand

2 g der Durchschnittsprobe werden mit 100 ccm Anthrazenöl I in einem 300ccm-Erlenmeyerkolben ½ Stunde lang am Rückflusskühler gekocht. Der Rückflusskühler besteht aus einem senkrechten, luftgekühlten Glasrohr von 5 mm l.W. und 1000 mm Länge. Man filtriert in der Wärme möglichst mit heizbarem Trichter und unter schwachem Sog durch 2 ineinandergelegte Weissbandfilter 597. Ist kein heizbares Filtergerät vorhanden, so kann die Filtration im Trockenschrank vorgenommen werden. Der Rückstand wird mit heissem Pyridin bis zur schwachen Gelbfärbung des Filtrates nachgewaschen, die Pyridinreste werden mit heissem Benzol verdrängt. Filter und Rückstand werden 1 Stunde lang bei 105° getrocknet und nach dem Erkalten im Wägegläschen gewogen.

Verkokungsrückstand B 6

(Elektrokemisk-Methode)

2 g Pech werden in einem kleinen Porzellantiegel von 34 mm Ø und 25 mm Höhe eingewogen. Sodann wird vorsichtig derart erhitzt, dass das Pech nicht stark kocht oder überschäumt. Anfangs kann man bis 120° schnell erhitzen, dann muss die Temperatur etwas langsamer gesteigert werden, so dass in 20—25 min 460—470° erreicht sind. Der Tiegel mit eingedampftem Pech wird nun mit einem Porzellandeckel bedeckt und in einen Schutztiegel von 5,1 cm Höhe und 6,2 cm l.W. aus Nickel, V2A-Stahl oder Keramikmasse hineingesetzt. Der Zwischen-

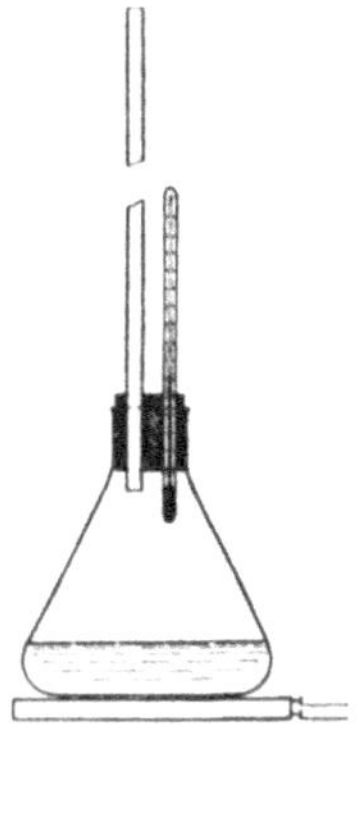

Abb. 27. Extraktionsapparatur zur Bestimmung des anthrazenölunlöslichen Rückstandes

raum zwischen den beiden Tiegeln wird mit zerkleinertem kalz. Koks von 6—8 mm Korngrösse ausgefüllt. Das Ganze wird nun in einem Muffelofen mit selbsttätiger Temperaturregelung 5 Stunden lang bei 800° erhitzt. Nach dem Abkühlen wird der Porzellantiegel aus der Koksschicht herausgenommen, wobei darauf zu achten ist, dass kein Koksstaub in den Porzellantiegel hineinfällt. Dann wird gewogen.

(Vereinfachte Methode)

2 g Pech werden nach der vorgeschriebenen Methode, aber in einem Porzellantiegel von 37 mm Höhe, 40 mm oberer Weite und 20 mm unterer Weite, 20—25 min lang vorsichtig auf 460—470° erhitzt. Anschliessend wird der Porzellantiegel mit einem Lochdeckel aus gleichem Material abgedeckt und rasch so lange über einer 18 cm hohen Flamme eines Bunsenbrenners erhitzt (Entfernung vom Brennerrand 6 cm, Brenneröffnung 1 cm), bis aus der Deckelöffnung keine brennbaren Gase mehr entweichen und die obere Seite des Deckels russfrei ist. Darauf wird gewogen.

Aschegehalt

5 g der Durchschnittsprobe werden im gewogenen Platin- oder Porzellantiegel vorsichtig bis zur Austreibung der Öle so erhitzt, dass kein Pech überschäumt. Anschliessend wird der Tiegel in einem Muffelofen bis zur Gewichtskonstanz bei 750° geglüht und nach dem Erkalten gewogen.

Tabellen.

Überblick über Zusammensetzung einiger technischer Leichtmetall-Legierungen.

Tabelle 1.

A. Aluminiumlegierungen nach Din 1713.

Bezeichnung	Gattung nach DIN 1713	Zusammensetzung in %								
		Cu	Zn	Si	Mn	Mg	Fe	Ni	andere	Al
Aldrey	Al—Mg—Si	—	—	0,5—0,6	—	0,4—0,5	—	—	—	Rest Reinaluminium nach DIN 1712 mit den Beimengungen in handelsüblichen Grenzen
Aludur 630/570/580	Al—Cu—Mg	3,5—5,3	—	0,3—0,6	0,3—1	0,3—0,7	—	—	—	
Aludur 533	Al—Mg—Si	—	—	0,3—1	0,3—0,8	0,5—1,3	—	—	—	
Aluman (AW 15)	Al—Mn	—	—	—	1,4—1,6	—	—	—	—	
Alusil	Kolben-legierung	1—2	—	20—21	—	—	< 0,7	> 0,7	—	
Amerikanische Legierung	GAl—Cu	7—9 (15)	—	—	—	—	—	—	—	
Anticorodal-Knetleg.	Al—Mg—Si	—	—	0,9—1,1	0,6—0,8	~0,7	—	—	—	
Anticorodal-Guß	GAl—Mg—Si	—	—	2	0,6—0,8	~0,7	—	—	Ti = 0,1—0,2	
Avional	Al—Cu—Mg	3,5—5	—	0,2—0,8	0,4—0,8	0,5—0,8	—	—	—	
Bondur	Al—Cu—Mg	3,5—5,5	—	0,3—0,5	0,3—1	0,2—0,7	—	—	—	
BS-Seewasser	Al—Mg	—	—	0,2	0,2—0,5	5—10	—	—	—	
Deutsche Legierung	GAl—Zn—Cu	2—5	8—12	—	—	—	—	—	—	
Duralumin	Al—Cu—Mg	2,5—5,5	—	0,2—1	→ 1,2	0,2—2	—	—	—	

Tab. 1. (Forts.).

Bezeichnung	Gattung nach DIN 1713	Zusammensetzung in %								
		Cu	Zn	Si	Mn	Mg	Fe	Ni	andere	Al
Duralumin K	Al—Mg—Si	—	—	0,3—1,5	→ 1,5	0,5—2	—	—	—	Rest Reinaluminium nach DIN 1712 mit den Beimengungen in handelsüblichen Grenzen
Duralumin W	Al—Cu—Ni	3,5—4,5	—	—	—	1—1,8	—	1,8—2,2	—	
Duranalium	GAl—Mg	—	—	—	0,3—0,6	2,5—9	—	—	—	
EC 124	Kolbenlegierung	1	—	13	—	1	—	1	—	
G 54	Spez. Gußleg.	—	4—8	—	—	1—2	—	—	—	
G 97	Kolbenlegierung	12	—	—	1,4	0,25	0,8	—	—	
Howal	Al—Mg—Si	—	—	0,5—1,5	0,3—1,3	0,5—1,5	—	—	Ti = 0,1	
Hydronalium	GAl—Mg	—	—	0,2—1	0,2—0,5	3—12	—	—	—	
Igedur	Al—Cu—Mg	3—5	—	0,2—1,2	0,2—1,2	0,3—1,4	—	—	—	
KS-Seewasser	Al—Mg—Mn	—	—	0,3—1	1—2	1—2	—	—	Sb < 1	
KS-Seewasser-Guß	GAl—Mg	—	—	0,3—0,8	1—2	2,3	—	—	Sb = 0,2	
KS-Kolbenlegierung «245»	Kolbenlegierung	4,5	—	14	0,8	0,7	—	1,5	—	
KS-Kolbenlegierung «280»	Kolbenlegierung	1,5	—	21—22	0,7	0,5	—	1,5	Co = 1,2	
KS-Kolbenlegier. «1275»	Kolbenlegierung	1,5	—	13	—	1	—	1	—	
Kupfersilumin	GAl—Si—Cu	0,7—0,9	—	12—12,5	0,2—0,3	—	—	—	—	
L IV		4	—	2	—	—	—	—	—	
L 15 I	GAl—Mg—Si	—	—	0,9—1	0,8	0,8	—	—	—	
L 15 III	GAl—Mg	—	—	0,5—1	1,4—1,5	2	0,25	—	Ti = 0,1	

Tab. 1. (Forts.).

Bezeichnung	Gattung nach DIN 1713	Zusammensetzung in %								
		Cu	Zn	Si	Mn	Mg	Fe	Ni	andere	Al
Lautal	Al—Cu	4,4—5,5	—	0,2—0,5	—	—	—	—	—	Rest Reinaluminium nach DIN 1712 mit den Beimengungen in handelsüblichen Grenzen
Legal I	Al—Mg—Si	—	—	0,4—0,6	—	0,4—0,5	0,2—0,4	—	—	
Legal II	Al—Mg—Si	—	—	0,9—1,2	0,6—1	0,8—1,2	0,2—0,4	—	—	
Mangal	Al—Mn	—	—	—	1,5	—	—	—	—	
Neonalium	GAl—Cu	6—14	—	—	—	—	—	—	—	
Nelson-Bohnalite	Kolbenlegierung	9—11	—	0,2	—	0,3	—	—	—	
Pantal	Al—Mg—Si	—	—	0,5—1	0,4—1,4	0,8—2	—	—	—	
Pantal 5	GAl—Mg—Si	—	—	5	0,7	0,6—0,7	—	—	—	
Peraluman 2	Al—Mg—Mn	—	—	—	1,3—1,5	2—2,3	—	—	—	
Peraluman 7	Al—Mg	—	—	—	0,3—0,5	7	—	—	—	
Polital	GAl—Mg—Si	—	—	0,5—1,5	0,5—1	0,2—0,6	—	0,1—0,5	—	
R.R. 50—59 (Hiduminium)	Gußlegierung	~2	—	0,6	—	~1	~1,3	1,2	Ti = 0,1	
Silumin	Al—Si	—	—	12—13,5	—	—	—	—	—	
Silumin-Beta (Gamma)	GAl—Si—Mg	—	—	12,25—12,75	0,35 bis 0,65	0,25 bis 0,35	—	—	—	
Titan-Sonder-Seewasser	GAl—Mg	—	—	0,1—0,8	—	3—8	> 0,3	—	Ti = 0,3	
Ulmal	Al—Mg—Si	—	—	0,3—1,5	0,2—1,5	0,5—2	—	—	—	
Wicromal	Al—Mn	—	—	—	0,8—2	—	—	—	Th = 0,2—0,7	
Y-Legierung	Al—Cu—Ni	3,8—4,5	—	—	—	1,3—1,6	0,3	1,8—2,2	—	

Tabelle 2.

Al — Knetlegierungen nach Din E 1725.

Kurzzeichen (Kennfarbe)	Zusammen-setzung %	Zulässige Bei-mengungen % höchstens
Al—Cu—Mg 3*) (dunkelrot)	Cu 3,0 bis 3,3 Mg 1,1 bis 1,6 Mn 0,5 bis 0,8 Si 0,2 bis 0,5 Al Rest	Fe + Ti 0,6 Zn 0,3 Ni 0,2 Pb 0,05
Al—Cu—Mg (Heer)**) (dunkelrot)	Cu 3,0 bis 4,5 Mg 0,4 bis 1,4 Mn 0,3 bis 1,5 Al Rest	Si 1,0 Fe 0,7 Zn 0,6 Sonstige 0,4
Al—Cu—Mg—Pb (schwarz)	Cu 3,0 bis 4,5 Mg 0,4 bis 1,5 Mn 0,3 bis 1,5 Al Rest	Si 1,0 Fe 1,0 Zn 0,7 Ni 0,3 Pb + Sn + Cd + Bi 0,5 bis 2,0
Al—Mg—Si (weiss)	Mg 0,7 bis 1,0 Si 0,7 bis 1,2 Mn 0,6 bis 1,0 Al Rest	Fe + Ti 0,5 Zn 0,3 Cu 0,1
E Al—Mg—Si (weiss—weiss)	Mg 0,4 bis 0,5 Si 0,5 bis 0,6 Leitalu A Rest	Fe 0,3
Al—Mg 7***) (grün—rot)	Mg 5,5 bis 7,5 Mn 0 bis 0,8 Zn 0 bis 0,8 Cr 0 bis 0,2 Al Rest	Fe + Ti 0,5 Si 0,5 Cu 0,05
Al—Mg—Mn (grün)	Mg 2,0 bis 2,5 Mn 0,8 bis 1,3 Sb 0 bis 0,2 Al Rest	Fe + Ti 0,5 Si 1,0 Zn 0,2 Cu 0,05

*) neu Al Cu 3 Mg
**) neu Al Cu Mg Mn
***) Al Mg5 ohne Cr

Genehmigter Auszug!
(24. 4. 1944)

Tab. 2. (Forts.).

Kurzzeichen (Kennfarbe)	Zusammensetzung %	Zulässige Beimengungen % höchstens
Al—Mn (violett)	Mn 1,0 bis 1,5 Al Rest	Mg 0,2 Fe 0,5 Si 0,5 Zn 0,1 Cu 0,05
Al—Si—Cu—Ni II	Si 11,5 bis 13,5 Cu 0,4 bis 0,8 Mg 0,8 bis 1,5 Mn 0 bis 0,5 Ni 0,2 bis 0,4 Al Rest	Fe + Ti 0,8 davon Ti 0,2
Pl Al (rot—weiss)	Mg 0 bis 0,8 Mn 0,5 bis 1,5 Si 0 bis 0,5 Al Rest	Fe 0,5 Zn 0,1 Cu 0,05

Tabelle 3.

Al-Gusslegierungen nach Din E 1725.

Kurzzeichen (Kennfarbe)	Zusammensetzung %	Zulässige Beimengungen % höchstens
G Al—Si 13 (braun)	Si 12,0 bis 13,5 Mn 0,3 bis 0,5 Al Rest	Fe 0,7 Ti 0,15 Cu 0,4 Zn 0,2 Mg + Ni + Pb + Sn 0,3 davon Mg 0,1
G Al—Si—Mg (braun-violett)	Si 9,0 bis 10,0 Mg 0,2 bis 0,4 Mn 0,3 bis 0,5 Al Rest	Fe + Ti 0,65 davon Ti 0,15 Cu 0,05 Zn 0,1
D Al—Si—Mg (braun-schwarz)	Si 8,0 bis 10,0 Mg 0,2 bis 0,5 Mn 0 bis 0,5	Fe 1,5 Cu 0,1 Zn 0,1
G Al—Mg 3 (grün-gelb)	Mg 2,0 bis 3,2 Mn 0,2 bis 0,8 Si 0,2 bis 1,0 Ti 0 bis 0,3 Cr 0 bis 0,3 Sb 0 bis 0,3 Al Rest	Fe 0,5 Zn 0,2 Cu 0,05
G Al—Mg 5 (grün-schwarz-grün)	Mg 4,5 bis 5,5 Si 0,8 bis 1,3 Mn 0,1 bis 0,4 Ti 0 bis 0,2 Al Rest	Fe 0,5 Zn 0,2 Cu 0,05
D Al—Mg 9 (grün-weiss)	Mg 7,0 bis 10,0 Mn 0,1 bis 0,8 Si 0 bis 0,6 Al Rest	Fe 1,5 Cu + Zn 0,3 davon Cu 0,1

neu G Al Si 5 Cu 1 Mg (nur aus Rücklaufmaterial).

Tab. 3. (Forts.).

Kurzzeichen (Kennfarbe)	Zusammensetzung %	Zulässige Beimengungen % höchstens
G Al—Si—Cu—Ni II	Si 11,5 bis 13,5 Cu 0,4 bis 0,8 Mg 0,8 bis 1,5 Mn 0 bis 0,5 Ni 0,2 bis 0,4 Al Rest	Fe + Ti 0,8 davon Ti 0,2
UG Al—Zn—Cu 85*)	Cu 4,0 bis 7,0 Zn 4,0 bis 7,0 Al mindestens 85	Mg 0,4 Mn 0,6 Si 1,5 Fe 1,2 Ni 0,3 Pb 0,4 Sn 0,2 Fe + Ni + Mn + Mg + Pb + Sn 2,5
UG Al—Cu—Si**)	Cu 4,0 bis 7,0 Si 3,0 bis 6,0 Zn 0 bis 2,5 Al mindestens 85	Mg 0,5 Mn 0,6 Fe 1,1 Ni 0,3 Pb 0,3 Sn 0,2 Mn + Fe + Ni + Pb + Sn 2,0
UD Al—Si—Cu	Cu 2,0 bis 3,0 Si 5,0 bis 6,5 Mn 0,2 bis 0,6 Al mindestens 88	Mg 0,5 Fe 2,5 Zn 0,7 Ni 0,5 Pb 0,2 Sn 0,1 Fe + Zn + Ni + Pb + Sn 3,7

*) neu UG Al Zn 4 Cu 4.

**) neu UG Al Si 6 Cu 3.

Tabelle 4.

Al — Verschnittlegierungen nach Din E 1725.

Kurzzeichen	Zusammen- setzung %	Zulässige Bei- mengungen % höchstens
UV Al—Cu—Mg I	Cu 0 bis 5,5 Mg 0 bis 2,0 Mn 0 bis 1,5 Al Rest	Si 1,0 Fe 0,5 Zn 0,3 Ni 0,3 Pb 0,1
UV Al—Cu—Mg II	Cu 0 bis 5,5 Mg 0 bis 2,0 Mn 0 bis 1,5 Al Rest	Si 1,0 Fe 0,7 Zn 0,6 Ni 0,3 Pb 0,1
UV Al—Cu—Mg—Pb	Cu 0 bis 5,0 Mg 0 bis 1,5 Mn 0 bis 1,5 Al Rest	Si 1,0 Fe 1,0 Zn 0,7 Ni 0,3 Pb + Sn - Cd + Bi 2,0
UV Al—Mg—Si	Mg 0 bis 2,0 Si 0 bis 2,0 Mn 0 bis 1,5 Al 95,0 bis 97,0	Cu 0,1 Fe 0,6 Zn 0,4 Pb 0,1 Cu + Fe - Zn + Pb 1,0
UV Al—Mg I*)	Mg 0 bis 10,0 Al Rest Al + Mg mindestens 98,0	Cu 0,1 Mn 1,0 Si 0,5 Fe 0,5 Zn 0,3 Cu + Mn + Si + Fe + Zn 2,0

*) UV Al-Mg II Beimengungen etwas höher.

Tabelle 5.

Al-Vorlegierungen nach Din E 1725.

Kurzzeichen	Zusammen-setzung %	Zulässige Bei-mengungen % höchstens
V Al—Mn II*)	Cu 3 bis 3,5 Mn 9,5 bis 10,5 Al Rest	Mg 1,2 Si 0,8 Fe 0,9 Sonstige: Zn 0,3 Spuren
V Al—Cu	Cu 45 bis 47 Al Rest	Mn 0,6 Mg 0,7 Si 0,5 Fe 0,7 Sonstige: Zn 0,3 Spuren
V Al—Cu—Mn II**)	Cu 29 bis 31 Mn 9 bis 10 Al Rest	Mg 1,2 Si 0,8 Fe 1,2 Sonstige: Zn 0,4 Spuren

*) V Al-Mn I - - Cu nur als Beimeng. bis 0,2.
**) V Al-Cu-Mn I - - Mn 6-7.

Tabelle 6.

Al — Reduktions-(Desoxydations-)legierungen.

Kurzzeichen	Zusammensetzung %	Zulässige Beimengungen % höchstens
UR Al II	Al + Mg mindestens 90,0	Cu 4,5 Zn 1,0 Pb 0,5 Sn 0,2 Zn + Pb + Sn 1,5 Rest Si + Fe + Ni + Mn + Ti + Co + Cr; Tonerde Spuren
UR Al IV	Al + Mg mindestens 86,0	Cu 7,0 Zn 4,0 Pb 1,0 Sn 0,5 Zn + Pb + Sn 5,0 Rest Si + Fe + Ni + Mn + Ti + Co + Cr; Tonerde Spuren

Tabelle 7.

B. Beryllium-Legierungen

Bezeichnung	Rohe Angaben über Zusammensetzung in %							
	Be	Al	Cu	Fe	Ni	Mo	Cr	Mn
Aluminium—Beryllium	2—8	88—82	—	—	—	—	—	—
Beryllium—Bronze	10—2	—	90—98	—	—	—	—	—
Beryllium—Contracid	0,65	—	—	15	60	6,5	15	2
Ferro—Beryllium	85	—	—	15	—	—	—	—
Invarstahl	1	—	—	64	35	—	—	—

Tabelle 8[1].

C. Magnesium-Legierungen.
(Elektrongusslegierungen.)

Bezeichnung nach DIN 1717	Al %	Ce %	Mn %	Si %	Zn %	Zr %
G Mg—Si	—	—	—	1	—	—
G Mg—Mn	—	—	2	—	—	—
G Mg—Al 3Zn	3	—	—	—	1	—
G Mg—Al 4Zn	4	—	—	—	3	—
G Mg—Al 6Zn	6	—	—	—	3	—
G Mg—Al	8	—	—	—	—	—
G Mg—Al	8,5	—	—	—	0,5	—
G Mg—Al	9,5	—	—	—	0,5	—
(G Mg mit:)	—	—	—	—	—	0,5
(G Mg mit:)	—	—	—	—	3	0,5

Tabelle 8[2].

C. Magnesium-Legierungen.
(Elektronknetlegierungen.)

Bezeichnung nach DIN 1717	Al %	Ce %	Mn %	Si %	Zn %
Mg—Mn	—	—	2	—	—
Mg—Mn	—	0,5	2	—	—
Mg—Zn	—	—	—	—	4
(Mg mit:)	2	—	—	—	1
Mg—Al 3	3	—	—	—	1
Mg—Al 6	6	—	—	—	1
Mg—Al 9	8	—	—	—	0,5
Mg—Al 9	10	—	—	—	—
(Mg mit:)	—	6	2	—	—

Gravimetrische und volumetrische Faktorentabellen

Die nachfolgenden Tabellen enthalten die gravimetrischen und volumetrischen Umrechnungsfaktoren für die in der «Leichtmetallanalyse» beschriebenen Verfahren. Für den Rechenschieber sind die Faktoren mit 3 effektiven Stellen angegeben. Für grössere Genauigkeit sind die Logarithmen aus den vierstelligen Faktoren berechnet.

Gravimetrische Faktorentabelle

Gesucht:	Gefunden:	Faktor	lg F
Aluminium	Al_2O_3	0,529	7236
	Al-oxinat	0,0587	7687
	$AlPO_4$	0,221	3447
Antimon	Sb_2S_3	0,717	8554
Beryllium	BeO	0,361	5569
Blei	PbO_2	(0,866)[a]	9376
	$PbSO_4$	0,683	8346
Cadmium	$CdSO_4$	0,539	7318
Calcium	$CaC_2O_4 . H_2O$	0,274	4383
	CaO	0,715	8541
(CaO)	$CaC_2O_4 . H_2O$	0,384	5841
Cer	CeO_2	0,814	9107
Chlor	AgCl	0,247	3933
Eisen	Fe_2O_3	0,699	8447
	Fe-oxinat	0,114	0583
Kupfer	CuO	0,799	9025
Magnesium	Mg-oxinat . $2H_2O$	0,0698	8436
	Mg-oxinat	0,0778	8910
	$Mg_2P_2O_7$	0,219	3395
	$NH_4MgPO_4 . 6H_2O$	0,0991	9960
Mangan	$Mn_2P_2O_7$	0,387	5878
($Mn_2P_2O_7$)	Mn	2,58[b]	4123
Natrium	$NaMg(UO_2)_3$-$(CH_3COO)_9 . 8H_2O$	0,0150	1761
	$NaZn(UO_2)_3$-$(CH_3COO)_9 . 6H_2O$	0,0150	1747
	Na_2SO_4	0,324	5103
(Na_2O)	Na_2SO_4	0,436	6399
(Na_2CO_3)	Na_2SO_4	0,746	8729
Nickel	NiO	0,786	8953
	Ni-dioxim	0,203	3078
Phosphor	$(NH_4)_3PO_4 . 12MoO_3$	0,0164[c]	2146
	$P_2O_5 . 24MoO_3$	0,0172	2362
Schwefel	CuO	0,403	6052
Silber	AgCl	0,753	8766
Silicium	SiO_2	0,467	6695
Thorium	ThO_2	0,879	9439
Titan	TiO_2	0,600	7778
Vanadium	V_2O_5	0,560	7483
Wasserstoff	AgBr	(0,060)[d]	7782
	H_2O	(1,25)[d]	0969

Gesucht:	Gefunden:	Faktor	lg F
Zink	ZnO	0,803	9049
	$ZnHg(CNS)_4$	0,131	1179
	Zn-oxinat . $1^1/_2H_2O$	0,172	2350
	Zn-oxinat	0,185	2668
Zinn	SnO_2	0,788	8963
Zirkonium	ZrO_2	0,740	8694
	ZrP_2O_7	0,344	5366

a) Bei der elektrolytischen Bestimmung nur bei kleinen Mengen zulässig; bei grösseren Mengen ist der Faktor nach Abb. 14 S. 211 graphisch zu korrigieren.
b) Zur Umrechnung der titrimetrisch gefundenen Manganmenge bei der Magnesiumbestimmung nach der Methode Blumenthal.
c) Empirisch ermittelt.
d) Faktor, um die in mg gefundene Menge AgBr bzw. H_2O in ccm H_2 umzurechnen.

Volumetrische Faktorentabelle

Gesucht	Titriert wird:	Titrier-mittel:	Normalität	F_{vol} [e]	lg F_{vol}
Aluminium	Oxinatrest	$KBrO_3$	1/10	0,225	3517
	(AlF_3)	NaF [f]	1/2	2,25	3517
(Al_2O_3)	Säurerest	NaOH	1/5	3,40	5312
Antimon	Sb(III)-Ion	$KBrO_3$	1/10	6,09	7845
Blei	Chromat-Ion	$Na_2S_2O_3$	1/10	6,91	8392
Calcium	Oxalat-Ion	$KMnO_4$	1/10	2,00	3019
			1/20	1,00	0000
			1/50	0,401	6030
(CaO)	Oxalat-Ion	$KMnO_4$	1/10	2,80	4478
Chlor	Chlor-Ion	$AgNO_3$	1/10	3,55	5497
Chrom	Chromat-Ion	$TiCl_3$	1/10	1,73	2390
			1/50	0,347	5400
	—»— u. $FeSO_4$	$KMnO_4$	1/50	0,347	5400
Eisen	Fe(II)-Ion	$KMnO_4$	1/10	5,58	7470
			1/20	2,79	4459
			1/50	1,12	0483
	Fe(III)-Ion	$TiCl_3$	1/50	1,12	0483
	Oxinatrest	$KBrO_3$	1/10	0,465	6678
Fluor	Chlor-Ion	$AgNO_3$	1/10	1,90	2788
	Fluor-Ion	$Th(NO_3)_4$	1/10	1,90	2788
Kohlenstoff	($BaCO_3$)	HCl	1/10	0,600	7782
Magnesium	($MgNH_4PO_4$)	H_2SO_4	1/10	1,22	0849
	Oxinatrest	$KBrO_3$	1/10	0,304	4829
Mangan	Mn(IV)-Ion ($KClO_3$-Meth.)	$H_2C_2O_4$	1/10	2,75	4388
	MnO_4-Ion (Wismutat)	$H_2C_2O_4$	1/10	1,10	0411
	Mn(II)-Ion (Volhard)	$KMnO_4$	1/10	1,65	2170
	MnO_4-Ion (Peroxy-disulfatmeth.)	As_2O_3	Emp.	[g]	
Natrium	Uranylkomplex	$KMnO_4$	1/50	0,0767	8848
	—»—	NaOH	1/2	1,15	0607
	Na_2O (Ausschmelzverf.)	H_2SO_4	1/100	0,230	3618
Nickel	Pyridin-Rhodanid-Komplex	NH_4SCN	1/10	2,94	4676
(Nitrid als NH_3)	NH_3 (Kjeldahl)	H_2SO_4	1/10	1,70	2313
Schwefel	Cd-sulfid	J_2	1/50	0,321	5065
Stickstoff	NH_3 (Kjeldahl)	HCl	1/100	0,140	1464

Gesucht	Titriert wird:	Titriermittel:	Normalität	F_{vol}[e]	lg F_{vol}
Titan	Ti(III)-Ion	$FeCl_3$	1/50	0,958	9814
Vanadium	V(IV)-Ion	$KMnO_4$[f]	1/10	5,10	7071
Zink	$(ZnHg(SCN)_4)$	KJO_3	Emp.[h]	0,200	3010
	Zn(II)-Ion	$K_4Fe(CN)_6$		[g]	
	Oxinatrest	$KBrO_3$	1/10	0,817	9124
Zinn	Sn(II)-Ion	J_2	1/10	5,94	7734
			1/50	1,19	0746

e) 1 ccm Masslösung der jeweils angegebenen Normalität entspricht dem gesuchten Stoff, ausgedrückt in mg.

f) Für die potentiometrische Titration wird der Faktor der Masslösung ebenfalls potentiometrisch eingestellt.

g) Die Masslösung wird vor Gebrauch gegen Analysenlösungen mit bekanntem Gehalt eingestellt.

h) Die Masslösung enthält 3,929 g KJO_3 im Liter.

Verzeichnisse

a) Buchliteratur*)

1) Allgemeine chemische Analyse

B 1 Aluminium Research Inst., Einheitsverfahren f. d. Probeentnahme u. Analyse v. Aluminium u. gewissen Al.-Leg. Aluminium Research Inst. (USA) 2. Aufl. 1939

B 2 Aluminium-Zentrale, Al-Taschenbuch, Aluminium-Zentrale, Berlin, 9. Aufl. 1942

*B 3 Analysen-Tabellen:

a) Steinhäuser, K., Chemische Analysenmethoden f. Al u. seine Leg., Verl. Aluminium-Zentrale, Berlin, 1938
b) Chemiker-Fachausschuss der Al-Zentrale, Neue Analysenmethoden für U-Al u. U-Al-Leg., Verl. Aluminium-Zentrale, Berlin 1939
c) Neufassungen in zwangloser Folge, Chem. Anal.-Meth. für Al- u. Al-Leg., Verl. Aluminium-Zentrale, Berlin 1944, Erste Folge erschienen in Z.Aluminium 26 (1944), 63, 106, 152
d) Analysen-Methoden für Aluminium, VSM-Entwurf, Reg. Nr. 109/5, Schweiz. Techn. Zeitschrift 42 (1942) 598

*B 4 Beck, A., Magnesium u. seine Leg., Abschn.: Chemische Analysen, Bitterfeld, Verl. Springer, Berlin 1939

*B 4a Brückner, H., Untersuchungsverfahren für feste Brennstoffe, Verl. R. Oldenbourg, 1943

*B 5 Berg, R., O-Oxychinolin, (»Oxin«), Verl. F. Enke, Stuttgart 1938

*B 6 Berl-Lunge, E. u. G., Chemisch-technische Untersuchungsmethoden, 8. Aufl., Bd. II, Verl. Springer, Berlin 1932, Egb. 1940

*B 7 Biltz, H. u. W., Ausführung quantitativer Analysen, 4. Aufl. Verl. S. Hirzel, Leipzig 1942

*) Auf die mit * versehenen Literaturstellen ist im Text hingewiesen.

*B 8 Brennecke, E., Fajans, K., Furman, N. H., Lang, R. und Stamm, H., Neuere massanalyt. Methoden, Verl. F. Enke, Stuttgart 1932 u. 1937

*B 9 Chemiker-Fachausschuss d. Ges. Metall u. Erz, Analyse der Metalle, Band I, Schiedsverfahren, Verl. Springer, Berlin 1942

B 10 D'Ans, J., Chemisch-technische Untersuchungsmethoden Ergz. zur 8. Aufl., Bd. II, Verl. Springer, Berlin 1939/40

B 11 Fresenius, R. u. Jander, G., Handbuch der analyt. Chemie, III. Teil, Verl. Springer, Berlin 1940

B 12 Hillebrand, W. F. u. Lundell, G. E. F., Aplied anorganic Analysis, Verl. I. Wiley u. Sons, Neuyork 1929

B 13 Instituto Sperimentale dei Metalli Leggeri, Methoden z. chemischen Analyse v. Al u. seinen Leg., Milano 1941

*B 13a Jander, G. u. Jahr, K. F., Massanalyse, Theorie und Praxis der klassischen und der elektrochemischen Titrierverfahren, Verl. Walter de Gruyter, Berlin 1943

*B 14 Kolthoff, I. M., Die Methoden der Massanalyse, Teil I u. II, 2. Aufl. Springer-Verlag, Berlin 1928

*B 14a Küster, F. W. — Thiel, A., Logarithm. Rechentafeln, Verl. W. de Gruyter, Berlin 1941

*B 15 Prodinger, W., Organische Fällungsmittel in d. quantitativen Analyse, 2. Aufl. Verl. F. Enke, Stuttgart 1939

B 16 Stock, A. u. Stähler, A., Praktikum d. quantitativen anorg. Analyse, 4. Aufl. 1930

*B 17 Treadwell, F. P., Kurzes Lehrbuch der analyt. Chemie, Bd. II, 11. Aufl. 1943

B 18 Urech, P., Chemische Analysenmethoden (Schiedsanalysen) f. Al u. Al-Leg., Verl. d. dtsch. Ausg.: Aluminium-Zentrale, Berlin

*B 19 v. Zeerleder, A., Technologie des Al u. seiner Leg., Akad. Verlagsgesellschaft, Leipzig 1938

2) Spezielle Untersuchungsmethoden.

Spektralanalyse

*B 20 Gerlach, W. u. Riedel, E., Die chemische Emissionsspektralanalyse, Verl. Leopold Voss, Leipzig 1936

B 21 Gerlach, W. u. Riedel, E., Spektralanalytische Untersuchung technischer und reinster Metalle, III. Aluminium-Sitzungsbericht, Bayer. Akad. d. Wissensch. 1933

B 22 Gerlach W. u. Schweitzer, E., Die chem. Emissionsspektralanalyse, Leipzig 1930

*B 23 Kayser H. u. Ritschl, R., Tabellen d. Hauptlinien u. d. Linienspektren aller Elemente, Verl. Springer, Berlin 1939

*B 24 Lundegårdh, H., Die quantitative Spektralanalyse der Elemente, Verl. G. Fischer, Jena 1929

*B 25 Scheibe, G. u. Linström, C. F., Tabellen des Funken- und Bogenspektrums des Eisens, 1. Teil, Selbstverlag Fuess, 1933

*B 26 Scheibe, G., Limmer, G. u. Coryell, C. D., Tabellen des Funken- und Bogenspektrums des Eisens, 2. u. 3. Teil, Selbstverlag Fuess, 1935

*B 26a Schöntag, A., Dissert. TH München, Verl. Frommhold u. Wendler, 1936

*B 27 Seith, W. u. Ruthardt, K., Der Einsatz der Spektralanalyse (Anleitung f. d. chem. Laboratoriumspraxis, Bd. I), 2. Aufl., Verl. Springer, Berlin 1941

*B 28 Zeiss, Carl, Anleitung f. d. Ausführung von spektrographischen quantitativen Bestimmung an festen Leg. m. Hilfe des Funkens, Mess. 266/III Carl Zeiss, Jena

Kolorimetrie

*B 29 Kortüm, G., Kolorimetrie u. Spektralphotometrie, Verlag Springer, Berlin 1942

*B 30 Lange, B., Kolorimetrische Analyse, Verlag Chemie, Berlin 1942

*B 31 Thiel, A., Absolutkolorimetrie, Verl. W. de Gruyter & Co., Berlin 1939

B 32 Zeiss, Karl, Absolutkolorimetrische Metallanalysen m. d. Pulfrich-Photometer, Komm. Verlag G. Fischer, Jena

Elektrolyse und Polarographie

*B 33 Böttger, W., Elektrolyse, Bd. 2, 1936

*B 34 Heyrowsky, J., Polarographie, Verl. Springer, Wien 1941

*B 35 Hohn, H., Chemische Analyse mit dem Polarographen, Verl. Springer, Berlin 1937

*B 36 Müller, E., Elektrometrische Massanalyse, Verl. Theodor Steinkoppf, Dresden u. Leipzig 1932 u. 1944

b) Zeitschriftenliteratur*)

A. Aluminium

Aluminium:

1 Alten, F., Weiland, H. u. Knippenberg, E., kolorim., Z. f. analyt. Chem. 96 (1934) 91

*2 Blumenthal, H., gravim. als Phosphat, Metall und Erz 37 (1940) 315

3 Cozzi, D., Ann. Chim. applicata 31 (1941) 227

4 Eegriwe, E., kolorim. m. Eriochromcyanin, Z. f. analyt. Chem. 76 (1929) 438, Z. f. analyt. Chem. 108 (1937) 268

5 Heczko, Th., m. Oxin b. Anwesenheit v. Fe, Ni, Cu, Co, Cr u. Mo, Chem. Ztg. 102 (1934) 1032

6 Pigott, C., m. Oxin i. Stählen m. hohen Ni- u. Cr-Geh., J. Soc. chem. Ind. 58 (1939) 139 Chem. Zbl. 111 (1940) I, 256

7 Richter, F., kolorim. m. Eriochromcyanin, Z. anal. Chem. 126 (1944) 426, 127 (1944) 113

*8 Royen, H. J. u. Grewe, H., gravim. als Phosphat, Arch. Eisenhüttenw. 7 (1933/34) 505

*9 Treadwell, W. D. u. Bernasconi, Ed., Helv. Chim. Acta 13 (1930) 500

*10 Werner, O., kolorim. m. Eriochromcyanin, Beihefte, V. Dtsch. Chem. 48 (1944) 92

ferner: 204

Aluminiumoxyd:

*11 Ehrenberg, W., m. Cl_2 i. Al-Leg., Z. analyt. Chemie 91 (1933) 1

*12 Jander, G. u. Baur, F., m. HCl-Gas i. Al-Leg., Z. angew. Chemie 40 (1927) 488

13 Jander, G. u. Brösse, W., m. HCl-Gas i. Al-Leg., Z. angew. Chemie 41 (1928) 702

14 Löwenstein, H., m. HCl-Gas, Z. anorg. Chemie 199 (1931) 48

15 Steinhäuser, K., m. Br-Alkohol, Aluminium 24 (1942) 176

*16 Werner, O., m. Br-Alkohol, Z. analyt. Chemie 121 (1941) 385

Antimon:

B 30; 24

*) s. S. 407.

Blei:

17 Bauer, R. u. Eisen, J., kolorim., Metall und Erz 37 (1940) 33
18 Fischer, H., m. Dithizon, Z. analyt. Chemie 119 (1940) 161
*19 Hertelendi, L., elektrolyt. als Blei(IV)-oxyd, Z. analyt. Chemie 122 (1941) 30
*20 Spalenka, M., polarogr. Pb u. Cd., Z. analyt. Chemie 126 (1943) 49
21 Winterhager, H., Kurzprüf., Aluminium 20 (1939) 528

ferner: 208, 211, 216

Cadmium:

20, 216

Calcium:

B 11, 182

Chrom:

22 Schönlau, L., volum. i. R-Al, Aluminium 21 (1939) 528

ferner: 219

Eisen:

*23 Alten, F., Weiland, H. u. Hille, E., kolorim. m. Sulfosalicylsäure, Z. anorg. allgem. Chemie 215 (1933) 81
*24 Bauer, R. u. Eisen, J., kolorim., Fe u. Cu i. Al u. Al-Leg., Z. angew. Chemie 52 (1939) 459
25 Brandt, L., volum. m. $TiCl_3$, Ch. Ztg. 48 (1924) 265
*26 Ginsberg, H., kolorim., Z. f. angew. Chemie 51 (1938) 663
27 Havemann, R., kolorim. i. Al-Leg., Z. angew. Chemie 54 (1941) 263
*28 Knecht, E., volum. i. Al-Leg., Ber. 33 (1903) 1550
29 Kofler, M. u. v. Halbau, H., kolorim., Helv. Chim. Acta 22 (1939) 1395
*30 Kolthoff, I. M. u. Tomicek, O., volum., Pharmac. Weekbl. 61 (1924) 1205
*31 Lapin, L. N. u. Kill, W. E., kolorim., Z. f. Hyg. 112 (1931) 719
*32 Margueritte, F., volum., Ann. Chem. phys. 3. Serie 18 (1846) 244
*33 Pinsl, H., kolorim., Metallkde 27 (1935) 107
*34 Pinsl, H., kolorim. Fe u. Mn i. Al u. Al-Leg., Aluminium 20 (1938) 706
*35 Roelen, L., kolorim. m. Natriumsulfid, Z. analyt. Chemie 117 (1939) 385

*36 Steinhäuser, K. u. Ginsberg, H., kolorim. m. Rhodaniden, Z. analyt. Chemie 104 (1936) 385
37 Stelljes, H. A. J. u. Langer, P., volum.-kolorim. Fe, Cu u. Mn i. Al-Leg., Aluminium 24 (1942) 169
38 Wilken, J., spektralanal., Met.Wirt. 19 (1940) 121
*39 Winkler, L. W., kolorim., Z. analyt. Chemie 41 (1902) 550
ferner: 5, 182, 187, 216

Kobalt:

B 33

Kohlenstoff:

*40 Oschwald, E., volum., Diss., Zürich 1923

Kohlendioxyd:

115—123

Kohlenoxyd:

115—123, 212

Kupfer:

41 Bischof, E. u. Geuer, G., photometr. i. Al-Leg., Z. angew. Chemie 54 (1941) 175, Chem. Apparatur 24 (1937) 20
*42 Epha, H., elektrolyt., Z. analyt. Chemie Bd. 126 (1943) 241
*43 Fischer, H., Dithizon kolorim., Z. f. angew. Chemie 50 (1937) 922
44 Knecht, E., volum., Ber. Bd. 33 (1903) 1550
45 Nikolajew, N. S., Al-Leg., Betriebslabor. 10 (1941) 473
46 Schubert, R., kolorim. i. Al-Leg., Z. angew. Chemie 54 (1941) 87
47 Sloviter, H. A., gravim. Cu u. Ni i. Al-Leg., Ind. Engng. Chem., Anal. Edition 13 (1941) 235
48 Steckowy, E., kolorim. i. Leg., Aluminium 22 (1940) 566
ferner: 24, 37, 61, 84, 152, 182, 185, 188, 212, 216

Lithium:

49 Tschernichow, Ju. A., Usspenskaja, T. A. u. Ananina, R. S., gravim. i. Al-Leg., Sawodskaja Laboratorija (Betriebslabor.) 9 (1940) 28

Magnesium:

*50 Bauer, R., spektralanalyt. Mg u. Mn i. Al-Leg., Aluminium 22 (1940) 9

*51 Bauer, R. u. Eisen, J., m. Oxin i. Al-Leg., Aluminium 23 (1941) 290

52 Fischer, H., m. Dithizon, Z. analyt. Chemie 101 (1935) 1

*53 Blumenthal, H., gravim. i. Mn-haltigen Al-Leg., Mitt.dtsch. Mat.-Prüf.-Anst. Sonderheft 22 (1933) 42

*54 Buckeley, A., Kurzprüf. Lötrohrprobe i. Cu-freien Al-Leg., Aluminium 62 (1940) 322

*55 Fischer, J., gravim. i. hoch-Si-haltigen Al-Leg., Aluminium 25 (1943) 359; Fischer, H. m. Dithizon s. 52.

*56 Ginsberg, H., kolorim. m. »Titangelb«, Z. Elektrochemie 45 (1939) 829

57 Gotta, A., volum. i. Al-Leg., Aluminium 24 (1942) 267

58 Gurewitsch, Je. Je., gravim. i. Al-Leg., Sawodskaja Laboratorija (Betriebs-Labor.) 8 (1939) 495

*59 Handy, J. O., volum., J. Am. Chem. Soc. 22 (1900) 31

60 Kolthoff, I. M., kolorim., Chem. Weekbl. 24 (1937) 254

*61 Koniakowsky, L., kolorim. u. gravim. Cu u. Mg i. Al-Leg., Aluminium 25 (1943) 208

*62 Kreibich, E. u. Bäumler, H., kolorim. i. Al-Leg., Aluminium 20 (1938) 528

63 Küstner, H., rönthgenogr. i. Al-Leg., Z. Metallkde 34 (1942) 114

64 Lang, K., kolorim. Tropäolin 00, Biochem. Z. 253 (1932) 215

*65 Lederle, P., gravim., Z. analyt. Chemie 121 (1940) 241

*66 Sinigaglia, F., kolorim., Titangelb, Beihefte, V. Dtsch. Chem. 48 (1944) 104

*67 Steinhäuser, K. u. Aust, K. H., gravim. i. Zn-haltigen Leg., Aluminium 24 (1942) 216

68 Thiel, A. u. Hengel, E. van, kolorim. Chinalizarin, Ber.dtsch. chem. Ges. 71 (1938) 1157

69 Triché, H., spektralanal., Bull. Soc. Chim. France 1 (1934) 495

ferner: 152, 182

Mangan:

70 Altmannsberger, K., volum., Chem. Ztg. 61 (1937) 618

*71 Blum, W., volum. u. kolorim., Z. analyt. Chemie 53 (1914) 282

72 Sinigaglia, F., kolorim. i. Al-Leg., Aluminium 9 (1940) 207

ferner: 34, 37, 50, 152, 188

Molybdän:

219

Natrium:

73 Abresch, K., polarogr., Z. angew. Chemie 48 (1935) 683

*74 Barber, H. H. u. Kolthoff, I. M., gravim., J. Am. Chem. Soc. 50 (1938) 1625

*75 Bridges, R. W. u. Lee, M. F., volum u. gravim., Ind. Engng. Chem. Anal. E. 4 (1932) 264

*76 Dobbins, I. T. u. Byrd, R. M., volum., J. Am. Chem. Soc. 53 (1931) 3288

*77 Gall, H. u. Heinig, K. H., volum., Z. anorg. allgem. Chemie 202 (1931) 154

78 Heyes, J., spektralanal., Z. angew. Chemie 50 (1937) 871

79 Kimura, K. u. Kuroda K., gravim., Bull. Inst. Phys. Chem. Res. Tokio 20 (1941) 349

80 Koide, M., volum., J. Soc. Chem. Ind. Japan 43 (1940) 351

*81 Maljarow, K. L., gravim., C. 1930, II., 1408

Nickel:

82 Maassen, G., kolorim. i. Stahl, Die Chemie 56 (1943) 234, Beihefte V. Dtsch. Chem. 48 (1944) 70

83 Rollet, A. P., kolorim., C. r. d. l'Acad. d. scie. Paris 138 (1926) 212

*84 Sinigaglia, F., kolorim. i. Al-Leg., Aluminium 11 (1942) 96, Beihefte, V. Dtsch. Chem. 48 (1944) 107

*85 Thiel, A., elektrolyt. Trennung v. Cu, Z. Elektrochemie 14 (1908) 201

86 Villani, F., kolorim. i. Al-Leg., Ann. Chim. applicata 32.325-30 Mailand Sept. 1942

*87 Wulff, P. u. Lundberg, A., kolorim., Beihefte, V. Dtsch. Chem. 48 (1944) 76

ferner: 47, 208, 212, 216

Phosphor:

*88 Denigès, G., kolorim., C. r. 171 (1920) 382, 178 (1927) 687

89 Fontaine, T. D., spektralanalyt., Ind. Engng. Chem. analyt. Edit. 14 (1942) 77

*90 Steinhäuser, K., gravim., Z. analyt. Chemie 81, 433; 91, 165

*91 Treadwell, W. D. u. Hartnagel, J., kolorim., Helv. Chim. Acta 15 (1932) 1023

*92 Verda, A., kolorim., Pharm. Acta Helv. 4 (1938) 52, 56
*93 Zinzadze, Sch., R., kolorim., Z. Pflanzenernähr., Düng. Bodenkunde A 16 (1930) 129, Ind. Engng. Chem 27 (1935) 24

Schwefel:

*94 Schulte, W., gravim. i. Fe, Stahl und Eisen 26 (1906) 985

Silber:

95 Fischer, H., m. Dithizon, Z. analyt. Chemie 101 (1935) 1

Silicium:

96 Callendar, L. H., Best. v. Si i. Al, Analyt. 57 (1932) 500
97 Churchill, H. V., Bridges, R. W. u. Lee, M. F., i. Al-Leg., Ind. Engng. Chem. 29 (1937) 201
*98 Geigenmüller, M., gravim. i. Silumin, Aluminium 24 (1942) 178
*99 Handy, J. O., gravim., J. Am. Chem. Soc. 18 (1896) 766
100 Lassieur, A., gravim. i. Al-Leg., C. r. hebd. Séances Acad. Sci. 214 (1942) 80
*101 Prettner, A., gravim., Chem. Ztg. 51 (1927) 261
*102 Regelsberger, F., gravim., Z. angew. Chemie 4 (1891) 360
103 Salzer, E. u. Theissig, F., gravim. i. Silumin u. and. Leg., Chem. Ztg. 64 (1940) 458
*104 Weiss, L. u. Sieger, H., gravim., Z. analyt. Chemie 119 (1940) 245

ferner: 182, 188

Stickstoff (gebunden):

105 Kljatschko, J. A., volum. i. Al-Leg., Shurnal Prikladnoi Chimii (J. Chimie appl.) 14 (1941) 84

Stickstoff (elementar):

123

Thorium:

*106 Grundmann, H., gravim. i. Al-Leg., Aluminium 24 (1942) 105
107 Jüstel, B., Übersicht, Die Chemie 56 (1943) 157

Titan:

*108 Ginsberg, H., kolorim., Z. anorg. allgem. Chemie 209 (1933) 105
109 Monticelli, M. u. Sinigaglia, F., kolorim., Aluminium 8 (1939) 259

*110 Schwarz, R., kolorim., Z. anorg. allgem. Chemie 210 (1933) 303
*111 Steinhäuser, K., spektralanal., Zweilinien-Verfahren, Aluminium 23 (1941) 486
112 Weller, A., kolorim., Z. analyt. Chemie 23 (1884) 410
113 Zurbrügg, E., Kurzprüf. i. Al-Leg., Aluminium 21 (1939) 658

Vanadin:

*114 Blumenthal, H., volum., Metall u. Erz 37 (1940) 119
ferner: 219

Wasserstoff: (desgl. f. alle im Metall gelösten bzw. eingeschlossenen Gase)

*115 Baukloh, W. u. Oesterlen, F., Löslichkeit i. Al u. Al-Leg., Metallkde 30 (1938) 386
*116 Chrétien, A. u. Nipper, H. A. u. Piwowarsky, E., H_2-Geh. v. Al u. Silumin-Guss, Aluminium-Archiv 23 (1939)
*117 Czochralski, J., Löslichkeit i. Al, Metallkde 14 (1922) 277
*118 Diergarden, H., Heissextraktionsverf., Diss., V. Stahleisen m. b. H. Düsseldorf, 1930
*119 Hüttig, G. F., feste Metall-Wasserstoffverbindungen, Z. angew. Chemie 39 (1926) 67
*120 Röntgen, P. u. Möller, F., Löslichkeit i. Cu u. Al, Metallwirtsch. 13 (1934) 81, 97
*121 Steinhäuser, K., Heissextraktionsverfahren, Z. Metallkde 26 (1934) 136
*122 Thanheiser, G. u. Ploum, H., Heissextraktionsverfahren, Mitt. KWI f. Eisenforschung 19 (1937) 105
*123 Willems, F., Heissextraktion, Aluminium 23 (1941) 337

Wismut:

211

Zink:

124 Balz, G., spektralanalyt. i. Al-Leg., Aluminium 22 (1940) 341
125 Bauer, R. u. Eisen, J., volum. i. Al-Leg., Metall u. Erz 39 (1942) 100 u. 240
126 Clermont, J., spektralanalyt. i. R-Al u. Al-Leg., Z. analyt. Chemie 90 (1932) 321
127 Cohen, A., elektrolyt. i. Al-Leg., Helv. Chim. Acta 25 (1942) 325
128 Corell, H., spektral. i. Silumin, Aluminium 22 (1940) 525
129 Eisen, J., kolorim. i. Al-Leg., Metall u. Erz 40 (1943) 26

*130 Ensslin, F., Dreyer, H. u. Abraham, K., polarogr. i. Al-Leg., Metall u. Erz 40 (1943) 328

*131 Fischer, H. u. Leopoldi, G., Schnellmeth. m. Dithizon i. Al-Leg,. Aluminium 25 (1943) 356

132 Geuer, G., nephelom. Al-Leg., Aluminium 25 (1943) 28

*133 Jablonski, F. u. Moritz, H., polarogr. Schnellmeth. i. Al, Al-Leg. u. U-Leg., Aluminium 25 (1943) 291

*134 Jablonski, F. u. Moritz, H., polarogr. i. Al-Leg. u. U-Leg., Aluminium 26 (1944) 38

135 Lott, W. L., kolorim., Ind. Engng. Chem. Analyt. Ed. 10 (1938) 335

*136 Lundell, G. E. F. u. Naikim Bee, gravim. u. volum., Eng. Min. J. 99 (1915) 701

*137 Nikitina, Je. I., gravim. i. Al-Leg. b. gleichz. Cu-Best., Betr. Labor. 8 (1939) 1314

138 Sinigaglia, F., elektrolyt., Aluminium 10 (1941) 241

139 Staab, A. u. Kiby, R., volum. Schnellmeth. i. Al-Leg., Aluminium 25 (1943) 358

*140 Steinhäuser, K., elektrolyt. i. Al-Leg., Aluminium 24 (1942) 173

141 Steinhäuser, K., Übersicht, Aluminium 24 (1942) 159

*142 Sterner-Rainer, R. u. Zartmann, A., elektrolyt. i. Al-Leg., Aluminium 25 (1943) 353

143 Techn. Mitt. Krupp, Forschungsbericht Krupp (1938) 37

ferner: 208, 216

Zinn:

144 Steinhäuser, K. u. Aust, K. H., volum., Aluminium 24 (1942) 172

Zusammenfassende Untersuchungen

Allgemeines:

*145 Fischer, W. u. Seidel, W., Fällung von $AlCl_3 \cdot 6H_2O$ als Trennungsoperation, Z. anorg. allgem. Chemie 247 (1941) 333

146 Hahn, L. F., Zur analyt. Chemie d. Al-Leg., Z. analyt. Chemie 80 (1930) 192

147 Krause, E. C., Al-Leg. m. weniger als 1,25% Si, Chemist-Analyst 30 (1941) 6

148 Majans, A. D., qualit. Tüpfelreaktionen, Betriebs-Labor. (russ.) 10 (1941) 362

149 Pavelka, F. u. Morth, H., quantitative Mikroschnellanalyse v. R-Al, Mikrochemie 13 (1933) 305

150 Schönlau, L., Gesamtuntersuch. v. Leichtmetall-Automaten-Leg. m. Pb, Bi, Sb, Ni u. Mn, Z. analyt. Chemie 119 (1940) 351

*151 Steinhäuser, K., Leg.-Bestandteile i. Al, Z. angew. Chemie 51 (1938) 35

152 Stockowy, E., Bestimm. v. Cu, Mn, Mg i. Leg., Aluminium 22 (1940) 566

*153 Zurbrügg, E., Kurzprüfung versch. Al-Leg., Aluminium 17 (1935) 351, Aluminium 20 (1938) 196, Techn. Rundschau, Bern 32 (1940) 35/36

Spektralanalytisches:

154 Balz, G., Gleichmäss. Entladungen, Aluminium 26 (1944) 60

155 Beerwald, A. u. Brauer, W., Al-Leg., Z. Metallkde 33 (1941) 44

*156 Beerwald, A. u. Seith, W., Metallanalyse i. kondensierten Funken u. Abreissbogen, Z. Elektrochemie 44 (1938) 814, 818

157 Caspar, J., quantitativ. v. Al-U-Leg., Aluminium 23 (1941) 493

158 Churchill, H. V. u. Churchill, J. R., spektrochem. Analyse v. Al-Leg., J. opt. Soc. America 31 (1942) 611

*159 Kaiser, H., quantitativ. v. Al-Mg-Leg., Metallwirtsch. 16 (1937) 1095

*160 Kaiser, H., Auswertung d. Spektren b. quantitativ. Analys., Spektro-Chim-Acta II (1941) 1, Z. VDI. 85 (1941) 40

161 Kaiser, H., Abfunkvorgänge bei Al-Leg., Spektro-Chim-Acta I (1939) 15

*162 Mäder, H. u. Pötzelberger, R., Anlaufeffekt, Spektro-Chim-Acta I (1939) 213

163 Mann, K. E., quantitativ. v. Hydronalium-Leg., Spektro-Chim-Acta I (1939) 108

164 Masi, O., quantitativ. v. Metall-Leg., Boll. Sci. Fac. Chim. Ind., Bologna (1941) 39

165 Moritz, H., quantitativ. v. Al u. Al-Leg., Aluminium 21 (1939) 301

166 Moritz, H., Al-U-Leg., Aluminium 25 (1943) 100

167 Moritz, H., U-Al, Aluminium 23 (1941) 136

168 Moritz, H., Herstell.- u. Bezugsmögl. v. Eich-Elektroden, Aluminium 25 (1943) 106

169 Moritz, H., U-Leg., Aluminium 22 (1940) 133

170 Moritz, H., quantitativ. spektro-chemisch. i. Leichtmetall u. Leg., Aluminium 25 (1943) 389

171 Moritz, H., Metalluntersuch. i. Betriebe, Z. Metallkde 33 (1941) 341

172 Pastore, P., Leg., Aluminium 22 (1940) 390

*173 Pfeilsticker, K., Abreissbogen m. Hochfrequenzzündung, Z. Elektrochemie 43 (1937) 719

174 Quarrel, A. G. u. Bramley, G. E. A., Al-Leg.-Fehlerquellen, J. Inst. Met. 67 (1941) 25, 135

*175 Rivas, A., quantitativ. auch Mikromethode, Beihefte z. d. Z. f. angew. Chemie

*176 Scheibe, G., Linström, C. F. u. Schnettler, O., Steigerung d. Genauigkeit b. d. quantitativ. Untersuch., Z. angew. Chemie 44 (1931) 145

*177 Scheibe, G. u. Rivas, A., quantitativ. Mikromethode, Z. angew. Chemie 49 (1936) 443

178 Seith, W. u. Beerwald, A., quantitativ. i. Al-Mg-Leg., Z. Elektrochemie 43 (1937) 342

179 Sinigaglia, F. u. Radino, G., R-Al, Aluminium 12 (1943) 7

180 Sinigaglia, F., Al-Mg-Si-Leg., Aluminium 11 (1942) 36

181 v. Someren, E. H. S., Al-Leg., J. Inst. Met. 55 (1934) 265

182 Ssuchenko, K. A., sichtbares Spektralgebiet, Best. v. Si, Mg, Fe, Cu u. Ca, Betriebs-Labor. 8 (1939) 1106

183 Striganow, A. R., quantitativ. Al u. Al-Leg., Iswestija-Academii Nauk SSSR 4 (1940) 184, 220; Chem. Zbl. Bd. 113/II 2397, 2508

*184 Thanheiser, G. u. Heyes, J., Flammenspektralanalyse, Mitt. K.-Wilh.-Inst. Eisenforsch. 19 (1937) 113

185 Welters, O., Cu i. Al-Cu-Mg-Leg., Aluminium 26 (1944) 43

*186 Wolbank, F., Al-Leg., Z. Metallkde 31 (1939) 257

187 v. Zeerleder, A. u. Rohner, F., Funkenstativ f. Serienaufnahmen, Aluminium 22 (1940) 519

ferner: 111 (u. B 20—28)

Kolorimetrie:

*188 Dietrich, K. u. Ch., kolorim. Si, Fe, Mn, Cu, Beihefte, V. Dtsch. Chem. 48 (1944) 101

*189 Fischer, H., Übersicht u. Dithizonverfahren, Z. angew. Chemie 50 (1937) 919

190 Fischer, H., Dithizonverf. i. d. mikrochem. Analyse, Mikrochemie 30 (1943) 307

*191 Fischer, H. u. Leopoldi, G., Dithizonverf., Verunrein. i. Sn- u. Zn-Leg., Metall u. Erz 35 (1938) 87

*192 Ginsberg, H., Kolorim. Leichtmetalle, Metallwirtsch. 16 (1937) 1107

*193 Grubitsch, G. u. Sinigoj, J., Genauigkeit d. Dithizon-Mischfarbentitration, Z. analyt. Chemie 114 (1938) 30

*194 Havemann, R., Lichtelektrisches Photometer, Biochem. Z. 301 (1939) 105, Beihefte V. Dtsch. Chem. 48 (1944) 23

*195 Jordi, A., R-Al u. Al-Leg., Aluminium 21 (1939) 27

*196 Kortüm, G., Kolorimetrie u. Spektralphotometrie, Z. angew. Chemie 53 (1940) 183, Beihefte V. Dtsch. Chem. 48 (1944) 1

*197 Pinsl, H., kolorim. Al-Leg., Aluminium 19 (1937) 439

*198 Steinhäuser, K., Kolorim. d. Nichteisenmetalle, Beihefte V. Dtsch. Chem. 48 (1944) 88

*199 Thiel, A. u. Peter, O., Grundlagen u. Anwendung, Z. analyt. Chemie 103 (1935) 161

*200 Urech, P., kolorim. Titrationen, Helv. Chim. Acta 22 (1939) 322, 331, 1023

201 Wulff, P., Apparate, Beihefte V. Dtsch. Chem. 48 (1944) 31

Polargraphie:

202 Antweiler, H., Anwendung i. analyt. Chemie, Z. analyt. Chemie 102 (1935) 385

203 Bennewitz, K., zur Entwicklung, Naturwiss. 31 (1943) 268

204 Capitanio, V., Analyse d. Al v. hohem Reinheitsgrad, Veneto Sci. II 100 (1941) 419

205 Coates, A. C. u. Smart, R., Anwendung bei Al u. Al-Leg., J. Soc. chem. Ind. 60 (1941) 249

206 Hohn, H., Selbstschreibender Polarograph, Metall u. Erz 40 (1943) 197

207 Hohn, H., Schnellanalysen m. Quecksilbertropfkathoden, Z. Elektrochemie 43 (1937) 127

*208 Jablonski, F. u. Moritz, H., Schnellbest. v. Zn u. Ni i. Ni, Cr u. hoch-Si-haltigen Leg. bzw. U-Leg., Aluminium 26 (1944) 38, 97 — Pb i. Al-Leg. 26 (1944) 245

*209 Kemula, W., Anwendung i. theoret. u. prakt. Chemie, Z. Elektrochemie 37 (1931) 779

210 Koch, W. u. Krath, E., Leg.-Elemente i. Stahl, Techn. Mitt. Krupp 2 (1939) 59, Z. analyt. Chemie 123 (1942) 354

211 Krössin, E., Pb u. Bi i. Al-Zn-Leg., Metall u. Erz 38 (1941) 10

*212 Maassen, G., Best. v. Cu, Ni, u. Co i. Stählen, Z. angew. Chemie 50 (1937) 375

213 Majer, V., Best. d. Alkali-Metalle, Z. angew. Chemie 92 (1933) 321

214 Schwarz, R., Analysenvorschriften, Z. analyt. Chemie 115 (1939) 161
215 Semerano, G., R-Metalle, Die Chemie 55 (1942) 351
216 Semerano, G. u. Capitanio, V., Best. v. Cu, Cd, Ni, Zn, Fe u. Pb i. Reinst-Al, Mikrochemie 30 (1941) 71
*217 v. Stackelberg, M., Grundlagen der Polarographie, Z. Elektrochemie 45 (1939) 466
218 Straumanis, M. u. Dravnieks, A., Arbeitstechnik, Z. analyt. Chemie 120 (1940) 168; 121 (1942) 31
219 Thanheiser, G. u. Willems, J., Best. v. V u. Cr, Titration d. Mo i. Stählen, Archiv f. Eisenhüttenw. 13 (1939) 73
220 Winkel, A. u. Proske, G., Anwendungsmögl. i. Labor., Z. angew. Chemie 50 (1937) 171

B. Beryllium

*221 Britton, H. T. St., Be-Trennung, Journ. chem. Soc. 127 (1925) 2110
*222 Eckstein, H., Al-freies Ferro-Beryllium, Z. analyt. Chemie 87 (1932) 268
*223 Fischer, H., Be als Farblack, Z. analyt. Chemie 73 (1928) 54
*224 Kolthoff, I. M. und Sandell, E., Trennung des Al von Be m. Oxin, Journ. Amer. Chem. Soc. 50 (1928) 1900
*225 Rothe, Be i. Fe-Be-Leg., Abtr. d. Ausschütteln s. B. 6, 1309

Weitere Literaturangaben siehe unter 1) »Allgemeine chemische Analyse«.

C. Magnesium

*226 Beerwald, A., spektralanal. Ca in Mg-Leg., Z. f. analyt. Ch. 127 (1944) 1
227 Mann, K. E., quantitativ. Spektralanal. d. Elektron-Leg., Spektro. Chim. Acta 1 (1941) 563
*228 Mannchen, W., elektrometr. Al i. Mg-Leg., Fluorid-Meth., Aluminium 25 (1943) 250
229 McClelland, J. A. C. u. Whalley, H. K., quantitativ. spektrogr. Unters. v. Mg- u. Al-Leg., Spektro. Chim. Acta 1 (1939) 21
*230 Pauschardt, H. u. Bauer, R., Mn i. Mg-Leg., Zentrale f. Luftfahrtforschung, Forsch.-Ber. 665 (1936)

*231 Rauch, A., kolorim. Best. d. Al-Geh. i. Mg-Leg., Z. analyt. Chemie 124 (1942) 16

*232 Semerano, G., polarogr. Unters. v. Mg-Leg., Mikrochemie 25 (1938) 191

Weitere Literaturangaben siehe unter 1) »Allgemeine chemische Analyse«.

D. Schmelzmittel, Roh- u. Hilfsstoffe

*233 Eaton, F. J. u. Pexton, S., Flüchtige Bestandteile, Gas, Gas. J. 183 (1928) 88

*234 Fischer, J. u. Peisker, Fluorbestimmung, Z. analyt. Chemie 95 (1933) 231

235 Ginsberg, H., kolorim. Methoden b. Rohstoffen u. Zwischenprodukten, Z. angew. Chemie 51 (1938) 663

236 Hövker, G., polarogr. Best. u. Trennung v. Fe u. Al i. Tonen, Diss. Univ. Hamburg 1938

*237 Kapfenberger, W., Fluorbest. als Bleichlorfluorid, Aluminium 24 (1942) 428

*238 Kraemer, G. u. Sarnow, C., Pech-Erweichungspunkt, Chem. Ind. 26 (1903) 55

*239 Specht, F. u. Hornig, A., Best. d. Fluors i. Al-Fluorid als PbClF durch Fällung mit Bleiacetatlösung, Z. analyt. Chemie 125 (1943) 161

*240 Willard, H. H. u. Winter, O. B., F-Bestimmung — volum., Ind. Ing. Chem. Analyt. Edit. 5 (1933) 7

NAMENVERZEICHNIS

SACHVERZEICHNIS

A) Bestimmung in Aluminium u. Legierungen

B) Bestimmung in Beryllium u. Legierungen

C) Bestimmung in Magnesium u. Legierungen

D) Schmelzmittel, Roh- und Hilfsstoffe

FSC
www.fsc.org
MIX
Papier | Fördert
gute Waldnutzung
FSC® C083411

Kolibri 360 GmbH
Ferdinand-Jühlke-Straße 7
99095 Erfurt, Deutschland
produktsicherheit@kolibri360.de